Karl Bosch

Elementare Einführung in die angewandte Statistik

Aus dem Programm — Mathematik/Stochastik

**Elementare Einführung
in die Wahrscheinlichkeitsrechnung**
von Karl Bosch

Stochastik einmal anders
von Gerd Fischer

Stochastik für Einsteiger
von Norbert Henze

Stochastik
von Gerhard Hübner

**Einführung in die Wahrscheinlichkeitstheorie
und Statistik**
von Ulrich Krengel

Statistische Datenanalyse
von Werner A. Stahel

www.viewegteubner.de

Karl Bosch

Elementare Einführung in die angewandte Statistik

Mit Aufgaben und Lösungen

9., erweiterte Auflage

STUDIUM

VIEWEG+
TEUBNER

Bibliografische Information der Deutschen Nationalbibliothek
Die Deutsche Nationalbibliothek verzeichnet diese Publikation in der
Deutschen Nationalbibliografie; detaillierte bibliografische Daten sind im Internet über
<http://dnb.d-nb.de> abrufbar.

Prof. Dr. Karl Bosch
Institut für angewandte Mathematik und Statistik (110)
Universität Hohenheim
70593 Stuttgart

bosch@uni-hohenheim.de

1. Auflage 1976
2., überarbeitete Auflage 1982
3., überarbeitete Auflage 1985
4., durchgesehene Auflage 1992
5., verbesserte Auflage 1995
6., überarbeitete Auflage 1997
7., verbesserte und erweiterte Auflage 2000
8., durchgesehene Auflage 2005
9., erweiterte Auflage 2010

Alle Rechte vorbehalten
© Vieweg+Teubner Verlag | Springer Fachmedien Wiesbaden GmbH 2010

Lektorat: Ulrike Schmickler-Hirzebruch

Vieweg+Teubner Verlag ist eine Marke von Springer Fachmedien.
Springer Fachmedien ist Teil der Fachverlagsgruppe Springer Science+Business Media.
www.viewegteubner.de

Das Werk einschließlich aller seiner Teile ist urheberrechtlich geschützt. Jede
Verwertung außerhalb der engen Grenzen des Urheberrechtsgesetzes ist ohne
Zustimmung des Verlags unzulässig und strafbar. Das gilt insbesondere für
Vervielfältigungen, Übersetzungen, Mikroverfilmungen und die Einspeicherung
und Verarbeitung in elektronischen Systemen.

Die Wiedergabe von Gebrauchsnamen, Handelsnamen, Warenbezeichnungen usw. in diesem
Werk berechtigt auch ohne besondere Kennzeichnung nicht zu der Annahme, dass solche
Namen im Sinne der Warenzeichen- und Markenschutz-Gesetzgebung als frei zu betrachten wären
und daher von jedermann benutzt werden dürften.

Umschlaggestaltung: KünkelLopka Medienentwicklung, Heidelberg
Gedruckt auf säurefreiem und chlorfrei gebleichtem Papier.
Printed in Germany

ISBN 978-3-8348-1229-2

Inhalt

A. Eindimensionale Darstellungen ... 1

1. Elementare Stichprobentheorie (Beschreibende Statistik) ... 1

1.1. Häufigkeitsverteilungen einer Stichprobe ... 1
1.2. Mittelwerte (Lageparameter) einer Stichprobe ... 12
1.2.1. Der (empirische) Mittelwert ... 12
1.2.2. Der (empirische) Median ... 17
1.2.3. Die Modalwerte ... 20
1.3. Streuungsmaße einer Stichprobe ... 20
1.3.1. Die Spannweite ... 20
1.3.2. Die mittlere absolute Abweichung ... 21
1.3.3. Die (empirische) Varianz und Standardabweichung ... 25

2. Zufallsstichproben ... 34

3. Parameterschätzung ... 36

3.1. Beispiele von Näherungswerten für unbekannte Parameter ... 36
3.1.1. Näherungswerte für eine unbekannte Wahrscheinlichkeit $p = P(A)$ ... 36
3.1.2. Näherungswerte für den relativen Ausschuß in einer endlichen Grundgesamtheit (Qualitätskontrolle) ... 38
3.1.3. Näherungswerte für den Erwartungswert μ und die Varianz σ^2 einer Zufallsvariablen ... 40
3.2. Die allgemeine Theorie der Parameterschätzung ... 43
3.2.1. Erwartungstreue Schätzfunktionen ... 43
3.2.2. Konsistente Schätzfunktionen ... 44
3.2.3. Wirksamste (effiziente) Schätzfunktionen ... 45
3.3. Maximum-Likelihood-Schätzungen ... 45
3.4. Konfidenzintervalle (Vertrauensintervalle) ... 51
3.4.1. Der Begriff des Konfidenzintervalls ... 51
3.4.2. Konfidenzintervalle für eine unbekannte Wahrscheinlichkeit p ... 53
3.4.3. Konfidenzintervalle für den Erwartungswert μ einer normalverteilten Zufallsvariablen ... 57
3.4.4. Konfidenzintervalle für die Varianz σ^2 einer normalverteilten Zufallsvariablen ... 62
3.4.5. Konfidenzintervalle für den Erwartungswert μ einer beliebigen Zufallsvariablen bei großem Stichprobenumfang n ... 64

4. Parametertests ... 65

4.1. Ein Beispiel zur Begriffsbildung (Hypothese $p = p_0$) ... 65
4.2. Ein einfacher Alternativtest ($H_0: p = p_0$ gegen $H_1: p = p_1$ mit $p_1 \neq p_0$) ... 69
4.3. Der Aufbau eines Parametertests bei Nullhypothesen ... 73
4.3.1. Nullhypothesen und Alternativen ... 73
4.3.2. Testfunktionen ... 74
4.3.3. Ablehnungsbereiche und Testentscheidungen ... 74
4.3.4. Wahl der Nullhypothese ... 83
4.4. Spezielle Tests ... 83
4.4.1. Test des Erwartungswertes μ einer Normalverteilung ... 83
4.4.2. Test der Varianz σ^2 einer Normalverteilung ... 85
4.4.3. Test einer beliebigen Wahrscheinlichkeit $p = P(A)$ ... 87

4.5.	Vergleich der Parameter zweier (stochastisch) unabhängiger Normalverteilungen	87
4.5.1.	Vergleich zweier Erwartungswerte bei bekannten Varianzen	88
4.5.2.	Vergleich zweier Erwartungswerte bei unbekannten Varianzen	88
4.5.3.	Vergleich zweier Varianzen	89

5. Varianzanalyse 90

5.1.	Einfache Varianzanalyse	91
5.2.	Doppelte Varianzanalyse	98

6. Der Chi-Quadrat-Anpassungstest 102

6.1.	Der Chi-Quadrat-Anpassungstest für die Wahrscheinlichkeiten $p_1, p_2, \ldots, p_r$ einer Polynomialverteilung	103
6.2.	Der Chi-Quadrat-Anpassungstest für vollständig vorgegebene Wahrscheinlichkeiten einer diskreten Zufallsvariablen	106
6.3.	Der Chi-Quadrat-Anpassungstest für eine Verteilungsfunktion F_0 einer beliebigen Zufallsvariablen	107
6.4.	Der Chi-Quadrat-Anpassungstest für eine von unbekannten Parametern abhängige Verteilungsfunktion F_0	108

7. Verteilungsfunktion und empirische Verteilungsfunktion. Der Kolmogoroff-Smirnov-Test 112

7.1.	Verteilungsfunktion und empirische Verteilungsfunktion	112
7.2.	Das Wahrscheinlichkeitsnetz	114
7.3.	Der Kolmogoroff-Smirnov-Test	117

B. Zweidimensionale Darstellungen 121

8. Zweidimensionale Stichproben 121

9. Kontingenztafeln (Der Chi-Quadrat-Unabhängigkeitstest) 124

10. Kovarianz und Korrelation 128

10.1.	Kovarianz und Korrelationskoeffizient zweier Zufallsvariabler	128
10.2.	(Empirische) Kovarianz und der (empirische) Korrelationskoeffizient einer zweidimensionalen Stichprobe	133
10.3.	Schätzfunktionen für die Kovarianz und den Korrelationskoeffizienten zweier Zufallsvariabler	138
10.4.	Konfidenzintervalle und Tests des Korrelationskoeffizienten bei normalverteilten Zufallsvariablen	140
10.4.1.	Konfidenzintervalle für den Korrelationskoeffizienten	141
10.4.2.	Test eines Korrelationskoeffizienten	142
10.4.3.	Test auf Gleichheit zweier Korrelationskoeffizienten	144

11. Regressionsanalyse 145

11.1.	Die Regression erster Art	146
11.1.1.	Die (empirischen) Regressionskurven 1. Art einer zweidimensionalen Stichprobe	146
11.1.2.	Die Regressionskurven 1. Art zweier Zufallsvariabler	152

11.2.1	Die (empirische) Regressionsgerade	161
11.2.1.	Die (empirischen) Regressionsgeraden	161
11.2.2.	Die Regressionsgeraden zweier Zufallsvariabler	165
11.2.3.	Allgemeine (empirische) Regressionskurven 2. Art	168
11.3.	Test von Regressionskurven	171
11.3.1.	Test auf lineare Regression	171
11.3.2.	Test auf Regressionskurven, die von l Parametern abhängen	174
11.4.	Konfidenzintervalle und Tests für die Parameter β_0 und α_0 der Regressionsgeraden beim linearen Regressionsmodell	175
11.4.1.	Konfidenzintervalle und Test für den Regressionskoeffizienten β_0	175
11.4.2.	Konfidenzintervalle und Test des Achsenabschnitts α_0	178
11.5.	Konfidenzintervalle für die Erwartungswerte beim linearen Regressionsmodell	179
11.6.	Test auf Gleichheit zweier Regressionsgeraden bei linearen Regressionsmodellen	181
11.6.1.	Vergleich zweier Achsenabschnitte	182
11.6.2.	Vergleich zweier Regressionskoeffizienten	182
11.7.	(Empirische) Regressionsebenen	182
12.	**Verteilungsfreie Verfahren**	**184**
12.1.	Der Vorzeichentest	184
12.2.	Test und Konfidenzintervall für den Median	186
12.3.	Wilcoxonscher Rangsummentest für unverbundene Stichproben	188
13.	**Ausblick**	**190**
Weiterführende Literatur		191
Kurzbiographie des Autors		192
Anhang (Tabellen)		193
Wichtige Bezeichnungen und Formeln		209
Namens- und Sachregister		324

Aufgaben und Lösungen

	Aufgabentexte Seite	Lösungen Seite
1. Beschreibende Statistik	213	258
2. Zufallsstichproben	218	263
3. Parameterschätzung	219	264
4. Parametertests	225	276
5. Varianzanalyse	234	286
6. Chi-Quadrat-Anpassungstests	237	291
7. Kolmogoroff-Smirnov-Test – Wahrscheinlichkeitspapier	242	300
8. Zweidimensionale Stichproben	244	303
9. Kontingenztafeln – Vierfeldertafeln	245	305
10. Kovarianz und Korrelation	249	309
11. Regressionsanalyse	251	313
12. Verteilungsfreie Verfahren	256	321
Literaturhinweise	323	

Vorwort zur ersten Auflage

In dem vorliegenden Band sollen die wichtigsten Grundbegriffe und Methoden der *beschreibenden* und *beurteilenden* Statistik anschaulich beschrieben werden. Das Buch ist aus einer Vorlesung entstanden, die der Autor wiederholt Studenten der Fachrichtungen Biologie, Pädagogik, Psychologie sowie Betriebs- und Wirtschaftswissenschaften an der Technischen Universität Braunschweig abgehalten hat.

Aufbau und Darstellung sind so gewählt, daß mit diesem elementaren Einführungsband ein möglichst breiter Leserkreis angesprochen werden kann. Zahlreiche Beispiele sollen zum besseren Verständnis beitragen. Ziel des Autors ist es, die einzelnen Verfahren nicht nur mitzuteilen, sondern sie auch – soweit möglich – zu begründen. Dazu werden einige Ergebnisse der Wahrscheinlichkeitsrechnung benutzt. Denjenigen Personen die sich mit der Wahrscheinlichkeitsrechnung näher beschäftigen möchten, wird der ebenfalls in dieser Reihe erschienene Band 25 *Elementare Einführung in die Wahrscheinlichkeitsrechnung* zur Lektüre empfohlen.

Das Ende eines Beweises wird mit dem Zeichen ■, das Ende eines Beispiels mit ♦ gekennzeichnet.

Den Herren Ass. Prof. Dr. W. Brakemeier, Prof. Dr. E. Henze und Akad. Direktor Dr. H. Wolff danke ich sehr für die zahlreichen Ratschläge, die sie mir beim Durchlesen des Manuskriptes gaben. Hervorzuheben ist die gute Zusammenarbeit mit dem Verlag während der Entstehungszeit des Buches. Schließlich bin ich jedem Leser für Verbesserungsvorschläge dankbar.

Stuttgart-Hohenheim, im September 1986 *Karl Bosch*

Vorwort zur neunten Auflage

Wegen des erfolgreichen Einsatzes dieses Buches in verschiedenen Lehrveranstaltungen wurde bei den Neuauflagen die Grundkonzeption des Buches nicht verändert. Neben der Beseitigung von Fehlern im Text wurde das Literaturverzeichnis aktualisiert. Ferner wurden ab der 7. Auflage die "Aufgaben und Lösungen zur angewandten Statistik" aufgenommen, die vorher als separater Band erschienen waren. In der 9. Auflage wurde in den Anhang eine Liste „wichtige Bezeichnungen und Formeln" integriert.

Stuttgart-Hohenheim, im Juni 2010 *Karl Bosch*

A. Eindimensionale Darstellungen

1. Elementare Stichprobentheorie (Beschreibende Statistik)

In der elementaren Stichprobentheorie sollen Untersuchungsergebnisse übersichtlich dargestellt werden. Danach werden daraus Kenngrößen abgeleitet, die über die zugrunde liegenden Untersuchungsergebnisse möglichst viel aussagen sollen. Diese Maßzahlen erweisen sich später in der beurteilenden Statistik als sehr nützlich.

1.1. Häufigkeitsverteilungen einer Stichprobe

Wir beginnen unsere Betrachtungen mit dem einführenden

Beispiel 1.1. Die Schüler einer 25-köpfigen Klasse erhielten in alphabetischer Reihenfolge im Fach Mathematik folgende Zensuren: 3, 3, 5, 2, 4, 2, 3, 3, 4, 2, 3, 3, 2, 4, 3, 4, 1, 1, 5, 4, 3, 1, 2, 4, 3. Da die Zahlenwerte dieser sog. *Urliste* völlig ungeordnet sind, stellen wir sie in einer Strichliste oder Häufigkeitstabelle übersichtlich dar (Tabelle 1.1). In die erste Spalte werden die möglichen Zensuren eingetragen. Danach wird für jeden Wert der Urliste in der entsprechenden Zeile der Tabelle ein Strich eingezeichnet, wobei wir der Übersicht halber 5 Striche durch ⅢⅡ darstellen. Die Anzahl der einzelnen Striche ergibt schließlich die *absoluten Häufigkeiten* der jeweiligen Zensuren. Diese Darstellung ist wesentlich übersichtlicher als die Urliste. In graphischen Darstellungen kann die Übersichtlichkeit noch erhöht werden. Im *Stabdiagramm* (Bild 1.1) werden über den einzelnen Werten Stäbe aufgetragen, deren Längen gleich den entsprechenden Häufigkeiten sind. Durch geradlinige Verbindungen der Endpunkte der Stäbe erhält man das sog. *Häufigkeitspolygon*. Das *Histogramm* besteht schließlich aus Rechtecken, deren Grundseiten die Längen Eins und die verschiedenen Zensuren als Mittelpunkte besitzen, während die Höhen gleich den absoluten Häufigkeiten der entsprechenden

Tabelle 1.1. Strichliste und Häufigkeitstabelle

Zensur	Strichliste	absolute Häufigkeit	relative Häufigkeit	prozentualer Anteil
1	III	3	0,12	12
2	ⅢⅡ	5	0,20	20
3	ⅢⅡ IIII	9	0,36	36
4	ⅢⅡ I	6	0,24	24
5	II	2	0,08	8
6		0	0	0
		n = 25	Summe = 1,00	Summe = 100

Bild 1.1. Absolute Häufigkeiten

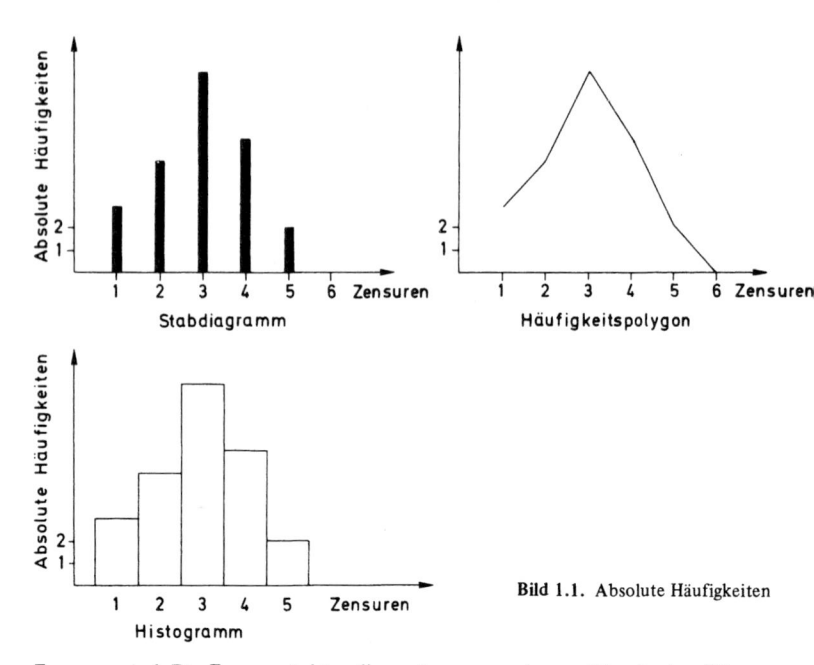

Zensuren sind. Die Zensur wird im allgemeinen aus mehreren Einzelnoten (Klassenarbeiten und mündliche Prüfungen) durch Durchschnittsbildung ermittelt. Liegt dieser Durchschnitt echt zwischen 2,5 und 3,5, so erhalte der Schüler die Note 3. Liegt der Durchschnitt bei 2,5, so findet meistens eine Nachprüfung statt. Somit besagt die Zensur 3 lediglich, daß die Leistung eines Schülers zwischen 2,5 und 3,5 liegt. Hier findet also bereits eine sog. *Klasseneinteilung* statt, d.h. mehrere Werte werden zu einer Klasse zusammengefaßt. Diese Klassenbildung wird im Histogramm von Bild 1.1 anschaulich beschrieben. Dividiert man die absoluten Häufigkeiten durch die Anzahl der Meßwerte (n = 25), so erhält man die *relativen Häufigkeiten* (4. Spalte in Tabelle 1.1), deren Gesamtsumme den Wert Eins ergibt. Multiplikation der relativen Häufigkeiten mit 100 liefert die prozentualen Anteile (5. Spalte der Tabelle 1.1). Die graphischen Darstellungen der absoluten Häufigkeiten haben den Nachteil, daß die entsprechenden Höhen im allgemeinen mit der Anzahl der Beobachtungswerte steigen, was bei der Festsetzung eines geeigneten Maßstabes berücksichtigt werden muß. Im Gegensatz zu den absoluten Häufigkeiten können die relativen Häufigkeiten nicht größer als Eins werden. Ihre Summe ist immer gleich Eins. Daher kann für die graphischen Darstellungen der relativen Häufigkeiten stets derselbe Maßstab benutzt werden, gleichgültig, ob man die Mathematikzensuren der Schüler einer bestimmten Schulklasse, einer ganzen Schule oder eines ganzen Landes betrachtet. In Bild 1.2 sind die relativen Häufigkeiten für dieses Beispiel graphisch dargestellt. ♦

1.1. Häufigkeitsverteilungen einer Stichprobe

Bild 1.2. Relative Häufigkeiten

Stabdiagramm

Häufigkeitspolygon

Histogramm

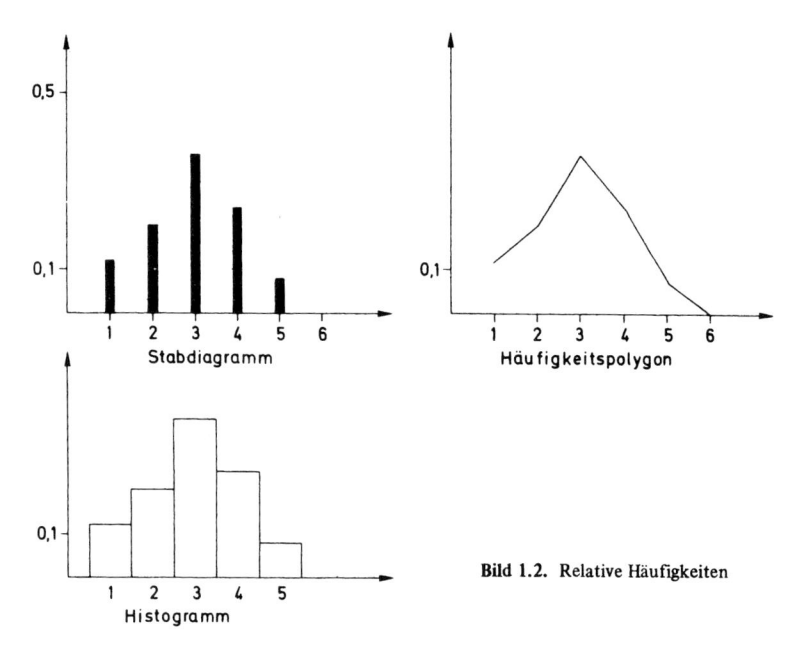

Nach diesem einführenden Beispiel, in dem bereits einige Begriffe erläutert wurden, bringen wir die

Definition 1.1. Gegeben seien n Beobachtungswerte (Zahlen) $x_1, x_2, \ldots, x_n$. Dann heißt das n-Tupel $x = (x_1, x_2, \ldots, x_n)$ eine *Stichprobe vom Umfang* n. Die einzelnen Zahlen x_i nennt man *Stichprobenwerte*. Die in der Stichprobe vorkommenden verschiedenen Werte heißen *Merkmalwerte*; wir bezeichnen sie mit $x_1^*, x_2^*, \ldots, x_N^*$. Die Anzahl des Auftretens von x_k^* in der Stichprobe heißt die *absolute Häufigkeit* von x_k^* und wird mit $h_k = h(x_k^*)$ bezeichnet. Den Quotienten $r_k = \dfrac{h_k}{n}$ nennt man die *relative Häufigkeit* von x_k^* in der Stichprobe für $k = 1, 2, \ldots, N$.

Für die absoluten bzw. relativen Häufigkeiten gelten folgende Eigenschaften

$$\sum_{k=1}^{N} h_k = n;$$
$$0 \leq r_k \leq 1 \text{ für alle } k; \quad \sum_{k=1}^{N} r_k = 1. \tag{1.1}$$

Mit Stichproben hat man es im allgemeinen bei statistischen Erhebungen zu tun. Wird eine Stichprobe dadurch gewonnen, daß man ein Zufallsexperiment n-mal durchführt und jeweils denjenigen Zahlenwert festhält, den eine bestimmte Zufallsvariable X (vgl. [2] 2) bei der entsprechenden Versuchsdurchführung annimmt, so nennt man x eine *Zufallsstichprobe*. Beispiele dafür sind:

1. die beim 100-maligen Werfen eines Würfels auftretenden Augenzahlen;
2. die an einem Abend in einem Spielkasino ausgespielten Roulette-Zahlen;
3. die bei der theoretischen Prüfung zur Erlangung des Führerscheins erreichten Punktzahlen von 100 Prüflingen;
4. die jeweilige Anzahl der Kinder in 50 zufällig ausgewählten Familien;
5. die Körpergrößen bzw. Gewichte von 1000 zufällig ausgewählten Personen;
6. die Intelligenzquotienten der Schüler einer bestimmten Schulklasse;
7. die Durchmesser von Kolben, die einer Produktion von Automotoren zufällig entnommen werden.

Ist die Zufallsvariable X diskret, d. h. nimmt sie nur endlich oder abzählbar unendlich viele Werte an (vgl. [2] 2.2), so nennt man auch das *Merkmal*, von dem einzelne Werte in der Stichprobe enthalten sind, *diskret*. Ist X stetig (vgl. [2] 2.4), so heißt auch das entsprechende Merkmal *stetig*. In den oben genannten Beispielfällen 1 bis 4 handelt es sich um diskrete Merkmale, während in den Fällen 5 bis 7 die jeweiligen Merkmale stetig sind.

Kann ein Merkmal nur wenige verschiedene Werte annehmen, dann geben die graphischen Darstellungen der absoluten bzw. relativen Häufigkeiten (Bilder 1.1 und 1.2) ein anschauliches Bild über die Stichprobe.

Wir betrachten nun das Beispiel eines diskreten Merkmals mit relativ vielen Merkmalwerten.

Beispiel 1.2. Zur Erlangung eines Übungsscheins in einem bestimmten Studienfach mußten Studenten bei zwei Klausuren von insgesamt 60 möglichen Punkten mindestens 30 erreichen. Aus der Urliste wurde die in Tabelle 1.2 angegebene Strich- und Häufigkeitsliste für die Gesamtpunktzahlen angefertigt. Die graphischen Darstellungen der absoluten bzw. relativen Häufigkeiten der einzelnen Punkte ist wegen der großen Anzahl der Merkmalwerte nicht sehr übersichtlich; wir führen sie deswegen nicht auf. Es ist jedoch sinnvoll, einzelne Punktewerte zu einer Klasse zusammenzufassen. Da keiner der Teilnehmer 0 Punkte erreicht hat, können wir den Merkmalwert 0 unberücksichtigt lassen. Die restlichen 60 Merkmalwerte teilen wir in 6 Klassen ein, wobei der Reihe nach jeweils 10 Werte zu einer Klasse zusammengefaßt werden. Die Klasse K_1 z.B. besteht aus den Punktzahlen 1, 2, ... , 10. Damit im Histogramm der Klassenhäufigkeiten in Bild 1.3a eindeutig ersichtlich ist, zu welcher jeweiligen Klasse ein bestimmter Wert gehört, wird dort die Klassengrenze genau in der Mitte zwischen zwei benachbarten Punkten festgesetzt. Als Klassengrenzen erhalten wir der Reihe nach die Zahlen 0,5; 10,5; 20,5; 30,5; 40,5; 50,5 und 60,5. Da bei der Klassenbildung der möglichen Punkte zwischen 1 und 60 eine äquidistante Unterteilung vorgenommen wurde, sind im entsprechenden Histogramm

Tabelle 1.2. Klasseneinteilungen

Punktezahl z_k	Striche	absolute Häufigkeit h_k	äquidistante Klasseneinteilung		nichtäquidistante Klassenbildung für die Zensur				
			Klasse	absolute Häufigkeit	Zensur	absolute Häufigkeit	relative Häufigkeit	Klassenbreite	abs. Häufigkeit / Klassenbreite
0		0							
1	|	1							
2	|||	3							
3	|	1							
4	|	1							
5	⊬|||	6	K_1	17					
6	|	1							
7		0							
8		0							
9	||	2							
10	||	2							
11	|	1							
12	|	1							
13	|||	3							
14	||	2							
15		0							
16	|	1	K_2	15					
17	|||	3			5	55	0,3333	29	$\frac{55}{29} = 1{,}897$
18	|	1							
19	|||	3							
20		0							
21	||||	4							
22	||	2							
23	||||	4							
24	||||	4							
25		0	K_3						
26	||||	4		30					
27	|||	3							
28	|	1							
29	|	1							
30	⊬||	7							
31	||	2							
32	⊬||||	9							
33	||||	4							
34	||||	4							
35	⊬||||	9	K_4	51	4	50	0,3030	9	$\frac{50}{9} = 5{,}556$
36	⊬|	6							
37	⊬|	6							
38	|||	3							
39	|||	3							
40	⊬	5							
41	⊬	5							
42	⊬||	7							
43	|||	3			3	34	0,2061	8	$\frac{34}{8} = 4{,}25$
44	⊬	5							
45	|||	3							
46	|||	3	K_5	42					
47	|||	3							
48	⊬	5							
49	⊬|	6							
50	||	2							
51	|||	3							
52	||	2			2	24	0,1455	9	$\frac{24}{9} = 2{,}667$
53	|	1							
54	||	2							
55		0	K_6	10					
56		0							
57	|	1							
58	|	1			1	2	0,0121	5	$\frac{2}{5} = 0{,}4$
59		0							
60		0							
		n = 165		n = 165		n = 165	1		

a) Klassenhäufigkeiten bei äquidistanter Klasseneinteilung

b) falsches Histogramm bei verschiedenen Klassenbreiten

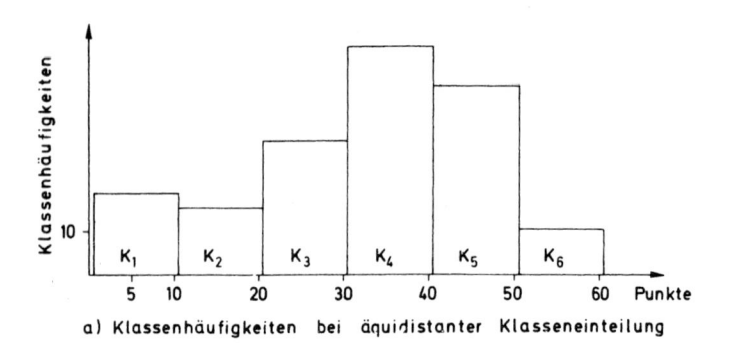

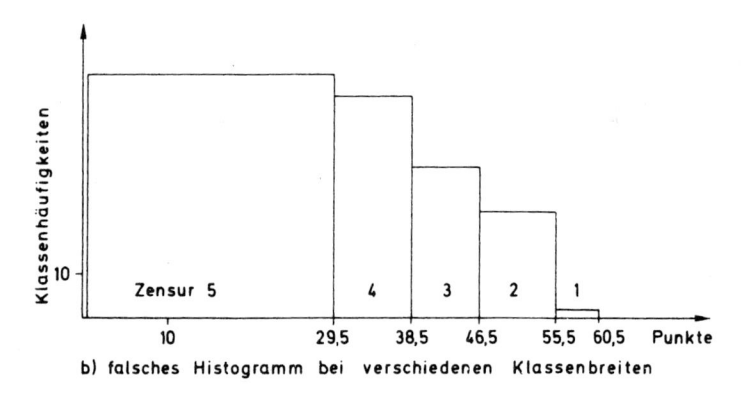

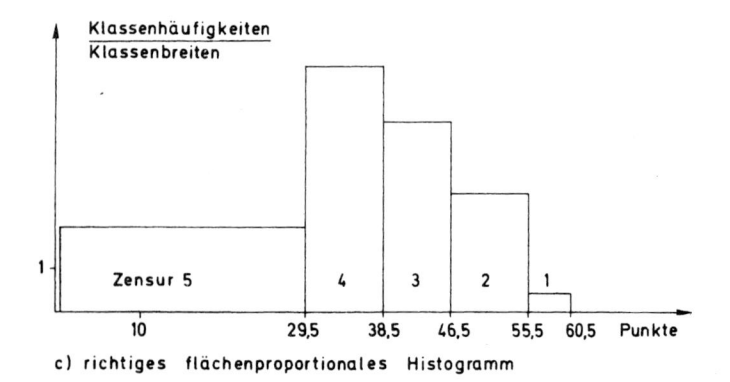

c) richtiges flächenproportionales Histogramm

Bild 1.3.

1.1. Häufigkeitsverteilungen einer Stichprobe

alle auftretenden Rechtecke gleich breit. Als Höhen sind die absoluten Häufigkeiten der jeweiligen Klassen gewählt.

Zur Festsetzung der Zensuren wurde jedoch eine andere Klasseneinteilung benutzt. Durch die Grenzpunkte 0,5; 29,5; 38,5; 46,5; 55,5 und 60,5 werden insgesamt 5 Klassen erzeugt, die nun allerdings nicht mehr gleich breit sind. Trägt man bei dieser nichtäquidistanten Klasseneinteilung über jeder Klasse als Höhe die absolute Klassenhäufigkeit des Merkmalwertes auf, so erhält man ein Histogramm, aus dem man diese Häufigkeiten leicht ablesen kann. Da das Rechteck über der Klasse mit der Zensur 5 eine wesentlich größere Fläche besitzt als alle übrigen vier Rechtecke zusammen, könnte man aus dem Histogramm (Bild 1.3b) leicht den falschen Schluß ziehen, daß weit mehr als 50 % der Kandidaten die Note 5 erhalten haben. Bei Klasseneinteilungen mit verschiedenen Klassenbreiten ist es also nicht sinnvoll, im entsprechenden Histogramm als Rechteckshöhen die absoluten Häufigkeiten zu wählen. Daher stellen wir in Bild 1.3c ein flächenproportionales Histogramm her, bei dem die Fläche F über einer Klasse mit der Breite b gleich der absoluten Klassenhäufigkeit h ist. Für die Höhe z dieses Rechtecks folgt aus der Beziehung $F = b \cdot z = h$ dann

$$z = \frac{h}{b} = \frac{\text{absolute Klassenhäufigkeit}}{\text{Klassenbreite}}.$$ ♦

Falls eine Stichprobe sehr viele verschiedene Stichprobenwerte enthält, sind – wie schon erwähnt – die Häufigkeitstabelle und die graphischen Darstellungen sehr unübersichtlich. Daher ist oftmals eine Klassenbildung sinnvoll, wie wir sie in Beispiel 1.2 durchgeführt haben. Dazu betrachtet man ein Intervall $[a, b] = \{z \,|\, a \leq z \leq b\}$ welches sämtliche Stichprobenwerte enthält. Dieses Intervall wird in Teilintervalle zerlegt, wobei alle Werte, die im gleichen Teilintervall liegen, zu einer Klasse zusammengefaßt werden. Sofern Stichprobenwerte auf Randpunkten der Teilintervalle liegen, muß vor der Klassenbildung festgesetzt werden, zu welchen Intervallen die *Randpunk* gehören. Die Anzahl der Stichprobenwerte, die dann einer bestimmten Klasse angehören, heißt *absolute Klassenhäufigkeit*. Division dieses Zahlenwertes durch den Stichprobenumfang n liefert die *relative Klassenhäufigkeit*. Die absolute Häufigkeit der k-ten Klasse bezeichnen wir wieder mit h_k, ihre relative Häufigkeit mit r_k. Den Mittelpunkt des Intervalls, in welchem die Werte der k-ten Klasse liegen, bezeichnen wir mit $\hat{x}_k$ und nennen ihn die *Klassenmitte*. Es ist zu beachten, daß durch Klassenbildung meist Information über die Stichprobe verlorengeht, da in ihr die einzelnen Stichprobenwerte nicht mehr exakt feststellbar sind. Bei Zufallsstichproben, deren Werte z.B. Realisierungen einer stetigen Zufallsvariablen sind, sind Klasseneinteilungen unumgänglich. Hier wird bereits bei der Erstellung der Urliste durch ungenaues Ablesen und Runden der Meßwerte eine erste Klasseneinteilung mit konstanter Klassenbreite vorgenommen, wie aus dem Beispiel über die Bestimmung der Körpergröße zufällig ausgewählter Personen ersichtlich ist. Dabei handelt es sich um ein stetiges Merkmal, welches beobachtet wird. Die Körpergröße kann graphisch dadurch einigermaßen exakt bestimmt werden, daß mit Hilfe eines Meßgerätes der entsprechende Meßwert direkt auf einem Meßstab aufgezeichnet wird. Wendet man dieses Verfahren bei 100 zufällig ausgewählten Personen an, so erhält man wegen der Stetigkeit des Merkmals im allgemeinen 100 Markierungen an verschiedenen Stellen, die sich in einem bestimmten Bereich häufen. Bei der Übertragung der Meßwerte in eine Urliste werden jedoch die Meßwerte (auf ganze cm) gerundet. Dabei bedeutet z.B. der gerundete Meßwert 171, daß die Körpergröße der entsprechenden Person zwischen 170,5 und 171,5 liegt. Die exakte Körpergröße wird jedoch höchst selten auf einer Intervallgrenze liegen. Falls ein solcher Grenzfall trotzdem einmal auftreten sollte, so muß geklärt werden, zu welcher Klasse er gehört. Um dieser Schwierigkeit aus dem Wege zu gehen, ist es sinnvoll, zum Teil halboffene Intervalle $(c, d] = \{z \in \mathbb{R} \mid c < z \leq d\}$ bzw. $[e, f) = \{z \in \mathbb{R} \mid e \leq z < f\}$ zu benutzen.

Beispiel 1.3. In der Tabelle 1.3 sind die Brutto-Monatsverdienste von 120 männlichen Arbeitern eines Betriebes aufgeführt.

Tabelle 1.3. Brutto-Monatsverdienste von 120 Arbeitern eines Betriebes

Klasse	Klassengrenzen	Klassenmitte $\hat{x}_k$	h_k = absolute Häufigkeit	r_k = relative Häufigkeit
1	$700 < V \leq 800$	750	1	0,008
2	$800 < V \leq 900$	850	3	0,025
3	$900 < V \leq 1000$	950	8	0,067
4	$1000 < V \leq 1100$	1050	12	0,100
5	$1100 < V \leq 1200$	1150	22	0,184
6	$1200 < V \leq 1300$	1250	27	0,225
7	$1300 < V \leq 1400$	1350	19	0,159
8	$1400 < V \leq 1500$	1450	14	0,117
9	$1500 < V \leq 1600$	1550	7	0,058
10	$1600 < V \leq 1700$	1650	5	0,042
11	$1700 < V \leq 1800$	1750	2	0,017
			n = 120	1,002 (Rundungsfehler)

Ein Histogramm dieser in einer Klasseneinteilung gegebenen Stichprobe haben wir in Bild 1.4 graphisch dargestellt. ♦

Anordnung der Stichprobenwerte und empirische Verteilungsfunktion

Beispiel 1.4. 50 Schüler zweier Schulklassen werden der Größe nach in einer Reihe aufgestellt. Damit sind die Meßwerte des Merkmals „*Körpergröße*" bereits der Größe nach geordnet. Sie stellen dann − wie man sagt − eine *geordnete Stichprobe* dar.
Die absoluten und die relativen Häufigkeiten dieser Stichprobe sind in der Tabelle 1.4 aufgeführt. Oft interessiert man sich für die Anzahl derjenigen Kinder, deren Körpergröße eine bestimmte Zahl nicht übersteigt. Diese Anzahl erhält man durch Addition der absoluten Häufigkeiten derjenigen Merkmalwerte, die diesen Zahlenwert nicht übertreffen. In diesem Beispiel sind 8 Kinder nicht größer als 120 cm, also höchstens 120 cm groß.

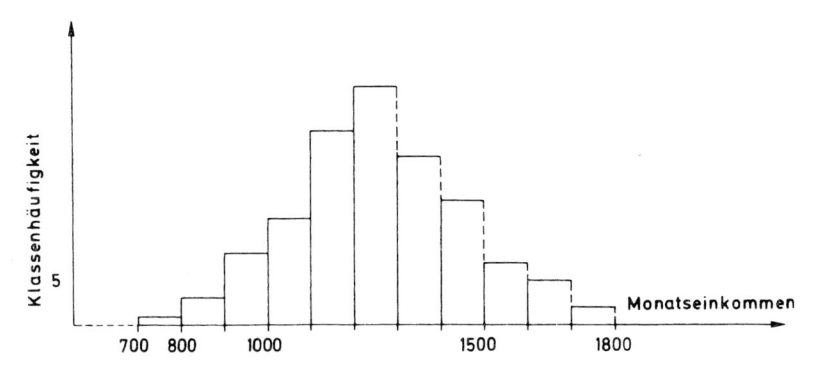

1.1. Häufigkeitsverteilungen einer Stichprobe

Bild 1.4. Histogramm bei äquidistanter Klasseneinteilung

Tabelle 1.4. Summenhäufigkeiten einer geordneten Stichprobe

Körpergröße x_i^*	absolute Häufigkeit h_i	absolute Summenhäufigkeit H_i	relative Häufigkeit r_i	relative Summenhäufigkeit R_i
116	1	1	0,02	0,02
117	2	3	0,04	0,06
118	0	3	0	0,06
119	2	5	0,04	0,10
120	3	8	0,06	0,16
121	4	12	0,08	0,24
122	6	18	0,12	0,36
123	8	26	0,16	0,52
124	7	33	0,14	0,66
125	5	38	0,10	0,76
126	3	41	0,06	0,82
127	1	42	0,02	0,84
128	2	44	0,04	0,88
129	1	45	0,02	0,90
130	2	47	0,04	0,94
131	2	49	0,04	0,98
132	0	49	0	0,98
133	0	49	0	0,98
134	1	50	0,02	1,00
	n = 50		1,00	1,00

Die Summe der absoluten Häufigkeiten derjenigen Merkmalwerte, die nicht größer als x_i^* sind, nennen wir *absolute Summenhäufigkeit* des Merkmalwertes x_i^* und bezeichnen sie mit H_i. Es gilt also

$$H_i = \sum_{k=1}^{i} h_k. \tag{1.2}$$

Die *absoluten Summenhäufigkeiten* aus Beispiel 1.4 sind in der 3. Spalte der Tabelle 1.4 dargestellt. Mit den relativen Häufigkeiten r_i erhält man als sog. *relative Summenhäufigkeit*

$$R_i = \sum_{k=1}^{i} r_k \tag{1.3}$$

den relativen Anteil derjenigen Merkmalwerte, die nicht größer als x_i^* sind. Die relativen Summenhäufigkeiten für das Beispiel 1.4 sind in der letzten Spalte der Tabelle 1.4 berechnet. In Bild 1.5 (unten) sind über den Merkmalwerten deren

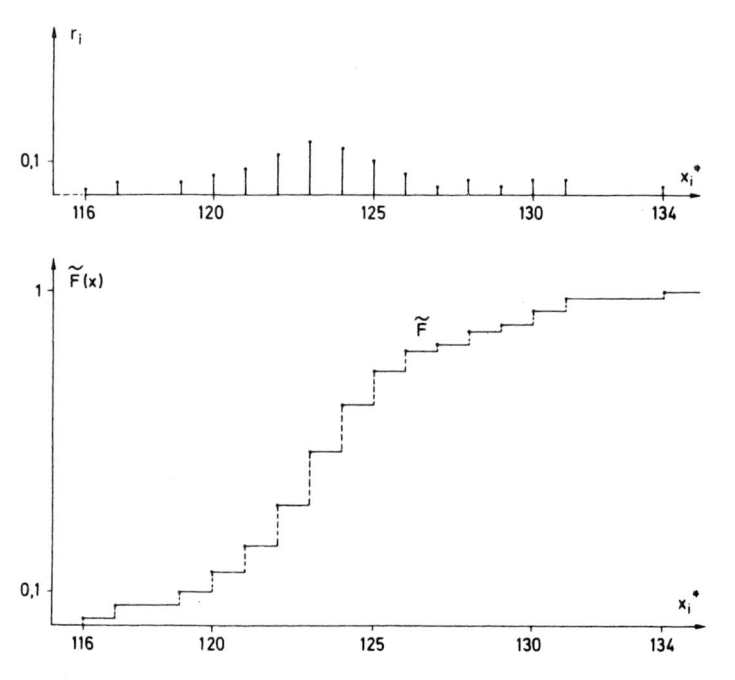

Bild 1.5. Stabdiagramm und empirische Verteilungsfunktion

relative Summenhäufigkeiten (Punkte) eingezeichnet. Daraus ergibt sich die sog. *empirische Verteilungsfunktion* $\widetilde{F}$ als eine *Treppenfunktion*, deren Treppenstufen in den eingezeichneten Punkten enden. An der Stelle x_i^* ist der Funktionswert $\widetilde{F}(x_i^*)$ gleich der relativen Summenhäufigkeit R_i. Zwischen zwei benachbarten Merkmalwerten ist die Funktion konstant. $\widetilde{F}$ besitzt nur an den Stellen x_i^* Sprünge der jeweiligen Höhen r_i. Die Sprunghöhen sind also gleich den Längen der Stäbe des Stabdiagramms für die relativen Häufigkeiten. ♦

Nachdem wir einige Begriffe eingeführt haben, wollen wir sie nochmals allgemein formulieren in der folgenden

Definition 1.2. Gegeben sei eine Stichprobe $(x_1, x_2, \ldots, x_n)$ vom Umfang n. Die darunter vorkommenden verschiedenen Merkmalwerte x_k^* sollen dabei die absoluten Häufigkeiten h_k und die relativen Häufigkeiten r_k besitzen für k = 1, 2, ... , N. Dann heißt die Summe der absoluten Häufigkeiten aller Merkmalwerte, die kleiner oder gleich x_k^* sind – wir schreiben dafür $H_k = \sum_{i:\, x_i^* \leq x_k^*} h_i$ – die *absolute Summenhäufigkeit* von x_k^* und die Summe der entsprechenden relativen Häufigkeiten

$$R_k = \sum_{i:\, x_i^* \leq x_k^*} r_i \text{ die } \textit{relative Summenhäufigkeit} \text{ des Merkmalwertes } x_k^* \text{ für}$$

k = 1, 2, ... , N.
Die für jedes $x \in \mathbb{R}$ durch

$\widetilde{F}_n(x) =$ Summe der relativen Häufigkeiten aller Merkmalwerte, die kleiner oder gleich x sind

definierte Funktion $\widetilde{F}_n$ heißt die *(empirische) Verteilungsfunktion* der Stichprobe $(x_1, x_2, \ldots, x_n)$.

Bemerkung: $\widetilde{F}_n$ ist eine Treppenfunktion, die nur an den Stellen x_k^* einen Sprung der Höhe r_k hat für k = 1, 2, ... , N. Aus $x \leq y$ folgt $\widetilde{F}_n(x) \leq \widetilde{F}_n(y)$. Die Funktion $\widetilde{F}_n$ ist also *monoton nichtfallend*.
Ist x kleiner als der kleinste Stichprobenwert, so gilt $\widetilde{F}_n(x) = 0$. Ist x größer oder gleich dem größten Stichprobenwert, so gilt $\widetilde{F}_n(x) = 1$. Die Funktion $\widetilde{F}_n$ besitzt somit ähnliche Eigenschaften wie die Verteilungsfunktion F einer diskreten Zufallsvariablen X (vgl. [2] 2.2.2). Daher wird hier die Bezeichnungsweise „Verteilungsfunktion" verwendet wie bei Zufallsvariablen. Der Zusatz *empirisch* soll besagen, daß die Funktion mit Hilfe einer Stichprobe ermittelt wurde. (Dabei ist n der Stichprobenumfang.) Verschiedene Stichproben liefern im allgemeinen auch verschiedene empirische Verteilungsfunktionen. Bei Zufallsstichproben werden wir in Abschnitt 7.1 auf den Zusammenhang zwischen der empirischen Verteilungsfunktion einer Stichprobe und der Verteilungsfunktion der entsprechenden Zufallsvariablen eingehen.

Ist die Stichprobe in einer Klasseneinteilung gegeben, so geht man vor, als ob sämtliche Werte einer Klasse in der Klassenmitte liegen, und berechnet damit die empirische Verteilungsfunktion. Sie besitzt dann höchstens in den Klassenmittelpunkten Sprungstellen, deren Sprunghöhen gleich der jeweiligen relativen Klassenhäufigkeiten sind. Manchmal benutzt man anstelle der Klassenmitten auch die rechtseitigen Klassenendpunkte. Bei dieser Darstellung ist der Funktionswert von $\tilde{F}_n$ an einem rechtsseitigen Klassenendpunkt, sofern dieser zum entsprechenden Teilintervall gehört, gleich der relativen Häufigkeit derjenigen Stichprobenwerte der Urliste, die kleiner oder gleich dem entsprechenden Zahlenwert sind. An den übrigen Stellen braucht diese Eigenschaft nicht erfüllt zu sein, da ja die Werte der Urliste an verschiedenen Stellen des Klassenintervalls liegen können.

1.2. Mittelwerte (Lageparameter) einer Stichprobe

1.2.1. Der (empirische) Mittelwert

Bei vielen statistischen Erhebungen werden keine Häufigkeitstabellen, sondern nur Mittelwerte angegeben. So ist z.b. im statistischen Jahrbuch 1974 für die Bundesrepublik Deutschland zu lesen, daß im Jahr 1972 der durchschnittliche Zuckerverbrauch pro Bundesbürger 30,48 kg betrug. Zur Bestimmung dieses Zahlenwertes wird der Gesamtverbrauch durch die Anzahl der Bundesbürger dividiert. Der durchschnittliche Bierverbrauch von 188 l für das Jahr 1972 wurde je „potentiellen" Verbraucher angegeben. Dazu wurde die im Jahr 1972 konsumierte Biermenge dividiert durch die durchschnittliche Zahl derjenigen Bundesbürger, die mindestens 15 Jahre alt waren.

Ebenfalls eine Durchschnittsbildung vollziehen wir im folgenden elementaren

Beispiel 1.5. In einem kleinen Betrieb sind 6 Personen im Angestelltenverhältnis beschäftigt, die monatlich folgende Bruttogehälter (in DM) beziehen:

950; 1200; 1370; 1580; 1650; 1800.

Der Arbeitgeber muß also monatlich insgesamt 8 550 DM an Gehalt bezahlen. Die 6 Beschäftigten erhalten somit ein monatliches *Durchschnittsgehalt* von

$$\bar{x} = \frac{950 + 1200 + 1370 + 1580 + 1650 + 1800}{6} = 1425 \text{ DM}.$$

Würde die Gesamtsumme 8 550 auf die 6 Beschäftigten gleichmäßig verteilt, so bekäme jeder 1425 DM ausbezahlt. Multipliziert man den Durchschnittswert $\bar{x}$ mit der Anzahl der Stichprobenelemente, erhält man die Summe aller Stichprobenwerte; es gilt also

$$n\bar{x} = \sum_{i=1}^{n} x_i. \qquad \blacklozenge$$

1.2. Mittelwerte (Lageparameter) einer Stichprobe

Die in diesem Beispiel vorkommenden Begriffe werden allgemein eingeführt durch die folgende

Definition 1.3. Ist $x = (x_1, x_2, \ldots, x_n)$ eine Stichprobe vom Umfang n, dann heißt

$$\bar{x} = \frac{x_1 + x_2 + \ldots + x_n}{n} = \frac{1}{n} \sum_{i=1}^{n} x_i \qquad (1.4)$$

der *(empirische) Mittelwert (arithmetisches Mittel)* der Stichprobe x.

Aus dem Mittelwert $\bar{x}$ erhält man durch Multiplikation mit dem Stichprobenumfang n die Summe aller Stichprobenwerte, aus (1.4) folgt also unmittelbar die Identität

$$\boxed{x_1 + x_2 + \ldots + x_n = \sum_{i=1}^{n} x_i = n\bar{x}.} \qquad (1.5)$$

Sind $x_1^*, x_2^*, \ldots, x_N^*$ die verschiedenen Merkmalwerte einer Stichprobe mit den Häufigkeiten $h_1, h_2, \ldots, h_N$, so kommt der Merkmalwert x_k^* in der Urliste h_k-mal vor für $k = 1, 2, \ldots, N$. Daher gilt

$$\boxed{\bar{x} = \frac{h_1 x_1^* + h_2 x_2^* + \ldots + h_N x_N^*}{n} = \frac{1}{n} \sum_{k=1}^{N} h_k x_k^*.} \qquad (1.6)$$

Beispiel 1.6 (vgl. Beispiel 1.1). Die in Tabelle 1.1 dargestellte Stichprobe der Mathematikzensuren von 25 Schülern besitzt den (empirischen) Mittelwert

$$\bar{x} = \frac{1}{25}(3 \cdot 1 + 5 \cdot 2 + 9 \cdot 3 + 6 \cdot 4 + 5 \cdot 2) = 2{,}96.$$

In diesem Beispiel stimmt kein einziger Stichprobenwert mit dem Mittelwert überein, da ja kein Schüler die Note 2,96 erhalten konnte, weil nur ganzzahlige Zensuren vergeben wurden. ♦

Ist von einer Stichprobe x weder die Urliste noch eine Häufigkeitstabelle, sondern nur eine Klasseneinteilung bekannt, so läßt sich der Mittelwert nicht exakt berechnen. In einem solchen Fall ermittelt man einen Näherungswert, indem man aus jeder Klasse die Klassenmitte $\hat{x}_k$ mit der absoluten Häufigkeit h_k wählt. Diesen Näherungswert bezeichnen wir mit $\bar{\bar{x}}$. Es gilt also

$$\boxed{\bar{\bar{x}} = \frac{1}{n} \sum_{k=1}^{N} h_k \hat{x}_k \approx \bar{x}.} \qquad (1.7)$$

Diese Näherung wird offensichtlich besser, wenn die Klasseneinteilung feiner wird.

Beispiel 1.7 (vgl. Beispiel 1.3). Aus der in Tabelle 1.3 angegebenen Klasseneinteilung der Brutto-Monatsverdienste von 120 männlichen Arbeitern erhalten wir auf diese Weise für das Durchschnittseinkommen die Näherung

$$\bar{x} \approx \bar{\bar{x}} = \frac{1}{120}(750 + 3 \cdot 850 + 8 \cdot 950 + 12 \cdot 1050 + 22 \cdot 1150 + 27 \cdot 1250 +$$
$$+ 19 \cdot 1350 + 14 \cdot 1450 + 7 \cdot 1550 + 5 \cdot 1650 + 2 \cdot 1750) =$$

$$= \frac{151\,100}{120} = 1259{,}17. \qquad \blacklozenge$$

Als nächstes betrachten wir ein Beispiel, in dem aus mehreren Stichproben verschiedener Umfänge eine einzige Stichprobe gebildet wird.

Beispiel 1.8. In der Tabelle 1.5 sind aus insgesamt 5 Betrieben die durchschnittlichen Brutto-Monatsverdienste der Angestellten (gemittelt in den jeweiligen Betrieben) zusammengestellt.

Tabelle 1.5. Zusammengesetzte Stichprobe

Betrieb	n_i = Anzahl der Angestellten	Durchschnittsverdienst $\bar{y}_i$	$n_i \bar{y}_i$
1	78	1425	111 150
2	123	1483	182 409
3	140	1324	185 360
4	153	1457	222 921
5	258	1490	384 420
	n = 752		1086 260 = $n\bar{x}$

Insgesamt beschäftigen die 5 Betriebe 752 Angestellte. Zur Berechnung des durchschnittlichen Brutto-Monatsverdienstes dieser 752 Angestellten berechnen wir zunächst die gesamten Monatsgehälter der 5 Betriebe (= $n_i \bar{y}_i$). Dividiert man die Summe dieser 5 Produkte durch die Gesamtanzahl der Angestellten, so ergibt sich der durchschnittliche Brutto-Monatsverdienst der 752 Angestellten zu

$$\bar{x} = \frac{1086\,260}{752} = 1444{,}49. \qquad \blacklozenge$$

1.2. Mittelwerte (Lageparameter) einer Stichprobe

Allgemein zeigen wir den

Satz 1.1
Gegeben seien M Stichproben $y_1, y_2, \ldots, y_M$ bezüglich des gleichen Merkmals mit den jeweiligen Stichprobenumfängen $n_1, n_2, \ldots, n_M$ und den (empirischen) Mittelwerten $\bar{y}_1, \bar{y}_2, \ldots, \bar{y}_M$. Die Stichprobe x sei aus den Stichproben $y_1, y_2, \ldots, y_M$ zusammengesetzt. Dann gilt für den (empirischen) Mittelwert $\bar{x}$ der gesamten Stichprobe x die Gleichung

$$\bar{x} = \frac{n_1 \bar{y}_1 + n_2 \bar{y}_2 + \ldots + n_M \bar{y}_M}{n_1 + n_2 + \ldots + n_M} = \frac{\sum_{i=1}^{M} n_i \bar{y}_i}{\sum_{i=1}^{M} n_i}. \qquad (1.8)$$

Beweis: Für den Umfang n der zusammengesetzten Stichprobe x erhalten wir $n = n_1 + n_2 + \ldots + n_M = \sum_{i=1}^{M} n_i$. Da die Summe der Stichprobenwerte der Stichprobe y_i gleich $n_i \bar{y}_i$ ist, besitzt x als Summe den Wert $S = n_1 \bar{y}_1 + n_2 \bar{y}_2 + \ldots + n_M \bar{y}_M = \sum_{i=1}^{M} n_i \bar{y}_i$. Damit folgt aus $\bar{x} = \frac{S}{n}$ unmittelbar die Behauptung. ∎

Praktische Berechnung des (empirischen) Mittelwertes

Sind die meisten Stichprobenwerte x_i sehr groß, so ist die Berechnung von $\bar{x}$ im allgemeinen mühsam. In diesem Fall kann die Rechnung dadurch vereinfacht werden, daß jeweils die gleiche Zahl d subtrahiert wird, wodurch die Differenzen $y_i = x_i - d$ klein werden. Für die Stichprobe

$$y = (y_1, \ldots, y_n) = (x_1 - d, x_2 - d, \ldots, x_n - d) = x - d$$

gilt dann

$$\bar{y} = \bar{x} - d, \quad \text{d.h.} \quad \bar{x} = \bar{y} + d.$$

Aus $\bar{y}$ läßt sich $\bar{x}$ sehr einfach zurückgewinnen.

Multipliziert man sämtliche Werte einer Stichprobe x mit einer Konstanten $a \neq 0$, so gilt mit $y = (ax_1, ax_2, \ldots, ax_n)$ die Beziehung

$$\bar{y} = a\bar{x}, \quad \text{d.h.} \quad \bar{x} = \frac{1}{a} \bar{y}.$$

Im folgenden werden beide Methoden gleichzeitig angewendet: Sind a und b fest vorgegebene reelle Zahlen, so nennen wir die aus der Stichprobe $x = (x_1, x_2, \ldots, x_n)$

gewonnene neue Stichprobe $y = ax + b = (ax_1 + b, ax_2 + b, \ldots, ax_n + b)$ eine *lineare Transformation* der Stichprobe x. Für eine solche Transformation zeigen wir den

Satz 1.2
Ist $x = (x_1, x_2, \ldots, x_n)$ eine beliebige Stichprobe mit dem (empirischen) Mittelwert $\bar{x}$, so gilt für die lineare Transformation $y = ax + b = (ax_1 + b, ax_2 + b, \ldots, ax_n + b)$, $a, b \in \mathbb{R}$, die Beziehung

$$\bar{y} = \overline{ax + b} = a \cdot \bar{x} + b. \tag{1.9}$$

Beweis: $\bar{y} = \frac{1}{n} \sum_{i=1}^{n} (ax_i + b) = \frac{1}{n}\left(a \sum_{i=1}^{n} x_i + bn\right) = a \cdot \frac{1}{n} \sum_{i=1}^{n} x_i + \frac{1}{n} \cdot b \cdot n = a\bar{x} + b.$ ∎

Beispiel 1.9. Gegeben sei die in Spalte 1 und 2 der Tabelle 1.6 dargestellte Häufigkeitsverteilung. Man berechne möglichst einfach den (empirischen) Mittelwert dieser Stichprobe.

Nach Subtraktion der Zahl 4000 von den Stichprobenwerten stellen wir fest, daß nun alle Werte $x_i - 4000$ ein Vielfaches von 13 sind. Daher dividieren wir die Differenzen $x_i - 4000$ durch 13 und erhalten die in Tabelle 1.6 aufgeführten Werte.

Tabelle 1.6. Mittelwertbildung durch eine lineare Transformation

x_k^*	h_k	$x_k^* - 4000$	$y_k^* = \dfrac{x_k^* - 4000}{13}$	$y_k^* h_k$
4013	3	13	1	3
4026	4	26	2	8
4039	5	39	3	15
4052	2	52	4	8
4065	3	65	5	15
4078	3	78	6	18
	n = 20			67

Die transformierte Stichprobe y besitzt den Mittelwert $\bar{y} = \frac{67}{20} = 3{,}35$.

Aus $y = \dfrac{x - 4000}{13}$ folgt $x = 13y + 4000$ und hieraus nach (1.9) für den gesuchten Mittelwert $\bar{x} = 13\bar{y} + 4000 = 4043{,}55$. Die Stichprobe x kann man sich etwa dadurch entstanden denken, daß die beim wiederholten Würfeln aufgetretenen Augenzahlen mit 13 multipliziert werden und anschließend dazu noch die Zahl 4000 addiert wird. ♦

Sind $x = (x_1, x_2, \ldots, x_n)$ und $y = (y_1, y_2, \ldots, y_n)$ zwei Stichproben vom gleichen Umfang n, so wird für $a, b \in \mathbb{R}$ durch

$$z = ax + by = (ax_1 + by_1, ax_2 + by_2, \ldots, ax_n + by_n)$$

1.2. Mittelwerte (Lageparameter) einer Stichprobe

eine neue Stichprobe erklärt, eine sog. *Linearkombination von* x *und* y. Dafür gilt der

> **Satz 1.3**
> Sind $x = (x_1, x_2, \ldots, x_n)$ und $y = (y_1, y_2, \ldots, y_n)$ zwei Stichproben vom gleichen Umfang n mit den (empirischen) Mittelwerten $\bar{x}$ und $\bar{y}$, so gilt für die Stichprobe
>
> $z = ax + by = (ax_1 + by_1, ax_2 + by_2, \ldots, ax_n + by_n)$
>
> die Beziehung
>
> $$\bar{z} = \overline{ax + by} = a \cdot \bar{x} + b \cdot \bar{y}. \tag{1.10}$$

Beweis: $\bar{z} = \overline{ax + by} = \dfrac{1}{n} \sum_{i=1}^{n} (ax_i + by_i) = a \cdot \dfrac{1}{n} \sum_{i=1}^{n} x_i + b \cdot \dfrac{1}{n} \sum_{i=1}^{n} y_i = a \cdot \bar{x} + b \cdot \bar{y}.$ ∎

1.2.2. Der (empirische) Median

Beispiel 1.10 (vgl. Beispiel 1.5).

a) Falls der Inhaber des Betriebes aus Beispiel 1.5 ein monatliches Bruttoeinkommen von DM 6000 hat, lauten die 7 Monatsgehälter (der Größe nach geordnet)

950; 1200; 1370; $\boxed{1580}$; 1650; 1800; 6000.

Für das Durchschnittsgehalt $\bar{x}$ dieser 7 Personen erhalten wir aus Beispiel 1.5 mit der Formel (1.8) den Zahlenwert

$$\bar{x} = \frac{6 \cdot 1425 + 6000}{7} = \frac{14550}{7} = 2078{,}57.$$

Alle 6 Angestellten erhalten weniger als $\bar{x}$, während das Gehalt des Inhabers weit über dem Durchschnittswert $\bar{x}$ liegt. Der (empirische) Mittelwert $\bar{x}$ der Stichprobe wird durch den sogenannten „Ausreißer" $x_7 = 6000$ stark beeinflußt. Wir führen einen zweiten Lageparameter ein, der gegenüber solchen Ausreißern unempfindlicher ist. Weil in diesem Beispiel der Stichprobenumfang n ungerade ist, gibt es in der geordneten Stichprobe genau einen Stichprobenwert, der in der Mitte der Stichprobe steht. Links und rechts von ihm befinden sich also jeweils gleich viele Stichprobenwerte. Diesen Zahlenwert $x_4 = 1580$ nennen wir den *(empirischen) Median* oder den *Zentralwert* der Stichprobe.

b) Wird in dem betrachteten Kleinbetrieb ein weiterer Beschäftigter eingestellt mit einem Bruttomonatsgehalt von 1600 DM, so besitzt die der Größe nach geordnete Stichprobe

950; 1200; 1370; $\boxed{1580;\ 1600}$; 1650; 1800; 6000

keinen Wert, der genau in der Mitte steht. In diesem Fall bezeichnet man das arithmetische Mittel $\tilde{x} = \tfrac{1}{2}(1580 + 1600) = 1590$ der beiden Stichprobenwerte, die sich in der Mitte befinden, als (empirischen) Median der Stichprobe. ♦

Diese Vorbetrachtungen sind Anlaß zu der allgemeinen

Definition 1.4. Die der Größe nach *geordneten Werte einer Stichprobe* x vom Umfang n bezeichnen wir mit $x_{(1)}, x_{(2)}, \ldots, x_{(n)}$; es sei also

$$x_{(1)} \leq x_{(2)} \leq x_{(3)} \leq \ldots \leq x_{(n)}.$$

Dann heißt der durch diese geordnete Stichprobe eindeutig bestimmte Zahlenwert

$$\tilde{x} = \begin{cases} x_{(\frac{n+1}{2})} & \text{, falls n ungerade ist,} \\ \dfrac{x_{(\frac{n}{2})} + x_{(\frac{n}{2}+1)}}{2} & \text{, falls n gerade ist} \end{cases}$$

der *(empirische) Median* oder *Zentralwert* der Stichprobe.

Beispiel 1.11. Zur Bestimmung des (empirischen) Medians der in Tabelle 1.1 beschriebenen Stichprobe aus Beispiel 1.1 bilden wir in Tabelle 1.7 die absoluten bzw. die relativen Summenhäufigkeiten. Für den (empirischen) Median $\tilde{x}$ erhalten wir $\tilde{x} = x_{(\frac{n+1}{2})} = x_{(13)}$. Aus den absoluten Summenhäufigkeiten folgt

$x_{(9)} = x_{(10)} = \ldots = x_{(17)} = 3$. Damit gilt $\tilde{x} = x_3^* = 3$. Hier ist derjenige Merkmalwert der (empirische) Median, bei dem die relative Summenhäufigkeit von unter 0,5 auf über 0,5 springt. ♦

Tabelle 1.7. Bestimmung des (empirischen) Medians aus der Häufigkeitstabelle

Merkmalwert x_k^*	absolute Häufigkeit h_k	absolute Summenhäufigkeit H_k	relative Häufigkeit r_k	relative Summenhäufigkeit R_k	
1	3	3	0,12	0,12	
2	5	8	0,20	0,32	
3	9	17	0,36	0,68	$\tilde{x} = 3$
4	6	23	0,24	0,92	
5	2	25	0,08	1,00	
6	0	25	0	1,00	
Summe	n = 25		1,0		

Beispiel 1.12. Bei der in Tabelle 1.8 dargestellten Stichprobe wird die relative Summenhäufigkeit 0,5 (oder die absolute Summenhäufigkeit $\frac{n}{2}$) vom Merkmalwert 3 angenommen. Dieser Tatbestand ist höchstens bei geradzahligen n erfüllt. Der (empirische) Median ist somit gleich dem arithmetischen Mittel aus dem Merkmalwert 3 und dem darauffolgenden Merkmalwert 4. Es gilt also $\tilde{x} = 3,5$. ♦

1.2. Mittelwerte (Lageparameter) einer Stichprobe

Tabelle 1.8. Bestimmung des (empirischen) Medians aus der Häufigkeitstabelle

Merkmalwert x_k^*	absolute Häufigkeit h_k	absolute Summenhäufigkeit H_k	relative Häufigkeit r_k	relative Summenhäufigkeit R_k	
2	3	3	0,15	0,15	
3	7	10	0,35	0,50	$\tilde{x} = \dfrac{3+4}{2} = 3,5$
4	2	12	0,10	0,60	
5	8	20	0,40	1,00	
Summe	n = 20		1,00		

Bemerkung: Ist n gerade und springt bei einem Merkmalwert die relative Summenhäufigkeit von unter 0,5 auf über 0,5, so sind die beiden in der Mitte der geordneten Stichprobe stehenden Zahlen gleich diesem Merkmalwert. Dann ist dieser Merkmalwert der (empirische) Median. Somit gilt für die Bestimmung des (empirischen) Medians aus geordneten Häufigkeitstabellen der

Satz 1.4
a) Ist die relative Summenhäufigkeit eines Merkmalwertes gleich 0,5, dann ist der (empirische) Median gleich dem arithmetischen Mittel aus diesem Zahlenwert und dem nächstgrößeren.

b) Springt die relative Summenhäufigkeit bei einem Merkmalwert von unter 0,5 auf über 0,5, so ist dieser Wert der (empirische) Median der Stichprobe.

Der (empirische) Median $\tilde{x}$ einer Stichprobe x läßt sich folglich aus der (empirischen) Verteilungsfunktion sehr einfach bestimmen. Falls ein Merkmalwert $x_{k_0}^*$ existiert mit $\widetilde{F}(x_{k_0}^*) = \frac{1}{2}$, so gilt $\tilde{x} = \frac{1}{2}(x_{(k_0)}^* + x_{(k_0+1)}^*)$. Gibt es jedoch keinen solchen Merkmalwert, so ist der (empirische) Median gleich dem kleinsten derjenigen Merkmalwerte, für die gilt $\widetilde{F}(x_k^*) > \frac{1}{2}$ (vgl. Bild 1.6).

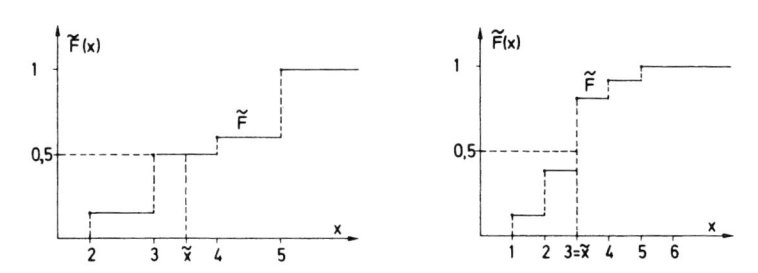

Bild 1.6. Bestimmung des (empirischen) Medians mit Hilfe der (empirischen) Verteilungsfunktion

Die Stichprobe $ax + b = (ax_1 + b, ax_2 + b, \ldots, ax_n + b)$ besitzt offensichtlich den Median $a \cdot \tilde{x} + b$, es gilt also

$$\widetilde{a \cdot x + b} = a \cdot \tilde{x} + b. \tag{1.11}$$

Bemerkung: Bei ungeradem Stichprobenumfang n wird manchmal auch *jeder Zahlenwert* zwischen $x_{(n/2)}$ und $x_{(n/2+1)}$ als Median definiert. Diese Definition hat den Vorteil, daß bei *streng monotonen Funktionen* g jeder Zahlenwert zwischen $g(x_{(n/2)})$ und $g(x_{(n/2+1)})$ wieder Median der transformierten Stichprobe $y = (g(x_1), g(x_2), \ldots, g(x_n))$ ist. Beim Quadrieren geht zum Beispiel das arithmetische Mittel der beiden mittleren Stichprobenwerte nicht in das arithmetische Mittel der transformierten Stichprobenwerte über.

1.2.3. Die Modalwerte

Definition 1.5. Jeder Merkmalwert, der in einer Stichprobe am häufigsten vorkommt, heißt *Modalwert (Modus* oder *Mode)* der Stichprobe.

Eine Stichprobe kann mehrere Modalwerte besitzen. So sind z.B. in $x = (1, 1, 1, 2, 2, 2, 3, 3, 3, 3, 3, 4, 4, 4, 4, 5, 5, 5, 5, 5, 6)$ die beiden Zahlen 3 und 5 Modalwerte, da beide gleich oft und häufiger als die übrigen Werte vorkommen. Der Merkmalwert $x_{k_0}^*$ ist genau dann Modalwert, wenn für die absoluten Häufigkeiten gilt

$$h_{k_0} = \max_k h_k. \tag{1.12}$$

In Beispiel 1.1 ist 3 der einzige Modalwert, in Beispiel 1.2 gibt es zwei Modalwerte, nämlich die Punktezahlen 32 und 35, in Beispiel 1.3 ist die Klasse 6 einzige *Modalklasse*, während in Beispiel 1.5 jeder der 6 Stichprobenwerte Modalwert ist. Die Betrachtung der Modalwerte ist allerdings nur dann interessant, wenn der Stichprobenumfang genügend groß ist.

1.3. Streuungsmaße einer Stichprobe

Die Mittelwerte einer Stichprobe liefern zwar ein gewisses Maß der Lage der Stichprobenwerte auf der reellen Achse, sie gestatten jedoch keine Aussagen über die Abstände der einzelnen Stichprobenwerte von diesen Mittelwerten. So besitzen z.B. die beiden Stichproben

$$x = (3, 3, 3, 4, 4, 4, 5, 6) \quad \text{und} \quad y = (-26, -10, 0, 4, 10, 20, 30)$$

den gleichen (empirischen) Mittelwert und den gleichen (empirischen) Median $\bar{x} = \bar{y} = \tilde{x} = \tilde{y} = 4$. Die Stichprobenwerte von x liegen jedoch viel dichter am Mittelwert als die der Stichprobe y.

1.3.1. Die Spannweite

Bei der graphischen Darstellung einer Stichprobe ist für die Festsetzung eines Maßstabes auf der Abszissenachse der Abstand des größten Stichprobenwertes vom kleinsten entscheidend. Dieser Abstand heißt die *Spannweite* der Stichprobe. Den größten Stichprobenwert, d.h. den größten in der Stichprobe vorkommenden Merkmalwert bezeichnen wir mit $\max_i x_i = \max_k x_k^*$, den kleinsten mit $\min_i x_i = \min_k x_k^*$. Damit geben wir die

Definition 1.6. Die Differenz $R = \max_i x_i - \min_i x_i = x_{(n)} - x_{(1)}$ heißt die *Spannweite* der Stichprobe.

Ist die Stichprobe als Klasseneinteilung gegeben, dann wählt man als größten Wert den rechtsseitigen Endpunkt der obersten und als kleinsten den linksseitigen Endpunkt der untersten Klasse.

Für die bereits behandelten Beispiele ergeben sich folgende Spannweiten

Tabelle 1.9. Spannweiten

Beispiel	max x_i	min x_i	R
1.1	5	1	4 (Zensuren)
1.2	58	1	57 (Punkte)
1.3	1800	700	1100 (DM)
1.4	134	116	18 (cm)
1.5	1800	950	850 (DM)
1.9	4078	4013	65
1.10	6000	950	5050 (DM)
1.12	5	2	3

1.3.2. Die mittlere absolute Abweichung

Bildet man die Differenzen $x_i - \bar{x}$ der Stichprobenwerte und des (empirischen) Mittelwertes, so besitzen diese wegen

$$\sum_{i=1}^n (x_i - \bar{x}) = \sum_{i=1}^n x_i - n\bar{x} = n\bar{x} - n\bar{x} = 0 \tag{1.13}$$

die Gesamtsumme Null. Somit scheidet diese Summe als geeignetes Maß für die Abweichungen der Stichprobenwerte vom (empirischen) Mittelwert aus, da sich die positiven und negativen Differenzen bei der Summenbildung wegheben. Es erweist sich jedoch als sinnvoll, anstelle der Differenzen $(x_i - \bar{x})$ die Abstände $|x_i - \bar{x}|$ zu benutzen und deren arithmetisches Mittel

$$d_{\bar{x}} = \frac{1}{n}\sum_{i=1}^n |x_i - \bar{x}| = \frac{1}{n}\sum_{k=1}^N h_k |x_k^* - \bar{x}| \quad (\text{mit } n = \sum_{k=1}^N h_k) \tag{1.14}$$

als ein erstes *Maß für die Streuung* der Stichprobenwerte einzuführen.

Ebenso bietet sich als Abweichungsmaß das arithmetische Mittel aller Abstände der Stichprobenwerte vom (empirischen) Median $\tilde{x}$ an, also der Parameter

$$d_{\tilde{x}} = \frac{1}{n} \sum_{i=1}^{n} |x_i - \tilde{x}| = \frac{1}{n} \sum_{k=1}^{N} h_k |x_k^* - \tilde{x}|. \tag{1.15}$$

Für diese beiden Zahlenwerte geben wir die

Definition 1.7. Es sei $x = (x_1, x_2, \ldots, x_n)$ eine Stichprobe mit dem (empirischen) Mittelwert $\bar{x}$ und dem (empirischen) Median $\tilde{x}$. Dann heißt

$$d_{\bar{x}} = \frac{1}{n} \sum_{i=1}^{n} |x_i - \bar{x}| = \frac{1}{n} \sum_{k=1}^{N} h_k |x_k^* - \bar{x}|$$

die *mittlere absolute Abweichung bezüglich* $\bar{x}$ und

$$d_{\tilde{x}} = \frac{1}{n} \sum_{i=1}^{n} |x_i - \tilde{x}| = \frac{1}{n} \sum_{k=1}^{N} h_k |x_k^* - \tilde{x}|$$

die *mittlere absolute Abweichung bezüglich* $\tilde{x}$.

Wenn die Merkmalwerte x_k^* ganzzahlig sind und $\bar{x}$ bzw. $\tilde{x}$ nicht, dann ist die Berechnung der Parameter $d_{\tilde{x}}$ und $d_{\bar{x}}$ nach den in der Definition angegebenen Formeln sehr mühsam. Zusätzlich erschweren die Betragszeichen in den Summen die Rechnung. Wir werden daher im folgenden diese Beziehungen so umformen, daß mit ihnen handlich zu rechnen ist. Dazu bezeichnen wir die Anzahl der Stichprobenwerte, die größer bzw. kleiner als ein fest vorgegebener Zahlenwert c sind, mit

$$\sum_{k:\, x_k^* > c} h_k \quad \text{bzw. mit} \quad \sum_{k:\, x_k^* < c} h_k.$$

Wegen $|x_k^* - c| = -(x_k^* - c)$ für $x_k^* < c$ folgt hiermit

$$d_{\bar{x}} = \frac{1}{n} \sum_{k=1}^{N} h_k |x_k^* - \bar{x}| = \frac{1}{n} \sum_{k:\, x_k^* > \bar{x}} h_k (x_k^* - \bar{x}) - \frac{1}{n} \sum_{k:\, x_k^* < \bar{x}} h_k (x_k^* - \bar{x}) =$$

$$= \frac{1}{n} \sum_{k:\, x_k^* > \bar{x}} h_k x_k^* - \frac{\bar{x}}{n} \sum_{k:\, x_k^* > \bar{x}} h_k - \frac{1}{n} \sum_{k:\, x_k^* < \bar{x}} h_k x_k^* + \frac{\bar{x}}{n} \sum_{k:\, x_k^* < \bar{x}} h_k =$$

$$= \frac{1}{n} \left[\sum_{k:\, x_k^* > \bar{x}} h_k x_k^* - \sum_{k:\, x_k^* < \bar{x}} h_k x_k^* - \left(\sum_{k:\, x_k^* > \bar{x}} h_k - \sum_{k:\, x_k^* < \bar{x}} h_k \right) \bar{x} \right].$$

1.3. Streuungsmaße einer Stichprobe

Ersetzt man in dieser Formel $\bar{x}$ durch $\tilde{x}$, so erhält man entsprechend eine Formel für $d_{\tilde{x}}$. Damit gelten die für die praktische Rechnung sehr nützlichen Darstellungen

$$d_{\bar{x}} = \frac{1}{n}\left[\sum_{k:\,x_k^* > \bar{x}} h_k x_k^* - \sum_{k:\,x_k^* < \bar{x}} h_k x_k^* - \left(\sum_{k:\,x_k^* > \bar{x}} h_k - \sum_{k:\,x_k^* < \bar{x}} h_k\right)\bar{x}\right];$$

$$d_{\tilde{x}} = \frac{1}{n}\left[\sum_{k:\,x_k^* > \tilde{x}} h_k x_k^* - \sum_{k:\,x_k^* < \tilde{x}} h_k x_k^* - \left(\sum_{k:\,x_k^* > \tilde{x}} h_k - \sum_{k:\,x_k^* < \tilde{x}} h_k\right)\tilde{x}\right]. \quad (1.16)$$

Beispiel 1.13 (vgl. Beispiel 1.10a). Für die in Beispiel 1.10a angegebene Stichprobe mit $\bar{x} = 2078{,}57$ und $\tilde{x} = 1580$ erhalten wir wegen $h_k = 1$ für alle k aus (1.16) die mittleren absoluten Abweichungen

$$d_{\bar{x}} = \frac{1}{7}[6000 - (950 + 1200 + 1370 + 1580 + 1650 + 1800) - (1-6)\cdot 2078{,}57]$$

$$= \frac{1}{7}[6000 - 8550 + 10\,392{,}85] = 1120{,}41,$$

$$d_{\tilde{x}} = \frac{1}{7}[1650 + 1800 + 6000 - (950 + 1200 + 1370) - (3-3)\cdot 1580] =$$

$$= \frac{1}{7}[9450 - 3520] = 847{,}14. \qquad \blacklozenge$$

Im Beispiel 1.13 gilt die Ungleichung

$$d_{\tilde{x}} \leq d_{\bar{x}}. \qquad (1.17)$$

Daß diese Eigenschaft für jede beliebige Stichprobe x richtig ist, folgt aus dem anschließenden Satz 1.5 mit $c = \bar{x}$. Die mittlere absolute Abweichung bezüglich $\tilde{x}$ ist also kleiner als die bezüglich $\bar{x}$.

Satz 1.5
Für jede Stichprobe x und jede reelle Zahl c gilt

$$d_{\tilde{x}} = \frac{1}{n}\sum_{i=1}^{n}|x_i - \tilde{x}| \leq \frac{1}{n}\sum_{i=1}^{n}|x_i - c| = d_c.$$

Beweis: Wie üblich seien $x_{(1)} \leq x_{(2)} \leq \ldots \leq x_{(n)}$ die der Größe nach geordneten Stichprobenwerte. Ist $\tilde{x}$ der Median von x, so gilt

$$|x_{(i)} - \tilde{x}| = -(x_{(i)} - \tilde{x}) \text{ für } x_{(i)} \leq \tilde{x} \text{ und}$$
$$|x_{(i)} - \tilde{x}| = (x_{(i)} - \tilde{x}) \text{ für } x_{(i)} \geq \tilde{x}.$$

Wir beschränken uns beim Nachweis der obigen Formel auf den Fall, daß n gerade ist; für ungerades n verläuft der Beweis entsprechend. Es gilt dann

$$d_{\tilde{x}} = \frac{1}{n} \sum_{i=1}^{n} |x_{(i)} - \tilde{x}| = -\frac{1}{n} \sum_{i=1}^{\frac{n}{2}} (x_{(i)} - \tilde{x}) + \frac{1}{n} \sum_{i=\frac{n}{2}+1}^{n} (x_{(i)} - \tilde{x}) =$$

$$= -\frac{1}{n} \sum_{i=1}^{\frac{n}{2}} [(x_{(i)} - c) + (c - \tilde{x})] + \frac{1}{n} \sum_{i=\frac{n}{2}+1}^{n} [(x_{(i)} - c) + (c - \tilde{x})] =$$

$$= -\frac{1}{n} \sum_{i=1}^{\frac{n}{2}} (x_{(i)} - c) - \frac{1}{n} \cdot \frac{n}{2} (c - \tilde{x}) + \frac{1}{n} \sum_{i=\frac{n}{2}+1}^{n} (x_{(i)} - c) + \frac{1}{n} \cdot \frac{n}{2} (c - \tilde{x}) =$$

$$= -\frac{1}{n} \sum_{i=1}^{\frac{n}{2}} (x_{(i)} - c) + \frac{1}{n} \sum_{i=\frac{n}{2}+1}^{n} (x_{(i)} - c). \qquad (1.18)$$

Folgende drei Fälle sind möglich:

1. Fall: $c > \tilde{x}$. In (1.18) spalten wir die zweite Summe auf in zwei Teilsummen

$$\sum_{\frac{n}{2}+1}^{n} (x_{(i)} - c) = \sum_{i \geq \frac{n}{2}+1;\, x_{(i)} < c} (x_{(i)} - c) + \sum_{i \geq \frac{n}{2}+1;\, x_{(i)} > c} (x_{(i)} - c). \qquad (1.19)$$

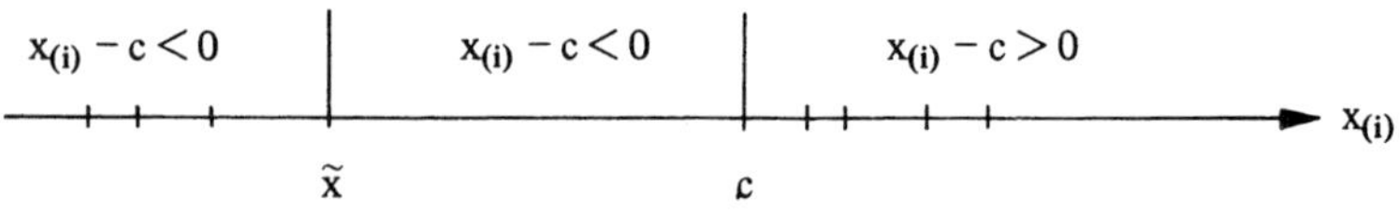

```
    x_(i) - c < 0    |    x_(i) - c < 0    |    x_(i) - c > 0
  ──┼──┼──┼──────────┼─────────────────────┼──┼──┼──┼──────▶ x_(i)
                    x̃                      c
```

Bild 1.7.

Wenn es im ersten Term überhaupt Summanden gibt, sind diese (vgl. Bild 1.7) negativ. Somit gilt

$$\sum_{i \geq \frac{n}{2}+1;\, x_{(i)} < c} (x_{(i)} - c) \leq - \sum_{i \geq \frac{n}{2}+1;\, x_{(i)} < c} (x_{(i)} - c). \qquad (1.20)$$

1.3. Streuungsmaße einer Stichprobe

Aus (1.18)–(1.20) folgt

$$d_{\tilde{x}} \leq \frac{1}{n} \sum_{i=1}^{\frac{n}{2}} (x_{(i)} - c) - \frac{1}{n} \sum_{i \geq \frac{n}{2}+1;\, x_{(i)} < c} (x_{(i)} - c) + \frac{1}{n} \sum_{x_{(i)} \geq c} (x_{(i)} - c) =$$

$$= -\frac{1}{n} \sum_{x_{(i)} < c} (x_{(i)} - c) + \frac{1}{n} \sum_{x_{(i)} \geq c} (x_{(i)} - c) = \frac{1}{n} \sum_{i=1}^{n} |x_{(i)} - c|.$$

2. Fall: $c < \tilde{x}$. Entsprechend erhalten wir auch hier aus (1.18)

$$d_{\tilde{x}} \leq -\frac{1}{n} \sum_{x_{(i)} < c} (x_{(i)} - c) + \frac{1}{n} \sum_{x_{(i)} \geq c} (x_{(i)} - c) = \frac{1}{n} \sum_{i=1}^{n} |x_{(i)} - c|.$$

3. Fall: $c = \tilde{x}$. Hier gilt $d_{\tilde{x}} = d_c$, womit der Satz bewiesen ist. ∎

1.3.3. Die (empirische) Varianz und Standardabweichung

Die Berechnung der mittleren absoluten Abweichung einer Stichprobe x ist nach der Definitionsgleichung nicht einfach, da in ihr die Abweichungsbeträge $|x_i - \bar{x}|$ bzw. $|x_i - \tilde{x}|$ vorkommen. Auch die Formeln (1.16) bringen keine wesentliche Erleichterung. Daher geht man in Analogie zur Varianz einer diskreten Zufallsvariablen (vgl. [2] 2.2.4) zu den Quadraten der Abweichungen über, d.h. man betrachtet die Quadrate

$$|x_i - \bar{x}|^2 = (x_i - \bar{x})^2 \quad \text{für } i = 1, 2, \ldots, n.$$

In Anlehnung an die Definition der mittleren absoluten Abweichung bezüglich $\bar{x}$ liegt es nahe, das arithmetische Mittel dieser Abstandsquadrate, also den Zahlenwert

$$m^2 = \frac{1}{n} \sum_{i=1}^{n} (x_i - \bar{x})^2 \tag{1.21}$$

bzw. dessen positive Quadratwurzel als Maß für die Abweichung der Stichprobenwerte vom Mittelwert einzuführen. Vom Standpunkt der beschreibenden Statistik aus ist auch gar nichts dagegen einzuwenden. Da wir aber später in der beurteilenden Statistik mit Hilfe dieser Parameter wahrscheinlichkeitstheoretische Aussagen überprüfen wollen – insbesondere Aussagen über den (unbekannten) Erwartungswert μ und die Varianz σ^2 einer Zufallsvariablen –, erweist es sich als besonders günstig, die Summe der Abweichungsquadrate nicht durch n, sondern durch $n-1$ zu dividieren, d.h.

$$s^2 = \frac{1}{n-1} \sum_{i=1}^{n} (x_i - \bar{x})^2 \tag{1.22}$$

als Abweichungsmaß einzuführen. Die Größe s^2 ist natürlich nur für solche Stichproben erklärt, deren Umfang n mindestens 2 ist. Die genaue Begründung für die Division durch $n-1$ statt durch n werden wir in Abschnitt 3.1.3 geben.

Die Quadratsumme $\sum_{i=1}^{n}(x_i - \bar{x})^2$ ist genau dann gleich Null, wenn alle Stichprobenwerte x_i übereinstimmen und somit gleich dem Mittelwert $\bar{x}$ sind. Gibt es mindestens zwei verschiedene Stichprobenwerte, so folgt aus $\frac{1}{n} < \frac{1}{n-1}$ zwar

$$m^2 = \frac{1}{n}\sum_{i=1}^{n}(x_i - \bar{x})^2 < \frac{1}{n-1}\sum_{i=1}^{n}(x_i - \bar{x})^2 = s^2, \qquad (1.23)$$

für große n erhalten wir jedoch wegen $\frac{1}{n} \approx \frac{1}{n-1}$ die Näherung

$$s^2 = \frac{1}{n-1}\sum_{i=1}^{n}(x_i - \bar{x})^2 \approx \frac{1}{n}\sum_{i=1}^{n}(x_i - \bar{x})^2 = m^2.$$

Die Größen m^2 und s^2 stimmen hier also nahezu überein. Bei großem Stichprobenumfang n spielt es daher keine wesentliche Rolle, ob die Summe der Abweichungsquadrate durch n oder durch $n-1$ dividiert wird.

Definition 1.8. Ist $x = (x_1, x_2, \ldots, x_n)$ eine Stichprobe vom Umfang n mit $n \geq 2$ und dem (empirischen) Mittelwert $\bar{x}$, dann heißt

$$s^2 = \frac{1}{n-1}\sum_{i=1}^{n}(x_i - \bar{x})^2$$

die *(empirische) Varianz* der Stichprobe und ihre positive Quadratwurzel $s = +\sqrt{s^2}$ die *(empirische) Standardabweichung* der Stichprobe.

Sind $x_1^*, \ldots, x_N^*$ die verschiedenen Merkmalwerte einer Stichprobe mit den absoluten Häufigkeiten $h_1, h_2, \ldots, h_N$ (es gilt dann $n = \sum_{k=1}^{N} h_k$), so kommt in der Urliste der Merkmalwert x_k^* genau h_k-mal vor. Der Summand $(x_k^* - \bar{x})^2$ tritt in (1.22) somit genau h_k-mal auf, woraus unmittelbar die Gleichung

$$\boxed{s^2 = \frac{1}{n-1}\sum_{k=1}^{N} h_k (x_k^* - \bar{x})^2 \text{ mit } n = \sum_{k=1}^{N} h_k} \qquad (1.24)$$

folgt

Beispiel 1.14 (vgl. Beispiel 1.5). Für die Stichprobe mit den 6 Bruttogehältern (in DM) x = (950, 1200, 1370, 1580, 1650, 1800) erhalten wir wegen $\bar{x}$ = 1425 die (empirische) Varianz

$$s^2 = \frac{1}{5}[(950-1425)^2 + (1200-1425)^2 + (1370-1425)^2 +$$
$$+ (1580-1425)^2 + (1650-1425)^2 + (1800-1425)^2] =$$
$$= \frac{1}{5}[475^2 + 225^2 + 55^2 + 155^2 + 225^2 + 375^2] = \frac{494\,550}{5} = 98\,910$$

und die Standardabweichung s = $\sqrt{98\,910}$ = 314,50. ♦

Praktische Berechnung von s^2

Sind sämtliche Stichprobenwerte (oder wenigstens die meisten) ganzzahlig und $\bar{x}$ nicht, so ist die Berechnung von s^2 mit Hilfe der Definitionsgleichung (1.22) sehr mühsam, da dann die einzelnen Summanden $(x_i - \bar{x})$ nicht mehr ganzzahlig sind. Wir betrachten folgende Umformungen:

$$s^2 = \frac{1}{n-1} \sum_{i=1}^{n} (x_i - \bar{x})^2 = \frac{1}{n-1} \sum_{i=1}^{n} (x_i^2 - 2x_i\bar{x} + \bar{x}^2) =$$

$$= \frac{1}{n-1} \left[\sum_{i=1}^{n} x_i^2 - 2\bar{x} \sum_{i=1}^{n} x_i + n\bar{x}^2 \right].$$

Wegen $\sum_{i=1}^{n} x_i = n\bar{x}$ folgt hieraus

$$s^2 = \frac{1}{n-1} \left[\sum_{i=1}^{n} x_i^2 - 2\bar{x} n\bar{x} + n\bar{x}^2 \right] = \frac{1}{n-1} \left[\sum_{i=1}^{n} x_i^2 - n\bar{x}^2 \right].$$

Mit x_i ist dann auch x_i^2 ganzzahlig. Daher eignet sich für die praktische Rechnung die sehr nützliche Formel

$$s^2 = \frac{1}{n-1} \left[\sum_{i=1}^{n} x_i^2 - n\bar{x}^2 \right] = \frac{1}{n-1} \left[\sum_{i=1}^{n} x_i^2 - \frac{1}{n}\left(\sum_{i=1}^{n} x_i\right)^2 \right], \qquad (1.25)$$

bzw. falls die Stichprobenwerte mit den verschiedenen Merkmalwerten $x_1^*, \ldots, x_N^*$ bereits in einer Häufigkeitstabelle sortiert sind

$$s^2 = \frac{1}{n-1}\left[\sum_{k=1}^{N} h_k x_k^{*2} - n\overline{x}^2\right] = \frac{1}{n-1}\left[\sum_{k=1}^{N} h_k x_k^{*2} - \frac{1}{n}\left(\sum_{k=1}^{N} h_k x_k^{*}\right)^2\right]$$

$$\text{mit } n = \sum_{k=1}^{N} h_k. \tag{1.26}$$

Beispiel 1.15 (vgl. Beispiel 1.1). Für die in Tabelle 1.1 dargestellte Stichprobe der Mathematikzensuren erhalten wir unter Verwendung von (1.26) aus Tabelle 1.10 folgende Werte:

$$s^2 = \frac{1}{24}\left(250 - \frac{74^2}{25}\right) = \frac{30{,}96}{24} = 1{,}29;$$

$$s = \sqrt{1{,}29} = 1{,}136. \qquad \blacklozenge$$

x_k^*	h_k	$h_k x_k^*$	$h_k x_k^{*2}$
1	3	3	3
2	5	10	20
3	9	27	81
4	6	24	96
5	2	10	50
	$n = 25$	$74 = n\overline{x}$	250

Tabelle 1.10.
Praktische Berechnung von s

Für eine lineare Transformation ax + b einer Stichprobe x zeigen wir den

Satz 1.6
Ist x eine Stichprobe mit der (empirischen) Varianz s_x^2, so besitzt für $a, b \in \mathbb{R}$ die Stichprobe $y = ax + b = (ax_1 + b, ax_2 + b, \ldots, ax_n + b)$ die (empirische) Varianz

$$s_y^2 = s_{ax+b}^2 = a^2 s_x^2. \tag{1.27}$$

Beweis: Aus $\overline{y} = a\overline{x} + b$ folgt

$$s_y^2 = \frac{1}{n-1}\sum_{i=1}^{n}[ax_i + b - (a\overline{x} + b)]^2 = \frac{1}{n-1}\sum_{i=1}^{n}(ax_i - a\overline{x})^2 =$$

$$= \frac{1}{n-1}\sum_{i=1}^{n} a^2(x_i - \overline{x})^2 = a^2 \frac{1}{n-1}\sum_{i=1}^{n}(x_i - \overline{x})^2 = a^2 s_x^2. \qquad \blacksquare$$

1.3. Streuungsmaße einer Stichprobe

Für a = 1 erhält man aus (1.27) speziell noch

$$s_{x+b}^2 = s_x^2, \tag{1.28}$$

d.h. die Addition einer Konstanten b zu sämtlichen Stichprobenwerten ändert die (empirische) Varianz nicht. Diese Eigenschaft ist unmittelbar einleuchtend, weil die Werte der Stichprobe x + b um ihren Mittelwert $\bar{x}$ + b genauso streuen wie die Stichprobenwerte von x um $\bar{x}$, da ja nur eine Parallelverschiebung vorgenommen wird. Mit b = 0 folgt aus (1.27) die Beziehung

$$s_{ax}^2 = a^2 s_x^2; \quad s_{ax} = |a| s_x. \tag{1.29}$$

Multipliziert man sämtliche Werte einer Stichprobe mit einer Konstanten a, so erhält man also die (empirische) Varianz der neuen Stichprobe durch Multiplikation mit a^2 und die Standardabweichung durch Multiplikation mit $|a|$.

Für a ≠ 0 erhält man aus der berechneten Varianz s_y der Stichprobe y = ax + b die Varianz der ursprünglichen Stichprobe als

$$s_x^2 = \frac{1}{a^2} s_y^2.$$

Ist die Stichprobe als Klasseneinteilung gegeben, so erhält man wie beim Mittelwert einen Näherungswert $\hat{s}^2$, in dem man mit den Klassenmitten $\hat{x}_k$ rechnet. Je feiner wieder die Klasseneinteilung ist, desto besser wird diese Näherung.

Beispiel 1.16 (vgl. Beispiel 1.3). Von den in Tabelle 1.11 angegebenen Klassenmitten subtrahieren wir zunächst die Zahl 750 und dividieren diese neuen Werte anschlie-

Tabelle 1.11. Mittelwert und Standardabweichung bei Klassenbildungen

$\hat{x}_k$	h_k	$\hat{x}_k - 750$	$\hat{y}_k = \dfrac{\hat{x}_k - 750}{100}$	$h_k \hat{y}_k$	$h_k \hat{y}_k^2$
750	1	0	0	0	0
850	3	100	1	3	3
950	8	200	2	16	32
1050	12	300	3	36	108
1150	22	400	4	88	352
1250	27	500	5	135	675
1350	19	600	6	114	684
1450	14	700	7	98	686
1550	7	800	8	56	448
1650	5	900	9	45	405
1750	2	1000	10	20	200
	n = 120			611 = n$\bar{y}$	3593

ßend durch 100. Für die Stichprobe $y = \dfrac{x - 750}{100}$ folgen aus Tabelle 1.11 die Näherungsparameter

$$\bar{y} = \frac{611}{120} = 5{,}0917.$$

$$s_y^2 = \frac{1}{119}\left[3593 - \frac{611^2}{120}\right] = 4{,}05035; \quad s_{\hat{y}} = 2{,}0125.$$

Wegen $\hat{x} = 100\,\hat{y} + 750$ folgt hieraus

$$\bar{\hat{x}} = 100 \cdot \bar{\hat{y}} + 750 = 100 \cdot 5{,}0917 + 750 = 1259{,}17;$$
$$s_{\hat{x}}^2 = 100^2 s_{\hat{y}}^2 = 10\,000\, s_{\hat{y}}^2 = 40503{,}5;$$
$$s_{\hat{x}} = 100 \cdot s_{\hat{y}} = 201{,}25.$$

♦

Wie bei den mittleren absoluten Abweichungen können auch hier die Abstandsquadrate der Stichprobenwerte von einen festen Zahlenwert c, z.B. vom Median $\tilde{x}$ betrachtet werden. Dazu zeigen wir den

Satz 1.7
Für jede beliebige Konstante c gilt

$$\sum_{i=1}^{n}(x_i - c)^2 = \sum_{i=1}^{n}(x_i - \bar{x})^2 + n(\bar{x} - c)^2. \tag{1.30}$$

Beweis: $\displaystyle\sum_{i=1}^{n}(x_i - c)^2 = \sum_{i=1}^{n}[(x_i - \bar{x}) + (\bar{x} - c)]^2 =$

$$= \sum_{i=1}^{n}[(x_i - \bar{x})^2 + 2(\bar{x} - c)(x_i - \bar{x}) + (\bar{x} - c)^2] =$$

$$= \sum_{i=1}^{n}(x_i - \bar{x})^2 + 2(\bar{x} - c)\sum_{i=1}^{n}(x_i - \bar{x}) + n(\bar{x} - c)^2.$$

Nach (1.13) verschwindet die Summe $\displaystyle\sum_{i=1}^{n}(x_i - \bar{x})$. Damit folgt

$$\sum_{i=1}^{n}(x_i - c)^2 = \sum_{i=1}^{n}(x_i - \bar{x})^2 + n(\bar{x} - c)^2,$$

also die Behauptung. ∎

1.3. Streuungsmaße einer Stichprobe

Division der Identität (1.30) durch $n-1$ liefert

$$s^2 = \frac{1}{n-1} \sum_{i=1}^{n} (x_i - \bar{x})^2 = \frac{1}{n-1} \sum_{i=1}^{n} (x_i - c)^2 - \frac{n}{n-1}(\bar{x} - c)^2 \quad \text{für alle } c \in \mathbb{R}.$$

Wegen $(\bar{x} - c)^2 > 0$ für $c \neq \bar{x}$ folgt hieraus

$$s^2 = \frac{1}{n-1} \sum_{i=1}^{n} (x_i - \bar{x})^2 < \frac{1}{n-1} \sum_{i=1}^{n} (x_i - c)^2 \quad \text{für jedes } c \neq \bar{x}. \qquad (1.31)$$

Bei den Abstandsquadraten ist also der Mittelwert $\bar{x}$ optimal, bei den Abständen dagegen der Median $\tilde{x}$. Vergleicht man die Beweise der Sätze 1.5 und 1.7 miteinander, so erkennt man für die Rechnung den Vorteil der Verwendung der Abweichungsquadrate gegenüber den Abständen.

Wird eine Stichprobe x aus mehreren einzelnen Stichproben zusammengesetzt, deren Mittelwerte und Varianzen bereits bekannt sind, dann benutzt man zur Berechnung der Varianz s_x^2 dieser zusammengesetzten Stichprobe zweckmäßigerweise die Formel des folgenden Satzes.

Satz 1.8
Bezüglich eines bestimmten Merkmals seien M Stichproben $y_1, y_2, \ldots, y_M$ mit den jeweiligen Stichprobenumfängen $n_1, n_2, \ldots, n_M$, den (empirischen) Mittelwerten $\bar{y}_1, \bar{y}_2, \ldots, \bar{y}_M$ und den (empirischen) Varianzen $s_{y_1}^2, s_{y_2}^2, \ldots, s_{y_M}^2$ gegeben. Die Stichprobe x sei ferner aus allen M Stichproben $y_1, y_2, \ldots, y_M$ zusammengesetzt. Dann besitzt die Stichprobe x die (empirische) Varianz

$$s_x^2 = \frac{1}{n-1} \Bigg[\sum_{i=1}^{M} (n_i - 1) s_{y_i}^2 + \sum_{i=1}^{M} n_i \bar{y}_i^2 - \underbrace{\frac{\left(\sum_{i=1}^{M} n_i \bar{y}_i\right)^2}{n}}_{= n\bar{x}^2} \Bigg] \qquad (1.32)$$

$$\text{mit } n = \sum_{i=1}^{M} n_i \quad \text{und} \quad \bar{x} = \frac{\sum_{i=1}^{M} n_i \bar{y}_i}{n}.$$

Beweis: Nach Satz 1.1 gilt für den (empirischen) Mittelwert der gesamten Stichprobe $\bar{x} = \frac{1}{n} \sum_{i=1}^{M} n_i \bar{y}_i$ mit $n = \sum_{i=1}^{M} n_i$ (= Stichprobenumfang von x). Wir bezeichnen die n_i Stichprobenwerte der Stichprobe y_i mit $y_{i,1}, y_{i,2}, \ldots, y_{i,n_i}$ für $i = 1, 2, \ldots, M$.

Nach Definition der (empirischen) Varianz und wegen Satz 1.7 erhält man

$$(n-1)s_x^2 = \sum_{j=1}^{n_1} (y_{1,j} - \bar{x})^2 + \sum_{j=1}^{n_2} (y_{2,j} - \bar{x})^2 + \ldots + \sum_{j=1}^{n_M} (y_{M,j} - \bar{x})^2 =$$

$$= \sum_{j=1}^{n_1} (y_{1,j} - \bar{y}_1)^2 + n_1(\bar{x} - \bar{y}_1)^2 + \sum_{j=1}^{n_2} (y_{2,j} - \bar{y}_2)^2 +$$

(1.33)

$$+ n_2(\bar{x} - \bar{y}_2)^2 + \ldots + \sum_{j=1}^{n_M} (y_{M,j} - \bar{y}_M)^2 + n_M(\bar{x} - \bar{y}_M)^2 =$$

$$= (n_1 - 1)s_{y_1}^2 + n_1(\bar{x} - \bar{y}_1)^2 + (n_2 - 1)s_{y_2}^2 + n_2(\bar{x} - \bar{y}_2)^2 + \ldots$$
$$\ldots + (n_M - 1)s_{y_M}^2 + n_M(\bar{x} - \bar{y}_M)^2 =$$

$$= \sum_{i=1}^{M} (n_i - 1)s_{y_i}^2 + \sum_{i=1}^{M} n_i(\bar{x} - \bar{y}_i)^2.$$

Für die zweite Summe erhalten wir

$$\sum_{i=1}^{M} n_i(\bar{x} - \bar{y}_i)^2 = \sum_{i=1}^{M} n_i(\bar{x}^2 - 2\bar{x}\bar{y}_i + \bar{y}_i^2) = \bar{x}^2 \underbrace{\sum_{i=1}^{M} n_i}_{=n\bar{x}} - 2\bar{x} \sum_{i=1}^{M} n_i \bar{y}_i + \sum_{i=1}^{M} n_i \bar{y}_i^2$$

$$= n\bar{x}^2 - 2\bar{x} \, n\bar{x} + \sum_{i=1}^{M} n_i \bar{y}_i^2 =$$

$$= \sum_{i=1}^{M} n_i \bar{y}_i^2 - n\bar{x}^2 = \sum_{i=1}^{M} n_i \bar{y}_i^2 - \frac{\left(\sum_{i=1}^{M} n_i \bar{y}_i\right)^2}{n}.$$

Setzt man diese Gleichung in (1.33) ein, so folgt nach anschließender Division durch n − 1 unmittelbar die Behauptung. ∎

Bemerkung: Gleichung (1.32) bleibt auch noch gültig, wenn einige der betrachteten Stichproben nur aus einem einzigen Stichprobenwert bestehen. Dann verschwinden in der ersten Summe die entsprechenden Summanden. Diese Eigenschaft ist von großer Bedeutung, wenn zu einer Stichprobe, deren Mittelwert und Varianz bereits berechnet ist, noch ein weiterer Stichprobenwert hinzukommt. Dazu das folgende

Beispiel 1.17. Von einer Stichprobe y mit dem Umfang 20 seien die Größen $\bar{y} = 6{,}45$ und $s_y^2 = 2{,}485$ bekannt, die einzelnen Stichprobenwerte jedoch nicht.

1.3. Streuungsmaße einer Stichprobe

Plötzlich stellt sich heraus, daß in der Urliste, aus welcher $\bar{y}$ und s_y^2 berechnet wurden, der Stichprobenwert 10 unberücksichtigt blieb. Man berechne mit diesen Daten Mittelwert und Varianz der gesamten Stichprobe vom tatsächlichen Umfang 21.

Die um den Stichprobenwert 10 erweiterte Stichprobe bezeichnen wir mit $x = (y, 10) = (y_1, y_2, \ldots, y_{20}, 10)$. Dann folgt aus (1.32) mit $n_1 = 20$, $n_2 = 1$, $M = 2$ (also mit $n = 21$)

$$\bar{x} = \frac{1}{21}(20 \cdot 6{,}45 + 1 \cdot 10) = 6{,}62;$$

$$s_x^2 = \frac{1}{20}(19 \cdot 2{,}485 + 0 + 20 \cdot 6{,}45^2 + 1 \cdot 10^2 - 21 \cdot 6{,}62^2) = 2{,}95. \qquad \blacklozenge$$

Beispiel 1.18 (vgl. Beispiel 1.8). Neben den in Beispiel 1.8 angegebenen durchschnittlichen Monatsverdiensten in 5 Betrieben sind in Tabelle 1.12 die (empirischen) Varianzen zusammengestellt.

Da die auftretenden Zahlenwerte sehr groß sind, subtrahieren wir von den Mittelwerten $\bar{y}_i$ die Konstante 1450 und berechnen dann Mittelwert sowie die Varianz der Stichprobe $z = x - 1450$. Da es sich insgesamt nur um eine Parallelverschiebung handelt, bleiben die Varianzen der 5 Teilstichproben erhalten. Es gilt also $s_{z_i}^2 = s_{y_i}^2$ für $i = 1, \ldots, 5$.

Aus Tabelle 1.12 folgt für den Mittelwert $\bar{z} = -\dfrac{4140}{752} = -5{,}51$ und hieraus für den über alle Betriebe gemittelten Monatsverdienst

$$\bar{x} = 1450 + \bar{z} = 1444{,}49 \quad (\text{vgl. Beispiel 1.8}).$$

Aus der Gleichung 1.32 erhalten wir wegen $n\bar{z}^2 = \dfrac{(\sum n_i \bar{z}_i)^2}{n} = \dfrac{4140^2}{752}$ die Varianz (bezüglich aller Betriebe)

$$s_x^2 = s_z^2 = \frac{1}{751}\left(3\,308\,815 + 2\,825\,634 - \frac{4140^2}{752}\right) = 8138{,}03$$

Tabelle 1.12. Berechnung des (empirischen) Mittelwertes und der (empirischen) Varianz zusammengesetzter Stichproben

n_i (Anzahl der Arbeiter)	$\bar{y}_i$ (Durchschnittsverdienst)	$s_{y_i}^2 = s_{z_i}^2$ (Varianz)	$\bar{z}_i = \bar{y}_i - 1450$ (Transformation)	$n_i \bar{z}_i$	$n_i \bar{z}_i^2$	$(n_i - 1) s_{z_i}^2$
78	1425	3185	−25	−1950	48 750	245 245
123	1483	3417	33	4059	133 947	416 874
140	1324	2135	−126	−17640	2 222 640	296 765
153	1457	5175	7	1071	7 497	786 600
258	1490	6083	40	10320	412 800	1 563 331
n = 752				−4140 = $n\bar{z}$	2 825 634	3 308 815

und die Standardabweichung

$s_x = 90{,}21.$ ♦

Bemerkung: Der (empirische) Mittelwert einer aus den Stichproben $y_1, y_2, \ldots, y_M$ zusammengesetzten Stichprobe x ist wegen

$$\bar{x} = \frac{\sum_{i=1}^{M} n_i \bar{y}_i}{n} = \sum_{i=1}^{M} \frac{n_i}{n} \bar{y}_i$$

eine *Linearkombination der* M *Stichprobenwerte* $\bar{y}_1, \bar{y}_2, \ldots, \bar{y}_M$.

Da $\sum_{i=1}^{M} \frac{n_i}{n} = 1, \frac{n_i}{n} \geq 0$ gilt, spricht man hier speziell von einer *konvexen Linearkombination*. Eine solche Darstellung muß für die (empirische) Varianz im allgemeinen nicht gelten, da sonst z.B. aus $s_{y_i}^2 = 0$ für $i = 1, 2, \ldots, n$ auch $s_x^2 = 0$ folgen würde. Dazu betrachten wir das nachfolgende *Gegenbeispiel*.

Beispiel 1.19. Gegeben sind die beiden Stichproben $y_1 = (1, 1)$ und $y_2 = (4, 4, 4, 4)$ mit $\bar{y}_1 = 1, \bar{y}_2 = 4, s_{y_1}^2 = s_{y_2}^2 = 0$. Dann besitzt die zusammengesetzte Stichprobe $x = (y_1, y_2) = (1, 1, 4, 4, 4, 4)$ den Mittelwert $\bar{x} = \frac{2 \cdot 1 + 4 \cdot 4}{6} = 3$ und die Varianz $s_x^2 = \frac{1}{5}(2 \cdot 1 + 4 \cdot 4^2 - 6 \cdot 3^2) = 2{,}4.$ ♦

2. Zufallsstichproben

In der beschreibenden Statistik haben wir Meßwerte (Stichprobenwerte) in Tabellen und Schaubildern übersichtlich dargestellt und aus ihnen Lageparameter, Streuungsmaße sowie die (empirische) Verteilungsfunktion abgeleitet. Wie diese Meßwerte im einzelnen gewonnen wurden, spielte dabei keine Rolle. Wichtig ist nur, daß es sich um Meßwerte desselben Merkmals handelt. Bei der Begriffsbildung fällt sofort die Analogie zur Theorie der Zufallsvariablen in der Wahrscheinlichkeitsrechnung auf. So wurden bereits gleiche Sprechweisen (z.B. „Verteilungsfunktion" und „Varianz") benutzt. Um Verwechslungen auszuschließen, haben wir jedoch in der Stichprobentheorie den Zusatz „empirisch" hinzugefügt. Das Analogon zum (empirischen) Mittelwert ist der Erwartungswert einer Zufallsvariablen. Er wird manchmal auch kurz als „Mittelwert" bezeichnet. Man hat für die jeweiligen verschiedenen Größen dieselbe Bezeichnung gewählt, da sie unter speziellen Voraussetzungen in einem gewissen

Zusammenhang stehen. Diesen Zusammenhang verdeutlicht bereits die Tatsache, daß die Axiome der Wahrscheinlichkeiten auf den entsprechenden Eigenschaften der relativen Häufigkeiten fundieren.

Damit man mit Hilfe von Stichproben (wahrscheinlichkeitstheoretische) Aussagen über Zufallsvariable bzw. über unbekannte Wahrscheinlichkeiten überprüfen kann, müssen die Stichprobenwerte durch Zufallsexperimente gewonnen werden, wobei die entsprechenden Zufallsexperimente die Zufallsvariablen eindeutig festlegen müssen. Solche Stichproben heißen *Zufallsstichproben*.

In der beurteilenden Statistik betrachten wir nur noch solche Zufallsstichproben, die wir der Kürze halber wieder Stichproben nennen. Die Zufallsvariable, welche bei der Durchführung des entsprechenden Zufallsexperiments den Stichprobenwert x_i liefert, bezeichnen wir mit X_i. Der Zahlenwert x_i heißt *Realisierung* der Zufallsvariablen X_i für $i = 1, 2, \ldots, n$. Somit können wir eine Zufallsstichprobe $x = (x_1, x_2, \ldots, x_n)$ als *Realisierung des* sog. *Zufallsvektors* $X = (X_1, X_2, \ldots, X_n)$ auffassen. Die späteren Darstellungen werden durch die nachfolgenden Verabredungen wesentlich vereinfacht.

Definition 2.1. Eine Stichprobe $x = (x_1, x_2, \ldots, x_n)$ heißt *unabhängig*, wenn die entsprechenden Zufallsvariablen $X_1, X_2, \ldots, X_n$ (stochastisch) unabhängig sind, wenn also für beliebige reelle Zahlen $c_1, c_2, \ldots, c_n \in \mathbb{R}$ gilt

$$P(X_1 \leq c_1, X_2 \leq c_2, \ldots, X_n \leq c_n) = P(X_1 \leq c_1) \cdot P(X_2 \leq c_2) \cdot \ldots \cdot P(X_n \leq c_n).$$

Die Stichprobe heißt *einfach*, wenn die Zufallsvariablen $X_1, X_2, \ldots, X_n$ (stochastisch unabhängig sind und alle dieselbe Verteilungsfunktion F besitzen.

Wird ein Zufallsexperiment n-mal unter denselben Bedingungen durchgeführt, und ist x_i die Realisierung einer Zufallsvariablen bei der i-ten Versuchsdurchführung für $i = 1, 2, \ldots, n$, so ist $x = (x_1, x_2, \ldots, x_n)$ eine einfache Stichprobe. Beispiele dafür sind: Die Augenzahlen, die man beim 100-maligen, unabhängigen Werfen eines Würfels erhält oder die Gewichte von 200 der Produktion zufällig entnommenen Zuckerpaketen. Dabei bedeutet eine zufällige Auswahl, daß jedes Individuum der betrachteten Grundgesamtheit, über die eine Aussage überprüft werden soll, die gleiche Chance besitzt, ausgewählt zu werden. Öffnet man einen Käfig, in dem sich 30 Kaninchen befinden, und wählt diejenigen Tiere aus, die sich nach dem Öffnen in der Nähe der Türe befinden, so handelt es sich bei dieser Auswahlmethode im allgemeinen um keine Zufallsstichprobe, da man so vermutlich nur zahme oder kranke Tiere auswählen würde. Diese Stichprobe wäre dann, wie man sagt, für die Grundgesamtheit nicht *repräsentativ*. Folgendes Auswahlverfahren liefert jedoch eine Zufallsstichprobe: Die Tiere werden durchnumeriert. Danach werden durch einen Zufallsmechanismus fünf der Zahlen 1, 2, ..., 30 ausgelost. Dabei muß bei dieser Auslosung gewährleistet sein, daß jede der $\binom{30}{5}$ verschiedenen Auswahlmöglichkeiten dieselbe Wahrscheinlichkeit besitzt. Schließlich werden diejenigen Tiere mit den ausgelosten Nummern aus dem Käfig geholt.

Abschließend noch eine Bemerkung zum zukünftigen Vorgehen. Zur Gewinnung von Aussagen über unbekannte Größen benutzen wir Eigenschaften, die mit Hilfe der Axiome von Kolmogoroff in der Wahrscheinlichkeitsrechnung abgeleitet werden. Bei dieser Ableitung müssen die entsprechenden Größen, z. B. die Wahrscheinlichkeit p = P(A) eines Ereignisses A oder der Erwartungswert μ und die Varianz σ^2 einer Zufallsvariablen nicht bekannt sein. Die Formeln werden also diese (zunächst unbekannten) Parameter enthalten und wahrscheinlichkeitstheoretische Aussagen über sie liefern.

3. Parameterschätzung

In diesem Kapitel werden wir Verfahren angeben, mit denen Näherungswerte für unbekannte Parameter ermittelt werden können. Dabei werden außerdem Aussagen darüber gemacht, wie gut diese Näherungswerte sind. Bevor wir dazu eine allgemeine Theorie entwickeln, wollen wir im ersten Abschnitt einige typische Beispiele betrachten, bei denen bereits das allgemeine Vorgehen erkennbar wird.

3.1. Beispiele von Näherungswerten für unbekannte Parameter

3.1.1. Näherungswerte für eine unbekannte Wahrscheinlichkeit p = P(A)

Zur Gewinnung eines Näherungswertes für die unbekannte Wahrscheinlichkeit p = P(A) eines bestimmten Ereignisses A führen wir das dazugehörige Zufallsexperiment n-mal unter denselben Bedingungen gleichzeitig oder nacheinander durch, wobei die einzelnen Versuche voneinander unabhängig seien. Danach berechnen wir die relative Häufigkeit des Ereignisses A in der vorliegenden Versuchsserie, also die Zahl

$$r_n(A) = \frac{\text{Anzahl derjenigen Versuche, bei denen A eingetreten ist}}{\text{Gesamtanzahl der Versuche}}.$$

Diese relative Häufigkeit wählen wir als Schätzwert für den unbekannten Parameter p, wir setzen also

$$p = P(A) \approx r_n(A). \tag{3.1}$$

Der bei diesem sog. Bernoulli-Experiment vom Umfang n (vgl. [2] 1.9) erhaltene Schätzwert $r_n(A)$ wird im allgemeinen von der Wahrscheinlichkeit p verschieden sein. Da der Zahlenwert $r_n(A)$ durch ein Zufallsexperiment bestimmt wird, hängt er selbst vom Zufall ab. Verschiedene Versuchsserien werden daher im allgemeinen auch verschiedene Werte der relativen Häufigkeiten liefern.

3.1. Beispiele von Näherungswerten für unbekannte Parameter

Um über die „Güte" der Näherung (3.1) Aussagen machen zu können, betrachten wir die auf dem Bernoulli-Experiment erklärten Zufallsvariablen

$$X_i = \begin{cases} 1, & \text{falls beim i-ten Versuch A eintritt,} \\ 0, & \text{sonst.} \end{cases} \quad (3.2)$$

X_i besitzt den Erwartungswert $E(X_i) = p$ und die Varianz $\sigma^2 = D^2(X_i) = p(1-p)$.
Die Summe $\sum_{i=1}^{n} X_i$ ist nach [2] 2.3.3 binomialverteilt mit dem Erwartungswert np und der Varianz $np(1-p)$. Sie beschreibt in der Versuchsreihe die absolute Häufigkeit $h_n(A)$, die Zufallsvariable

$$\overline{X} = \frac{1}{n} \sum_{i=1}^{n} X_i \quad (3.3)$$

dagegen die relative Häufigkeit $r_n(A)$ des Ereignisses A. Ist x_i die Realisierung der Zufallsvariablen X_i, so gilt definitionsgemäß

$$x_i = \begin{cases} 1, & \text{falls beim i-ten Versuch A eintritt,} \\ 0, & \text{sonst.} \end{cases} \quad (3.4)$$

Daraus folgt die Identität

$$r_n(A) = \frac{1}{n}(x_1 + x_2 + \ldots + x_n) = \frac{1}{n} \sum_{i=1}^{n} x_i. \quad (3.5)$$

Die relative Häufigkeit $r_n(A)$ ist somit Realisierung der Zufallsvariablen $R_n(A) = \overline{X}$ mit

$$E(R_n(A)) = p \text{ und } D^2(R_n(A)) = E(|R_n(A) - p|^2) = \frac{p(1-p)}{n} \leq \frac{1}{4n}$$

(vgl. [2] 2.3.3 und 2.2.6).

Der Erwartungswert der Zufallsvariablen $R_n(A)$ ist demnach gleich dem (unbekannten) Parameter p, unabhängig vom Stichprobenumfang n. Daher nennt man die Zufallsvariable $R_n(A) = \overline{X}$ eine *erwartungstreue Schätzfunktion* für den Parameter p. Der Zahlenwert $r_n(A)$ heißt *Schätzwert*. Werden häufig solche Schätzwerte berechnet, so sind i.a. manche davon größer und manche kleiner als p. Auf Dauer werden sich aber wegen der Erwartungstreue diese Differenzen „ausgleichen". Dies ist die wesentlichste Eigenschaft einer erwartungstreuen Schätzfunktion.

Da aber ein aus einer einzelnen Stichprobe gewonnener Schätzwert vom wirklichen Parameter dennoch stark abweichen kann, darf man sich mit erwartungstreuen Schätzfunktionen allein noch nicht zufrieden geben. Neben der Erwartungstreue stellen wir an eine „gute" Schätzfunktion die weitere Forderung, daß (wenigstens für große n) diese Schätzfunktion mit hoher Wahrscheinlichkeit Werte in der unmittelbaren Umgebung des Parameters p annimmt. Dann erhält man zumindest in den meisten Fällen brauchbare Näherungswerte. Diese Bedingung ist stets dann erfüllt, wenn die Varianz der erwartungstreuen Schätzfunktion klein ist. In unserem Beispiel wird diese Varianz beliebig klein, wenn nur n genügend groß gewählt wird. Nach dem Bernoullischen Gesetz der großen Zahlen (vgl. [2] 1.9 und 3.2) gilt nämlich für jedes $\epsilon > 0$

$$P(|R_n(A) - p| > \epsilon) < \frac{1}{4n\epsilon^2} \quad , \quad n = 1, 2, \ldots .$$

Hieraus folgt

$$\lim_{n \to \infty} P(|R_n(A) - p| > \epsilon) = 0 \text{ für jedes } \epsilon > 0. \tag{3.6}$$

Eine Schätzfunktion, die (3.6) erfüllt, heißt *konsistente Schätzfunktion* für den Parameter p. Bei großem Stichprobenumfang n wird eine konsistente Schätzfunktion meistens sehr gute Näherungswerte für den (unbekannten) Parameter p liefern.

In einem Bernoulli-Experiment ist somit die relative Häufigkeit $r_n(A)$ Realisierung einer erwartungstreuen und konsistenten Schätzfunktion für den unbekannten Parameter p.

Beispiel 3.1 (Qualitätskontrolle). p sei die zeitlich invariante Wahrscheinlichkeit dafür, daß ein von einer bestimmten Maschine produziertes Werkstück fehlerhaft ist. Dabei habe die Produktionsreihenfolge keinen Einfluß auf die Fehlerhaftigkeit. Der Produktion werden zufällig 1000 Werkstücke entnommen und auf ihre Fehlerhaftigkeit untersucht. 42 dieser Werkstücke seien dabei fehlerhaft. Die Schätzfunktion $R_n(A)$, welche die relative Häufigkeit der fehlerhaften Werkstücke beschreibt, ist erwartungstreu und konsistent für den unbekannten Parameter p. Sie liefert den Schätzwert

$$\hat{p} = r_{1000}(A) = \frac{42}{1000} = 0{,}042. \qquad ♦$$

3.1.2. Näherungswerte für den relativen Ausschuß in einer endlichen Grundgesamtheit (Qualitätskontrolle)

In diesem Abschnitt behandeln wir folgendes Schätzproblem: Ein Kaufmann erhält eine große Warenlieferung, wobei ihm nicht bekannt ist, wieviel Prozent der gelieferten Stücke fehlerhaft sind. Die (unbekannte) Wahrscheinlichkeit dafür, daß ein der Lieferung zufällig entnommenes Werkstück fehlerhaft ist, bezeichnen wir mit p.[1]
Häufig stellt sich bei der Überprüfung eine der folgenden Situationen ein:

a) Eine Überprüfung aller Einzelstücke ist zwar prinzipiell möglich, sie wird jedoch zuviel Zeitaufwand und damit zu hohe Kosten verursachen.

---
[1] p ist gleich dem relativen Ausschußanteil der gesamten Lieferung.

3.1. Beispiele von Näherungswerten für unbekannte Parameter

b) Bei der Kontrolle werden die überprüften Einzelstücke zerstört, so daß der Ausschußanteil noch größer wird.

In beiden Fällen ist der Kaufmann also auf Stichproben angewiesen, mit deren Ergebnissen er über den unbekannten Parameter p Schätzwerte erhalten möchte. Wir unterscheiden zwei Fälle:

a) Stichproben mit Zurücklegen

Wird bei der Überprüfung der Zustand eines Gegenstandes nicht verändert, so kann dieser nach der Überprüfung wieder in die Grundgesamtheit zurückgelegt werden, wodurch die Ausgangssituation wiederhergestellt wird. Eine Qualitätskontrolle könnte dann nach folgendem Verfahren durchgeführt werden: Ein zufällig aus der Grundgesamtheit ausgewählter Gegenstand wird überprüft und vor der zufälligen Auswahl des nächsten Gegenstandes wieder zu den anderen zurückgelegt. Wird dieses Verfahren n-mal durchgeführt, so erhalten wir eine sog. *Stichprobe mit Zurücklegen* vom Umfang n. Dann ist die Zufallsvariable X, welche die Anzahl der fehlerhaften Stücke in dieser Stichprobe beschreibt, binomialverteilt mit dem unbekannten Parameter p. Die Zufallsvariable $R_n(A) = \frac{1}{n} X$ ist nun nach Abschnitt 3.1.1 eine erwartungstreue und konsistente Schätzfunktion für den unbekannten Parameter p. Somit erhalten wir in

$$r_n(A) \approx p$$

für große n in den meisten Fällen eine brauchbare Näherung für den unbekannten Parameter p.

b) Stichproben ohne Zurücklegen

Wird ein Gegenstand nach der Überprüfung nicht zur Grundgesamtheit zurückgelegt, so sprechen wir von einer *Stichprobe ohne Zurücklegen*. Liegen insgesamt N Gegenstände vor, von denen M fehlerhaft sind, so ist die Zufallsvariable X, welche die Anzahl der fehlerhaften Stücke in der Stichprobe vom Umfang n ohne Zurücklegen beschreibt, hypergeometrisch verteilt (vgl. [2] 2.3.2). Dabei gilt

$$P(X = k) = \frac{\binom{M}{k}\binom{N-M}{n-k}}{\binom{N}{n}} \quad \text{für } k = 0, 1, \ldots, n.$$

Mit $\frac{M}{N} = p$ erhält man die Parameter der Zufallsvariablen X als

$$E(X) = np; \quad D^2(X) = np(1-p)\frac{N-n}{N-1} < np(1-p) \quad \text{für } n \geq 2.$$

Daraus folgen für die Zufallsvariable $R_n(A) = \overline{X} = \frac{X}{n}$, welche die relative Häufigkeit der fehlerhaften Stücke in der Stichprobe ohne Zurücklegen beschreibt, die Parameter

$$\boxed{E(\overline{X}) = p; \quad D^2(\overline{X}) = \frac{p(1-p)}{n} \cdot \frac{N-n}{N-1}.} \tag{3.7}$$

Wegen $\frac{N-n}{N-1} < 1$ für $n \geq 2$ besitzt diese Schätzfunktion eine kleinere Varianz als die entsprechende Schätzfunktion bei Stichproben mit Zurücklegen. Die Varianz verschwindet für $n = N$. Falls man alle N Gegenstände überprüft, ist die Varianz der Schätzfunktion gleich Null. Man erhält dann den richtigen Parameter p. Für $n < N$ ergeben sich nur Näherungswerte, die offensichtlich mit wachsendem n den Wert p besser approximieren. Ist N sehr groß in Bezug auf n, so liefern wegen $\frac{N-n}{N-1} \approx 1$ beide Verfahren ungefähr gleich gute Schätzwerte für p.

3.1.3. Näherungswerte für den Erwartungswert μ und die Varianz σ^2 einer Zufallsvariablen

Die Motivation für die Einführung des Erwartungswertes μ einer diskreten Zufallsvariablen (vgl. [2] 2.2.3) war der (empirische) Mittelwert $\bar{x}$ einer Stichprobe $x = (x_1, x_2, \ldots, x_n)$. Daher liegt es nahe, als Näherungswert für den (unbekannten) Erwartungswert μ einer Zufallsvariablen den Mittelwert einer einfachen Stichprobe zu wählen, d.h. also

$$\mu \approx \bar{x} = \frac{1}{n} \sum_{i=1}^{n} x_i . \tag{3.8}$$

Entsprechend wählen wir die (empirische) Varianz s^2 einer einfachen Stichprobe x als Näherungswert für σ^2, d.h.

$$\sigma^2 \approx s^2 = \frac{1}{n-1} \sum_{i=1}^{n} (x_i - \bar{x})^2 . \tag{3.9}$$

Dabei müssen die Stichprobenwerte x_i Realisierungen von (stochastisch) unabhängigen Zufallsvariablen X_i mit $E(X_i) = \mu$ und $D^2(X_i) = \sigma^2$ für $i = 1, 2, \ldots, n$ sein. $\bar{x}$ ist eine Realisierung der Zufallsvariablen

$$\bar{X} = \frac{1}{n} \sum_{i=1}^{n} X_i, \tag{3.10}$$

s^2 Realisierung der Zufallsvariablen

$$S^2 = \frac{1}{n-1} \sum_{i=1}^{n} (X_i - \bar{X})^2 . \tag{3.11}$$

Im folgenden Satz zeigen wir, daß die Zufallsvariablen $\bar{X}$ bzgl. μ sowie S^2 bzgl. σ^2 erwartungstreue Schätzfunktionen sind.

Satz 3.1

Die Zufallsvariablen $X_1, X_2, \ldots, X_n$ seien paarweise (stochastisch) unabhängig und besitzen alle denselben Erwartungswert $\mu = E(X_i)$ und die gleiche Varianz $\sigma^2 = D^2(X_i)$. Dann gilt

a) $E(\bar{X}) \doteq E\left(\dfrac{1}{n} \sum\limits_{i=1}^{n} X_i\right) = \mu;$

b) $D^2(\bar{X}) = E([\bar{X} - \mu]^2) = \dfrac{\sigma^2}{n};$

c) $E(S^2) = E\left(\dfrac{1}{n-1} \sum\limits_{i=1}^{n} (X_i - \bar{X})^2\right) = \sigma^2.$

Beweis:

a) Aus der Linearität des Erwartungswertes und aus $E(X_i) = \mu$ folgt

$$E(\bar{X}) = E\left(\frac{1}{n} \sum_{i=1}^{n} X_i\right) = \frac{1}{n} \sum_{i=1}^{n} E(X_i) = \frac{1}{n} n\mu = \mu.$$

b) Da die Varianz bei paarweise (stochastisch) unabhängigen Zufallsvariablen additiv ist, gilt

$$D^2(\bar{X}) = D^2\left(\frac{1}{n} \sum_{i=1}^{n} X_i\right) = \frac{1}{n^2} D^2\left(\sum_{i=1}^{n} X_i\right) = \frac{1}{n^2} \sum_{i=1}^{n} D^2(X_i) = \frac{1}{n^2} n\sigma^2 = \frac{\sigma^2}{n}.$$

c) Für S^2 gelten nach (3.11) die Gleichungen

$$(n-1) S^2 = \sum_{i=1}^{n} (X_i - \bar{X})^2 = \sum_{i=1}^{n} X_i^2 - 2 \sum_{i=1}^{n} X_i \bar{X} + n\bar{X}^2 =$$

$$= \sum_{i=1}^{n} X_i^2 - 2n\bar{X}\bar{X} + n\bar{X}^2 = \sum_{i=1}^{n} X_i^2 - n\bar{X}^2.$$

Für jede beliebige Zufallsvariable Y folgt aus

$$D^2(Y) = E(Y^2) - [E(Y)]^2$$

die Beziehung

$$E(Y^2) = D^2(Y) + [E(Y)]^2.$$

Damit gilt

$$E(X_i^2) = D^2(X_i) + [E(X_i)]^2 = \sigma^2 + \mu^2$$

$$E(\bar{X}^2) = D^2(\bar{X}) + [E(\bar{X})]^2 = \frac{\sigma^2}{n} + \mu^2.$$

Damit erhält man aus der obigen Gleichung den Erwartungswert

$$E[(n-1)S^2] = (n-1) \cdot E(S^2) = \sum_{i=1}^{n} E(X_i^2) - n \cdot E(\overline{X}^2)$$

$$= \sum_{i=1}^{n} (\sigma^2 + \mu^2) - n \cdot \left(\frac{\sigma^2}{n} + \mu^2\right)$$

$$= n \cdot \sigma^2 + n \cdot \mu^2 - \sigma^2 - n \cdot \mu^2 = (n-1) \cdot \sigma^2.$$

Division durch $n-1$ ergibt die Behauptung $E(S^2) = \sigma^2$. ∎

Bemerkung: Für die Erwartungstreue der Schätzfunktion $\overline{X}$ müssen die Zufallsvariablen $X_1, X_2, \ldots, X_n$ nicht paarweise unabhängig sein. Hierfür genügt bereits die Bedingung $E(X_i) = \mu$ für alle i. Für die Gültigkeit von b) und c) benötigt man jedoch die paarweise (stochastische) Unabhängigkeit. Aus c) folgt mit Hilfe der Tschebyscheffschen Ungleichung (vgl. [2] 3.1 und 3.2) für jedes $\epsilon > 0$

$$P(|\overline{X} - \mu| > \epsilon) \leq \frac{D^2(\overline{X})}{\epsilon^2} = \frac{\sigma^2}{n\epsilon^2}.$$

Hieraus ergibt sich für jedes $\epsilon > 0$

$$\lim_{n \to \infty} P(|\overline{X} - \mu| > \epsilon) = 0. \tag{3.12}$$

Sind die Zufallsvariablen $X_1, X_2, \ldots, X_n$ paarweise (stochastisch) unabhängig mit $E(X_i) = \mu$; $D^2(X_i) = \sigma^2$ für alle i, so ist die Schätzfunktion $\overline{X}$ konsistent für μ. In diesem Fall ist S^2 wegen b) eine erwartungstreue Schätzfunktion für σ^2. Für die Schätzfunktion

$$S^{*2} = \frac{1}{n} \sum_{i=1}^{n} (X_i - \overline{X})^2 = \frac{n-1}{n} S^2$$

gilt jedoch für $n > 1$

$$E(S^{*2}) = \frac{n-1}{n} E(S^2) = \frac{n-1}{n} \sigma^2 = \sigma^2 - \frac{\sigma^2}{n} < \sigma^2. \tag{3.13}$$

Sie ist nicht erwartungstreu und liefert Schätzwerte für σ^2, die im Mittel um $\frac{\sigma^2}{n}$ kleiner als σ^2 sind. Aus diesem Grunde haben wir in Abschnitt 1.3.3 die (empirische) Varianz durch $s^2 = \frac{1}{n-1} \sum_{i=1}^{n} (x_i - \overline{x})^2$ definiert.

3.2. Die allgemeine Theorie der Parameterschätzung

In Abschnitt 3.1 haben wir Spezialfälle des folgenden allgemeinen Schätzproblems behandelt: ϑ sei ein unbekannter Parameter einer Zufallsvariablen, deren Verteilungsfunktion nicht bekannt ist. Die Verteilungsfunktion der Zufallsvariablen hänge also von ϑ ab. Das dazugehörige Zufallsexperiment, deren Ausgänge die verschiedenen Werte der Zufallsvariablen festlegen, möge beliebig oft wiederholbar sein. Dadurch ist man in der Lage, Stichproben $x = (x_1, x_2, \dots, x_n)$ für das entsprechende Problem zu gewinnen. Aus den n Stichprobenwerten $x_1, x_2, \dots, x_n$ soll nun durch eine geeignete Formel ein Näherungswert (Schätzwert) $\hat{\vartheta}$ für den unbekannten Parameter ϑ berechnet werden. Dieser Näherungswert ist dann eine Funktion der n Stichprobenwerte $x_1, x_2, \dots, x_n$. Wir bezeichnen diese Funktion mit t_n, also

$$\hat{\vartheta} = t_n(x_1, x_2, \dots, x_n). \tag{3.14}$$

Der Index n besagt dabei, daß die Funktion t_n auf n Stichprobenwerten erklärt ist; es handelt sich also um eine Funktion von insgesamt n Veränderlichen. Ein aus einer Stichprobe $x = (x_1, \dots, x_n)$ berechneter Funktionswert $\hat{\vartheta} = t_n(x_1, \dots, x_n)$ heißt *Schätzwert* für den Parameter ϑ.

Wir nehmen nun an, die Stichprobe sei einfach. Dann ist der Stichprobenwert x_i Realisierung einer Zufallsvariablen X_i, welche dieselbe (von ϑ abhängende) Verteilungsfunktion wie die Ausgangsvariable besitzt. Daher kann der Funktionswert $t_n(x_1, x_2, \dots, x_n)$ als Realisierung der Zufallsvariablen

$$T_n = t_n(X_1, \dots, X_n) \tag{3.15}$$

angesehen werden. Die Verteilungsfunktion der Zufallsvariablen T_n hängt dann ebenfalls von dem unbekannten Parameter ϑ ab. Die Zufallsvariable T_n nennen wir *Schätzfunktion*. Eine Schätzfunktion ist also eine Funktion t_n der n Zufallsvariablen $X_1, \dots, X_n$, also wieder eine Zufallsvariable.

Da Realisierungen einer Schätzfunktion möglichst genaue Näherungswerte für den unbekannten, also zu schätzenden Parameter darstellen sollen, ist es offensichtlich nötig, gewisse weitere Eigenschaften von einer Schätzfunktion zu fordern, worauf im folgenden ausführlich eingegangen wird.

3.2.1. Erwartungstreue Schätzfunktionen

Definition 3.1. Eine Schätzfunktion $T_n = t_n(X_1, \dots, X_n)$ für den Parameter ϑ heißt *erwartungstreu*, wenn sie den Erwartungswert

$$E(T_n) = E(t_n(X_1, \dots, X_n)) = \vartheta$$

besitzt. Eine Folge von Schätzfunktionen T_n, $n = 1, 2, \dots$ heißt *asymptotisch erwartungstreu*, wenn gilt

$$\lim_{n \to \infty} E(T_n) = \vartheta.$$

Ist $t_n(X_1, \ldots, X_n)$ eine erwartungstreue Schätzfunktion für den Parameter ϑ, so kann zwar ein aus einer einzelnen einfachen Stichprobe gewonnener Schätzwert $\hat{\vartheta} = t_n(x_1, \ldots, x_n)$ vom wirklichen Parameter weit entfernt liegen. Werden jedoch viele Schätzwerte aus einzelnen Stichproben gewonnen, so wird im allgemeinen das arithmetische Mittel dieser Schätzwerte in der Nähe des unbekannten Parameters liegen (vgl. das schwache Gesetz der großen Zahlen [2] 3.2).

3.2.2. Konsistente Schätzfunktionen

Es ist sinnvoll, von einer gut approximierenden Schätzfunktion zu verlangen, daß mit wachsendem Stichprobenumfang n die Wahrscheinlichkeit dafür, daß die Schätzwerte in der unmittelbaren Umgebung des wahren Parameters ϑ liegen, gegen Eins strebt. Dazu die

Definition 3.2. Eine Folge $T_n = t_n(X_1, \ldots, X_n)$, $n = 1, 2, \ldots$ von Schätzfunktionen für den Parameter ϑ heißt *konsistent*, wenn für jedes $\epsilon > 0$ gilt

$$\lim_{n \to \infty} P(|t_n(X_1, X_2, \ldots, X_n) - \vartheta| > \epsilon) = 0.$$

Die Wahrscheinlichkeit dafür, daß die Zufallsvariable $T_n = t_n(X_1, X_2, \ldots, X_n)$ Werte annimmt, die um mehr als ϵ vom Parameter ϑ abweichen, wird somit beliebig klein, wenn nur n hinreichend groß gewählt wird. Ein Konsistenzkriterium liefert der folgende

Satz 3.2
Für jedes n sei T_n eine erwartungstreue Schätzfunktion des Parameters ϑ. Die Varianzen der Zufallsvariablen $T_n = t_n(X_1, \ldots, X_n)$ sollen ferner die Bedingung

$$\lim_{n \to \infty} D^2(T_n) = \lim_{n \to \infty} E([T_n - \vartheta]^2) = 0$$

erfüllen. Dann ist die Folge T_n, $n = 1, 2, \ldots$ konsistent.

Beweis: Wegen der vorausgesetzten Erwartungstreue gilt

$E(T_n) = \vartheta$ für alle n.

Folglich erhalten wir nach der Tschebyscheffschen Ungleichung (vgl. [2] 3.1) für jedes $\epsilon > 0$ die Abschätzung

$$P(|T_n - E(T_n)| > \epsilon) = P(|T_n - \vartheta| > \epsilon) \leq \frac{D^2(T_n)}{\epsilon^2}$$

und hieraus unmittelbar die Behauptung

$$\lim_{n \to \infty} P(|T_n - \vartheta| > \epsilon) \leq \lim_{n \to \infty} \frac{D^2(T_n)}{\epsilon^2} = \frac{1}{\epsilon^2} \lim_{n \to \infty} D^2(T_n) = 0. \qquad \blacksquare$$

3.2.3. Wirksamste (effiziente) Schätzfunktionen

Die einzelnen Realisierungen $t_n(x_1, \ldots, x_n)$ einer erwartungstreuen Schätzfunktion T_n werden umso weniger um den Parameter ϑ streuen, je kleiner die Varianz der Zufallsvariablen T_n ist. Daher wird man unter erwartungstreuen Schätzfunktionen diejenigen mit minimaler Varianz bevorzugen.

Definition 3.3

a) Eine erwartungstreue Schätzfunktion $T'_n = t'_n(X_1, \ldots, X_n)$ für den Parameter ϑ heißt *wirksamste Schätzfunktion* oder *effizient*, wenn es keine andere erwartungstreue Schätzfunktion T_n gibt mit kleinerer Varianz, d.h. mit

$$D^2(T_n) < D^2(T'_n) = D^2(t'_n(X_1, \ldots, X_n)).$$

b) Ist T'_n eine effiziente Schätzfunktion und T_n eine beliebige erwartungstreue Schätzfunktion, so heißt der Quotient

$$e(T_n) = \frac{D^2(T_n)}{D^2(T'_n)}$$

die *Effizienz* oder *Wirksamkeit* der Schätzfunktion T_n.

c) Eine Folge T_n, $n = 1, 2, \ldots$ erwartungstreuer Schätzfunktionen heißt *asymptotisch wirksamst*, wenn gilt

$$\lim_{n \to \infty} e(T_n) = \lim_{n \to \infty} \frac{D^2(T_n)}{D^2(T'_n)} = 1.$$

3.3. Maximum-Likelihood-Schätzungen

In diesem Abschnitt behandeln wir eine von R. A. Fisher vorgeschlagene Methode zur Gewinnung von Schätzfunktionen, die unter bestimmten Voraussetzungen einige der in 3.2 geforderten Eigenschaften erfüllen. Bezüglich der Beweise müssen wir allerdings auf die weiterführende Literatur verweisen. Wir beginnen mit dem elementaren

Beispiel 3.2. Zur Schätzung der unbekannten Wahrscheinlichkeit $p = P(A)$ eines Ereignisses A werde ein entsprechendes Bernoulli-Experiment für das Ereignis A n-mal durchgeführt. Wir notieren die Ergebnisse als n-Tupel, in dem an der i-ten Stelle A oder $\bar{A}$ steht, je nachdem ob beim i-ten Versuch das Ereignis A oder $\bar{A}$ eingetreten ist, $i = 1, 2, \ldots, n$. Das Ereignis A sei in dieser Versuchsreihe insgesamt k_0-mal vorgekommen. Mit dem unbekannten Parameter p ist die Wahrscheinlichkeit dafür, daß diese Versuchsreihe eintritt, gleich

$$L(p) = p^{k_0}(1-p)^{n-k_0}. \tag{3.16}$$

Wir wählen nun denjenigen Wert $\hat{p}$ als Schätzwert, für den die Funktion L(p), d.h. die Wahrscheinlichkeit für das eingetretene Ereignis, maximal wird. Differentiation nach p liefert dazu die Bedingung

$$\frac{dL(p)}{dp} = k_0 p^{k_0-1}(1-p)^{n-k_0} - (n-k_0)p^{k_0}(1-p)^{n-k_0-1} =$$
$$= p^{k_0-1}(1-p)^{n-k_0-1}[k_0(1-p) - (n-k_0)p] = 0.$$

Hieraus folgt

$$k_0 - k_0 p - np + k_0 p = k_0 - np = 0$$

mit der Lösung

$$\hat{p} = \frac{k_0}{n} = r_n(A) \quad (\text{= relative Häufigkeit des Ereignisses A}). \tag{3.17}$$

Dieses Prinzip der „maximalen Wahrscheinlichkeit" liefert also gerade die relative Häufigkeit als Schätzwert. ♦

Allgemein betrachten wir nun folgende Problemstellung: Von einer *diskreten Zufallsvariablen* Z sei zwar der Wertevorrat $W = \{z_1, z_2, ...\}$ bekannt, nicht jedoch die Wahrscheinlichkeiten $p_k = P(Z = z_k)$. Setzt man voraus, daß die Einzelwahrscheinlichkeiten p_k nur von m ebenfalls unbekannten Parametern $\vartheta_1, \vartheta_2, ..., \vartheta_m$ abhängen, so schreiben wir dafür

$$P(Z = z_k) = p(z_k, \vartheta_1, \vartheta_2, ..., \vartheta_m). \tag{3.18}$$

Mit den Parametern $\vartheta_1, ..., \vartheta_m$ ist nach (3.18) auch die Verteilung $(z_k, P(Z = z_k))$, $k = 1, 2, ...$ der diskreten Zufallsvariablen Z bekannt. Beispiele für solche Zufallsvariable sind a) die Binomialverteilung mit einem unbekannten Parameter p, b) die Polynomialverteilung (vgl. [2] 1.7.2) mit $r - 1$ unbekannten Parametern $p_1, p_2, ..., p_{r-1}$ (der r-te Parameter läßt sich aus $p_1 + p_2 + ... + p_r = 1$ berechnen), c) die Poissonverteilung (vgl. [2] 2.3.5) mit dem unbekannten Parameter λ.

Bezüglich der Zufallsvariablen Z werde eine einfache Stichprobe $x = (x_1, x_2, ..., x_n)$ vom Umfang n gezogen. Dann ist die Wahrscheinlichkeit dafür, daß man die Stichprobe x erhält, gleich

$$\boxed{L(x_1, ..., x_n, \vartheta_1, ..., \vartheta_m) = p(x_1, \vartheta_1, ... \vartheta_m) \cdot p(x_2, \vartheta_1, ..., \vartheta_m) \cdot ... \cdot p(x_n, \vartheta_1, ... \vartheta_m).}$$
(3.19)

Die durch (3.19) definierte Funktion L in den m Veränderlichen $\vartheta_1, ..., \vartheta_m$ (die Werte $x_1, ..., x_n$ sind ja als Stichprobenwerte bekannt) heißt *Likelihood-Funktion für die diskrete Zufallsvariable* Z.

Im stetigen Fall erhalten wir wegen der Approximationsformel (vgl. [2] (2.73))

$$P(z \leq Z \leq z + \Delta z) \approx f(z) \cdot \Delta z,$$

3.3. Maximum-Likelihood-Schätzungen

wenn f an der Stelle z stetig ist, als Analogon zur Verteilung einer diskreten Zufallsvariablen die Dichte f. Hängt die Dichte $f(z, \vartheta_1, \ldots, \vartheta_m)$ einer stetigen Zufallsvariablen Z von den Parametern $\vartheta_1, \ldots, \vartheta_m$ ab (wie z.B. die Dichte einer normalverteilten Zufallsvariablen von μ und σ^2), so nennen wir bei gegebener einfacher Stichprobe $x = (x_1, x_2, \ldots, x_n)$ die Funktion

$$L(x_1, \ldots, x_n, \vartheta_1, \ldots, \vartheta_m) = f(x_1, \vartheta_1, \ldots, \vartheta_m) \cdot f(x_2, \vartheta_1, \ldots, \vartheta_m) \cdot \ldots \cdot f(x_n, \vartheta_1, \ldots, \vartheta_m)$$
(3.20)

Likelihood-Funktion der stetigen Zufallsvariablen Z.

Aus einer Likelihood-Funktion erhalten wir Schätzwerte für die Parameter $\vartheta_1, \ldots, \vartheta_m$ nach dem sog. *Maximum-Likelihood-Prinzip:*

Man wähle diejenigen Werte $\hat{\vartheta}_1, \ldots, \hat{\vartheta}_m$ als Schätzwerte für die unbekannten Parameter $\vartheta_1, \ldots, \vartheta_m$, für welche die Likelihood-Funktion maximal wird.

Die so gewonnenen Parameter heißen *Maximum-Likelihood-Schätzungen.*

Häufig erhält man die Maxima der Funktion L durch Lösung des Gleichungssystems

$$\frac{\partial L}{\partial \vartheta_1} = 0; \quad \frac{\partial L}{\partial \vartheta_2} = 0; \ldots; \frac{\partial L}{\partial \vartheta_m} = 0,$$
(3.21)

wobei $\frac{\partial L}{\partial \vartheta_k}$ die partielle Ableitung nach der Variablen ϑ_k ist.

Da Wahrscheinlichkeiten und Dichten nicht negativ sind und außerdem der natürliche Logarithmus ln L eine streng monoton wachsende Funktion von L ist, nimmt die Funktion L genau dort ein Maximum an, wo die Funktion ln L maximal wird. Wegen

$$\ln L = \sum_{k=1}^{n} \ln p(x_k, \vartheta_1, \ldots, \vartheta_m) \quad (\text{bzw.} = \sum_{k=1}^{n} \ln f(x_k, \vartheta_1, \ldots, \vartheta_m))$$

ist es häufig rechnerisch einfacher und bequemer, das Gleichungssystem

$$\frac{\partial \ln L}{\partial \vartheta_1} = 0; \quad \frac{\partial \ln L}{\partial \vartheta_2} = 0; \ldots; \frac{\partial \ln L}{\partial \vartheta_m} = 0$$
(3.22)

zu lösen.

Beispiel 3.3 (Binomialverteilung). Als Maximum-Likelihood-Schätzung für den Parameter $p = P(A)$ eines Ereignisses A erhalten wir nach Beispiel 3.2 die relative

Häufigkeit $r_n(A)$ des Ereignisses A in einer unabhängigen Versuchsreihe (Bernoulli-Experiment) vom Umfang n, also

$$\hat{p} = r_n(A) = \frac{\text{Anzahl der Versuche, bei denen A eingetreten ist}}{n} \qquad \blacklozenge$$

Beispiel 3.4 (Polynomialverteilung). Wir betrachten m paarweise unvereinbare Ereignisse $A_1, A_2, \ldots, A_m$, von denen bei jeder Versuchsdurchführung genau eines eintritt $\left(\text{es gelte also } \Omega = \sum_{k=1}^{m} A_k\right)$ mit den unbekannten Wahrscheinlichkeiten $p_k = P(A_k), k = 1, \ldots, m \left(\sum_{k=1}^{m} p_k = 1\right)$. Das dazugehörige Zufallsexperiment werde n-mal unabhängig durchgeführt, wobei h_k die absolute Häufigkeit des Ereignisses A_k bezeichne für $k = 1, 2, \ldots, m$. Die Wahrscheinlichkeit für das eingetretene Ereignis (unter Berücksichtigung der Reihenfolge) berechnet sich nach [2] 1.7.2 zu

$$L = p_1^{h_1} \cdot p_2^{h_2} \cdot \ldots \cdot p_m^{h_m}.$$

Daraus folgt

$$\ln L = \sum_{k=1}^{m} h_k \ln p_k. \tag{3.23}$$

Wegen $\sum_{k=1}^{m} p_k = 1$ und $\sum_{k=1}^{m} h_k = n$, d.h.

$$p_m = 1 - \sum_{k=1}^{m-1} p_k, \quad h_m = n - \sum_{k=1}^{m-1} h_k$$

erhalten wir aus (3.23) die Beziehung

$$\ln L = h_1 \ln p_1 + \ldots + h_{m-1} \ln p_{m-1} + \left(n - \sum_{k=1}^{m-1} h_k\right) \ln \left(1 - \sum_{k=1}^{m-1} p_k\right).$$

Somit ist hier L Funktion von insgesamt $m - 1$ Veränderlichen. Differentiation ergibt

$$\frac{\partial \ln L}{\partial p_i} = \frac{h_i}{p_i} - \frac{n - \sum_{k=1}^{m-1} h_k}{1 - \sum_{k=1}^{m-1} p_k} = \frac{h_i}{p_i} - \frac{h_m}{p_m} = 0 \text{ für } i = 1, 2, \ldots, m-1. \tag{3.24}$$

Diese Gleichung (3.24) gilt trivialerweise auch noch für i = m. Aus ihr folgt

$$h_i\, p_m = p_i\, h_m \quad \text{für } i = 1, 2, \ldots, m$$

und durch Summation über i

$$\sum_{i=1}^{m} h_i\, p_m = n p_m = \sum_{i=1}^{m} p_i\, h_m = h_m.$$

Hieraus erhalten wir den Schätzwert $\hat{p}_m = \frac{h_m}{n}$. Für die Schätzwerte der übrigen Parameter ergibt sich aus (3.24)

$$\hat{p}_i = h_i \cdot \frac{\hat{p}_m}{h_m} = h_i \cdot \frac{h_m}{n \cdot h_m} = \frac{h_i}{n} \quad \text{für } i = 1, 2, \ldots, m-1.$$

Maximum-Likelihood-Schätzwerte sind somit die relativen Häufigkeiten, d.h.

$$\boxed{\hat{p}_k = \frac{h_k}{n} = r_n(A_k) \quad \text{für } k = 1, 2, \ldots, m.}$$

♦

Beispiel 3.5 (Poisson-Verteilung). Die Wahrscheinlichkeiten einer mit dem Parameter λ Poisson-verteilten Zufallsvariablen Z berechnen sich nach [2] 2.3.5 zu

$$P(Z = k) = \frac{\lambda^k}{k!}\, e^{-\lambda}, \quad k = 0, 1, 2, \ldots .$$

Mit einer einfachen Stichprobe $x = (x_1, x_2, \ldots, x_n)$ gewinnt man daraus die Likelihood-Funktion

$$L(\lambda) = \frac{\lambda^{x_1}}{x_1!}\, e^{-\lambda}\, \frac{\lambda^{x_2}}{x_2!}\, e^{-\lambda} \cdots \frac{\lambda^{x_n}}{x_n!}\, e^{-\lambda} = \frac{1}{x_1!\, x_2!\, \ldots\, x_n!}\, \lambda^{n\bar{x}} e^{-n\lambda}.$$

Unter Benutzung des natürlichen Logarithmus folgt hieraus

$$\ln L = n\bar{x} \ln \lambda - n\lambda - \ln(x_1!\, x_2!\, \ldots\, x_n!).$$

Differentiation nach λ liefert schließlich die sog. *Maximum-Likelihood-Gleichung*

$$\frac{d \ln L}{d\lambda} = \frac{n\bar{x}}{\lambda} - n = 0$$

mit der Lösung $\boxed{\hat{\lambda} = \bar{x}.}$

♦

Beispiel 3.6 (Normalverteilung). Ist die Zufallsvariable Z normalverteilt mit dem Erwartungswert μ und der Varianz σ^2, so lautet die dazugehörige Likelihood-Funktion

$$L(x_1, \ldots, x_n, \mu, \sigma^2) = \frac{1}{\sqrt{2\pi}\,\sigma} e^{-\frac{(x_1-\mu)^2}{2\sigma^2}} \cdots \frac{1}{\sqrt{2\pi}\,\sigma} e^{-\frac{(x_n-\mu)^2}{2\sigma^2}} =$$

$$= \frac{1}{\sqrt{2\pi}^n} \cdot \frac{1}{(\sigma^2)^{n/2}} e^{-\frac{1}{2\sigma^2} \sum_{i=1}^{n} (x_i-\mu)^2}.$$

$$\ln L = -n \ln \sqrt{2\pi} - \frac{n}{2} \ln \sigma^2 - \frac{1}{2\sigma^2} \sum_{i=1}^{n} (x_i - \mu)^2.$$

Partielle Differentiation nach μ liefert die Gleichung

$$\frac{\partial \ln L}{\partial \mu} = \frac{1}{\sigma^2} \sum_{i=1}^{n} (x_i - \mu) = 0,$$

woraus

$$\sum_{i=1}^{n} (x_i - \mu) = \sum_{i=1}^{n} x_i - n\mu = n\bar{x} - n\mu = 0, \text{ also der Schätzwert}$$

$$\hat{\mu} = \bar{x} = \frac{1}{n} \sum_{i=1}^{n} x_i \text{ folgt.}$$

Differentiation nach σ^2 ergibt mit dem Schätzwert $\hat{\mu} = \bar{x}$ die Gleichung

$$\frac{\partial \ln L}{\partial \sigma^2} = -\frac{n}{2\sigma^2} + \frac{1}{2\sigma^4} \sum_{i=1}^{n} (x_i - \bar{x})^2 = 0.$$

Daraus folgt

$$\hat{\sigma}^2 = \frac{1}{n} \sum_{i=1}^{n} (x_i - \bar{x})^2 = \frac{n-1}{n} s^2.$$

Als Maximum-Likelihood-Schätzwerte erhält man hier also

$$\boxed{\hat{\mu} = \bar{x}; \quad \hat{\sigma}^2 = \frac{1}{n} \sum_{i=1}^{n} (x_i - \bar{x})^2 = \frac{n-1}{n} s^2.}$$

Zu beachten ist, daß die Schätzfunktion, welche $\hat{\sigma}^2$ liefert, nicht mehr erwartungstreu ist. Die entsprechende Funktionenfolge ist jedoch asymptotisch erwartungstreu. ♦

Beispiel 3.7. Die stetige Zufallsvariable Z besitze die Verteilungsfunktion

$$F(z) = \begin{cases} 0 & \text{für } z \leq 0, \\ 1 - e^{-bz^2} & \text{für } z \geq 0 \ (b > 0), \end{cases}$$

mit der Dichte

$$f(z) = \begin{cases} 0 & \text{für } z \leq 0, \\ 2bze^{-bz^2} & \text{für } z \geq 0. \end{cases}$$

Ist $x = (x_1, x_2, \ldots, x_n)$ eine einfache Stichprobe, so lautet hier die Likelihood-Funktion

$$L(b) = 2bx_1 e^{-bx_1^2} \cdot 2bx_2 e^{-bx_2^2} \ldots 2bx_n e^{-bx_n^2} =$$

$$= 2^n x_1 \cdot x_2 \ldots x_n b^n e^{-b \sum_{i=1}^{n} x_i^2}, \text{ d. h.}$$

$$\ln L(b) = \ln(2^n x_1 \ldots x_n) + n \ln b - b \sum_{i=1}^{n} x_i^2.$$

Differentiation liefert die Bestimmungsgleichung

$$\frac{d \ln L(b)}{db} = \frac{n}{b} - \sum_{i=1}^{n} x_i^2 = 0$$

mit der Maximum-Likelihood-Schätzung

$$\hat{b} = \frac{n}{x_1^2 + x_2^2 + \ldots + x_n^2}$$

als Lösung. ♦

3.4. Konfidenzintervalle (Vertrauensintervalle)

3.4.1. Der Begriff des Konfidenzintervalls

Ist $\hat{\vartheta} = t_n(x_1, \ldots, x_n)$ ein aus einer Zufallsstichprobe berechneter Schätzwert für einen unbekannten Parameter ϑ, so wird dieser als Realisierung der Zufallsvariablen $T_n = t_n(X_1, \ldots, X_n)$ im allgemeinen von dem wirklichen Parameter ϑ abweichen. Diese Abweichungen werden in den meisten Fällen nur sehr gering sein, wenn der Stichprobenumfang n groß und die Folge T_n, n = 1, 2, ... konsistent ist. Trotzdem kann es immer wieder vorkommen, daß ein einzelner Schätzwert vom wahren Parameter ϑ sehr weit entfernt ist. Daher ist es angebracht, Aussagen über diese unbekannten Abweichungen der Realisierungen von ϑ zu machen. Wegen der Zufälligkeit der Abweichungen ist es allerdings nicht möglich, absolut sichere Aussagen darüber zu machen (abgesehen von trivialen Aussagen der Gestalt „die Wahrscheinlichkeit p = P(A) liegt zwischen 0 und 1" oder „der Erwartungswert μ liegt zwischen $-\infty$ und $+\infty$", die ja bezüglich des Informationsgehalts völlig wertlos sind). Wenn wir keine sicheren nichttrivialen Aussagen über unbekannte Parameter machen können, so müssen wir jedenfalls nach solchen Aussagen über unbekannte Parameter suchen, die wenigstens in den meisten Fällen richtig sind. Die Wahrscheinlichkeit für die Richtigkeit einer solchen Aussage soll also möglichst groß sein.

Da es sich bei einem Parameter ϑ um einen unbekannten Zahlenwert handelt, ist es nicht möglich, ein nichttriviales Intervall $[c_1, c_2]$ anzugeben, in dem der unbekannte Parameter mit einer (großen) Wahrscheinlichkeit $\gamma < 1$ liegt. Denn die Aussage

$$c_1 \leq \vartheta \leq c_2 \tag{3.25}$$

ist entweder richtig oder falsch, woraus folgt

$$P(c_1 \leq \vartheta \leq c_2) = \begin{cases} 1 & \text{für } \vartheta \in [c_1, c_2], \\ 0 & \text{sonst.} \end{cases} \tag{3.26}$$

Stattdessen ist es naheliegend, das folgende Problem zu behandeln: Aus einer Stichprobe $x = (x_1, \ldots, x_n)$ soll vermöge einer gewissen Vorschrift ein Intervall $[\hat{\vartheta}_u, \hat{\vartheta}_0]$ bestimmt werden. Damit trifft man die (nicht notwendig richtige)

Entscheidung: $\boxed{\hat{\vartheta}_u \leq \vartheta \leq \hat{\vartheta}_0.}$ (3.27)

Die untere und obere Grenze $\hat{\vartheta}_u$ und $\hat{\vartheta}_0$ werden aus einer Stichprobe bestimmt. Es sind also Werte zweier Funktionen g_u, g_0, die auf der Stichprobe $(x_1, \ldots, x_n)$ erklärt sind, d.h. es gilt

$$\hat{\vartheta}_u = g_u(x_1, \ldots, x_n); \quad \hat{\vartheta}_0 = g_0(x_1, \ldots, x_n). \tag{3.28}$$

$\hat{\vartheta}_u$ und $\hat{\vartheta}_0$ sind aber Realisierungen der Zufallsvariablen

$$G_u = g_u(X_1, \ldots, X_n) \quad \text{bzw.} \quad G_0 = g_0(X_1, \ldots, X_n).$$

Daher wird für die „Güte" der getroffenen Entscheidung (3.27) die Wahrscheinlichkeit $P(G_u \leq \vartheta \leq G_0)$ maßgebend sein. Liegt diese Wahrscheinlichkeit nahe bei Eins, so wird man meistens eine richtige Entscheidung treffen. Eine Verkleinerung dieser Wahrscheinlichkeit wird die Anzahl der „Fehlentscheidungen" erhöhen.

Das aus einer Stichprobe gewonnene Intervall $[\hat{\vartheta}_u, \hat{\vartheta}_0] = [g_u(x_1, \ldots, x_n), g_0(x_1, \ldots, x_n)]$ ist eine Realisierung des sog. *Zufallsintervalles* $[G_u, G_0] = [g_u(X_1, \ldots, X_n), g_0(X_1, \ldots, X_n)]$ dessen Grenzen Zufallsvariable sind.

Damit meistens richtige Entscheidungen getroffen werden, muß die Wahrscheinlichkeit

$$P(G_u \leq \vartheta \leq G_0) = \gamma \tag{3.29}$$

groß gewählt werden. Um andererseits im allgemeinen brauchbare Entscheidungen zu erhalten, sollten die Realisierungsintervalle — wenigstens meistens — eng, d.h.

die Differenzen $g_0(x_1, \ldots, x_n) - g_u(x_1, \ldots, x_n)$ klein sein. Wie wir in den nachfolgenden Beispielen sehen werden, hat eine Vergrößerung von γ eine Erweiterung der Intervalle zur Folge. Man wird daher im allgemeinen die Zahl γ fest vorgehen. Bei stetigen Zufallsvariablen $X_1, X_2, \ldots, X_n$ wird man zu diesem γ zwei Zufallsvariable G_u und G_0 angeben können, für die Gleichung (3.29) erfüllt ist. Im diskreten Fall ist man jedoch i.a. bei vorgegebenem γ nicht in der Lage, in (3.29) die Gleichheit zu erreichen. Man versucht dann, in $P(G_u \leq \vartheta \leq G_0) \geq \gamma$ möglichst nahe an γ heranzukommen.

Definition 3.4. Sind $G_u = g_u(X_1, \ldots, X_n)$ und $G_0 = g_0(X_1, \ldots, X_n)$ zwei Zufallsvariable, für welche die Beziehung

$$P(G_u \leq \vartheta \leq G_0) \geq \gamma = 1 - \alpha$$

gilt, so heißt das Zufallsintervall $[G_u, G_0]$ ein *Konfidenzintervall (Vertrauensintervall)* für den unbekannten Parameter ϑ. Die Zahl γ nennt man *Konfidenzniveau* oder *Konfidenzzahl*.
Eine Realisierung $[g_u, g_0]$ des Zufallsintervalls $[G_u, G_0]$ heißt *(empirisches) Konfidenzintervall*.

Wird z.B. $\gamma = 0{,}99$ (= 99 %) gewählt, so kann man nach dem Bernoullischen Gesetz der großen Zahlen erwarten, daß bei einer langen Stichprobenserie mindestens etwa 99 % der berechneten Intervalle den wirklichen Parameter ϑ enthalten und höchstens etwa 1 % (= $100 \cdot \alpha$) nicht. Damit sind höchstens ungefähr 1 % der gefällten Entscheidungen (3.27) falsch.

Daß es zu einem fest vorgegebenem Konfidenzniveau γ eventuell mehrere Konfidenzintervalle gibt, sei nur erwähnt. Unter diesen wählt man dann sinnvollerweise die Intervalle mit der kleinsten mittleren Länge aus. Die spezielle Wahl der Größe des jeweiligen Konfidenzniveaus γ hängt natürlich von dem Schaden ab, den eine falsche Entscheidung verursacht.

3.4.2. Konfidenzintervalle für eine unbekannte Wahrscheinlichkeit p

Zur Konstruktion eines Konfidenzintervalles für eine unbekannte Wahrscheinlichkeit $p = P(A)$ gehen wir von der binomialverteilten Zufallsvariablen X aus, die in einem Bernoulli-Experiment vom Umfang n die Anzahl derjenigen Versuche beschreibt, bei denen das Ereignis A eintritt. Dabei gilt $E(X) = np$ und $D^2(X) = np(1-p)$. Nach [2] 2.5.2 kann für große n (es genügt bereits $np(1-p) > 9$) die standardisierte Zufallsvariable $\dfrac{X - np}{\sqrt{np(1-p)}}$ durch eine $N(0; 1)$-verteilte mit der Verteilungsfunktion Φ approximiert werden. Daher gilt für beliebiges $c \in \mathbb{R}$ die Näherung

$$P\left(-c \leq \frac{X - np}{\sqrt{np(1-p)}} \leq c\right) \approx \Phi(c) - \Phi(-c) = 2\Phi(c) - 1.$$

Zu vorgegebenem Konfidenzniveau γ bestimmen wir den Zahlenwert c aus $2\Phi(c) - 1 = \gamma = 1 - \alpha$. Wegen

$$\Phi(c) = \frac{1+\gamma}{2}$$

ist c das $\frac{1+\gamma}{2}$-Quantil $z_{\frac{1+\gamma}{2}}$ der standardisierten Normalverteilung, das aus der Tabelle 1 im Anhang abgelesen werden kann. In Bild 3.1 wird der Zusammenhang zwischen γ und α ersichtlich. Zwischen $-c$ und $+c$ schließt die Dichtefunktion φ mit der z-Achse die Fläche γ, rechts von c und links von $-c$ jeweils die Fläche $\frac{\alpha}{2} = \frac{1-\gamma}{2}$ ein.

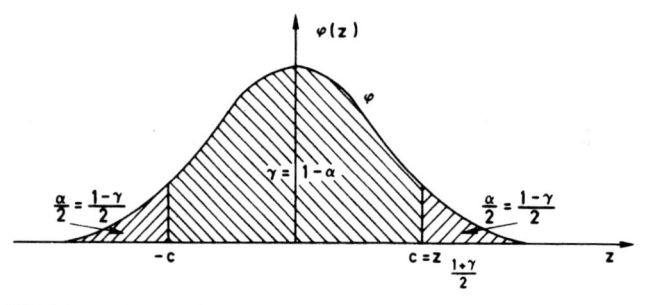

Bild 3.1. Bestimmung der Konstanten $c = z_{\frac{1+\gamma}{2}}$ mit $2\Phi(c) - 1 = \gamma$ aus der Dichte φ einer $N(0;1)$-verteilten Zufallsvariablen.

Das Ereignis

$$-c \leq \frac{X - np}{\sqrt{np(1-p)}} \leq c \qquad (3.30)$$

ist gleichwertig mit

$$|X - np| \leq c\sqrt{np(1-p)}. \qquad (3.31)$$

Durch Quadrieren von (3.31) und weitere Umformungen erhalten wir die folgenden äquivalenten Darstellungen:

$$(X - np)^2 \leq c^2 np(1-p);$$
$$X^2 - 2npX + n^2p^2 \leq c^2 np - c^2 np^2;$$
$$p^2(nc^2 + n^2) - p(2nX + c^2 n) + X^2 \leq 0;$$
$$p^2(c^2 + n) - p(2X + c^2) + \frac{X^2}{n} \leq 0. \qquad (3.32)$$

3.4. Konfidenzintervalle (Vertrauensintervalle)

Zur Bestimmung einer Darstellung $G_u \leq p \leq G_0$, die mit (3.32) und folglich auch mit (3.30) gleichwertig ist, berechnen wir zunächst die „Nullstellen" von

$$p^2(c^2 + n) - p(2X + c^2) + \frac{X^2}{n} = 0.$$

Durch elementare Umformung (Lösen einer quadratischen Gleichung) folgt hieraus

$$p_{1,2} = \frac{1}{n + c^2} \left(X + \frac{c^2}{2} \pm c \sqrt{\frac{X(n-X)}{n} + \frac{c^2}{4}} \right).$$

Für alle p, die zwischen p_1 und p_2 liegen, ist die Ungleichung (3.32) erfüllt. Daher erhalten wir in

$$\boxed{\begin{aligned} G_u &= \frac{1}{n + c^2} \left(X + \frac{c^2}{2} - c \sqrt{\frac{X(n-X)}{n} + \frac{c^2}{4}} \right); \quad \Phi(c) = \frac{1+\gamma}{2}; \\ G_0 &= \frac{1}{n + c^2} \left(X + \frac{c^2}{2} + c \sqrt{\frac{X(n-X)}{n} + \frac{c^2}{4}} \right) \end{aligned}} \quad (3.33)$$

ein Konfidenzintervall $[G_u, G_0]$ mit

$$P(G_u \leq p \leq G_0) \approx \gamma.$$

Tritt in einem Bernoulli-Experiment vom Umfang n das Ereignis A genau k_0-mal ein, so ist k_0 eine Realisierung der Zufallsvariablen X. Die Werte

$$\boxed{\begin{aligned} g_u &= \frac{1}{n + c^2} \left(k_0 + \frac{c^2}{2} - c \sqrt{\frac{k_0(n-k_0)}{n} + \frac{c^2}{4}} \right); \quad \Phi(c) = \frac{1+\gamma}{2}; \\ g_0 &= \frac{1}{n + c^2} \left(k_0 + \frac{c^2}{2} + c \sqrt{\frac{k_0(n-k_0)}{n} + \frac{c^2}{4}} \right) \end{aligned}} \quad (3.34)$$

liefern als Realisierungen des Konfidenzintervalls $[G_u, G_0]$ das (empirische) Konfidenzintervall $[g_u, g_0]$ mit der Länge

$$l = g_0 - g_u = \frac{2c}{n + c^2} \sqrt{\frac{k_0(n-k_0)}{n} + \frac{c^2}{4}},$$

die mit wachsendem n gegen Null geht. Mit einer solchen Realisierung treffen wir die Entscheidung

$$g_u \leq p \leq g_0.$$

Diese Entscheidung wurde mit Hilfe eines Verfahrens gefällt, das nur mit einer Wahrscheinlichkeit von ungefähr γ eine richtige Entscheidung liefert, was zur Folge hat, daß man bei vielen solchen Stichprobenserien nur in ungefähr $100\,\gamma\,\%$ der

Fälle auch richtige Entscheidungen erhält. Die Tatsache, daß mit wachsendem n die Längen der Intervalle gegen Null gehen, ist plausibel, da Stichproben mit einem großen Umfang n viel Information über den unbekannten Parameter liefern.

Ist k_0 und $(n - k_0)$ groß, so erhalten wir aus 3.34 die gute Näherungsformel

$$\frac{k_0}{n} - \frac{c}{n}\sqrt{\frac{k_0(n-k_0)}{n}} \leq p \leq \frac{k_0}{n} + \frac{c}{n}\sqrt{\frac{k_0(n-k_0)}{n}}; \quad \Phi(c) = \frac{1+\gamma}{2}. \quad (3.35)$$

Mit der relativen Häufigkeit $r_n = \frac{k_0}{n}$ geht diese Ungleichung über in

$$r_n - c\sqrt{\frac{r_n(1-r_n)}{n}} \leq p \leq r_n + c\sqrt{\frac{r_n(1-r_n)}{n}} \text{ mit } \Phi(c) = \frac{1+\gamma}{2}. \quad (3.36)$$

Beispiel 3.8. Unter den 87 827 Lebendgeburten vom Jahre 1972 in Niedersachsen waren 45 195 Knaben. Für die Wahrscheinlichkeit p, daß ein neugeborenes Kind ein Knabe ist, bestimme man damit ein empirisches Konfidenzintervall und zwar
a) zum Konfidenzniveau $\gamma = 0,99$,
b) zum Konfidenzniveau $\gamma = 0,999$.

Für die unbekannte Wahrscheinlichkeit p erhalten wir als Schätzwert die relative Häufigkeit $\hat{p} = \frac{45\,195}{87\,827} = 0,5146$.

a) Wegen $\Phi(c) = \frac{1+\gamma}{2} = 0,995$ folgt aus der Tabelle 1b im Anhang $c = 2,576$.

Damit ergeben sich für (3.35) die Randpunkte

$$g_u = \frac{45\,195}{87\,827} - \frac{2,576}{87\,827}\sqrt{\frac{45\,195 \cdot 42\,632}{87\,827}} = 0,5102;$$

$g_o = 0,5189$.

Daraus treffen wir die mit 99 % Sicherheit richtige Entscheidung

$0,5102 \leq p \leq 0,5189$.

b) Aus $\Phi(c) = \frac{1+\gamma}{2} = \frac{1,999}{2} = 0,9995$ folgt entsprechend $c = 3,291$;

$$g_u = \frac{45\,195}{87\,827} - \frac{3,291}{87\,827}\sqrt{\frac{45\,195 \cdot 42\,632}{87\,827}} = 0,5094$$

$g_o = 0,5201$

und hieraus das empirische Konfidenzintervall

$0,5090 \leq p \leq 0,5201$.

3.4. Konfidenzintervalle (Vertrauensintervalle)

Das unter b) berechnete Intervall ist breiter, da die entsprechende Aussage besser abgesichert ist als im Fall a). ♦

Beispiel 3.9. Kurz vor einer Bundestagswahl möchte ein Meinungsforschungsinstitut eine Prognose über den prozentualen Stimmenanteil abgeben, den eine Partei in dieser Wahl erreichen wird. Wieviele zufällig ausgewählte Wahlberechtigte müssen mindestens befragt werden, um für den prozentualen Stimmenanteil ein empirisches Konfidenzintervall zum Niveau 0,95 zu erhalten, dessen Länge höchstens 2 (%) ist?

Wegen der großen Anzahl der Wahlberechtigten können wir hier die Binomialverteilung verwenden. Ist p der relative Stimmenanteil für die entsprechende Partei, so darf die Länge des empirischen Konfidenzintervalles für p nicht größer als 0,02 sein. Damit erhalten wir aus (3.36) die Ungleichung

$$2c \sqrt{\frac{r_n(1-r_n)}{n}} \leq 0{,}02$$

bzw. durch Quadrieren

$$4c^2 r_n(1-r_n) \leq 0{,}0004\, n. \tag{3.37}$$

Aus $\Phi(c) = 0{,}975$ folgt $c = 1{,}960$ und hiermit aus (3.37) die Ungleichung

$$n \geq \frac{4 \cdot 1{,}960^2}{0{,}0004} \cdot r_n(1-r_n). \tag{3.38}$$

Das Maximum der Funktion $f(r) = r(1-r)$ liegt bei $r = \frac{1}{2}$. Damit folgt aus (3.38) für den minimalen Stichprobenumfang n die Bedingung

$$n \geq \frac{4 \cdot 1{,}960^2 \cdot 0{,}5 \cdot 0{,}5}{0{,}0004} = 9604.$$

Es müssen also mindestens 9604 Wahlberechtigte befragt werden. Ergibt die Befragung $r_n = 0{,}47$, so kann das Institut die Prognose abgeben, der prozentuale Stimmenanteil liege zwischen 46 und 48 %. Dabei ist diese Prognose mit Hilfe eines Verfahrens gewonnen worden, das mit einer Wahrscheinlichkeit von 0,95 eine richtige Prognose liefert. ♦

3.4.3. Konfidenzintervalle für den Erwartungswert μ einer normalverteilten Zufallsvariablen

In diesem Abschnitt sei $x = (x_1, x_2, \ldots, x_n)$ eine einfache Stichprobe aus einer normalverteilten Grundgesamtheit. Die Stichprobenwerte x_i sind also Realisierungen von Zufallsvariablen X_i, $i = 1, 2, \ldots, n$, die (stochastisch) unabhängig und alle normalverteilt sind mit demselben Erwartungswert μ und der gleichen Varianz σ^2. Aufgrund des zentralen Grenzwertsatzes (vgl. [2] 3.3) kann man bei vielen in der Praxis vorkommenden Zufallsvariablen davon ausgehen, daß sie – wenigstens näherungsweise – normalverteilt sind. (Verfahren, mit denen man Zufallsvariable auf Normalverteilung „testen" kann, werden wir in Abschnitt 6.4 kennenlernen.) Der Erwartungswert μ und die Varianz σ^2 sind jedoch im allgemeinen nicht bekannt – folglich müssen sie geschätzt werden. In diesem Abschnitt leiten wir Konfidenzintervalle für den unbekannten Parameter $\mu = E(X_i)$ ab. Dazu betrachten wir zwei verschiedene Fälle.

1. Konfidenzintervalle bei bekannter Varianz

Häufig ist die Varianz einer normalverteilten Zufallsvariablen bekannt, der Erwartungswert jedoch nicht. Beschreibt z.b. die Zufallsvariable X ein bestimmtes Merkmal maschinell gefertigter Gegenstände (etwa den Durchmesser von Autokolben oder Gewichte von Zuckerpaketen), so hängt der Erwartungswert $\mu = E(X)$ häufig von der speziellen Maschineneinstellung ab, während die Varianz immer gleich bleibt, also nur von der Maschine selbst und nicht von deren Einstellung abhängig ist. Aus Erfahrungswerten sei die Varianz bekannt. Wir bezeichnen sie mit σ_0^2. (Der verwendete Index $_0$ soll andeuten, daß es sich um einen bekannten Zahlenwert handelt.)

Die Zufallsvariablen X_i seien also unabhängig und alle $N(\mu; \sigma_0^2)$-verteilt, wobei die Varianz σ_0^2 bekannt, der Erwartungswert μ jedoch unbekannt ist. Nach [2] 2.5.3 ist die Zufallsvariable

$$\overline{X} = \frac{1}{n} \sum_{i=1}^{n} X_i$$

normalverteilt mit dem Erwartungswert $E(\overline{X}) = \mu$ und der Varianz $D^2(\overline{X}) = \frac{\sigma_0^2}{n}$. Ihre Standardisierte $\sqrt{n}\,\frac{\overline{X} - \mu}{\sigma_0}$ ist folglich $N(0; 1)$-verteilt. Zu einer vorgegebenen Konfidenzzahl γ erhalten wir mit dem $\frac{1+\gamma}{2}$-Quantil $z_{\frac{1+\gamma}{2}}$ (d.h. $\Phi(z_{\frac{1+\gamma}{2}}) = \frac{1+\gamma}{2}$) der $N(0; 1)$-Verteilung die Gleichung

$$P\left(-z_{\frac{1+\gamma}{2}} \leq \sqrt{n}\,\frac{\overline{X} - \mu}{\sigma_0} \leq z_{\frac{1+\gamma}{2}}\right) = \gamma. \tag{3.39}$$

Die Bedingung $\sqrt{n}\,\frac{\overline{X} - \mu}{\sigma_0} \leq z_{\frac{1+\gamma}{2}}$ ist gleichwertig mit

$$\overline{X} - \mu \leq \frac{\sigma_0}{\sqrt{n}}\, z_{\frac{1+\gamma}{2}}\,; \qquad \overline{X} - \frac{\sigma_0}{\sqrt{n}}\, z_{\frac{1+\gamma}{2}} \leq \mu. \tag{3.40}$$

Entsprechend ist $-z_{\frac{1+\gamma}{2}} \leq \sqrt{n}\,\frac{\overline{X} - \mu}{\sigma_0}$ äquivalent zu

$$\mu \leq \overline{X} + \frac{\sigma_0}{\sqrt{n}}\, z_{\frac{1+\gamma}{2}}\,. \tag{3.41}$$

3.4. Konfidenzintervalle (Vertrauensintervalle)

Aus (3.39) bis (3.41) folgt daher

$$P\left(\overline{X} - \frac{\sigma_0}{\sqrt{n}} z_{\frac{1+\gamma}{2}} \leq \mu \leq \overline{X} + \frac{\sigma_0}{\sqrt{n}} z_{\frac{1+\gamma}{2}}\right) = \gamma. \tag{3.42}$$

Somit erhalten wir im Zufallsintervall

$$\left[G_u = \overline{X} - \frac{\sigma_0}{\sqrt{n}} z_{\frac{1+\gamma}{2}} \; ; \quad G_o = \overline{X} + \frac{\sigma_0}{\sqrt{n}} z_{\frac{1+\gamma}{2}} \right] \tag{3.43}$$

ein Konfidenzintervall zum Konfidenzniveau γ für den unbekannten Parameter μ. Dieses Zufallsintervall, das mit Wahrscheinlichkeit γ den unbekannten Parameter μ überdeckt, hat die konstante Länge

$$L = \frac{2\sigma_0}{\sqrt{n}} z_{\frac{1+\gamma}{2}}, \tag{3.44}$$

die mit wachsendem n immer kleiner wird. Jedes aus einer einfachen Stichprobe $x = (x_1, \ldots, x_n)$ gewonnene empirische Konfidenzintervall

$$\left[\overline{x} - \frac{\sigma_0}{\sqrt{n}} z_{\frac{1+\gamma}{2}} \; ; \quad \overline{x} + \frac{\sigma_0}{\sqrt{n}} z_{\frac{1+\gamma}{2}} \right] \tag{3.45}$$

besitzt also für festes n die Konstante Länge $l = L$. Variabel ist nur sein Mittelpunkt $\overline{x}$ als Realisierung der Zufallsvariablen $\overline{X}$ und somit die Lage des Intervalles. Die daraus abgeleitete Aussage

$$\overline{x} - \frac{\sigma_0}{\sqrt{n}} z_{\frac{1+\gamma}{2}} \leq \mu \leq \overline{x} + \frac{\sigma_0}{\sqrt{n}} z_{\frac{1+\gamma}{2}} \tag{3.46}$$

kann richtig oder falsch sein. Bei vielen so gewonnenen Aussagen ist zu erwarten, daß ungefähr $100\,\gamma\,\%$ davon richtig und nur etwa $100(1-\gamma)\,\%$ falsch sind. Wegen $\lim\limits_{n \to \infty} L = 0$ werden die Aussagen der Art (3.46) mit wachsendem n zwar genauer, jedoch nicht häufiger richtig. Dazu muß die Konfidenzzahl γ vergrößert werden, was eine Vergrößerung von $z_{\frac{1+\gamma}{2}}$ und somit ein längeres Intervall, also eine ungenauere Aussage zur Folge hat.

Beispiel 3.10. Ein Psychologe mißt bei 51 zufällig ausgewählten Personen die Reaktionszeit auf ein bestimmtes Signal. Dabei ergibt sich ein Mittelwert von $\overline{x} = 0{,}80$ [sec
1. Unter der Voraussetzung, daß die Zufallsvariable, welche die Reaktionszeit beschreibt, ungefähr normalverteilt ist mit einer Varianz $\sigma_0^2 = 0{,}04$, berechne man ein empirisches Konfidenzintervall für den Erwartungswert μ derjenigen Zufallsvariablen, welche die Reaktionszeit beschreibt, zum Konfidenzniveau
   a) $\gamma = 0{,}95$,   b) $\gamma = 0{,}99$.

2. Wie groß muß der Stichprobenumfang n mindestens sein, damit das Konfidenzintervall zum Niveau 0,95 nicht länger als 0,02 [sec] wird?

1a) Für $\gamma = 0,95$ erhalten wir das Quantil $z_{\frac{1+\gamma}{2}} = z_{0,975} = 1,960$ und somit

$$\frac{\sigma_0}{\sqrt{n}} z_{\frac{1+\gamma}{2}} = \frac{0,2}{\sqrt{51}} \cdot 1,960 = 0,055.$$

Nach (3.45) lautet das empirische Konfidenzintervall

$$[0,745; 0,855] \quad \text{oder} \quad 0,745 \leq \mu \leq 0,855.$$

b) Für $\gamma = 0,99$ ergeben sich entsprechend die Werte $z_{\frac{1+\gamma}{2}} = z_{0,995} = 2,576$,

$$\frac{\sigma_0}{\sqrt{n}} z_{\frac{1+\gamma}{2}} = \frac{0,2}{\sqrt{51}} \cdot 2,576 = 0,072.$$

Hieraus ergibt sich das empirische Konfidenzintervall

$$[0,728; 0,872] \quad \text{bzw.} \quad 0,728 \leq \mu \leq 0,872.$$

Dieses empirische Konfidenzintervall ist länger als das in a) berechnete.

2. Aus (3.44) folgt

$$L = \frac{2 \cdot 0,2}{\sqrt{n}} \cdot 1,960 \leq 0,02;$$

$$\frac{2 \cdot 0,2 \cdot 1,960}{0,02} = 39,2 \leq \sqrt{n};$$

$$n \geq 39,2^2 = 1536,64 \Rightarrow n \geq 1537.$$

Insgesamt müssen also die Reaktionszeiten von mindestens 1537 zufällig ausgewählten Personen gemessen werden, um ein (empirisches) Konfidenzintervall zu erhalten, dessen Länge höchstens 0,02 beträgt. ♦

2. Konfidenzintervalle bei unbekannter Varianz

Ist die Varianz σ^2 nicht bekannt, so ist es naheliegend, sie durch den Schätzwert s^2 als Realisierung der erwartungstreuen Schätzfunktion $S^2 = \frac{1}{n-1} \sum_{i=1}^{n} (X_i - \overline{X})^2$ zu ersetzen. Die Zufallsvariable

$$T_{n-1} = \sqrt{n} \frac{\overline{X} - \mu}{S} \tag{3.47}$$

ist dann allerdings nicht mehr normalverteilt. Sie besitzt eine t-Verteilung mit $n - 1$ Freiheitsgraden. Für die Definition der t-Verteilung sei auf [2] 4.2 verwiesen, zum Nachweis, daß die Zufallsvariable T_{n-1} tatsächlich t-verteilt ist, auf die weiterführende Literatur. Ersetzt man in den Formeln aus 1. die bekannte Varianz σ_0

3.4. Konfidenzintervalle (Vertrauensintervalle)

durch S und das Quantil $z_{\frac{1+\gamma}{2}}$ der Normalverteilung durch das $\frac{1+\gamma}{2}$-Quantil $t_{\frac{1+\gamma}{2}}$ der t-Verteilung mit $n-1$ Freiheitsgraden (Bild 3.2), so erhält man entsprechend

$$P\left(\overline{X} - \frac{S}{\sqrt{n}} t_{\frac{1+\gamma}{2}} \leq \mu \leq \overline{X} + \frac{S}{\sqrt{n}} t_{\frac{1+\gamma}{2}}\right) = \gamma.$$

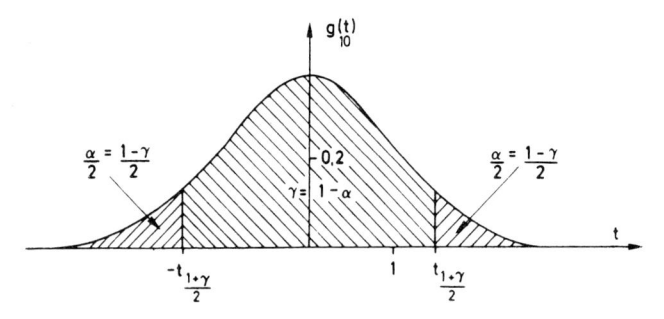

Bild 3.2. Quantile der t-Verteilung für 10 Freiheitsgrade ($n-1 = 10$)

Hieraus ergibt sich das Konfidenzintervall für μ

$$\left[\overline{X} - \frac{S}{\sqrt{n}} t_{\frac{1+\gamma}{2}} \,;\quad \overline{X} + \frac{S}{\sqrt{n}} t_{\frac{1+\gamma}{2}}\right] \tag{3.48}$$

mit dem empirischen Konfidenzintervall

$$\left[\overline{x} - \frac{s}{\sqrt{n}} t_{\frac{1+\gamma}{2}} \,;\quad \overline{x} + \frac{s}{\sqrt{n}} t_{\frac{1+\gamma}{2}}\right]. \tag{3.49}$$

Die Länge des Konfidenzintervalls

$$L = \frac{2\, t_{\frac{1+\gamma}{2}}}{\sqrt{n}} \cdot S$$

ist hier selbst eine Zufallsvariable. Daher werden bei festem n die Längen l der empirischen Konfidenzintervalle als Realisierungen der Zufallsvariablen L im allgemeinen verschieden sein.

In der Tabelle 2 im Anhang sind einige Quantile der t-Verteilung für verschiedene Freiheitsgrade angegeben. Mit wachsender Anzahl der Freiheitsgrade nähert sich die Verteilungsfunktion der t-Verteilung der Verteilungsfunktion der $N(0;1)$-Verteilung.

Beispiel 3.11 (vgl. Beispiel 3.10). Von der in Beispiel 3.10 beschriebenen Zufallsvariablen sei die Varianz nicht bekannt. Die entsprechende Stichprobe ergebe den Mittelwert $\bar{x} = 0{,}80$ [sec] und die empirische Varianz $s^2 = 0{,}04$ [sec^2]. Man bestimme daraus ein empirisches Konfidenzintervall für μ zum Niveau $\gamma = 0{,}95$. Wegen $n = 51$ erhalten wir aus der Tabelle 2 im Anhang das Quantil $t_{\frac{\gamma+1}{2}} = 2{,}01$ und hieraus

$$\frac{s}{\sqrt{n}} t_{\frac{1+\gamma}{2}} = \frac{0{,}2}{\sqrt{51}} \cdot 2{,}01 = 0{,}056$$

und das empirische Konfidenzintervall $[0{,}744; 0{,}856]$, welches länger ist als das in Beispiel 3.10 berechnete. Die Ursache hierfür liegt in der Tatsache, daß hier im Gegensatz zu Beispiel 3.10 die Varianz nicht bekannt ist, was mit einem gewissen Informationsverlust verbunden ist. ♦

3.4.4. Konfidenzintervalle für die Varianz σ^2 einer normalverteilten Zufallsvariablen

Sind die (stochastisch) unabhängigen Zufallsvariablen $X_1, \ldots, X_n$ alle $N(\mu; \sigma^2)$-verteilt, so besitzt die Zufallsvariable

$$\chi^2_{n-1} = \frac{(n-1) S^2}{\sigma^2} \tag{3.50}$$

eine Chi-Quadrat-Verteilung (vgl. [2] 4.1) mit $n - 1$ Freiheitsgraden.

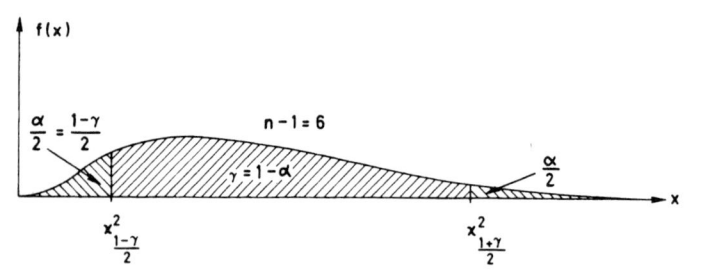

Bild 3.3. Quantile der Chi-Quadrat-Verteilung

Da die Dichte einer Chi-Quadrat-verteilten Zufallsvariablen nicht symmetrisch ist (Bild 3.3), müssen wir zur Berechnung eines Konfidenzintervalles aus der Tabelle 3 im Anhang zu einer vorgegebenen Konfidenzzahl γ zwei Werte bestimmen, das $\frac{\alpha}{2} = \frac{1-\gamma}{2}$-Quantil $\chi^2_{\frac{1-\gamma}{2}}$ und das $1 - \frac{\alpha}{2} = \frac{1+\gamma}{2}$-Quantil $\chi^2_{\frac{1+\gamma}{2}}$ mit

$$P\left(\chi^2_{n-1} \leq \chi^2_{\frac{1-\gamma}{2}}\right) = \frac{1-\gamma}{2} \quad \text{und} \quad P\left(\chi^2_{n-1} \leq \chi^2_{\frac{1+\gamma}{2}}\right) = \frac{1+\gamma}{2}.$$

3.4. Konfidenzintervalle (Vertrauensintervalle)

Daraus folgt dann

$$P\left(\chi^2_{\frac{1-\gamma}{2}} \leq \chi^2_{n-1} \leq \chi^2_{\frac{1+\gamma}{2}}\right) = P\left(\chi^2_{n-1} \leq \chi^2_{\frac{1+\gamma}{2}}\right) - P\left(\chi^2 \leq \chi^2_{\frac{1-\gamma}{2}}\right) =$$

$$= \frac{1+\gamma}{2} - \frac{1-\gamma}{2} = \gamma. \tag{3.51}$$

Die Beziehung

$$P\left(\chi^2_{\frac{1-\gamma}{2}} \leq \frac{(n-1)S^2}{\sigma^2} \leq \chi^2_{\frac{1+\gamma}{2}}\right) = \gamma$$

ist gleichwertig mit

$$\boxed{P\left(\frac{n-1}{\chi^2_{\frac{1+\gamma}{2}}} S^2 \leq \sigma^2 \leq \frac{n-1}{\chi^2_{\frac{1-\gamma}{2}}} S^2\right) = \gamma.} \tag{3.52}$$

Daraus erhalten wir das Konfidenzintervall

$$\left[\frac{n-1}{\chi^2_{\frac{1+\gamma}{2}}} S^2; \; \frac{n-1}{\chi^2_{\frac{1-\gamma}{2}}} S^2\right] \text{ mit den Realisierungen} \tag{3.53}$$

$$\left[\frac{n-1}{\chi^2_{\frac{1+\gamma}{2}}} s^2; \; \frac{n-1}{\chi^2_{\frac{1-\gamma}{2}}} s^2\right] \text{ und } P\left(\chi^2_{n-1} \leq \chi^2_{\frac{1-\gamma}{2}}\right) = \frac{1-\gamma}{2}; \; P\left(\chi^2_{n-1} \leq \chi^2_{\frac{1+\gamma}{2}}\right) = \frac{1+\gamma}{2}$$

Die Länge des Konfidenzintervalls ist hier eine Zufallsvariable, d.h. bei festem n wird man im allgemeinen (empirische) Konfidenzintervalle unterschiedlicher Länge erhalten.

Beispiel 3.12 (vgl. Beispiel 3.11). Mit den Angaben aus Beispiel 3.11 bestimme man ein empirisches Konfidenzintervall zum Niveau $\gamma = 0{,}95$ für die unbekannte Varianz σ^2.

Wegen $\frac{1-\gamma}{2} = 0{,}025$ und $\frac{1+\gamma}{2} = 0{,}975$ erhalten wir aus der Tabelle 3 der Chi-Quadrat-Verteilung mit 50 Freiheitsgraden im Anhang

$$\chi^2_{0,025} = 32{,}36; \quad \chi^2_{0,975} = 71{,}42$$

und hieraus das empirische Konfidenzintervall für σ^2

$$\left[\frac{50}{71{,}42} \cdot 0{,}04; \; \frac{50}{32{,}36} \cdot 0{,}04\right] = [0{,}0280; \; 0{,}0618],$$

also die mit einer Sicherheit von 95 % abgesicherte Aussage

$0{,}0280 \leq \sigma^2 \leq 0{,}0618.$ ♦

3.4.5. Konfidenzintervalle für den Erwartungswert μ einer beliebigen Zufallsvariablen bei großem Stichprobenumfang n

1. Konfidenzintervalle für μ bei bekannter Varianz σ_0^2

Besitzen die (stochastisch) unabhängigen Zufallsvariablen $X_1, \ldots, X_n$ alle den Erwartungswert μ und die Varianz σ_0^2, so ist nach dem zentralen Grenzwertsatz die Zufallsvariable $\sqrt{n}\,\dfrac{\overline{X}-\mu}{\sigma_0}$ für große n näherungsweise $N(0;1)$-verteilt. Somit kann das im ersten Teil des Abschnitts 3.4.3 für normalverteilte Zufallsvariable abgeleitete Verfahren unmittelbar übernommen werden, wobei anstelle der Gleichheit die Näherung $\approx$ stehen muß. Es gilt also

$$P\left(\overline{X} - \frac{\sigma_0}{\sqrt{n}}\, z_{\frac{1+\gamma}{2}} \leq \mu \leq \overline{X} + \frac{\sigma_0}{\sqrt{n}}\, z_{\frac{1+\gamma}{2}}\right) \approx \gamma. \tag{3.54}$$

Diese Näherung wird mit wachsendem n besser. Bereits für n = 30 erhält man im allgemeinen recht brauchbare Näherungen.

2. Konfidenzintervalle für μ bei unbekannter Varianz

Nach dem zentralen Grenzwertsatz können wir die im zweiten Teil des Abschnitts 3.4.3 abgeleitete Formel approximativ übernehmen, d.h.

$$P\left(\overline{X} - \frac{S}{\sqrt{n}}\, t_{\frac{1+\gamma}{2}} \leq \mu \leq \overline{X} + \frac{S}{\sqrt{n}}\, t_{\frac{1+\gamma}{2}}\right) \approx \gamma, \tag{3.55}$$

was auch hier für n $\geq$ 30 im allgemeinen bereits recht brauchbare Approximationen ergibt.

4. Parametertests

Wir betrachten zunächst ein einfaches Beispiel, bei dem die Problematik der Testtheorie und der damit verbundenen Entscheidungstheorie deutlich zum Ausdruck kommt. Gleichzeitig wird erkennbar, wie man im allgemeinen bei der Ableitung eines geeigneten Testverfahrens vorzugehen hat.

4.1. Ein Beispiel zur Begriffsbildung (Hypothese $p = p_0$)

Beispiel 4.1. Jemand bezweifelt, daß beim Werfen einer bestimmten Münze die beiden Ereignisse W: „Wappen liegt oben" und Z: „Zahl liegt oben" gleichwahrscheinlich sind. Es wird also angenommen, daß die sog. Laplace-Eigenschaft $P(W) = P(Z) = \frac{1}{2}$ für diese Münze nicht zutrifft. Um über eine solche Vermutung Aussagen machen zu können, ist es naheliegend, die Münze möglichst oft zu werfen und dann eine Entscheidung aufgrund des umfangreichen Datenmaterials der so gewonnenen Stichprobe zu treffen.

Wir bezeichnen mit $p = P(W)$ die (unbekannte) Wahrscheinlichkeit dafür, daß nach dem Werfen der Münze „Wappen" oben liegt. Handelt es sich um eine sog. „ideale" Münze (auch Laplace-Münze genannt), so ist die

Hypothese: $p = \frac{1}{2}$ \hfill (4.1)

richtig, andernfalls ist sie falsch, d.h. es gilt sonst $p \neq \frac{1}{2}$.

Die Münze soll nun 200-mal (unabhängig) geworfen werden. Ist die obige Hypothese richtig, kann man aufgrund des Bernoullischen Gesetzes der großen Zahlen (vgl. [2] 1.9) erwarten, daß die relative Häufigkeit $r_{200}(W)$ ungefähr bei $\frac{1}{2}$ und die absolute Häufigkeit $h_{200}(W)$ ungefähr bei 100 liegt. Falls der aus der Stichprobe gewonnene Häufigkeitswert $h_{200}(W)$ ungefähr gleich 100 ist (z.B. $h_{200}(W) = 104$), wird man die aufgetretenen Abweichungen vom Erwartungswert 100 als zufällig ansehen und sagen „*das eingetretene Ergebnis steht nicht im Widerspruch zur Hypothese*". Man lehnt sie deshalb nicht ab. Im Fall $h_{200}(W) = 180$ wird man die Abweichung als *signifikant* bezeichnen und ohne weiteres die Aussage $p > \frac{1}{2}$ machen. Entsprechend entscheidet man sich z.B. bei $h_{200}(W) = 30$ für $p < \frac{1}{2}$. In beiden Fällen wird also die Hypothese $p = \frac{1}{2}$ abgelehnt. Große Abweichungen der absoluten Häufigkeit von der Zahl 100 (= Erwartungswert, falls die Hypothese richtig ist) hat also eine Ablehnung der Hypothese zur Folge, kleine Abweichungen dagegen nicht.

Hier treten drei wichtige Fragen auf:
1. Wann ist eine Abweichung groß, d.h. wie groß soll im allgemeinen die Konstante c gewählt werden, um für $|h_{200}(W) - 100| > c$ die Hypothese abzulehnen?
2. Wie oft wird bei solchen Entscheidungen die Hypothese abgelehnt, obwohl sie richtig ist, d.h. zu Unrecht abgelehnt?
3. Wie verhält man sich im Fall $|h_{200}(W) - 100| \leq c$? Soll hier die Hypothese angenommen werden? Wenn ja, wie häufig trifft man dabei eine falsche Entscheidung?

Zur Beantwortung der beiden ersten Fragen machen wir für die weitere Rechnung zunächst die

Annahme: die Hypothese $p = \frac{1}{2}$ sei richtig. (4.2)

(Diese Annahme kann natürlich falsch sein). Die Zufallsvariable X beschreibe unter den oben erwähnten 200 Münzwürfen die Anzahl derjenigen Versuche, bei denen „Wappen" oben liegt. Falls die Hypothese $p = \frac{1}{2}$ richtig ist, ist X binomialverteilt mit den Parametern n = 200 und $p = \frac{1}{2}$. Die Zufallsvariable X kann also die Werte $k = 0, 1, \ldots, 200$ mit der jeweiligen Wahrscheinlichkeit

$$P(X = k) = \binom{200}{k} \left(\frac{1}{2}\right)^{200} \tag{4.3}$$

annehmen. Daraus wird bereits ersichtlich, daß bei jeder Wahl von c mit $c < 100$ die Gefahr besteht, daß (bei einer durch die Konstante c festgelegten Entscheidung) die Hypothese abgelehnt wird, obwohl sie richtig ist. Wenn man also solche Fehlentscheidungen nie ganz ausschließen kann, so wird man doch versuchen, sie in einem gerade noch erträglichen Maß zu halten. Daher geben wir uns eine sogenannte *Irrtumswahrscheinlichkeit* α (α im allgemeinen klein) vor und bestimmen aus der Ungleichung

$$P(|X - 100| > c) = P(X < 100 - c) + P(X > 100 + c) \leq \alpha \tag{4.4}$$

das minimale c. Die Gleichheit kann in (4.4) im allgemeinen nicht erreicht werden, da X eine diskrete Zufallsvariable ist. Diese kleinste Konstante c, welche (4.4) erfüllt, wird aus (4.3) exakt berechnet vermöge

$$\sum_{k=0}^{99-c} \binom{200}{k} \left(\frac{1}{2}\right)^{200} = \sum_{101+c}^{200} \binom{200}{k} \left(\frac{1}{2}\right)^{200} \leq \frac{\alpha}{2}. \tag{4.5}$$

Dabei wurden Symmetrieeigenschaften der Zufallsvariablen X benutzt. Die Berechnung der sog. *kritischen Grenze* c nach dieser Formel ist jedoch sehr mühsam. Es liegt daher nahe, die Binomialverteilung durch die N(100; 50)-Normalverteilung zu approximieren, was nach [2] 2.5.2 wegen $np(1 - p) > 9$ bereits eine sehr gute Näherung liefert. Daraus folgt

$$1 - P(|X - 100| > c) = P(|X - 100| \leq c) = P(100 - c \leq X \leq 100 + c) \approx$$

$$\approx \Phi\left(\frac{100 + c - 100 + 0{,}5}{\sqrt{50}}\right) - \Phi\left(\frac{100 - c - 100 - 0{,}5}{\sqrt{50}}\right) =$$

$$= \Phi\left(\frac{c + 0{,}5}{\sqrt{50}}\right) - \Phi\left(-\frac{c + 0{,}5}{\sqrt{50}}\right) = 2\Phi\left(\frac{c + 0{,}5}{\sqrt{50}}\right) - 1.$$

4.1. Ein Beispiel zur Begriffsbildung

Aus der Tabelle der $N(0;1)$-Verteilung wird die Konstante c so bestimmt, daß gilt

$$2\Phi\left(\frac{c+0{,}5}{\sqrt{50}}\right) - 1 = 1 - \alpha, \quad \text{d. h.}$$

$$\Phi\left(\frac{c+0{,}5}{\sqrt{50}}\right) = 1 - \frac{\alpha}{2}.$$

$\frac{c+0{,}5}{\sqrt{50}} = z_{1-\frac{\alpha}{2}}$ ist also das $(1-\frac{\alpha}{2})$-Quantil der $N(0;1)$-Verteilung.

Für $\alpha = 0{,}05$ erhalten wir noch $\frac{c_{0{,}05}+0{,}5}{\sqrt{50}} = 1{,}96$ und daraus $c_{0{,}05} = 13{,}36$. Für $\alpha = 0{,}01$ folgt $\frac{c_{0{,}01}+0{,}5}{\sqrt{50}} = 2{,}576$ mit $c_{0{,}01} = 17{,}72$. Eine Verkleinerung von α hat also eine Vergrößerung von c_α und damit von $100 + c_\alpha$ zur Folge (Bild 4.1).

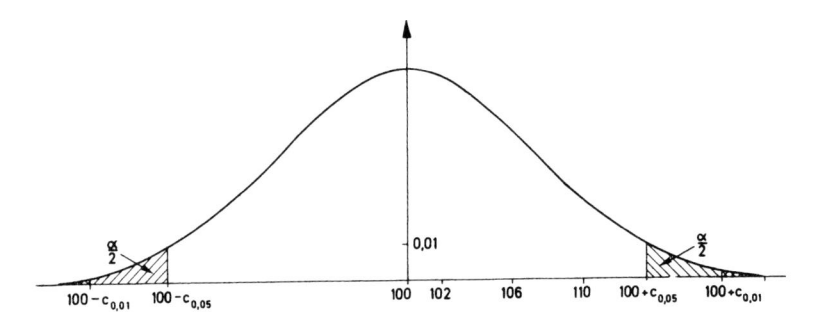

Bild 4.1. Bestimmung der kritischen Konstanten c

Falls die Hypothese $p = \frac{1}{2}$ richtig ist, erhalten wir die Näherung

$$P(|X - 100| > c) \approx \alpha. \tag{4.6}$$

Gilt in einer Versuchsreihe für die absolute Häufigkeit $h_{200}(W)$ entweder $h_{200}(W) > 100 + c$ oder aber $h_{200}(W) < 100 - c$, d. h. kurz

$$|h_{200}(W) - 100| > c,$$

so ist ein unwahrscheinliches Ereignis $|X - 100| > c$ eingetreten, falls die Hypothese $p = \frac{1}{2}$ richtig ist. Daher ist es naheliegend, aufgrund des Stichprobenergebnisses anzunehmen, daß die Hypothese $p = \frac{1}{2}$ falsch ist. Man trifft somit in diesem Fall die folgende

Testentscheidung: Die Hypothese $p = \frac{1}{2}$ wird verworfen, falls bei der Versuchsdurchführung $|h_{200}(W) - 100| > c$ ist. Diese Entscheidung kann natürlich falsch sein. Werden sehr viele solche Ablehnungsentscheidungen getroffen, so kann man wegen (4.6) nach dem Bernoullischen Gesetz der großen Zahlen erwarten, daß in ungefähr 100 α % der Fälle die Hypothese zu Unrecht abgelehnt, also eine *Fehlentscheidung* getroffen wird. Daher bezeichnet man α als *Irrtumswahrscheinlichkeit*. Die Wahl von α (im allgemeinen wählt man α = 0,05 oder α = 0,01) hängt von den Nachwirkungen ab, die eine irrtümliche Ablehnung einer richtigen Hypothese zur Folge hat.

Bei sehr kleinem α wird die kritische Grenze c groß. Dann wird die Hypothese $p = \frac{1}{2}$ insgesamt selten abgelehnt und damit selten zu Unrecht. Die Fragen 1 und 2 sind hiermit beantwortet.

Gilt für die absolute Häufigkeit h_{200} (W) dagegen

$$|h_{200}(W) - 100| \leq c, \tag{4.7}$$

dann wird die Hypothese nicht abgelehnt. Ist sie richtig, so ist ja mit $|X - 100| \leq c$ ein Ereignis eingetreten, welches etwa die Wahrscheinlichkeit $1 - α$ besitzt. Daraus die Entscheidung $p = \frac{1}{2}$ zu treffen, also die Hypothese anzunehmen, ist aus folgendem Grund nicht sinnvoll:

Weicht der unbekannte Parameter p nur ganz wenig von $\frac{1}{2}$ ab, so ist die Entscheidung für $p = \frac{1}{2}$ bereits falsch. Man würde mit der Annahme der Hypothese eine Fehlentscheidung treffen.

Wir nehmen an, der wahre Wert des unbekannten Parameters p sei gleich $\frac{1}{2} + \epsilon$, wobei ϵ eine betragsmäßig kleine, von Null verschiedene Zahl ist. Beschreibt die Zufallsvariable X_ϵ die Anzahl der auftretenden Wappen in einer Versuchsreihe vom Umfang 200, so gilt

$$P(X_\epsilon = k) = \binom{200}{k} \cdot (\tfrac{1}{2} + \epsilon)^k \cdot (\tfrac{1}{2} - \epsilon)^{200-k} \quad \text{für } k = 0, 1, \ldots, 200. \tag{4.8}$$

Für kleine Werte $|\epsilon|$ unterscheiden sich diese Wahrscheinlichkeiten von den entsprechenden in (4.3) kaum. Dann besitzen die Zufallsvariablen X_ϵ und X ungefähr gleiche Verteilungen. Damit folgt aus (4.6) die Näherung

$$P(|X_\epsilon - 100| \leq c) \approx P(|X - 100| \leq c) \approx 1 - \alpha, \tag{4.9}$$

die für $\epsilon \to 0$ immer besser wird.

Falls aufgrund des Versuchsergebnisses $|h_{200}(W) - 100| \leq c$ die Hypothese $p = \frac{1}{2}$ angenommen wird, trifft man wegen (4.9) bei solchen Entscheidungen sehr häufig eine falsche Entscheidung.

Kann die Hypothese nicht abgelehnt werden, so darf sie nicht ohne weiteres angenommen werden, da sonst evtl. mit großer Wahrscheinlichkeit eine Fehlentscheidung getroffen wird. Wir werden auf diesen Problemkreis im Abschnitt 4.3.3 noch ausführlich eingehen. Im Falle $|h_{200}(W) - 100| \leq c$ ist daher die Bestimmung eines Konfidenzintervalls sinnvoll. Insgesamt ist damit auch die dritte Frage beantwortet.

♦

4.2. Ein einfacher Alternativtest ($H_0 : p = p_0$ gegen $H_1 : p = p_1$ mit $p_1 \neq p_0$)

Ausgangspunkt unserer Betrachtungen sind die folgenden beiden Problemstellungen:

Beispiel 4.2. Ein Falschspieler besitzt zwei äußerlich nicht unterscheidbare Würfel, einen idealen Laplace-Würfel mit $P(\{k\}) = \frac{1}{6}$ für $k = 1, 2, \ldots, 6$ und einen verfälschten Würfel mit $P(\{1\}) = 0{,}3$. Es soll festgestellt werden, welcher von den beiden nebeneinander liegenden Würfeln der verfälschte ist.

Um zu einer Entscheidung zu gelangen, wird man, wie in Beispiel 4.1, mit einem der beiden Würfel sehr oft werfen. Die Auswertung dieser Versuchsreihe und die danach zu treffende Entscheidung wird aus den Überlegungen im Anschluß an Beispiel 4.3 ersichtlich. ♦

Beispiel 4.3. Die von einer bestimmten Maschine M_0 produzierten Werkstücke seien jeweils mit Wahrscheinlichkeit p_0 fehlerhaft, die von einer zweiten Maschine M_1 mit Wahrscheinlichkeit p_1. Die Größen p_0 und p_1 seien dabei bekannt. In einer Qualitätskontrolle soll festgestellt werden, von welcher der beiden Maschinen M_i ($i = 0,1$) ein Posten hergestellt wurde. Dabei sei bekannt, daß sämtliche Stücke von ein und derselben Maschine angefertigt wurden. ♦

Zur Beantwortung dieser beiden Problemstellungen werden folgende Überlegungen angestellt:

Allgemein nehmen wir an, daß als mögliche Werte für eine (unbekannte) Wahrscheinlichkeit $p = P(A)$ nur die beiden (bekannten) Werte p_0 und p_1 mit $p_0 < p_1$ in Betracht kommen. Um zu einer Entscheidung für einen der beiden Werte p_0 oder p_1 zu gelangen, stellen wir zunächst die sog.

Nullhypothese $H_0 : p = p_0$ (4.10)

auf, die richtig oder falsch sein kann. Die sog. *Alternativhypothese* H_1 lautet dann: $p = p_1$.

Wegen $p_0 < p_1$ ist es sinnvoll, mit Hilfe einer noch zu bestimmenden kritischen Zahl c und der aus einem Bernoulli-Experiment vom Umfang n erhaltenen relativen Häufigkeit $r_n(A)$ für das betrachtete Ereignis folgende *Testentscheidung* vorzunehmen:

$r_n(A) > c \Rightarrow$ Entscheidung für H_1 ;
$r_n(A) \leq c \Rightarrow$ Entscheidung für H_0 .

Bei einer solchen Testentscheidung können zwei Fehler gemacht werden: Eine Entscheidung für H_1, obwohl H_0 richtig ist, heißt *Fehler 1. Art,* eine Entscheidung für H_0, obwohl H_1 richtig ist, dagegen *Fehler 2. Art*. Die Wahrscheinlichkeit dafür, daß bei einer Entscheidung ein Fehler 1. Art gemacht wird, bezeichnen wir mit α, die Wahrscheinlichkeit für einen Fehler 2. Art mit β. In Tabelle 4.1 sind alle 4 möglichen Situationen zusammengestellt, die bei einer solchen Testentscheidung auftreten können.

Tabelle 4.1. Entscheidungen bei einem Alternativtest

richtiger Parameter \ Entscheidung	Entscheidung für $p = p_0$	Entscheidung für $p = p_1$
$p = p_0$ ist richtig	richtige Entscheidung	Fehler 1. Art Fehlerwahrscheinlichkeit α
$p = p_1$ ist richtig	Fehler 2. Art Fehlerwahrscheinlichkeit β	richtige Entscheidung

Wir geben uns zunächst α (z. B. $\alpha = 0{,}05$), die Fehlerwahrscheinlichkeit 1. Art vor. In einem Bernoulli-Experiment vom Umfang n beschreibe die Zufallsvariable $\bar{X}$ die relative Häufigkeit des Ereignisses A, dessen Wahrscheinlichkeit entweder gleich p_0 oder gleich p_1 ist. Dann kennzeichnet die Zufallsvariable $n\bar{X}$ die absolute Häufigkeit des Ereignisses A, also die Anzahl derjenigen Versuche, bei denen A eintritt. $n\bar{X}$ ist binomialverteilt und zwar mit dem Parameter p_0, falls die Hypothese H_0 richtig ist, andernfalls mit dem Parameter p_1. Für große n ist $n\bar{X}$ näherungsweise normalverteilt und zwar genauer $N(np_0; np_0(1 - p_0))$-verteilt, falls H_0 richtig ist. Dann ist $\bar{X} = \frac{n\bar{X}}{n}$ näherungsweise

$$N\left(p_0;\ \frac{p_0(1 - p_0)}{n}\right)\text{-verteilt.}$$

Die kritische Zahl c für die erwartungstreue Schätzfunktion $\bar{X}$ gewinnen wir nun aus

$$P(\bar{X} > c \mid p = p_0) = 1 - P(\bar{X} \leq c \mid p = p_0) \approx 1 - \Phi\left(\frac{(c - p_0)\sqrt{n}}{\sqrt{p_0(1 - p_0)}}\right) = \alpha.$$

Wegen $\Phi\left(\frac{(c - p_0)\sqrt{n}}{\sqrt{p_0(1 - p_0)}}\right) = 1 - \alpha$ erhalten wir mit dem $(1 - \alpha)$-Quantil $z_{1-\alpha}$ der $N(0;1)$-Verteilung den gesuchten kritischen Wert

$$\boxed{c = p_0 + z_{1-\alpha}\sqrt{\frac{p_0(1 - p_0)}{n}} \quad \text{mit } \Phi(z_{1-\alpha}) = 1 - \alpha.} \tag{4.11}$$

Durch die Zahl c ist nun aber auch die Wahrscheinlichkeit β für den Fehler 2. Art bestimmt. Falls nämlich die Alternative H_1 richtig ist, so ist $\bar{X}$ näherungsweise $N\left(p_1; \frac{p_1(1 - p_1)}{n}\right)$-verteilt. Daraus folgt

$$\boxed{\beta = P(\bar{X} \leq c \mid p = p_1) \approx \Phi\left(\frac{(c - p_1)\sqrt{n}}{\sqrt{p_1(1 - p_1)}}\right).} \tag{4.12}$$

4.2. Ein einfacher Alternativtest

Ein Vergleich von (4.11) mit (4.12) zeigt, daß bei konstantem Stichprobenumfang n eine Verkleinerung der Fehlerwahrscheinlichkeit α eine Vergrößerung von c und damit eine Vergrößerung von β zur Folge hat. Wird umgekehrt β verkleinert, so wird α größer.

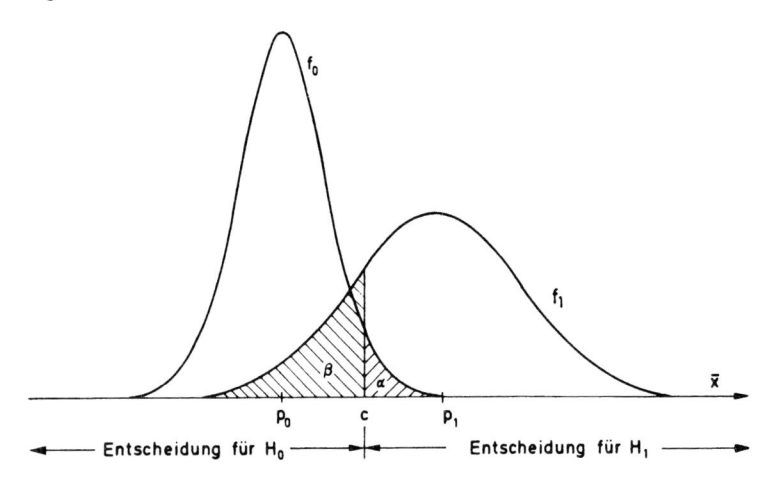

Bild 4.2. Fehler 1. und 2. Art bei einfachen Alternativtests

Die beiden Varianzen $\frac{p_0(1-p_0)}{n}$ und $\frac{p_1(1-p_1)}{n}$ können beliebig klein gemacht werden, wenn man den Stichprobenumfang n hinreichend groß wählt. Dann sind die Funktionswerte $f_0(p_0)$ und $f_1(p_1)$ der Dichten sehr groß, während beide Funktionen links und rechts davon jeweils rasch gegen Null gehen. Aus Bild 4.2 wird ersichtlich, daß bei großem n beide Fehlerwahrscheinlichkeiten gleichzeitig klein werden. Daher ist es bei solchen einfachen Alternativtests immer möglich, α und β beliebig klein vorzugeben und daraus den notwendigen Stichprobenumfang n und die kritische Zahl c zu bestimmen. Aus (4.11) und (4.12) folgt wegen $z_\beta = -z_{1-\beta}$

$$c = p_0 + z_{1-\alpha} \sqrt{\frac{p_0(1-p_0)}{n}} \, ; \tag{4.13}$$

$$c = p_1 - z_{1-\beta} \sqrt{\frac{p_1(1-p_1)}{n}} \, .$$

Subtraktion dieser beiden Gleichungen ergibt

$$p_1 - p_0 = \frac{1}{\sqrt{n}} \left(z_{1-\alpha} \sqrt{p_0(1-p_0)} + z_{1-\beta} \sqrt{p_1(1-p_1)} \right)$$

oder
$$\sqrt{n} = \frac{z_{1-\alpha}\sqrt{p_0(1-p_0)} + z_{1-\beta}\sqrt{p_1(1-p_1)}}{(p_1-p_0)} \qquad (4.14)$$
und
$$n = \frac{(z_{1-\alpha}\sqrt{p_0(1-p_0)} + z_{1-\beta}\sqrt{p_1(1-p_1)})^2}{(p_1-p_0)^2}. \qquad (4.15)$$

Aus (4.13) folgt hiermit

$$c = p_0 + \frac{z_{1-\alpha}\sqrt{p_0(1-p_0)}\,(p_1-p_0)}{z_{1-\alpha}\sqrt{p_0(1-p_0)} + z_{1-\beta}\sqrt{p_1(1-p_1)}} \quad \text{und hieraus}$$

$$c = \frac{p_0 z_{1-\beta}\sqrt{p_1(1-p_1)} + p_1 z_{1-\alpha}\sqrt{p_0(1-p_0)}}{z_{1-\alpha}\sqrt{p_0(1-p_0)} + z_{1-\beta}\sqrt{p_1(1-p_1)}}. \qquad (4.16)$$

In (4.15) wird ersichtlich, daß der notwendige Stichprobenumfang n entscheidend von der Differenz $p_1 - p_0$ abhängig ist.

Beispiel 4.4. (vgl. Beispiel 4.2)

a) Mit einem der beiden in Beispiel 4.2 beschriebenen Würfel werde 300-mal geworfen. Wir setzen $H_0: p = \frac{1}{6}$ und $H_1: p = 0,3$. Aus (4.11) und (4.12) folgt

$$c = \frac{1}{6} + z_{1-\alpha}\sqrt{\frac{1}{6}\cdot\frac{5}{6}\cdot\frac{1}{300}} = \frac{1}{6} + \frac{z_{1-\alpha}}{\sqrt{2160}};$$

$$\beta = \Phi\left((c-0,3)\sqrt{\frac{300}{0,3\cdot 0,7}}\right) = \Phi(37,796\,(c-0,3)).$$

Für $\alpha = 0,01$ erhalten wir $z_{0,99} = 2,326$, $c = 0,217$ und $\beta = \Phi(-3,1479) = 1 - \Phi(3,1473) = 0,001$.

Weitere Werte sind in der Tabelle 4.2 zusammengestellt.

Ist r_{300} die relative Häufigkeit der auftretenden Einsen, so können z.B. folgende Entscheidungen getroffen werden:

$r_{300} > 0,232 \Rightarrow$ Entscheidung für $p = 0,3$ mit einer Irrtumswahrscheinlichkeit $\alpha = 0,001$;

$r_{300} < 0,194 \Rightarrow$ Entscheidung für $p = \frac{1}{6}$ mit einer Irrtumswahrscheinlichkeit $\beta = 0,0001$.

b) Für $\alpha = \beta = 0,0001$ erhalten wir wegen $z_{1-\alpha} = z_{1-\beta} = z_{0,9999} = 3,719$ aus (4.15) den minimalen Stichprobenumfang

$$n \geq \frac{3,719^2\,(\sqrt{\frac{5}{36}} + \sqrt{0,21})^2}{(0,3-\frac{1}{6})^2} = 537,17, \text{ also } n = 538. \qquad \blacklozenge$$

Tabelle 4.2. Zusammenhang zwischen Fehler 1. und 2. Art bei einem einfachen Alternativtest (Beispiel 4.4)

	α (Fehler 1. Art)	c	β (Fehler 2. Art)	
vorgegeben	0,001	0,232	0,005	berechnet
	0,01	0,217	0,001	
	0,05	0,202	0,0001	
	0,1	0,194	0,0001	
berechnet	0,000	0,266	0,1	vorgegeben
	0,000	0,256	0,05	
	0,0005	0,238	0,01	
	0,01	0,2182	0,001	

4.3. Der Aufbau eines Parametertests bei Nullhypothesen

Nachdem wir zu den vorangegangenen beiden Abschnitten bereits zwei spezielle Tests abgeleitet haben, werden wir hier allgemeine Parametertests behandeln.

4.3.1. Nullhypothesen und Alternativen

Die Menge aller Zahlen, die für einen unbekannten Parameter ϑ einer Verteilungsfunktion als mögliche Werte in Frage kommen, nennen wir *Parametermenge* und bezeichnen sie mit Θ. Diese Menge hängt natürlich von der Information ab, die man über die Verteilung der zugrunde liegenden Zufallsvariablen hat.

In Beispiel 4.1 etwa besteht Θ aus allen möglichen Wahrscheinlichkeiten p, Θ ist also das Intervall [0,1], d.h. es gilt $\Theta = [0,1] = \{p \mid 0 \leq p \leq 1\}$. In Beispiel 4.2 besteht Θ wegen der zusätzlichen Information aus den beiden Zahlen $\frac{1}{6}$ und 0,3, es ist also $\Theta = \{\frac{1}{6}; 0,3\}$. Beschreibt eine Zufallsvariable Y die Länge bzw. das Gewicht von bestimmten Produktionsgegenständen, so kann man für den Erwartungswert $\mu = E(Y)$ meistens eine untere und eine obere Grenze a und b angeben, woraus dann

$$\Theta = \{\mu \mid a \leq \mu \leq b\} = [a, b]$$

folgt.

Unter einer *Parameterhypothese* versteht man eine Annahme über den wahren Wert eines unbekannten Parameters ϑ.

Im folgenden werden wir uns nur mit sog. *Nullhypothesen* befassen, das sind Hypothesen der Gestalt

$$\text{a) } \vartheta = \vartheta_0; \text{ b) } \vartheta \leq \vartheta_0; \text{ c) } \vartheta \geq \vartheta_0, \tag{4.17}$$

wobei ϑ_0 ein durch ein spezielles Testproblem bestimmter Parameterwert ist. Eine Nullhypothese bezeichnen wir allgemein mit H_0, die Gegen- oder *Alternativhypothese* mit H_1, sie wird auch *Alternative* genannt. Den Nullhypothesen aus (4.13) entsprechen folgende Alternativen:

H_0 (Nullhypothese)	H_1 (Alternative)
a) $\vartheta = \vartheta_0$	$\vartheta \neq \vartheta_0$ (im allgemeinen zweiseitig)
b) $\vartheta \leq \vartheta_0$	$\vartheta > \vartheta_0$ (einseitig)
c) $\vartheta \geq \vartheta_0$	$\vartheta < \vartheta_0$ (einseitig)

Dabei betrachtet man natürlich jeweils nur solche (zulässige) Parameter ϑ, die in der vorgegebenen Parametermenge Θ enthalten sind. Hypothesen der Gestalt b) oder c) werden z. B. dann aufgestellt, wenn ein neues Medikament auf den Markt kommt, von dem behauptet wird, es besitze eine bessere Heilungswahrscheinlichkeit als ein herkömmliches Medikament.

4.3.2. Testfunktionen

Wird aus der Stichprobe $x = (x_1, \ldots, x_n)$ für den unbekannten Parameter ϑ ein Schätzwert $\hat{\vartheta} = t(x_1, \ldots, x_n)$ berechnet (vgl. Abschnitt 3.2), so nennen wir die Schätzfunktion $T = t(X_1, \ldots, X_n)$ auch *Testfunktion*. Es handelt sich dabei also um eine Zufallsvariable, deren Realisierungen Schätzwerte für den unbekannten Parameter ϑ liefern. Die Schätzfunktion selbst nennt man in der Testtheorie auch *Prüfgröße*, weil damit „geprüft" werden soll, ob eine aufgestellte Hypothese richtig oder falsch ist.

Die (bedingte) Wahrscheinlichkeit dafür, daß das Ereignis $T = t(X_1, \ldots, X_n) \leq c$ eintritt, unter der Voraussetzung, daß ϑ der wirkliche Parameter ist, bezeichnen wir mit

$$P(T = t(X_1, \ldots, X_n) \leq c | \vartheta).$$

4.3.3. Ablehnungsbereiche und Testentscheidungen

1. Fall. $H_0: \vartheta = \vartheta_0$; $H_1: \vartheta \neq \vartheta_0$.

Wir gehen bei diesem allgemeinen Test ähnlich vor wie in Beispiel 4.1. Zu einer vorgegebenen Wahrscheinlichkeit α' für einen Fehler 1. Art werden zwei Konstanten c_1 und c_2 so bestimmt, daß gilt

$$P(T < c_1 | \vartheta = \vartheta_0) = P(T > c_2 | \vartheta = \vartheta_0) = \frac{\alpha'}{2}. \tag{4.18}$$

Dabei deutet die Bedingung $\vartheta = \vartheta_0$ darauf hin, daß die entsprechende Wahrscheinlichkeit unter der Voraussetzung berechnet werden soll, daß ϑ_0 der wirkliche Parameterwert ist. Im stetigen Fall, wo die Zufallsvariable $T = t(X_1, \ldots, X_n)$ eine von ϑ abhängige Dichte besitzt, läßt sich in (4.18) das Gleichheitszeichen er-

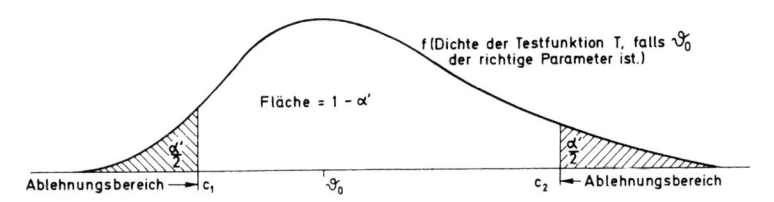

4.3. Der Aufbau eines Parametertests bei Nullhypothesen

Bild 4.3. Bestimmung von c_1 und c_2 im stetigen Fall

reichen. Dann kann man (s. Bild 4.3) die Konstanten c_1 und c_2 derart bestimmen, daß gilt

$$P(T < c_1 \mid \vartheta = \vartheta_0) = P(T > c_2 \mid \vartheta = \vartheta_0) = \frac{\alpha'}{2}.$$

Im diskreten Fall sollen die beiden Konstanten so gewählt werden, daß die entsprechenden Wahrscheinlichkeiten möglichst nahe bei $\frac{\alpha'}{2}$ liegen.

Mit einem aus einer Stichprobe $(x_1, \ldots, x_n)$ berechneten Schätzwert $t(x_1, \ldots, x_n)$ gelangt man dann zur folgenden

Testentscheidung:

1. Ist $t(x_1, \ldots, x_n)$ kleiner als c_1 oder größer als c_2, gilt also $t(x_1, \ldots, x_n) \notin [c_1, c_2]$, so wird die Nullhypothese $H_0: \vartheta = \vartheta_0$ abgelehnt, folglich die Alternative $H_1: \vartheta \neq \vartheta_0$ angenommen. Man sagt dann, das Stichprobenergebnis sei *signifikant*.
2. Für $c_1 \leq t(x_1, \ldots, x_n) \leq c_2$ wird die Nullhypothese H_0 nicht abgelehnt. Man entscheidet sich also nicht für H_1.

Der Bereich $(-\infty, c_1) \cup (c_2, +\infty) = \{u \mid u < c_1 \text{ oder } u > c_2\}$ heißt *Ablehnungsbereich* der Nullhypothese.

Bei solchen Testentscheidungen sind zwei Fehler möglich:

Fehler 1. Art: Die Nullhypothese wird abgelehnt, obwohl sie richtig ist. Ein solcher Fehler wird begangen, wenn der Schätzwert $t(x_1, \ldots, x_n)$ in den Ablehnungsbereich fällt und $\vartheta = \vartheta_0$ der richtige Parameter ist, wenn also bei richtigem Parameter ϑ_0 das Ereignis

$$(T < c_1) \cup (T > c_2)$$

eintritt. Ist α die Wahrscheinlichkeit dafür, daß bei einer Entscheidung ein Fehler 1. Art gemacht wird, so gilt

$$\alpha = P(T \notin [c_1, c_2] \mid \vartheta = \vartheta_0) = 1 - P(c_1 \leq T \leq c_2 \mid \vartheta = \vartheta_0) \leq \alpha'. \quad (4.19)$$

α heißt die *Irrtumswahrscheinlichkeit 1. Art*. Sie stimmt genau dann mit α' überein, wenn in (4.18) das Gleichheitszeichen steht, insbesondere also im stetigen Fall. $1 - \alpha$ heißt das *Signifikanzniveau* des Tests oder auch die *Sicherheitswahrscheinlichkeit*.

Fehler 2. Art: Die Nullhypothese H_0 wird nicht abgelehnt, obwohl sie falsch ist. Dieser Fehler wird begangen, falls das Ereignis

$$c_1 \leq T \leq c_2$$

eintritt und gleichzeitig einer der Parameterwerte $\{\vartheta \neq \vartheta_0\}$ der wahre Parameterwert ist. Falls z. B. ϑ_1 der wirkliche Parameterwert ist, so ist die Wahrscheinlichkeit dafür, daß bei einer der oben beschriebenen Testentscheidungen ein Fehler 2. Art gemacht wird, gleich

$$\beta(\vartheta_1) = P(c_1 \leq T \leq c_2 \mid \vartheta = \vartheta_1). \tag{4.20}$$

Ist H_0 falsch, so kann jede der Zahlen $\beta(\vartheta)$, $\vartheta \neq \vartheta_0$ für die Fehlerwahrscheinlichkeit 2. Art in Betracht kommen. Als die kleinste obere Schranke für sämtliche möglichen Fehlerwahrscheinlichkeiten 2. Art erhalten wir somit den Zahlenwert

$$\beta = \sup_{\vartheta \neq \vartheta_0} \beta(\vartheta) = \sup_{\vartheta \neq \vartheta_0} P(c_1 \leq T \leq c_2 \mid \vartheta). \tag{4.21}$$

Definition 4.1. Die für den oben beschriebenen Test durch

$$L(\vartheta) = P(c_1 \leq T \leq c_2 \mid \vartheta)$$

auf ganz Θ definierte reellwertige Funktion L heißt die *Operationscharakteristik* oder *Testcharakteristik*. Die Funktion $G(\vartheta) = 1 - L(\vartheta)$ nennt man die *Gütefunktion* des Tests.

Die Operationscharakteristik bzw. die Gütefunktion enthält zugleich beide Fehlerwahrscheinlichkeiten. Aus (4.19) und (4.21) folgt nämlich

$$\boxed{\begin{aligned}\alpha &= 1 - L(\vartheta_0) = G(\vartheta_0), \\ \beta &= \sup_{\vartheta \neq \vartheta_0} L(\vartheta).\end{aligned}}$$

In Bild 4.4 ist die Operationscharakteristik für einen speziellen Test skizziert.

Beispiel 4.5. (Erwartungswert der Normalverteilung bei bekannter Varianz).
Die Zufallsvariable, welche die Durchmesser der von einer bestimmten Maschine produzierten Autokolben beschreibt, sei normalverteilt. Dabei hänge der Erwartungswert μ von der Maschineneinstellung ab, während die Varianz $\sigma_0^2 = 0{,}01$ [mm^2] eine feste, von der Einstellung unabhängige Maschinengröße sei. Der Sollwert für die Kolbendurchmesser sei 70 mm. Zur Nachprüfung, ob die Maschine richtig eingestellt ist, werden 100 Kolben zufällig ausgewählt und gemessen.

a) Welche Bedingungen muß der Mittelwert $\bar{x}$ erfüllen, so daß mit einer Fehlerwahrscheinlichkeit $\alpha = 0{,}05$ die Nullhypothese $H_0 : \mu = 70$ abgelehnt werden kann?

4.3. Der Aufbau eines Parametertests bei Nullhypothesen

b) Man skizziere für den so konstruierten Test die Operationscharakteristik.

Wir haben also die Nullhypothese $H_0 : \mu = 70$ gegen die Alternative $H_1 : \mu \neq 70$ zu testen. Als Testfunktion wählen wir die erwartungstreue Schätzfunktion

$$T = \overline{X} = \frac{1}{100} \sum_{i=1}^{100} X_i ,$$

wobei die Zufallsvariable X_i den Durchmesser des i-ten Kolbens beschreibt.

Ist H_0 richtig, so ist $\overline{X}$ eine $N(70; \frac{0,01}{100})$-verteilte Zufallsvariable. Wegen der Symmetrie der Zufallsvariablen zur Achse $x = 70$ können wir $c_1 = 70 - c$ und $c_2 = 70 + c$ wählen. Dann erhalten wir die Konstante c durch Standardisierung aus der Bedingung

$$P(70 - c \leq \overline{X} \leq 70 + c) = P\left(\frac{-c}{0,01} \leq \frac{\overline{X} - 70}{0,01} \leq \frac{c}{0,01}\right) =$$

$$= \Phi(100\,c) - \Phi(-100\,c) = 2\,\Phi(100\,c) - 1 = 1 - \alpha = 0,95.$$

Daraus folgt

$$\Phi(100\,c) = \frac{1,95}{2} = 0,975 \quad \text{und} \quad c = \frac{1,960}{100} = 0,0196.$$

Mit einer Irrtumswahrscheinlichkeit 0,05 kann die Nullhypothese abgelehnt werden, wenn $\overline{x} < 70 - c = 69,9804$ oder $\overline{x} > 70 + c = 70,0196$ gilt, wenn also der Stichprobenmittelwert $\overline{x}$ die Bedingung $69,9804 \leq \overline{x} \leq 70,0196$ nicht erfüllt, also für

$$\overline{x} \notin [69,9804; 70,0196].$$

Der Ablehnungsbereich für H_0 ist daher das Komplement

$$\overline{[69,9804; 70,0196]}.$$

Die Operationscharakteristik lautet nach Definition 4.1

$$L(\mu) = P(69,9804 \leq \overline{X} \leq 70,0196 \mid \mu).$$

Ist μ der wahre Erwartungswert, so ist $\overline{X}$ eine $N(\mu; \frac{0,01}{100})$-verteilte Zufallsvariable. Daraus folgt durch Standardisierung für die Testcharakteristik L

$$L(\mu) = P\left(\frac{69,9804 - \mu}{0,01} \leq \frac{\overline{X} - \mu}{0,01} \leq \frac{70,0196 - \mu}{0,01}\right) =$$

$$= \Phi(100\,(70,0196 - \mu)) - \Phi(100\,(69,9804 - \mu)).$$

Die Funktion L ist symmetrisch zur Achse $\mu = 70$; sie besitzt folgende Funktionwerte:

μ	70	70,005	70,01	70,015	70,02	70,025	70,03	70,035	70,04
$L(\mu)$	0,95	0,92	0,83	0,68	0,48	0,29	0,15	0,06	0,02

In Bild 4.4 ist L graphisch dargestellt.

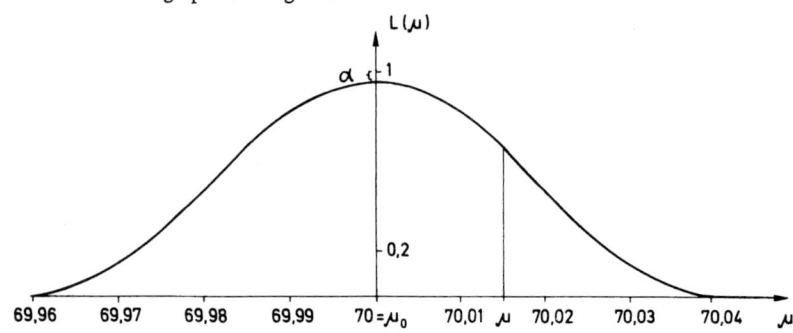

Bild 4.4. Operationscharakteristik eines zweiseitigen Tests

$1 - L(70) = \alpha$ ist die Irrtumswahrscheinlichkeit 1. Art, während für $\mu \neq 70$ der Funktionswert $L(\mu)$ die Irrtumswahrscheinlichkeit 2. Art ist, falls μ der richtige Parameter ist. Bei diesem Beispiel gilt $\lim_{\mu \to 70} L(\mu) = 1 - \alpha$. Die Irrtumswahrscheinlichkeit 2. Art kann also beliebig nahe bei $1 - \alpha$ liegen, für kleine α somit sehr groß sein. ♦

2. Fall. $H_0: \vartheta \leq \vartheta_0$; $H_1: \vartheta > \vartheta_0$.

Hier ist die Nullhypothese H_0 genau dann richtig, wenn irgendein Wert $\vartheta \in \Theta$ mit $\vartheta \leq \vartheta_0$ der wirkliche Parameter ist.

Bei den meisten Problemstellungen dieser Art ist es möglich, mit Hilfe einer geeigneten Testfunktion $T = t(X_1, \ldots, X_n)$ eine kritische Zahl c zu berechnen und damit folgende Testentscheidung zu treffen:

1. Ist der Schätzwert $t(x_1, \ldots, x_n)$ größer als c, gilt also $t(x_1, \ldots, x_n) > c$, so wird die Nullhypothese abgelehnt, folglich die Alternative H_1 angenommen.
2. Für $t(x_1, \ldots, x_n) \leq c$ wird H_0 nicht abgelehnt.

Das Intervall (c, ∞) (Bild 4.5) heißt dann *Ablehnungsbereich*.

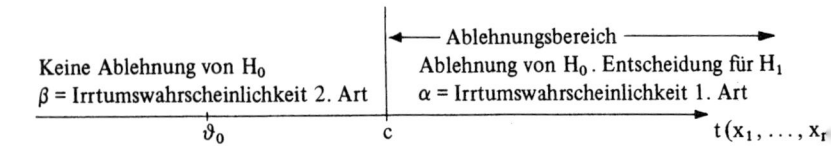

Keine Ablehnung von H_0	← Ablehnungsbereich →
β = Irrtumswahrscheinlichkeit 2. Art	Ablehnung von H_0. Entscheidung für H_1
	α = Irrtumswahrscheinlichkeit 1. Art
ϑ_0 \quad\quad c	$t(x_1, \ldots, x_n)$

Bild 4.5. Test von $H_0: \vartheta \leq \vartheta_0$ gegen $H_1: \vartheta > \vartheta_1$

4.3. Der Aufbau eines Parametertests bei Nullhypothesen

Ist ϑ_0' mit $\vartheta_0' \leq \vartheta_0$ der wahre Parameterwert, so ist die Irrtumswahrscheinlichkeit erster Art, also die Wahrscheinlichkeit dafür, daß H_0 irrtümlicherweise abgelehnt wird, gleich

$$\alpha(\vartheta_0') = P(T = t(X_1, \ldots, X_n) > c \mid \vartheta = \vartheta_0'). \tag{4.22}$$

Die größtmögliche Wahrscheinlichkeit für einen Fehler 1. Art berechnet sich daher zu

$$\alpha = \sup_{\vartheta_0' \leq \vartheta_0} \alpha(\vartheta_0') = \sup_{\vartheta \leq \vartheta_0} P(T > c \mid \vartheta). \tag{4.23}$$

Gibt man sich eine Schranke α für den Fehler 1. Art vor, so kann aus (4.23) (im diskreten Fall ist dort anstelle des Gleichheitszeichens wieder $\leq$ zu setzen) die kritische Konstante c berechnet werden.

Bei vielen speziellen Testfunktionen ist die Funktion $P(T > c \mid \vartheta)$ monoton wachsend. Dann folgt aus (4.23) unmittelbar

$$\alpha = P(T > c \mid \vartheta = \vartheta_0). \tag{4.24}$$

Wird (4.24) zur Bestimmung von c benutzt, so muß allerdings gezeigt werden, daß auch (4.23) gilt, da sonst die Wahrscheinlichkeit für einen Fehler 1. Art größer als α sein kann.

Die Nullhypothese wird fälschlicherweise nicht abgelehnt, wenn ein Parameter $\vartheta_1' > \vartheta_0$ der wahre Parameter ist und wenn zusätzlich gilt $t(x_1, \ldots, x_n) \leq c$, wenn also das Ereignis $(T \leq c)$ eintritt. Ist $\vartheta_1' > \vartheta_0$ der wahre Parameter, so wird die Nullhypothese mit der Wahrscheinlichkeit

$$\beta(\vartheta_1') = P(T \leq c \mid \vartheta = \vartheta_1') = 1 - P(T > c \mid \vartheta = \vartheta_1') \tag{4.25}$$

nicht abgelehnt. Da aber nicht bekannt ist, welcher Parameter $\vartheta_1' > \vartheta_0$ der richtige ist, falls H_0 falsch ist, erhalten wir aus (4.25) als kleinste obere Schranke für die Fehlerwahrscheinlichkeit 2. Art

$$\beta = \sup_{\vartheta > \vartheta_0} P(T \leq c \mid \vartheta) = \sup_{\vartheta > \vartheta_0} (1 - P(T > c \mid \vartheta)) = 1 - \inf_{\vartheta > \vartheta_0} P(T > c \mid \vartheta). \tag{4.26}$$

In (4.23) und (4.26) sind zur Berechnung der entsprechenden Größen nur diejenigen Parameterwerte zu berücksichtigen, die in Θ liegen.

Sind sämtliche Parameter ϑ mit $\vartheta_0 < \vartheta \leq \vartheta_0 + \epsilon$ für ein $\epsilon > 0$ zulässig, also alle Werte, die in einer kleinen Umgebung rechts des Punktes ϑ_0 liegen, und ist die Funktion $P(T \leq c \mid \vartheta)$ monoton nicht wachsend und im Punkt ϑ_0 stetig, so folgt aus (4.26) die Identität

$$\beta = 1 - \alpha \tag{4.27}$$

Gibt man sich α als die obere Schranke für die Fehlerwahrscheinlichkeit 1. Art klein vor, dann kann im ungünstigsten Fall die Fehlerwahrscheinlichkeit 2. Art beliebig nahe bei $1-\alpha$ liegen. Würde man im Falle $t(x_1, \ldots, x_n) \leq c$ die Nullhypothese H_0 annehmen, so könnte man damit evtl. sehr häufig, ja im ungünstigsten Fall fast immer, eine *Fehlentscheidung* treffen. Dies ist der Grund dafür, daß wir uns in diesen Fall nicht für die Annahme der Nullhypothese entschieden haben. Man sollte hier statt dessen besser Aussagen der Form „das Ergebnis steht nicht im Widerspruch zur Nullhypothese H_0" benutzen.

Anders ist es jedoch bei einer Ablehnung von H_0. Hier kann die Alternative H_1 angenommen werden, wobei bei vielen derartigen Entscheidungen nach dem Bernoullischen Gesetz der großen Zahlen damit gerechnet werden kann, daß bei höchstens ungefähr $100\,\alpha\,\%$ der Fälle dabei eine *falsche Entscheidung* getroffen wird.

Bei dem in Abschnitt 4.2 behandelten einfachen Alternativtest können im Gegensatz zur hier beschriebenen Situation beide Fehlerwahrscheinlichkeiten gleichzeitig klein gehalten werden, wenn nur der Stichprobenumfang n groß genug gewählt wird. Der Grund hierfür ist die Tatsache, daß die Parameterwerte aus den beiden Hypothesen nicht beliebig nahe beieinander liegen.

Die durch

$$L(\vartheta) = P(T \leq c | \vartheta), \vartheta \in \Theta \qquad (4.28)$$

auf ganz Θ definierte reellwertige Funktion L heißt wieder die *Operationscharakteristik* des hier beschriebenen Tests.

Ist $\vartheta_1 > \vartheta_0$ der wahre Parameterwert, so ist nach (4.25) $L(\vartheta_1) = \beta(\vartheta_1)$ die Irrtumswahrscheinlichkeit 2. Art. Falls $\vartheta_0' < \vartheta_0$ der richtige Parameterwert ist, ist nach (4.22) $\alpha(\vartheta_0') = 1 - L(\vartheta_0')$ die Fehlerwahrscheinlichkeit 1. Art. In Bild 4.6 ist eine spezielle Operationscharakteristik skizziert.

Beispiel 4.6. Ein herkömmliches Medikament besitze eine Heilungswahrscheinlichkeit $p_0 = 0{,}8$. Ein neues Medikament soll dann auf den Markt kommen, wenn seine Heilungswahrscheinlichkeit größer als 0,8 ist. Um dies nachzuprüfen, werde es 100 Personen verabreicht. Dabei sei vorausgesetzt, daß jede der 100 Personen unabhängig von den anderen mit derselben Wahrscheinlichkeit p geheilt wird. Wie groß muß die relative Häufigkeit r_{100} der durch das Medikament geheilten Personen mindestens sein, damit man sich mit einer Irrtumswahrscheinlichkeit $\alpha = 0{,}05$ ($\alpha = 0{,}01$) für die Richtigkeit der Hypothese $p > 0{,}80$ entscheiden kann?

Zur Lösung des Problems setzen wir $H_0: p \leq 0{,}8$ und $H_1: p > 0{,}8$. Als Testfunktion wählen wir die für den Parameter p erwartungstreue, ungefähr $N(p; \frac{p(1-p)}{100})$-verteilte Schätzfunktion $\bar{X}$, welche die relative Häufigkeit der von dem Medikament geheilten Personen beschreibt. Ist p der wahre Parameter, so gilt nach (4.23)

$$P(\bar{X} \leq c | p) = P\left(\frac{10(\bar{X}-p)}{\sqrt{p(1-p)}} \leq \frac{10(c-p)}{\sqrt{p(1-p)}}\right) \approx \Phi\left(\frac{10(c-p)}{\sqrt{p(1-p)}}\right). \qquad (4.29)$$

4.3. Der Aufbau eines Parametertests bei Nullhypothesen

Die Konstante c bestimmen wir zunächst mit $p_0 = 0{,}8$ aus

$$\Phi\left(\frac{10(c-0{,}8)}{\sqrt{0{,}16}}\right) = 1 - \alpha.$$

Mit dem $(1-\alpha)$-Quantil $z_{1-\alpha}$ der $N(0;1)$-Verteilung folgt

$$10(c - 0{,}8) = 0{,}4 \cdot z_{1-\alpha}; \quad c = 0{,}8 + 0{,}04 \cdot z_{1-\alpha}.$$

Für $\alpha = 0{,}05$ erhalten wir $c = 0{,}8 + 0{,}04 \cdot 1{,}645 = 0{,}8658$. Die relative Häufigkeit r_{100} muß somit größer als $0{,}8658$ sein, damit man sich mit einer Irrtumswahrscheinlichkeit von $0{,}05$ für $p > 0{,}8$ entscheiden kann.

$\alpha = 0{,}01$ ergibt die kritische Konstante $c = 0{,}8 + 0{,}04 \cdot 2{,}326 = 0{,}89304$ und somit die Bedingung $r_{100} > 0{,}89304$.

Für $p < p_0$ gilt offensichtlich

$$P(\bar{X} > c \mid p) < P(\bar{X} > c \mid p_0).$$

Somit ist α die größtmögliche Irrtumswahrscheinlichkeit 1. Art. Die Operationscharakteristik für $\alpha = 0{,}05$ lautet nach (4.29)

$$L(p) = P(\bar{X} \leq 0{,}8658 \mid p) = \Phi\left(\frac{10(0{,}8658 - p)}{\sqrt{p(1-p)}}\right).$$

Sie ist in Bild 4.6 dargestellt und besitzt folgende Funktionswerte:

p	0,7	0,775	0,8	0,825	0,85	0,875	0,9	0,925	0,95
L(p)	1,0	0,99	0,95	0,86	0,67	0,39	0,13	0,01	0,00

Für $p \leq 0{,}8$ ist $1 - L(p)$ die Irrtumswahrscheinlichkeit 1. Art, falls p der wahre Parameter ist. Ist $p > 0{,}8$ der wahre Parameter, so stellt $L(p)$ die Irrtumswahrscheinlichkeit 2. Art dar. Auch hier gilt

$$\beta = \sup_{p > p_0} L(p) = 1 - \alpha. \qquad \blacklozenge$$

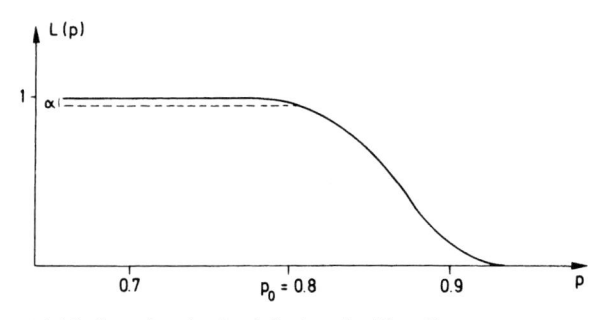

Bild 4.6. Operationscharakteristik eines einseitigen Tests

3. Fall. $H_0: \vartheta \geq \vartheta_0$; $H_1: \vartheta < \vartheta_0$.

Durch entsprechende Überlegungen konstruieren wir einen Test mit dem Ablehnungsbereich $(-\infty, c)$ (Bild 4.7), d. h. für $t(x_1, \ldots, x_n) < c$ wird die Nullhypothese abgelehnt, sonst nicht.

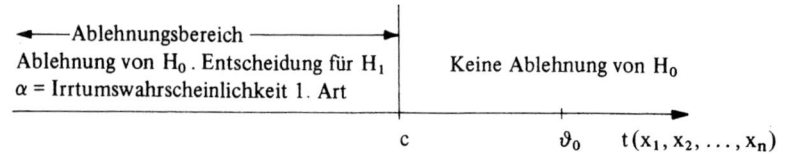

```
←——Ablehnungsbereich ——→|
Ablehnung von H₀. Entscheidung für H₁   |   Keine Ablehnung von H₀
α = Irrtumswahrscheinlichkeit 1. Art    |
                                        c        ϑ₀    t(x₁,x₂,...,xₙ)
```

Bild 4.7. Test von $H_0: \vartheta \geq \vartheta_0$ gegen $H_1: \vartheta < \vartheta_0$.

Dabei erhalten wir analog zum 2. Fall

$$\alpha = \max_{\vartheta \geq \vartheta_0} \alpha(\vartheta) = \max_{\vartheta \geq \vartheta_0} P(T < c \mid \vartheta);$$

$$\beta = \sup_{\vartheta < \vartheta_0} P(T \geq c \mid \vartheta) = \sup_{\vartheta < \vartheta_0} (1 - P(T < c \mid \vartheta)) = 1 - \inf_{\vartheta < \vartheta} P(T < c \mid \vartheta).$$

Die Operationscharakteristik lautet (4.30)

$$L(\vartheta) = P(T \geq c \mid \vartheta), \quad \vartheta \in \Theta. \tag{4.31}$$

Beispiel 4.7 (vgl. Beispiel 4.6). Wie groß darf die relative Häufigkeit r_{100} der geheilten Personen höchstens sein, damit man mit einer Irrtumswahrscheinlichkeit von $\alpha = 0{,}05$ $(0{,}01)$ behaupten kann, das alte Medikament sei nicht besser als das neue?

Aus $P(\overline{X} < c \mid p = 0{,}8) = \alpha$ erhalten wir dazu

$$\Phi\left(\frac{10(c - 0{,}8)}{\sqrt{0{,}16}}\right) = \alpha$$

und hieraus mit dem α-Quantil z_α

$$c = 0{,}8 + 0{,}04 \, z_\alpha = 0{,}8 + 0{,}04 \, (-z_{1-\alpha}) = 0{,}8 - 0{,}04 \, z_{1-\alpha};$$

$\alpha = 0{,}05$ ergibt $c = 0{,}8 - 0{,}04 \cdot 1{,}645 = 0{,}8 - 0{,}0658 = 0{,}7342$.

Für $\alpha = 0{,}01$ erhält man $c = 0{,}8 - 0{,}04 \cdot 2{,}326 = 0{,}8 - 0{,}09304 = 0{,}70696$.

Mit einer Irrtumswahrscheinlichkeit von 0,05 können wir für $r_{100} < 0{,}73$ behaupten, das alte Medikament besitze eine bessere Heilungswahrscheinlichkeit als das neue. Mit einer Sicherheitswahrscheinlichkeit von 0,99 kann diese Aussage erst für $r_{100} < 0{,}71$ gemacht werden.

Für $\alpha = 0{,}05$ erhalten wir die Operationscharakteristik
$$L(p) = P(\overline{X} \geq 0{,}7342 \mid p) = 1 - \Phi\left(\frac{10(0{,}7342 - p)}{\sqrt{p(1-p)}}\right) \quad \text{(Bild 4.8)}. \qquad \blacklozenge$$

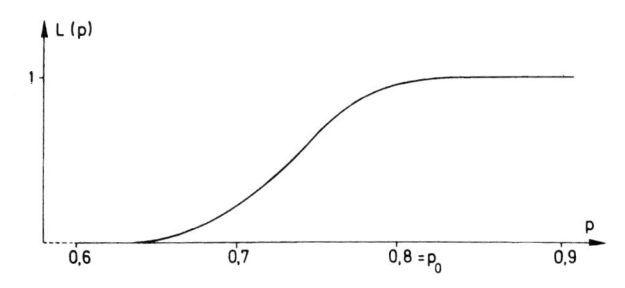

Bild 4.8. Operationscharakteristik eines einseitigen Tests

4.3.4. Wahl der Nullhypothese

Verwirft man in einem der in Abschnitt 4.3.3 beschriebenen Fälle die Nullhypothese, so kann man sich mit einer Sicherheitswahrscheinlichkeit von mindestens $1 - \alpha$ für die jeweilige Alternative entscheiden. Falls H_0 nicht abgelehnt wird, kann die entsprechende Irrtumswahrscheinlichkeit sehr groß sein. Diese Tatsache sollte man sich bei der Formulierung der Hypothesen stets vor Augen halten. Möchte man sich z. B. gern für $\vartheta < \vartheta_0$ entscheiden, so ist es sinnvoll, als Nullhypothese $H_0 : \vartheta \geq \vartheta_0$ zu wählen. Falls man $\vartheta > \vartheta_0$ vermutet, sollte $H_0 : \vartheta \leq \vartheta_0$ gesetzt werden. Bei den Beispielen 4.6 und 4.7 wurde die Nullhypothese bereits nach diesem Gesichtspunkt formuliert.

4.4. Spezielle Tests

In diesem Abschnitt sollen Testfunktionen für spezielle Tests angegeben werden.

4.4.1. Test des Erwartungswertes μ einer Normalverteilung

Als erwartungstreue Schätzfunktion für den Parameter μ wählen wir die Zufallsvariable $\overline{X} = \frac{1}{n} \sum_{i=1}^{n} X_i$, wobei die Zufallsvariablen $X_1, X_2, \ldots, X_n$ durch die Problemstellung bedingte unabhängige Zufallsvariable sind, welche alle die gleiche Normalverteilung besitzen.

1. Die Varianz σ_0^2 sei bekannt.

Ist die Varianz σ_0^2 bekannt, so ist die Testfunktion

$$T = \frac{\bar{X} - \mu}{\sigma_0} \sqrt{n} \qquad (4.32)$$

$N(0;1)$-*verteilt*, falls μ der wirkliche Parameter ist. Mit den Quantilen z der $N(0;1)$-Verteilung (Bild 4.9 für $\Phi(z_{1-\frac{\alpha}{2}}) = 1 - \frac{\alpha}{2}, \Phi(z_{1-\alpha}) = 1 - \alpha$) erhalten wir zum Signifikanzniveau $1 - \alpha$ folgende

Testentscheidungen:

a) $H_0: \mu = \mu_0; H_1: \mu \neq \mu_0$. $\quad \frac{\bar{x} - \mu_0}{\sigma_0} \sqrt{n} < -z_{1-\frac{\alpha}{2}}$ oder $> z_{1-\frac{\alpha}{2}} \Rightarrow H_0$ ablehnen;

b) $H_0: \mu \leq \mu_0; H_1: \mu > \mu_0$. $\quad \frac{\bar{x} - \mu_0}{\sigma_0} \sqrt{n} > z_{1-\alpha} \Rightarrow H_0$ ablehnen;

c) $H_0: \mu \geq \mu_0; H_1: \mu < \mu_0$. $\quad \frac{\bar{x} - \mu_0}{\sigma_0} \sqrt{n} < -z_{1-\alpha} \Rightarrow H_0$ ablehnen.

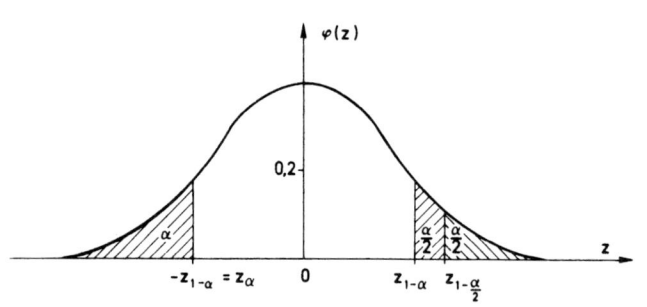

Bild 4.9. Quantile der $N(0;1)$-Verteilung ($\alpha = 0,1$)

In der Tabelle 4.3 sind diese Tests nochmals zusammengestellt.

2. Die Varianz σ^2 sei unbekannt.

Ist die Varianz σ^2 nicht bekannt, so ist die Testfunktion

$$T = \frac{\bar{X} - \mu}{S} \sqrt{n} \qquad (4.33)$$

t-*verteilt (d. h. Student-verteilt) mit* $n - 1$ *Freiheitsgraden.* Ersetzt man die Quantile z der $N(0;1)$-Verteilung aus 1. durch die entsprechenden Quantile der t-Verteilung mit $n - 1$ Freiheitsgraden, so gewinnt man zu vorgegebenem α folgende

Testentscheidungen:

a) $H_0: \mu = \mu_0; H_1: \mu \neq \mu_0.$ $\quad \dfrac{\bar{x} - \mu_0}{s}\sqrt{n} < -t_{1-\frac{\alpha}{2}}$ oder $> t_{1-\frac{\alpha}{2}} \Rightarrow H_0$ ablehnen;

b) $H_0: \mu \leq \mu_0; H_1: \mu > \mu_0.$ $\quad \dfrac{\bar{x} - \mu_0}{s}\sqrt{n} > t_{1-\alpha} \Rightarrow H_0$ ablehnen;

c) $H_0: \mu \geq \mu_0; H_1: \mu < \mu_0.$ $\quad \dfrac{\bar{x} - \mu_0}{s}\sqrt{n} < -t_{1-\alpha} \Rightarrow H_0$ ablehnen.

4.4.2. Test der Varianz σ^2 einer Normalverteilung

Ist σ^2 der wahre Parameter, so ist die Testfunktion

$$T = \frac{(n-1) S^2}{\sigma^2} \tag{4.34}$$

Chi-Quadrat-verteilt mit $n-1$ *Freiheitsgraden.* Mit der entsprechenden Verteilungsfunktion G_{n-1} ergeben sich mit $G_{n-1}(\chi^2_{\frac{\alpha}{2}}) = \frac{\alpha}{2}$, $G_{n-1}(\chi^2_{1-\frac{\alpha}{2}}) = 1 - \frac{\alpha}{2}$, $G_{n-1}(\chi^2_{1-\alpha}) = 1 - \alpha$, $G_{n-1}(\chi^2_\alpha) = \alpha$ (Bild 4.10) folgende

Testentscheidungen:

a) $H_0: \sigma^2 = \sigma_0^2; H_1: \sigma^2 \neq \sigma_0^2.$ $\quad \dfrac{(n-1) s^2}{\sigma_0^2} < \chi^2_{\frac{\alpha}{2}}$ oder $> \chi^2_{1-\frac{\alpha}{2}} \Rightarrow H_0$ ablehnen;

b) $H_0: \sigma^2 \leq \sigma_0^2; H_1: \sigma^2 > \sigma_0^2.$ $\quad \dfrac{(n-1) s^2}{\sigma_0^2} > \chi^2_{1-\alpha} \Rightarrow H_0$ ablehnen;

c) $H_0: \sigma^2 \geq \sigma_0^2; H_1: \sigma^2 < \sigma_0^2.$ $\quad \dfrac{(n-1) s^2}{\sigma_0^2} < \chi^2_\alpha \Rightarrow H_0$ ablehnen.

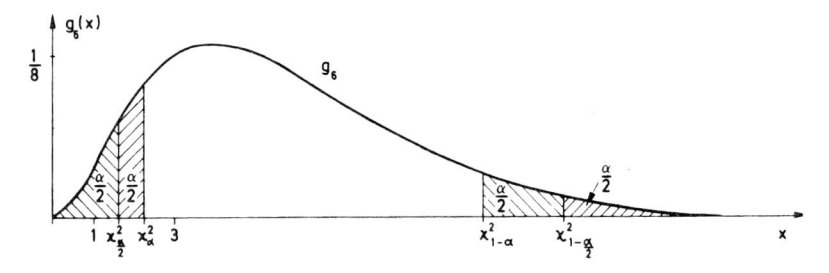

Bild 4.10. Quantile der Chi-Quadrat-Verteilung mit 6 Freiheitsgraden ($\alpha = 0{,}1$)

Tabelle 4.3. Testzusammenstellung

Voraussetzungen über die Grundgesamtheit	Testfunktion (Verteilung falls σ der richtige Parameter)	Nullhypothese H_0	A = Ablehnungsbereich von H_0	Hinweis	Testentscheidung	Hinweis
Normalverteilung $N(\mu; \sigma_0^2)$-Normalverteilung	$\dfrac{\bar{X}-\mu}{\sigma_0}\sqrt{n}$ ist $N(0;1)$-verteilt	$\mu = \mu_0$	$\left(-\infty, -z_{1-\frac{\alpha}{2}}\right) \cup \left(z_{1-\frac{\alpha}{2}}, +\infty\right)$	$\Phi\left(z_{1-\frac{\alpha}{2}}\right) = 1 - \dfrac{\alpha}{2}$	$\dfrac{\bar{x}-\mu_0}{\sigma_0}\sqrt{n} \in A$	
μ unbekannt		$\mu \leq \mu_0$	$(z_{1-\alpha}, +\infty)$	$\Phi(z_{1-\alpha}) = 1 - \alpha$	$\to H_0$ ablehnen	
σ_0 bekannt		$\mu \geq \mu_0$	$(-\infty, -z_{1-\alpha})$	Φ = Verteilungsfunktion der $N(0;1)$-Verteilung		
$N(\mu, \sigma^2)$-Normalverteilung	$\dfrac{\bar{X}-\mu}{S}\sqrt{n}$ ist t-verteilt mit $n-1$ Freiheitsgraden	$\mu = \mu_0$	$\left(-\infty, -t_{1-\frac{\alpha}{2}}\right) \cup \left(t_{1-\frac{\alpha}{2}}, +\infty\right)$	$F_{n-1}\left(t_{1-\frac{\alpha}{2}}\right) = 1 - \dfrac{\alpha}{2}$	$\dfrac{\bar{x}-\mu_0}{s}\sqrt{n} \in A$	$s^2 = \dfrac{1}{n-1}\sum_{i=1}^{n}(x_i - \bar{x})^2$
		$\mu \leq \mu_0$	$(t_{1-\alpha}, +\infty)$	$F_{n-1}(t_{1-\alpha}) = 1 - \alpha$	$\to H_0$ ablehnen	
μ unbekannt		$\mu \geq \mu_0$	$(-\infty, -t_{1-\alpha})$	F_{n-1} = Verteilungsfunktion der t-Verteilung mit $n-1$ Freiheitsgraden		
	$\dfrac{(n-1)S^2}{\sigma^2}$ ist Chi-Quadrat-verteilt mit $n-1$ Freiheitsgraden	$\sigma^2 = \sigma_0^2$	$\left(-\infty, \chi^2_{\frac{\alpha}{2}}\right) \cup \left(\chi^2_{1-\frac{\alpha}{2}}, +\infty\right)$	$G_n\left(\chi^2_{\frac{\alpha}{2}}\right) = \dfrac{\alpha}{2}$ $G_n\left(\chi^2_{1-\frac{\alpha}{2}}\right) = 1 - \dfrac{\alpha}{2}$	$\dfrac{(n-1)s^2}{\sigma_0^2} \in A$	
		$\sigma^2 < \sigma_0^2$	$(\chi^2_{1-\alpha}, +\infty)$	$G_n(\chi^2_{1-\alpha}) = 1 - \alpha$		
σ unbekannt		$\sigma^2 > \sigma_0^2$	$(-\infty, \chi^2_\alpha)$	$G_n(\chi^2_\alpha) = \alpha$ G = Verteilungsfunktion	$\to H_0$ ablehnen	
Binomialverteilung X sei $B(n, p)$-verteilt $\bar{X} = \dfrac{X}{n}$ beschreibe die relative Häufigkeit r_n	$\dfrac{\bar{X}-p}{\sqrt{p(1-p)}}\sqrt{n}$ $\approx N(0;1)$-verteilt	$p = p_0$	$\left(-\infty, -z_{1-\frac{\alpha}{2}}\right) \cup \left(z_{1-\frac{\alpha}{2}}, +\infty\right)$	$\Phi\left(z_{1-\frac{\alpha}{2}}\right) = 1 - \dfrac{\alpha}{2}$	$\dfrac{r_n - p_0}{\sqrt{p_0(1-p_0)}}\sqrt{n} \in A$	r_n = relative Häufigkeit Nur anwendbar, falls $np_0(1-p_0) > 9$.
		$p \leq p_0$	$(z_{1-\alpha}, +\infty)$	$\Phi(z_{1-\alpha}) = 1 - \alpha$		
		$p \geq p_0$	$(-\infty, -z_{1-\alpha})$	Φ = Verteilungsfunktion der $N(0;1)$-Verteilung	$\to H_0$ ablehnen	

4.4.3. Test einer beliebigen Wahrscheinlichkeit p = P(A)

Die Zufallsvariable X sei $B(n, p)$-verteilt und $\bar{X} = \frac{1}{n} X$ beschreibe die relative Häufigkeit des Ereignisses A in einem Bernoulli-Experiment vom Umfang n. Bei großem n ist die Testfunktion

$$T = \frac{\bar{X} - p}{\sqrt{p(1-p)}} \sqrt{n} \qquad (4.35)$$

ungefähr $N(0; 1)$-*verteilt*, falls p der wahre Parameter ist. Somit ergeben sich mit den Quantilen der $N(0; 1)$-Verteilung und der relativen Häufigkeit $r_n(A)$ die folgenden

Testentscheidungen:

a) $H_0: p = p_0; H_1: p \neq p_0.$ $\quad \frac{r_n(A) - p_0}{\sqrt{p_0(1-p_0)}} \sqrt{n} < -z_{1-\frac{\alpha}{2}}$ oder $> z_{1-\frac{\alpha}{2}}$
$\Rightarrow H_0$ ablehnen;

b) $H_0: p \leq p_0; H_1: p > p_0.$ $\quad \frac{r_n(A) - p_0}{\sqrt{p_0(1-p_0)}} \sqrt{n} > z_{1-\alpha} \Rightarrow H_0$ ablehnen;

c) $H_0: p \geq p_0; H_1: p < p_0.$ $\quad \frac{r_n(A) - p_0}{\sqrt{p_0(1-p_0)}} \sqrt{n} < -z_{1-\alpha} \Rightarrow H_0$ ablehnen.

4.5. Vergleich der Parameter zweier (stochastisch) unabhängiger Normalverteilungen

Häufig kann man davon ausgehen, daß zwei Grundgesamtheiten normalverteilt sind. Man möchte gern wissen, ob zwischen den Erwartungswerten bzw. den Varianzen ein Unterschied besteht. Wir nehmen an, daß die beiden die Grundgesamtheit beschreibenden Zufallsvariablen $N(\mu_1; \sigma_1^2)$- bzw. $N(\mu_2; \sigma_2^2)$-verteilt sind. Zur Nachprüfung werden zwei voneinander unabhängige, einfache Stichproben $x = (x_1, \ldots x_{n_1})$ und $y = (y_1, \ldots y_{n_2})$ aus den jeweiligen Grundgesamtheiten gezogen. Unabhängigkeit bedeutet dabei, daß die beiden Zufallsvariablen

$$\bar{X} = \frac{1}{n_1} \sum_{i=1}^{n_1} X_i \text{ und } \bar{Y} = \frac{1}{n_2} \sum_{j=1}^{n_2} Y_j$$

(stochastisch) unabhängig sind. Nach [2] 2.5.3 ist dann $\bar{X}$ eine $N(\mu_1; \frac{\sigma_1^2}{n_1})$-verteilte Zufallsvariable, während $\bar{Y}$ $N(\mu_2; \frac{\sigma_2^2}{n_2})$-verteilt ist. Die Differenz $\bar{X} - \bar{Y}$ ist wegen der vorausgesetzten (stochastischen) Unabhängigkeit

$$N\left(\mu_1 - \mu_2; \frac{\sigma_1^2}{n_1} + \frac{\sigma_2^2}{n_2}\right)\text{-verteilt}.$$

4.5.1. Vergleich zweier Erwartungswerte bei bekannten Varianzen

Sind σ_1^2 und σ_2^2 bekannt, so ist die Testfunktion

$$T = \frac{\overline{X} - \overline{Y} - (\mu_1 - \mu_2)}{\sqrt{\dfrac{\sigma_1^2}{n_1} + \dfrac{\sigma_2^2}{n_2}}} \qquad (4.36)$$

$N(0;1)$-*verteilt* falls μ_1 und μ_2 die richtigen Parameter sind. Mit den Quantilen z der $N(0;1)$-Verteilung ergeben sich folgende

Testentscheidungen:

a) $H_0: \mu_1 = \mu_2; H_1: \mu_1 \neq \mu_2$. $\quad \dfrac{\overline{x} - \overline{y}}{\sqrt{\dfrac{\sigma_1^2}{n_1} + \dfrac{\sigma_2^2}{n_2}}} < -z_{1-\frac{\alpha}{2}}$ oder $> z_{1-\frac{\alpha}{2}}$
$\Rightarrow H_0$ ablehnen;

b) $H_0: \mu_1 \leq \mu_2; H_1: \mu_1 > \mu_2$. $\quad \dfrac{\overline{x} - \overline{y}}{\sqrt{\dfrac{\sigma_1^2}{n_1} + \dfrac{\sigma_2^2}{n_2}}} > z_{1-\alpha} \Rightarrow H_0$ ablehnen;

c) $H_0: \mu_1 \geq \mu_2; H_1: \mu_1 < \mu_2$. $\quad \dfrac{\overline{x} - \overline{y}}{\sqrt{\dfrac{\sigma_1^2}{n_1} + \dfrac{\sigma_2^2}{n_2}}} < -z_{1-\alpha} \Rightarrow H_0$ ablehnen.

4.5.2. Vergleich zweier Erwartungswerte bei unbekannten Varianzen

Es sei s_1^2 die empirische Varianz der Stichprobe x und entsprechend s_2^2 die der Stichprobe y. Ferner seien S_1^2 und S_2^2 die Zufallsvariablen, deren Realisierungen s_1^2 bzw. s_2^2 sind. Falls die Varianzen σ_1^2 und σ_2^2 gleich, aber nicht bekannt sind, wählen wir als Testfunktion

$$T = \frac{\overline{X} - \overline{Y} - (\mu_1 - \mu_2)}{\sqrt{\dfrac{(n_1 - 1) S_1^2 + (n_2 - 1) S_2^2}{n_1 + n_2 - 2}}} \cdot \sqrt{\dfrac{n_1 \cdot n_2}{n_1 + n_2}} \quad ; \quad \begin{array}{l} n_1 + n_2 - 2 \\ \text{Freiheitsgrade,} \end{array} \qquad (4.37)$$

die t-*verteilt ist mit* $n_1 + n_2 - 2$ *Freiheitsgraden*, wenn μ_1 und μ_2 die richtigen Erwartungswerte sind.

Mit dem aus den beiden Stichproben berechneten Wert

$$t_{ber.} = \frac{\overline{x} - \overline{y}}{\sqrt{\dfrac{(n_1 - 1) s_1^2 + (n_2 - 1) s_2^2}{n_1 + n_2 - 2}}} \sqrt{\dfrac{n_1 \cdot n_2}{n_1 + n_2}}$$

4.5. Vergleich der Parameter zweier (stochastisch) unabhängiger Normalverteilungen

ergeben sich dann mit den Quantilen der t-Verteilung mit $n_1 + n_2 - 2$ Freiheitsgraden die

Testentscheidungen:

a) $H_0: \mu_1 = \mu_2; H_1: \mu_1 \neq \mu_2$. $\quad t_{ber.} < -t_{1-\frac{\alpha}{2}}$ oder $> t_{1-\frac{\alpha}{2}} \Rightarrow H_0$ ablehnen

b) $H_0: \mu_1 \leq \mu_2; H_1: \mu_1 > \mu_2$. $\quad t_{ber.} > t_{1-\alpha} \Rightarrow H_0$ ablehnen;

c) $H_0; \mu_1 \geq \mu_2; H_1: \mu_1 < \mu_2$. $\quad t_{ber.} < -t_{1-\alpha} \Rightarrow H_0$ ablehnen.

Für $n_1 = n_2 = n$ geht (4.37) über in die einfachere Formel

$$T = \frac{\overline{X} - \overline{Y} - (\mu_1 - \mu_2)}{\sqrt{S_1^2 + S_2^2}} \cdot \sqrt{n}. \tag{4.37'}$$

Beispiel 4.8. Die in Tabelle 4.4 dargestellten Stichproben x und y seien (stochastisch unabhängigen, normalverteilten Grundgesamtheiten entnommen, wobei die Erwartungswerte $\mu_1 = E(X)$ und $\mu_2 = E(Y)$ nicht bekannt sind.

Tabelle 4.4. Vergleich zweier Erwartungswerte

x_i	y_j	x_i^2	y_j^2	
0,5	0,9	0,25	0,81	$s_1^2 = \frac{1}{n-1} \Sigma(x_i - \overline{x})^2 =$
0,8	0,8	0,64	0,64	$= \frac{1}{n-1}[\Sigma_i x_i^2 - n\overline{x}^2] =$
0,6	1,0	0,36	1,00	
1,0	1,2	1,00	1,44	
1,1	1,0	1,21	1,00	$= \frac{1}{7}[4,67 - \frac{5,9^2}{8}] = 0,0455;$
0,7	0,9	0,49	0,81	
0,6	1,1	0,36	1,21	$s_2^2 = \frac{1}{n-1}[\Sigma_j y_j^2 - n\overline{y}^2] =$
0,6	0,7	0,36	0,49	$= \frac{1}{7}[7,4 - \frac{7,6^2}{8}] = 0,0257;$
$\overline{x} = \frac{5,9}{8} = 0,7375$	$\overline{y} = \frac{7,6}{8} = 0,95$	$\Sigma x_i^2 = 4,67$	$\Sigma y_j^2 = 7,4$	

Mit einer Irrtumswahrscheinlichkeit $\alpha = 0,05$ soll die Hypothese $H_0: \mu_1 \geq \mu_2$ gegen die Alternative $H_1: \mu_1 < \mu_2$ getestet werden.

Aus den gegebenen Daten folgt mit (4.37')

$$t_{ber.} = \frac{5,9 - 7,6}{8\sqrt{0,0455 + 0,0257}} \cdot \sqrt{8} = -2,25.$$

Das 0,01-Quantil der t-Verteilung mit $n_1 + n_2 - 2 = 14$ Freiheitsgraden lautet

$$t_{0,05} = -t_{1-0,05} = -1,76.$$

Wegen $t_{ber.} < t_{0,05}$ kann die Hypothese H_0 zugunsten ihrer Alternative $H_1: \mu_1 < \mu_2$ abgelehnt werden. ♦

4.5.3. Vergleich zweier Varianzen

Sind σ_1^2 und σ_2^2 die (unbekannten) Varianzen der beiden normalverteilten Grundgesamtheiten, so ist die Testfunktion

$$\boxed{T = \frac{S_1^2/\sigma_1^2}{S_2^2/\sigma_2^2}}$$

$F_{(n_1-1,\,n_2-1)}$-verteilt, d. h. *Fisher-verteilt mit (n_1-1, n_2-1)-Freiheitsgraden* (vgl. [2] 4.3). Zum Beweis dazu verweisen wir auf die weiterführende Literatur.

Durch eventuelles Vertauschen der beiden Stichproben kann man sich auf den Test der Nullhypothese $H_0: \sigma_1^2 \leq \sigma_2^2$ gegen die Alternative $H_1: \sigma_1^2 > \sigma_2^2$ beschränken. Mit dem $(1-\alpha)$-Quantil $f_{1-\alpha}$ der $F_{(n_1-1,\,n_2-1)}$-Verteilung (Bild 4.11) ergibt sich dann zum Signifikanzniveau $1-\alpha$ die

Testentscheidung:

$H_0: \sigma_1^2 \leq \sigma_2^2; H_1: \sigma_1^2 > \sigma_2^2.$ $\qquad \dfrac{s_1^2}{s_2^2} > f_{1-\alpha} \Rightarrow H_0$ ablehnen.

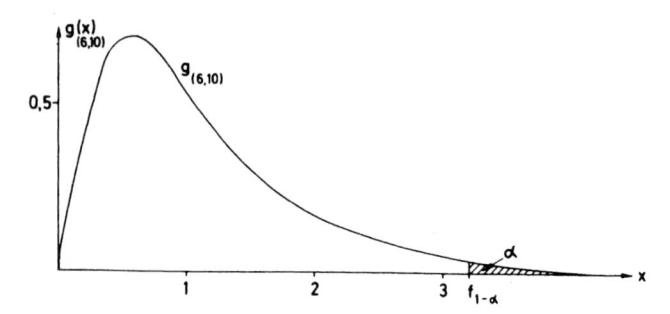

Bild 4.11. Quantile der $F_{(6,\,10)}$-Verteilung

5. Varianzanalyse

In der Varianzanalyse soll untersucht werden, ob ein oder mehrere Faktoren Einfluß auf ein betrachtetes Merkmal haben. Als Beispiele seien erwähnt: Die Wirkung verschiedener Unterrichtsmethoden auf die Leistung eines Schülers, die Auswirkung verschiedener Futtermittel auf die Gewichtszunahme von Tieren, der Einfluß verschiedener Düngemittel oder der Bodenbeschaffenheit auf den Weizenertrag sowie die Reparaturanfälligkeit eines Autos in Abhängigkeit vom Produktionstag.

In der einfachen Varianzanalyse wird nur der Einfluß *eines* Faktors untersucht, in der mehrfachen Varianzanalyse gleichzeitig der Einfluß *mehrerer* Faktoren. Wir werden uns in diesem Rahmen auf die einfache und die doppelte Varianzanalyse beschränken. Allgemein benötigen wir dazu folgende

Voraussetzung: Sämtliche Stichprobenwerte sind Realisierungen (wenigstens annähernd) normalverteilter Zufallsvariabler, die alle dieselbe (unbekannte) Varianz σ^2 besitzen, deren Erwartungswerte jedoch verschieden sein dürfen.

Wegen des zentralen Grenzwertsatzes kann bei vielen Zufallsvariablen davon ausgegangen werden, daß sie (wenigstens näherungsweise) normalverteilt sind. Tests auf Normalverteilung werden wir noch in Kapitel 6 kennenlernen. Beschreiben die Zufallsvariablen etwa Größen oder Gewichte von Produktionsgegenständen, so sind deren Erwartungswerte von der Maschineneinstellung abhängig, während die Varianzen meistens davon unabhängig und sogar für mehrere Maschinen gleich sind. Bei vielen zufälligen Prozessen werden durch einen zusätzlichen Faktor zwar die Merkmalwerte, nicht jedoch deren Varianzen vergrößert. Einen Test auf Gleichheit zweier Varianzen haben wir bereits in Abschnitt 4.5.3 kennengelernt. Tests auf Gleichheit mehrerer Varianzen und Hinweise auf solche Tests sind in der weiterführenden Literatur zu finden. Kann mit einem solchen Test die Nullhypothese $H_0 : \sigma_1^2 = \sigma_2^2 = \ldots = \sigma_m^2$ abgelehnt werden, so sind die Verfahren dieses Abschnitts nicht anwendbar. Falls die Nullhypothese nicht abgelehnt werden kann, darf sie nicht ohne weiteres angenommen werden, da ja die entsprechende Irrtumswahrscheinlichkeit sehr groß sein kann. Allerdings werden in einem solchen Fall die Varianzen $\sigma_1^2, \ldots, \sigma_m^2$ im allgemeinen alle ungefähr gleich groß sein. Dann liefern die Formeln der folgenden beiden Abschnitte eine einigermaßen brauchbare Näherung.

5.1. Einfache Varianzanalyse

Wir beginnen mit einem Beispiel, in dem bereits die hier behandelte Problemstellung deutlich wird.

Beispiel 5.1 (Problemstellung). Ein Arzt in einer Klinik meint bezüglich einer bestimmten Art von Schmerzen folgendes herausgefunden zu haben: Die mittlere Zeitdauer, die sich ein Patient nach Einnahme einer Tablette schmerzfrei fühlt, hängt nicht vom Wirkstoff ab, den eine Tablette enthält, sondern nur von der Tatsache, daß dem Patienten eine Tablette verabreicht wird. Um diese Behauptung zu prüfen, gibt er einer Anzahl von Patienten, die an solchen Schmerzen leiden, entweder ein sog. Placebo (Tablette ohne Wirkstoff) oder eines von zwei schmerzstillenden Mitteln. Er notiert dann, für wie viele Stunden sich der Patient schmerzfrei fühlt (Meßwerte in Stunden):

Placebo	2,2	0,3	1,1	2,0	3,4		$N(\mu_1; \sigma^2)$-Verteilung;
Droge A	2,8	1,4	1,7	4,3			$N(\mu_2; \sigma^2)$-Verteilung
Droge B	1,1	4,2	3,8	2,6	0,5	4,3	$N(\mu_3; \sigma^2)$-Verteilung

Die zugrunde liegenden Zufallsvariablen seien $N(\mu_i; \sigma^2)$-verteilt, wobei die Varianz σ^2 für alle drei Zufallsvariablen gleich sei. Der Arzt behauptet also, die

Nullhypothese $H_0: \mu_1 = \mu_2 = \mu_3$

sei richtig. Nach den folgenden allgemeinen Überlegungen werden wir anschließend auf dieses Beispiel zurückkommen. ♦

Von m (stochastisch) unabhängigen Zufallsvariablen $X_1, X_2, \ldots, X_m$ sei bekannt, daß sie (wenigstens näherungsweise) $N(\mu_i; \sigma^2)$-verteilt sind. Alle m Zufallsvariablen mögen dieselbe Varianz besitzen, während ihre Erwartungswerte auch verschieden sein dürfen.

Mit den obigen Voraussetzungen soll nun die Nullhypothese

$$H_0: \mu_1 = \mu_2 = \ldots = \mu_m \qquad (5.1)$$

getestet werden. (Für m = 2 wurde ein Test bereits in Abschnitt 4.5.2 behandelt.) Bezüglich der Variablen X_i werde dazu eine einfache Stichprobe des Umfangs n_i gezogen. Die Stichprobe

$$x_i = (x_{i1}, x_{i2}, \ldots, x_{in_i}) \qquad (5.2)$$

Tabelle 5.1. Darstellung der Stichprobengruppen für die einfache Varianzanalyse

Gruppe i	Stichprobenwerte	Summen
1. Gruppe	$x_{11}\ x_{12}\ x_{13}\ \ldots x_{1n_1}$	$x_1.$
2. Gruppe	$x_{21}\ x_{22}\ x_{23}\ \ldots x_{2n_2}$	$x_2.$
$\vdots$	$\ldots\ldots\ldots\ldots\ldots\ldots$	$\vdots$
i-te Gruppe	$x_{i1}\ x_{i2}\ x_{i3}\ \ldots x_{in_i}$	$x_i.$
$\vdots$	$\ldots\ldots\ldots\ldots\ldots\ldots$	$\vdots$
m-te Gruppe	$x_{m1}\ x_{m2}\ x_{m3}\ \ldots x_{mn_m}$	$x_m.$
		$x_{..}$

5.1. Einfache Varianzanalyse

enthalte also n_i Stichprobenelemente x_{ik}, $k = 1, 2, \ldots, n_i$, die alle Realisierungen der Zufallsvariablen X_i sind für $i = 1, 2, \ldots, m$. Diese m Stichproben sind in Tabelle 5.1 als sog. *Beobachtungsgruppen* übersichtlich dargestellt.

In Beispiel 5.1 ist $m = 3$; $n_1 = 5$ (1. Gruppe), $n_2 = 4$ und $n_3 = 6$. Ist die Hypothese H_0 richtig, so können wir die m verschiedenen Stichproben $x_1, x_2, \ldots, x_m$ zu einer einzigen Stichprobe zusammenfassen. Diese Stichprobe vom Umfang $n = n_1 + n_2 + \ldots + n_m$ bezeichnen wir mit

$$x = (x_1, x_2, \ldots, x_m) = (x_{11}, \ldots, x_{1n_1}, x_{21}, \ldots, x_{m1}, x_{m2}, \ldots, x_{mn_m}). \tag{5.3}$$

Sämtliche Stichprobenwerte sind dann Realisierungen einer normalverteilten Zufallsvariablen. Die Summen der einzelnen Gruppenwerte bezeichnen wir der Reihe nach mit

$$x_1. = \sum_{k=1}^{n_1} x_{1k} ; \quad x_2. = \sum_{k=1}^{n_2} x_{2k} ; \ldots ; x_m. = \sum_{k=1}^{n_m} x_{mk}, \tag{5.4}$$

woraus wir die einzelnen Gruppenmittelwerte erhalten als

$$\bar{x}_1 = \frac{x_1.}{n_1} ; \quad \bar{x}_2 = \frac{x_2.}{n_2} ; \quad \ldots ; \quad \bar{x}_m = \frac{x_m.}{n_m} . \tag{5.5}$$

Nach (1.8) lautet der Mittelwert der gesamten Stichprobe

$$\bar{x} = \frac{1}{n} \sum_{i=1}^{m} n_i \bar{x}_i . \tag{5.6}$$

Wir formen nun die Quadratsumme $(n - 1) s^2 = q$ folgendermaßen um:

$$\begin{aligned} q &= \sum_{i=1}^{m} \sum_{k=1}^{n_i} (x_{ik} - \bar{x})^2 = \sum_{i=1}^{m} \sum_{k=1}^{n_i} [(x_{ik} - \bar{x}_i) + \underbrace{(\bar{x}_i - \bar{x})}_{=0}]^2 = \\ &= \sum_{i=1}^{m} \sum_{k=1}^{n_i} (x_{ik} - \bar{x}_i)^2 + \sum_{i=1}^{m} \sum_{k=1}^{n_i} (\bar{x}_i - \bar{x})^2 + 2 \sum_{i=1}^{m} \sum_{k=1}^{n_i} (x_{ik} - \bar{x}_i)(\bar{x}_i - \bar{x}) \end{aligned} \tag{5.7}$$

Der letzte Summand darin verschwindet wegen

$$\begin{aligned} \sum_{i=1}^{m} \sum_{k=1}^{n_i} (x_{ik} - \bar{x}_i)(\bar{x}_i - \bar{x}) &= \sum_{i=1}^{m} (\bar{x}_i - \bar{x}) \sum_{k=1}^{n_i} (x_{ik} - \bar{x}_i) = \\ &= \sum_{i=1}^{m} (\bar{x}_i - \bar{x}) \left[\sum_{k=1}^{n_i} x_{ik} - n_i \bar{x}_i \right] = \sum_{i=1}^{m} (\bar{x}_i - \bar{x})(n_i \bar{x}_i - n_i \bar{x}_i) = 0. \end{aligned}$$

Hiermit und wegen $\sum_{k=1}^{n_i} (\bar{x}_i - \bar{x})^2 = n_i(\bar{x}_i - \bar{x})^2$ folgt aus (5.7) durch Vertauschung der Summanden

$$q = \sum_{i=1}^{m} \sum_{k=1}^{n_i} (x_{ik} - \bar{x})^2 = \sum_{i=1}^{m} n_i(\bar{x}_i - \bar{x})^2 + \sum_{i=1}^{m} \sum_{k=1}^{n_i} (x_{ik} - \bar{x}_i)^2 = $$
$$= q_1 + q_2.$$
(5.8)

In dieser Zerlegung ist q_1 die gewichtete Summe der quadratischen Abweichungen der Gruppenmittel $\bar{x}_i$ vom Gesamtmittel $\bar{x}$, während q_2 die Summe der quadratischen Abweichungen der Stichprobenwerte von den jeweiligen Gruppenmitteln darstellt. q_1 bezeichnet man auch als *Summe der Abweichungsquadrate zwischen den Gruppen* und q_2 entsprechend *als Summe der Abweichungsquadrate innerhalb der Gruppen*.

Wir nehmen nun an, die Hypothese $H_0: \mu_1 = \mu_2 = \ldots = \mu_m = \mu$ sei richtig. Dann sind alle Zufallsvariablen X_{ik}, deren Realisierungen die Stichprobenwerte x_{ik} sind, $N(\mu; \sigma^2)$-verteilt mit gleichem μ und gleichem σ^2. Nach Voraussetzung ist x eine einfache Stichprobe vom Umfang n. Daher ist die Zufallsvariable

$$S^2 = \frac{1}{n-1} Q = \frac{1}{n-1} \sum_{i=1}^{m} \sum_{k=1}^{n_i} (X_{ik} - \bar{X})^2 \qquad (5.9)$$

nach Satz 3.1 eine erwartungstreue Schätzfunktion für die Varianz σ^2. Entsprechend sind für $i = 1, 2, \ldots, m$ die Zufallsvariablen $S_i^2 = \frac{1}{n_i - 1} \sum_{k=1}^{n_i} (X_{ik} - \bar{X}_i)^2$ erwartungstreue Schätzfunktionen für σ^2. Es gilt also

$$E\left[\sum_{k=1}^{n_i} (X_{ik} - \bar{X}_i)^2\right] = (n_i - 1)\sigma^2 \quad \text{für } i = 1, 2, \ldots, m. \qquad (5.10)$$

Wegen der Unabhängigkeit der einzelnen „Blöcke" folgt hieraus für den Erwartungswert der Zufallsvariablen $Q_2 = \sum_{i=1}^{m} \sum_{k=1}^{n_i} (X_{ik} - \bar{X}_i)^2$ die Beziehung

$$E(Q_2) = \sum_{i=1}^{m} (n_i - 1)\sigma^2 = (n - m)\sigma^2$$

Die Zufallsvariable

$$\frac{1}{n-m} Q_2 = \frac{1}{n-m} \sum_{i=1}^{m} \sum_{k=1}^{n_i} (X_{ik} - \bar{X}_i)^2$$

5.1. Einfache Varianzanalyse

ist also ebenfalls eine erwartungstreue Schätzfunktion für σ^2 und zwar auch dann, wenn die Erwartungswerte μ_i verschieden sind.

$\frac{Q}{\sigma^2}$, $\frac{Q_1}{\sigma^2}$ und $\frac{Q_2}{\sigma^2}$ sind unabhängige, Chi-Quadrat-verteilte Zufallsvariable und zwar mit $n-1$, $m-1$ bzw. $n-m$ Freiheitsgraden. Der Quotient

$$V = \frac{Q_1/(m-1)\,\sigma^2}{Q_2/(n-m)\,\sigma^2} = \frac{Q_1/(m-1)}{Q_2/(n-m)} \tag{5.11}$$

ist Fisher-verteilt mit $(m-1, n-m)$ Freiheitsgraden (Tab. 5.2). Die Zufallsvariable V wird als Testfunktion benutzt und zwar aus folgendem Grund: Sind mindestens zwei

Tabelle 5.2. Testfunktionen bei der einfachen Varianzanalyse.

Zufallsvariable	Freiheitsgrade der Chi-Quadrat-Verteilung	Quotient	Verteilung
Q	$n-1$		
$Q_1 = \sum_{i=1}^{m} n_i(\bar{X}_i - \bar{X})^2$	$m-1$	$V = \dfrac{Q_1/(m-1)}{Q_2/(n-m)}$	$F_{(m-1, n-m)}$-verteilt
$Q_2 = \sum_{i=1}^{m} \sum_{k=1}^{n_i} (X_{ik} - \bar{X}_i)^2$	$n-m$		

der Erwartungswerte μ_i verschieden, so hat dies auf die Verteilung von Q_2 keinen Einfluß, wohl aber auf die von Q_1. Mit wachsenden Differenzen der Parameter μ_i nimmt Q_1, also auch V mit größerer Wahrscheinlichkeit größere Werte an. Daher kommen wir mit dem $(1-\alpha)$-Quantil $f_{1-\alpha}$ *der* $F_{(m-1, n-m)}$-*Verteilung*, d.h. für $G(f_{1-\alpha}) = 1-\alpha$ (G = Verteilungsfunktion der $F_{(m-1, n-m)}$-Verteilung) zu der

Testentscheidung:

$$v_{\text{ber.}} = \frac{q_1/(m-1)}{q_2/(n-m)} > f_{1-\alpha} \Rightarrow H_0: \mu_1 = \mu_2 = \ldots = \mu_m \text{ ablehnen.}$$

Die Berechnung der Werte q_1 und q_2 nach (5.8) ist im allgemeinen recht mühsam. Zur Vereinfachung setzen wir zunächst

$$\sum_{i=1}^{m} x_{i\cdot} = \sum_{i=1}^{m} \sum_{k=1}^{n_i} x_{ik} = x_{\cdot\cdot}, \tag{5.12}$$

woraus

$$\bar{x} = \frac{x_{\cdot\cdot}}{n}$$

folgt (vgl. Tab. 5.1). Hiermit erhalten wir

$$q_1 = \sum_{i=1}^{m} n_i(\bar{x}_i - \bar{x})^2 = \sum_{i=1}^{m} n_i\left(\frac{x_{i\cdot}}{n_i} - \frac{x_{\cdot\cdot}}{n}\right)^2 = \sum_{i=1}^{m} n_i\left(\frac{x_{i\cdot}^2}{n_i^2} - 2\frac{x_{i\cdot}}{n_i}\cdot\frac{x_{\cdot\cdot}}{n} + \frac{x_{\cdot\cdot}^2}{n^2}\right) =$$

$$= \sum_{i=1}^{m} \frac{x_{i\cdot}^2}{n_i} - 2\frac{x_{\cdot\cdot}}{n} \sum_{i=1}^{m} x_{i\cdot} + \frac{x_{\cdot\cdot}^2}{n^2} \sum_{i=1}^{m} n_i = \sum_{i=1}^{m} \frac{x_{i\cdot}^2}{n_i} - 2\frac{x_{\cdot\cdot}^2}{n} + \frac{x_{\cdot\cdot}^2}{n} =$$

$$= \sum_{i=1}^{m} \frac{x_{i\cdot}^2}{n_i} - \frac{x_{\cdot\cdot}^2}{n}.$$

$$q = \sum_{i=1}^{m}\sum_{k=1}^{n_i} (x_{ik} - \bar{x})^2 = \sum_{i=1}^{m}\sum_{k=1}^{n_i} (x_{ik}^2 - 2\bar{x}\, x_{ik} + \bar{x}^2) =$$

$$= \sum_{i=1}^{m}\sum_{k=1}^{n_i} x_{ik}^2 - 2\bar{x}\sum_{i=1}^{m}\sum_{k=1}^{n_i} x_{ik} + n\bar{x}^2 = \sum_{i=1}^{m}\sum_{k=1}^{n_i} x_{ik}^2 - 2\bar{x}\, x_{\cdot\cdot} + n\bar{x}^2 =$$

$$= \sum_{i=1}^{m}\sum_{k=1}^{n_i} x_{ik}^2 - \frac{2x_{\cdot\cdot}^2}{n} + \frac{x_{\cdot\cdot}^2}{n} = \underbrace{\sum_{i=1}^{m}\sum_{k=1}^{n_i} x_{ik}^2 - \frac{x_{\cdot\cdot}^2}{n}}_{\text{Summe aller Stichprobenquadrate}}.$$

Daher gelten die für die praktische Rechnung nützlichen Formeln

$$\boxed{\begin{aligned} q &= \sum_{i=1}^{m}\sum_{k=1}^{n_i} x_{ik}^2 - \frac{x_{\cdot\cdot}^2}{n}\,; \\ q_1 &= \sum_{i=1}^{m} \frac{x_{i\cdot}^2}{n_i} - \frac{x_{\cdot\cdot}^2}{n}\,;\quad q_2 = q - q_1. \end{aligned}} \qquad (5.13)$$

Beispiel 5.2 (vgl. Beispiel 5.1) Für die in Beispiel 5.1 dargestellten Werte erhalten wir die in Tabelle 5.3 berechneten Größen.

Tabelle 5.3. Einfache Varianzanalyse (Durchführung)

	n_i		$x_{i\cdot}$	$x_{i\cdot}^2$	$\dfrac{x_{i\cdot}^2}{n_i}$
Placebo	5	2,2 0,3 1,1 2,0 3,4	9	81	16,2
Droge A	4	2,8 1,4 1,7 4,3	10,2	104,04	26,01
Droge B	6	1,1 4,2 3,8 2,6 0,5 4,3	16,5	272,25	45,375
	n = 15		35,7 = $x_{\cdot\cdot}$		87,585 = $\sum \dfrac{x_{i\cdot}^2}{n_i}$

5.1. Einfache Varianzanalyse

Aus $\sum_{i=1}^{m} \sum_{k=1}^{n_i} x_{ik}^2 = 111{,}67$ folgt

$$q = 111{,}67 - \frac{35{,}7^2}{15} = 26{,}704; \quad q_1 = 87{,}585 - \frac{35{,}7^2}{15} = 2{,}619; \quad q_2 = 24{,}085$$

$$v_{ber.} = \frac{2{,}619/2}{24{,}085/12} = 0{,}652.$$

Das 0,95-Quantil der $F_{(2,12)}$-Verteilung ist gleich 3,89. Wegen $v_{ber.} < 3{,}89$ kann die Behauptung des Arztes nicht mit einer Irrtumswahrscheinlichkeit von 0,05 abgelehnt werden. ♦

Häufig ist es möglich, die Stichprobenwerte x_{ik} durch Subtraktion oder Addition einer Konstanten bzw. durch Multiplikation oder Division so zu verändern, daß sich für die transformierten Werte die Berechnung von q_1 und q_2 erheblich vereinfacht. Erhält man die Quadratsummen q, q_1 und q_2 aus den Stichprobenwerten x_{ik}, dann gilt für die aus

$$\hat{x}_{ik} = a\, x_{ik} + b, \quad a, b \in \mathbb{R} \tag{5.14}$$

gewonnenen Quadratsummen $\hat{q}$, $\hat{q}_1$ und $\hat{q}_2$ die Identität

$$\hat{q} = a^2 q; \quad \hat{q}_1 = a^2 q_1; \quad \hat{q}_2 = a^2 q_2.$$

Der Beweis dieser Eigenschaft verläuft wie der von Satz 1.5. Daraus folgt unmittelbar

$$\frac{\hat{q}_1/m-1}{\hat{q}_2/n-m} = \frac{q_1/m-1}{q_2/n-m}. \tag{5.15}$$

Zur Berechnung des Quotienten $\frac{q_1/m-1}{q_2/n-m}$ braucht also keine Rücktransformation mehr vorgenommen zu werden.

Beispiel 5.3. Für ein Experiment werden 16 Versuchspersonen zufällig in 4 Gruppen zu je 4 Personen eingeteilt. Mit jeder dieser Gruppen wird derselbe Test durchgeführt, aber jeweils unter verschiedenen äußeren Bedingungen. Die von den einzelnen Personen im Test erzielte Punktzahl ist in Tabelle 5.4 notiert. Die Zufallsvariablen, welche die in den 4 Gruppen erhaltenen Punktzahlen beschreiben, seien normal-

Tabelle 5.4. Einfache Varianzanalyse (Transformation)

	Punktzahlen x_{ik}	Transformation $\hat{x}_{ik} = x_{ik} - 70$	$\hat{x}_{i\cdot}$	$\hat{x}_{i\cdot}^2$
Bedingung A	64 72 68 84	-6 2 -2 14	8	64
Bedingung B	73 61 90 88	3 -9 20 18	32	1024
Bedingung C	78 91 97 74	8 21 27 4	60	3600
Bedingung D	55 66 49 58	-15 -4 -21 -12	-52	2704
			$48 = \hat{x}_{\cdot\cdot}$	$7392 = \sum \hat{x}_{i\cdot}^2$

verteilt und besitzen alle die gleiche Varianz. Mit einer Irrtumswahrscheinlichkeit $\alpha = 0{,}05$ soll geprüft werden, ob allgemein die mittleren Testergebnisse durch diese verschiedenen Bedingungen unterschiedlich beeinflußt werden.

Aus $\sum_{i=1}^{4} \sum_{k=1}^{4} \hat{x}_{ik}^2 = 3130$ folgt

$$\hat{q} = 3130 - \frac{48^2}{16} = 2986 \; ;$$

$$\hat{q}_1 = \frac{1}{4} \sum_{i=1}^{4} \hat{x}_{i\cdot}^2 - \frac{48^2}{16} = 1704; \; \hat{q}_2 = \hat{q} - \hat{q}_1 = 1282 \; ;$$

$$v_{ber.} = \frac{\hat{q}_1/3}{\hat{q}_2/12} = 5{,}317 \; .$$

Das 0,95-Quantil der $F_{(3,12)}$-Verteilung lautet nach der Tabelle 4a im Anhang: $f_{0,95} = 3{,}49$.

Wegen $v_{ber.} > 3{,}49$ kann mit einer Irrtumswahrscheinlichkeit 0,05 die Nullhypothese abgelehnt werden, daß die verschiedenen Bedingungen auf das Testergebnis keinen Einfluß haben. ◆

5.2. Doppelte Varianzanalyse

In der doppelten Varianzanalyse soll gleichzeitig der Einfluß zweier Faktoren auf ein betrachtetes Merkmal untersucht werden. Dazu müssen die Stichprobenwerte bezüglich eines Faktors A und eines Faktors B in Gruppen eingeteilt werden. Der Einfachheit halber beschränken wir uns auf den Fall, daß in jeder der so entstandenen Gruppen genau ein Stichprobenwert enthalten ist. Zunächst betrachten wir das einfache

Beispiel 5.4 (Problemstellung). Es soll geprüft werden, ob der Wochentag oder die Arbeitsschicht einen signifikanten Einfluß auf die Produktion eines Werkes haben. Dazu sei folgende nach den beiden Faktoren A (Wochentag) und B (Arbeitsschicht) eingeteilte Stichprobe (Produktionsmenge in Tonnen) gegeben:

B A	Frühschicht	Tagesschicht	Spätschicht
Montag	285	286	283
Dienstag	286	287	292
Mittwoch	288	292	294
Donnerstag	292	293	289
Freitag	288	291	285

Wir werden auf dieses Beispiel später noch einmal zurückkommen. ◆

5.2. Doppelte Varianzanalyse

Allgemein gehen wir nun davon aus, daß eine Stichprobe x bezüglich des Faktors A in m Teilstichproben eingeteilt ist und daß jede der m Teilstichproben genau l Stichprobenelemente enthält, die bezüglich des Faktors B gruppiert sind (in Beispiel 5.4 ist m = 5 und l = 3). Die gesamte Stichprobe x besteht somit aus $m \cdot l$ Elementen

$$x_{ik}, \; i = 1, 2, \ldots m; \; k = 1, 2, \ldots, l.$$

Die Stichprobenwerte werden in dem Schema der Tabelle 5.5 übersichtlich dargestellt, wobei das Element x_{ik} in der i-ten Zeile und zugleich in der k-ten Spalte des inneren Blockes steht.

Tabelle 5.5. Doppelte Varianzanalyse

B Spaltennummer / A Zeilennummer	1	2	...	k	...	l	
1	x_{11}	x_{12}	...	x_{1k}	...	x_{1l}	$x_{1\cdot}$
2	x_{21}	x_{22}	...	x_{2k}	...	x_{2l}	$x_{2\cdot}$
.							
i	x_{i1}	x_{i2}	...	x_{ik}	...	x_{il}	$x_{i\cdot}$
.							
m	x_{m1}	x_{m2}	...	x_{mk}	...	x_{ml}	$x_{m\cdot}$
	$x_{\cdot 1}$	$x_{\cdot 2}$	...	$x_{\cdot k}$	...	$x_{\cdot l}$	$x_{\cdot\cdot}$

Für die Stichprobenwerte x_{ik} machen wir folgende

Voraussetzung: x_{ik} ist Realisierung einer $N(\mu_{ik}; \sigma^2)$-verteilten Zufallsvariablen X_{ik}, wobei die Varianz σ^2 für alle $m \cdot l$ Zufallsvariablen gleich ist. Ferner seien die Zufallsvariablen X_{ik} (stoch.) unabhängig.

Weil die Stichprobe nach zwei Faktoren unterteilt ist, können wir jetzt zwei Nullhypothesen aufstellen und zwar

$$\begin{aligned} H_0: \mu_{1k} &= \mu_{2k} = \ldots = \mu_{mk} \quad \text{für alle k;} \\ H_0^*: \mu_{i1} &= \mu_{i2} = \ldots = \mu_{il} \quad \text{für alle i.} \end{aligned} \qquad (5.16)$$

Die Nullhypothese H_0 besagt, daß der Faktor A auf den Erwartungswert keinen unterschiedlichen Einfluß hat, eine entsprechende Aussage macht H_0^* bezüglich des Faktors B. Für jedes feste k bzw. i können die Hypothesen mit Hilfe der einfachen Varianzanalyse getestet werden. Da diese Methode jedoch zeitaufwendig ist, werden wir beide Hypothesen zugleich in einem einzigen Verfahren untersuchen, wobei es naheliegend ist, die Methoden aus Abschnitt 5.1 gleichzeitig auf die Zeilen und Spalten der Tabelle 5.5 anzuwenden.

Der Umfang der gesamten Stichprobe ist gleich

$$n = m \cdot l. \tag{5.17}$$

Die i-te Zeilensumme und die k-te Spaltensumme bezeichnen wir mit

$$x_{i\cdot} = \sum_{k=1}^{l} x_{ik} \text{ bzw. mit } x_{\cdot k} = \sum_{i=1}^{m} x_{ik} \text{ für } \begin{array}{l} i = 1, \ldots, m \\ k = 1, \ldots, l. \end{array} \tag{5.18}$$

Die einzelnen Zeilen bzw. Spalten können als Teilstichproben aufgefaßt werden mit den Mittelwerten

$$\bar{x}_{i\cdot} = \frac{1}{l} x_{i\cdot} = \frac{1}{l} \sum_{k=1}^{l} x_{ik}; \; \bar{x}_{\cdot k} = \frac{1}{m} x_{\cdot k} = \frac{1}{m} \sum_{i=1}^{m} x_{ik}. \tag{5.19}$$

Nach (5.17) besitzt die gesamte Stichprobe x den Mittelwert

$$\bar{x} = \frac{1}{n} \sum_{i=1}^{m} \sum_{k=1}^{l} x_{ik} = \frac{1}{n} x_{\cdot\cdot} = \frac{x_{\cdot\cdot}}{m \cdot l}. \tag{5.20}$$

Wir zerlegen nun die Summe der Abweichungsquadrate folgendermaßen:

$$\begin{aligned} q &= \sum_{i=1}^{m} \sum_{k=1}^{l} (x_{ik} - \bar{x})^2 = \sum_{i=1}^{m} \sum_{k=1}^{l} [(\bar{x}_{i\cdot} - \bar{x}) + (\bar{x}_{\cdot k} - \bar{x}) + (x_{ik} - \bar{x}_{i\cdot} - \bar{x}_{\cdot k} + \bar{x})]^2 \\ &= \sum_{i=1}^{m} \sum_{k=1}^{l} (\bar{x}_{i\cdot} - \bar{x})^2 + \sum_{i=1}^{m} \sum_{k=1}^{l} (\bar{x}_{\cdot k} - \bar{x})^2 + \sum_{i=1}^{m} \sum_{k=1}^{l} (x_{ik} - \bar{x}_{i\cdot} - \bar{x}_{\cdot k} + \bar{x})^2 + \\ &= l \sum_{i=1}^{m} (\bar{x}_{i\cdot} - \bar{x})^2 + m \sum_{k=1}^{l} (\bar{x}_{\cdot k} - \bar{x})^2 + \sum_{i=1}^{m} \sum_{k=1}^{l} (x_{ik} - \bar{x}_{i\cdot} - \bar{x}_{\cdot k} + \bar{x})^2 + \underbrace{R}_{=0} = \\ &= q_A + q_B + q_{Rest}. \end{aligned}$$

Wie bei der einfachen Varianzanalyse läßt sich zeigen, daß R verschwindet. Der Beweis der nachstehenden Identitäten kann durch elementare Rechnung vollzogen werden.

$$\begin{aligned} q_A &= \frac{1}{l} \sum_{i=1}^{m} x_{i\cdot}^2 - \frac{x_{\cdot\cdot}^2}{n} \;; \\ q_B &= \frac{1}{m} \sum_{k=1}^{l} x_{\cdot k}^2 - \frac{x_{\cdot\cdot}^2}{n} \;; \\ q &= \sum_{i=1}^{m} \sum_{k=1}^{l} x_{ik}^2 - \frac{x_{\cdot\cdot}^2}{n} \;; \\ q_{Rest} &= q - q_A - q_B. \end{aligned} \tag{5.21}$$

5.2. Doppelte Varianzanalyse

Ist H_0 richtig, so ist $\frac{Q_A}{\sigma^2}$ eine Chi-Quadrat-verteilte Zufallsvariable mit $m - 1$ Freiheitsgraden, die von der mit $(m - 1)(l - 1)$ Freiheitsgraden Chi-Quadrat-verteilten Zufallsvariablen $\frac{Q_{Rest}}{\sigma^2}$ unabhängig ist.

Entsprechend ist $\frac{Q_B}{\sigma^2}$ Chi-Quadrat-verteilt mit $l - 1$ Freiheitsgraden. $\frac{Q_B}{\sigma^2}$ und $\frac{Q_{Rest}}{\sigma^2}$ sind (stochastisch) unabhängig, falls die Hypothese H_0^* richtig ist. Die Testfunktionen haben wir in Tabelle 5.6 zusammengestellt.

Tabelle 5.6. Testfunktionen bei der doppelten Varianzanalyse

Zufalls-variable	Anzahl der Freiheitsgrade der Chi-Quadrat-Verteilung	Quotient	Verteilung
$\frac{Q_A}{\sigma^2}$	$m - 1$, falls H_0 richtig	$V_A = \dfrac{Q_A/(m - 1)}{Q_{Rest}/[(m - 1)(l - 1)]}$	$F_{[m - 1,\,(m - 1)(l - 1)]}$
$\frac{Q_B}{\sigma^2}$	$l - 1$, falls H_0^* richtig	$V_B = \dfrac{Q_B/(l - 1)}{Q_{Rest}/[(m - 1)(l - 1)]}$	$F_{[l - 1,\,(m - 1)(l - 1)]}$
$\frac{Q_{Rest}}{\sigma^2}$	$(m - 1)(l - 1)$		

Mit dem $(1 - \alpha)$-Quantil $f_{1-\alpha}^{(A)}$ der $F_{[m - 1,\,(m - 1)(l - 1)]}$-Verteilung bzw. dem $(1 - \alpha)$-Quantil $f_{1-\alpha}^{(B)}$ der $F_{[l - 1,\,(m - 1)(l - 1)]}$-Verteilung ergibt sich somit die

Testentscheidung:

1) $v_A = \dfrac{q_A/(m - 1)}{q_{Rest}/(m - 1)(l - 1)} > f_{1-\alpha}^{(A)} \Rightarrow H_0$ ablehnen;

2) $v_B = \dfrac{q_B/(l - 1)}{q_{Rest}/(m - 1)(l - 1)} > f_{1-\alpha}^{(B)} \Rightarrow H_0^*$ ablehnen.

Zur praktischen Berechnung können hier wiederum sämtliche Stichprobenwerte vermöge $\hat{x}_{ik} = a x_{ik} + b$, $a, b \in \mathbb{R}$, $a \neq 0$, linear transformiert werden. Diese Transformation braucht vor der eigentlichen Testentscheidung nicht rückgängig gemacht zu werden.

Beispiel 5.5 (Fortsetzung von Beispiel 5.4). Wir nehmen an, daß sämtliche Stichprobenwerte aus Beispiel 5.4 (wenigstens annähernd) normalverteilt sind mit gleichen Varianzen. Durch Subtraktion der Konstanten 288 erhalten wir die einfacheren Werte in Tabelle 5.7.

Tabelle 5.7. Doppelte Varianzanalyse (Durchführung)

A \ B	Frühschicht	Tagesschicht	Spätschicht	$x_{i.}$	$x_{i.}^2$
Montag	-3	-2	-5	-10	100
Dienstag	-2	-1	4	1	1
Mittwoch	0	4	6	10	100
Donnerstag	4	5	1	10	100
Freitag	0	3	-3	0	0
$x_{.k}$	-1	9	3	$x_{..} = 11$	$301 = \Sigma x_{i.}^2$
$x_{.k}^2$	1	81	9	\multicolumn{2}{c}{$91 = \Sigma x_{.k}^2$}

Nach (5.21) ergibt sich

$$q_A = \frac{1}{3}301 - \frac{11^2}{15} = 92{,}27; \quad q_B = \frac{1}{5}91 - \frac{11^2}{15} = 10{,}13;$$

$$q = 171 - \frac{11^2}{15} = 162{,}93; \quad q_{Rest} = 60{,}53.$$

Mit (5.22) folgt hieraus

$$v_A = \frac{92{,}27/4}{60{,}53/8} = 3{,}05; \quad v_B = \frac{10{,}13/2}{60{,}53/8} = 0{,}67.$$

Das 0,95-Quantil der $F_{[4,8]}$-Verteilung lautet $f_{0,95}^{(A)} = 3{,}84$ und das der $F_{[2,8]}$-Verteilung: $f_{0,95}^{(B)} = 4{,}46$.
Wegen $v_A < f_{0,95}^{(A)}$ und $v_B < f_{0,95}^{(B)}$ kann mit einer Irrtumswahrscheinlichkeit von 0,05 nicht behauptet werden, daß der Wochentag oder die Arbeitsschicht einen signifikanten Einfluß auf die mittlere Produktionsmenge besitzt. ♦

6. Der Chi-Quadrat-Anpassungstest

Bei den bisher behandelten Parametertests wurden meistens gewisse Voraussetzungen über die Verteilungsfunktion der zugrunde liegenden Zufallsvariablen gemacht. Infolge der Grenzwertsätze aus der Wahrscheinlichkeitsrechnung kann zwar häufig angenommen werden, daß die entsprechenden Voraussetzungen wenigstens näherungsweise erfüllt sind; nachgeprüft haben wir sie jedoch nicht. So gingen wir bei vielen Beispielen auf Grund des zentralen Grenzwertsatzes (vgl. [2] 3.3) von einer Normalverteilung aus und mußten nur noch Aussagen über die beiden Parameter μ und σ^2 gewinnen, welche die Verteilungsfunktion der betrachteten Zufallsvariablen vollständig bestimmen.

In diesem Abschnitt gehen wir ganz allgemein von einer bestimmten Verteilungsfunktion F_0 aus und stellen dazu die

nichtparametrische Nullhypothese H_0: Die zugrunde liegende Zufallsvariable besitzt die Verteilungsfunktion F_0 (6.1)

auf. Ein Verfahren zur Überprüfung einer solchen nichtparametrischen Hypothese wird *Anpassungstest* oder *nichtparametrischer Test* genannt.

Naheliegend ist es, zur Testdurchführung die empirische Verteilungsfunktion $\widetilde{F}$ einer einfachen Stichprobe x zu wählen sowie eine daraus abgeleitete geeignete Testfunktion.

Wie bei den Parametertests, so muß auch hier darauf hingewiesen werden, daß die zu testende Verteilungsfunktion F_0 nicht aus einer Stichprobe abgeleitet werden darf, die schon zur Testdurchführung benutzt wird. Etwa $F_0 = \widetilde{F}$ zu setzen und dann mit $\widetilde{F}$ die Hypothese zu testen, ist nicht zulässig, da mit einem solchen Vorgehen die Nullhypothese (6.1) wohl nie abgelehnt werden kann. Wird zur Festsetzung von F_0 eine Stichprobe verwendet, muß der Test mit einer anderen Stichprobe durchgeführt werden.

Wir beginnen mit einer sehr einfachen Klasse von Anpassungstests.

6.1. Der Chi-Quadrat-Anpassungstest für die Wahrscheinlichkeiten p_1, $p_2, \ldots, p_r$ einer Polynomialverteilung

Es sei $A_1, A_2, \ldots, A_r$ eine vollständige Ereignisdisjunktion, also paarweise unvereinbare Ereignisse, von denen bei jeder Versuchsdurchführung genau eines eintreten muß (vgl. [2] 1.7.2).

Mit fest vorgegebenen Wahrscheinlichkeiten $p_1, p_2, \ldots, p_r$, d. h. $p_i > 0$ für alle i und $p_1 + p_2 + \ldots + p_r = 1$ betrachten wir die

Nullhypothese H_0: $P(A_1) = p_1; P(A_2) = p_2; \ldots; P(A_r) = p_r$. (6.2)

Die Zufallsvariable Y_i beschreibe die Anzahl derjenigen Versuche, bei denen das Ereignis A_i in einem Bernoulli-Experiment vom Umfang n eintritt. Ist die Nullhypothese H_0 richtig, so ist die Zufallsvariable Y_i binomialverteilt mit den Parametern

$$E(Y_i) = n p_i \text{ und } D^2(Y_i) = n p_i (1 - p_i), \quad i = 1, 2, \ldots, r. \quad (6.3)$$

Für große n ist Y_i näherungsweise $N(n p_i; n p_i (1 - p_i))$-verteilt. Ebenso ist

$$Z_i = \frac{Y_i - n p_i}{\sqrt{n p_i}} \quad (6.4)$$

näherungsweise normalverteilt mit

$$E(Z_i) = 0 \text{ und } D^2(Z_i) = \frac{1}{n p_i} D^2(Y_i) = (1 - p_i) \text{ für } i = 1, 2, \ldots, r. \quad (6.5)$$

Da insgesamt n Versuche durchgeführt werden, gilt die Beziehung

$$\sum_{i=1}^{r} Y_i = n.$$

Wegen $\sum_{i=1}^{r} p_i = 1$ folgt hieraus $\sum_{i=1}^{r} (Y_i - n p_i) = 0$.

Division durch $\sqrt{n}$ liefert mit (6.4) die lineare Gleichung

$$\sum_{i=1}^{r} \sqrt{p_i}\, Z_i = \sum_{i=1}^{r} \frac{Y_i - n p_i}{\sqrt{n}} = 0. \tag{6.6}$$

Die Zufallsvariable

$$\hat{\chi}^2 = \sum_{i=1}^{r} \frac{(Y_i - n p_i)^2}{n p_i} \tag{6.7}$$

heißt *Pearsonsche Testfunktion*. Sie ist für große n näherungsweise *Chi-Quadrat-verteilt mit r − 1 Freiheitsgraden*. Dabei ist die Approximation bereits dann brauchbar, wenn für sämtliche Erwartungswerte gilt

$$n p_i \geq 5 \text{ für } i = 1, 2, \ldots, r. \tag{6.8}$$

Ist diese Bedingung verletzt, so müssen von den Ereignissen A_i bestimmte zu einem neuen Ereignis vereinigt werden, bis schließlich die auf diese Weise gewonnene Ereignisdisjunktion die entsprechende Beziehung erfüllt.

Es seien $h_1, h_2, \ldots, h_r$ die absoluten Häufigkeiten der betrachteten Ereignisse $A_1, \ldots A_r$. Dann erhalten wir als Realisierung der Zufallsvariablen $\hat{\chi}^2$ den Zahlenwert

$$\hat{x}^2_{\text{ber.}} = \sum_{i=1}^{r} \frac{(h_i - n p_i)^2}{n p_i} = \sum_{i=1}^{r} \frac{h_i^2}{n p_i} - n. \tag{6.9}$$

Bei richtiger Nullhypothese H_0 wird wegen $h_i \approx n p_i$ der Zahlenwert $\hat{x}^2_{\text{ber.}}$ i.a. klein sein. Ist H_0 falsch, so werden häufig größere Abweichungen auftreten.

Zu einer vorgegebenen Irrtumswahrscheinlichkeit α bestimmen wir das $(1 - \alpha)$-*Quantil* $x^2_{1-\alpha}$ *der Chi-Quadrat-Verteilung mit r − 1 Freiheitsgraden* und gelangen damit zur

Testentscheidung:

$\hat{x}^2_{\text{ber.}} > x^2_{1-\alpha} \Rightarrow H_0$ ablehnen;

$\hat{x}^2_{\text{ber.}} \leq x^2_{1-\alpha} \Rightarrow H_0$ nicht ablehnen.

6.1. Anpassungstest für die Wahrscheinlichkeiten einer Polynomialverteilung

Beispiel 6.1. Ein Würfel werde 120-mal geworfen, wobei die einzelnen Augenzahlen mit den in Tabelle 6.1 angegebenen Häufigkeiten auftreten mögen. Man prüfe a) auf dem 95 %- b) auf dem 99 %-Signifikanzniveau, ob der Würfel unverfälscht ist.
Die Nullhypothese lautet hier $H_0 : p_1 = p_2 = p_3 = p_4 = p_5 = p_6 = \frac{1}{6}$.

Da alle p_i gleich sind, vereinfacht sich mit (6.9) die Berechnung. Es gilt nämlich

$$\hat{x}^2_{ber.} = \sum_{i=1}^{6} \frac{h_i^2}{\frac{120}{6}} - 120 = \frac{1}{20} \sum_{i=1}^{6} h_i^2 - 120 = 12{,}9.$$

Aus der Tafel 3 im Anhang erhalten wir die 0,95- bzw. 0,99-Quantile der Chi-Quadrat-Verteilung mit 5 Freiheitsgraden als $x^2_{0,95} = 11{,}07$ bzw. $x^2_{0,99} = 15{,}09$.

Wegen $\hat{x}^2_{ber.} > x^2_{0,95}$ kann die Nullhypothese (Unverfälschtheit des Würfels) zwar mit einer Irrtumswahrscheinlichkeit von 0,05, wegen $\hat{x}^2_{ber.} < x^2_{0,99}$ jedoch nicht mit einer Irrtumswahrscheinlichkeit von 0,01 abgelehnt werden.

Tabelle 6.1. Vereinfachte Rechnung bei $p_1 = p_2 = \ldots = p_r$

Augenzahl	Häufigkeit h_i	h_i^2
1	30	900
2	25	625
3	18	324
4	10	100
5	22	484
6	15	225
	n = 120	$\sum h_i^2 = 2658$

♦

Beispiel 6.2. Es sei p die Wahrscheinlichkeit dafür, daß ein einer anzahlmäßig großen Warenladung zufällig entnommenes Werkstück fehlerhaft ist. Der Ladung werden n = 100 Werkstücke zufällig entnommen, darunter mögen k fehlerhafte sein. In welchem Bereich muß k liegen, so daß mit einer Irrtumswahrscheinlichkeit a) $\alpha = 0{,}05$ b) $\alpha = 0{,}01$ die Nullhypothese $H_0 : p = 0{,}1$ abgelehnt werden kann?

Da die Warenladung aus vielen Werkstücken besteht, ist die Zufallsvariable, welche die Anzahl der fehlerhaften Stücke in der Stichprobe beschreibt, näherungsweise binomialverteilt, auch dann, wenn die Stichprobe ohne „zwischenzeitliches Zurücklegen" gezogen wird.
Mit $p_1 = 0{,}1$, $p_2 = 1 - p_1 = 0{,}9$, $r = 2$, $h_1 = k$, $h_2 = n - k$ erhalten wir den Wert

$$\hat{x}^2_{ber.} = \frac{(k-10)^2}{100 \cdot 0{,}1} + \frac{(100 - k - 100(1 - 0{,}1))^2}{100 \cdot 0{,}9} = \frac{(k-10)^2}{10} + \frac{(k-10)^2}{90} =$$

$$= (k-10)^2 \left(\frac{1}{10} + \frac{1}{90} \right) = (k-10)^2 \cdot \frac{1}{9}.$$

Mit dem $(1-\alpha)$-Quantil $x^2_{1-\alpha}$ der Chi-Quadrat-Verteilung mit einem Freiheitsgrad folgt hieraus die Ablehnungsbedingung

$$\frac{1}{9}(k-10)^2 > x^2_{1-\alpha} \text{ oder } |k-10| > 3\sqrt{x^2_{1-\alpha}}, \text{d.h.}$$

$$k < 10 - 3\sqrt{x^2_{1-\alpha}} \text{ oder } k > 10 + 3\sqrt{x^2_{1-\alpha}}.$$

a) Für $\alpha = 0{,}05$ erhalten wir $x^2_{0,95} = 3{,}84$, $\sqrt{x^2_{0,95}} = 1{,}960$ und den Ablehnungsbereich $A = \{k \mid k \leq 4 \text{ oder } k \geq 16\}$.

b) Für $\alpha = 0{,}01$ ergibt sich aus $\sqrt{x^2_{0,99}} = \sqrt{6{,}63} = 2{,}57$ der Ablehnungsbereich $A = \{k \mid k \leq 2 \text{ oder } k \geq 18\}$. ♦

Beispiel 6.3. Bei einem Experiment soll genau eines der drei möglichen paarweise unvereinbaren Ereignisse A, B und C eintreten.

Um die Nullhypothese

$$H_0: P(A) = \frac{1}{2}P(B) = \frac{1}{3}P(C)$$

mit einer Irrtumswahrscheinlichkeit $\alpha = 0{,}01$ zu testen, wurde das Experiment 600-mal durchgeführt, wobei sich folgende Häufigkeiten ergaben:

$$h_{600}(A) = 85; \quad h_{600}(B) = 185; \quad h_{600}(C) = 330.$$

Die Nullhypothese lautet: $P(B) = 2P(A)$ und $P(C) = 3P(A)$. Wegen $P(A) + P(B) + P(C) = 1$ folgt hieraus $P(A) + 2P(A) + 3P(A) = 1$, also die mit H_0 gleichwertige Hypothese: $P(A) = \frac{1}{6}$, $P(B) = \frac{2}{6}$ und $P(C) = \frac{3}{6}$. Mit $p_1 = P(A)$, $p_2 = P(B)$, $p_3 = P(C)$ erhalten wir aus (6.9)

$$\hat{x}^2_{ber.} = \frac{(85-100)^2}{100} + \frac{(185-200)^2}{200} + \frac{(330-300)^2}{300} = 6{,}375.$$

Aus der Tafel der Chi-Quadrat-Verteilung mit 2 Freiheitsgraden ergibt sich $x^2_{0,99} = 9{,}21$.

Da $\hat{x}^2_{ber.} < x^2_{0,99}$ ist, kann die Nullhypothese mit einer Irrtumswahrscheinlichkeit von $\alpha = 0{,}01$ nicht abgelehnt werden. ♦

6.2. Der Chi-Quadrat-Anpassungstest für vollständig vorgegebene Wahrscheinlichkeiten einer diskreten Zufallsvariablen

Y sei eine diskrete Zufallsvariable mit dem höchstens abzählbar unendlichem Wertevorrat $W = \{y_1, y_2, \ldots\}$. Der Wertevorrat sei bekannt, nicht jedoch die einzelnen Wahrscheinlichkeiten $P(Y = y_j), j = 1, 2, \ldots$. Aufgrund früherer Versuchsergebnisse oder infolge anderer naheliegender Eigenschaften werde die

Nullhypothese $H_0: P(Y = y_j) = q_j, j = 1, 2, \ldots$ \hfill (6.10)

aufgestellt, wobei die Werte q_j fest vorgegebene Wahrscheinlichkeiten sind (mit $\sum_j q_j = 1$).

Ist der Wertevorrat W endlich, so kann mit den Ereignissen $A_j = (Y = y_j)$ und den Wahrscheinlichkeiten $P(A_j) = q_j$ unmittelbar der in Abschnitt 6.1 beschriebene Anpassungstest übernommen werden, wobei im Falle $n q_j < 5$ gewisse Ereignisse (wie oben erwähnt) zusammenzufassen sind.

Bei abzählbar unendlichem Wertevorrat teile man W in r disjunkte Klassen W_1, $W_2, \ldots, W_r$ derart ein, daß gilt

$$W = W_1 \cup W_2 \cup \ldots \cup W_r, \; W_i W_j = \emptyset \text{ für } i \neq j;$$
$$P(Y \in W_i) = \sum_{j:\, y_j \in W_i} P(Y = y_j) = \sum_{j:\, y_j \in W_i} q_j = p_i \text{ mit } n p_i \geq 5, i = 1, \ldots, r. \quad (6.11)$$

Hierbei ist n der Umfang der Stichprobe, mit welcher die Hypothese (6.10) getestet werden soll.

Durch diese Einteilung kann vermöge $A_i = (Y \in W_i)$, $P(A_i) = p_i$ für $i = 1, 2, \ldots, r$ wieder unmittelbar der in Abschnitt 6.1 beschriebene Test übernommen werden.

6.3. Der Chi-Quadrat-Anpassungstest für eine Verteilungsfunktion F_0 einer beliebigen Zufallsvariablen

Ist Y eine stetige Zufallsvariable (oder eine allgemeine Zufallsvariable, die jedoch nicht rein diskret ist), dann soll hier die

Nullhypothese $H_0: P(Y \leq y) = F(y) = F_0(y), y \in \mathbb{R}$ \quad (6.12)

getestet werden, wobei die Verteilungsfunktion F_0 bekannt, also nicht von unbekannten Parametern abhängig ist.

Um den in Abschnitt 6.1 beschriebenen Test auch für dieses Problem anwenden zu können, ist eine Unterteilung der reellen Achse $\mathbb{R}$ in r Teilintervalle naheliegend. Durch $r - 1$ Punkte $a_1, a_2, \ldots, a_{r-1}$ mit $a_1 < a_2 < \ldots < a_{r-1}$ (Bild 6.1) entstehen die r Teilintervalle

$$R_1 = (-\infty, a_1]; R_2 = (a_1, a_2], \ldots; R_{r-1} = (a_{r-2}, a_{r-1}]; R_r = (a_{r-1}, +\infty).$$

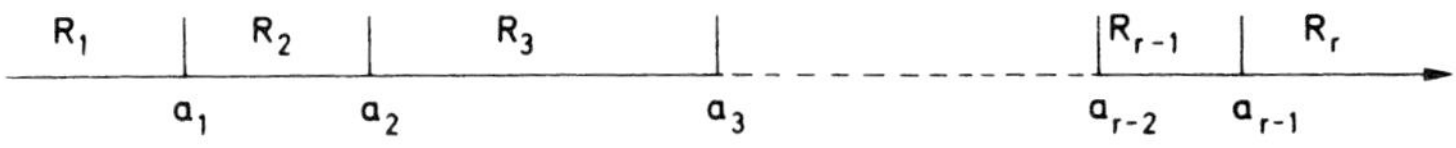

Bild 6.1. Klasseneinteilung für den Chi-Quadrat-Test

Dabei ist die Einteilung so vorzunehmen, daß mit

$$p_1 = P(Y \in R_1) = P(Y \leq a_1) = F(a_1); p_2 = P(Y \in R_2) = F(a_2) - F(a_1), \ldots$$
$$\ldots, p_{r-1} = P(Y \in R_{r-1}) = F(a_{r-1}) - F(a_{r-2}); \qquad (6.13)$$
$$p_r = P(Y \in R_r) = P(Y > a_{r-1}) = 1 - F(a_{r-1})$$

gilt $n p_i \geq 5$ für $i = 1, 2, \ldots r$.

Daher kann mit $A_i = R_i$ für $i = 1, 2, \ldots, r$ wiederum der in 6.1 beschriebene Anpassungstest übernommen werden.

6.4. Der Chi-Quadrat-Anpassungstest für eine von unbekannten Parametern abhängige Verteilungsfunktion F_0

Häufig interessiert man sich zunächst gar nicht für die exakte Form der Verteilungsfunktion, vielmehr möchte man oftmals nur wissen, ob eine (unbekannte) Verteilungsfunktion zu einer bestimmten, von Parametern abhängigen Klasse gehört. Um die Parametertests anwenden zu können, soll z. B. erst die Grundgesamtheit auf Normalverteilung geprüft werden. Die Verteilungsfunktion F_0 ist in diesem Beispiel nicht vollständig vorgegeben; sie hängt von den beiden noch unbekannten Parametern μ und σ^2 ab. Mit μ und σ^2 ist schließlich auch F_0 vollständig bekannt.

Wir nehmen an, eine zu testende Verteilungsfunktion F_0 hänge von m unbekannten Parametern $\vartheta_1, \vartheta_2, \ldots, \vartheta_m$ ab:

$$F_0 = F_0(\vartheta_1, \vartheta_2, \ldots, \vartheta_m). \qquad (6.14)$$

Dabei sei die Verteilungsfunktion durch die m Parameter vollständig bestimmt. Die Nullhypothese H_0 lautet jetzt:

H_0: Es gibt m Parameter $\vartheta_1, \vartheta_2, \ldots, \vartheta_m$ (die nicht bekannt sein müssen) mit $P(Y \leq y) = F(y) = F_0(y, \vartheta_1, \ldots, \vartheta_m)$.

Für dieses Testproblem gilt der

> **Satz 6.1**
>
> Sind $\hat\vartheta_1, \hat\vartheta_2, \ldots, \hat\vartheta_m$ aus einer einfachen Stichprobe x gewonnene Maximum-Likelihood-Schätzungen für die unbekannten Parameter $\vartheta_1, \vartheta_2, \ldots, \vartheta_m$, so ist die aus der Verteilungsfunktion $F_0(\hat\vartheta_1, \hat\vartheta_2, \ldots, \hat\vartheta_m)$ ermittelte Pearsonsche Testfunktion (6.7) asymptotisch
>
> Chi-Quadrat-verteilt mit $r - m - 1$ Freiheitsgraden.
>
> Die Anzahl der Freiheitsgrade verringert sich daher um die Anzahl der zu schätzenden Parameter.
>
> Wegen des Beweises sei auf die weiterführende Literatur verwiesen.

Aus Abschnitt 3.3 stellen wir kurz die Maximum-Likelihood-Schätzungen für die wichtigsten Klassen in Tabelle 6.2 zusammen.

6.4. Anpassungstest für eine von Parametern abhängige Verteilungsfunktion

Tabelle 6.2. Maximum-Likelihood-Schätzungen (vgl. Abschnitt 3.3).

Verteilung	unbekannte Parameter	Anzahl m	Maximum-Likelihood-Schätzungen
Binomialverteilung	$p = P(A)$	1	$\hat{p} = r_n(A)$ (relative Häufigkeit)
Polynomialverteilung	$p_i = P(A_i), i = 1,\ldots,l$	$l-1$ wegen $\sum_{i=1}^{l} p_i = 1$	$\hat{p}_i = r_n(A_i), i = 1, 2, \ldots, l$
Poisson-Verteilung	λ	1	$\hat{\lambda} = \bar{x}$
Normalverteilung	μ, σ^2	2	$\hat{\mu} = \bar{x}; \quad \hat{\sigma}^2 = \frac{1}{n}\sum_{i=1}^{n}(x_i - \bar{x})^2 = \frac{n-1}{n}s^2$

Beispiel 6.4. Man teste mit einer Irrtumswahrscheinlichkeit $\alpha = 0,05$
ob die Stichprobe

x_i^*	0	1	2	3	4
h_i	49	35	13	5	1

aus einer Poisson-verteilten Grundgesamtheit stammt.
Für die Maximum-Likelihood-Schätzung des unbekannten Parameters λ erhalten wir

$$\hat{\lambda} = \bar{x} = \frac{1}{103}(35 + 2\cdot 13 + 3\cdot 5 + 4\cdot 1) = 0,7767.$$

Aus [2] 2.3.5 folgt $p_0 = P(Y = 0) = e^{-\hat{\lambda}} = 0,4599$. Mit der Rekursionsformel

$$p_{k+1} = P(Y = k+1) = \frac{\hat{\lambda}}{k+1} p_k \text{ für } k = 1,2,\ldots$$

folgt

$$p_1 = \hat{\lambda} p_0 = 0,3572; \quad p_2 = \frac{\hat{\lambda}}{2} p_1 = 0,1387; \quad p_3 = \frac{\hat{\lambda}}{3} p_2 = 0,0359;$$

$$p_4 = \frac{\hat{\lambda}}{4} p_3 = 0,0070; \quad p_5 = 0,0011;\ldots.$$

Wegen $n\cdot p_i = 103\, p_i < 5$ für $i \geq 3$ benutzen wir die Klasseneinteilung

$$W_0 = \{0\}; W_1 = \{1\}; W_2 = \{2,3,4,\ldots\}.$$

Mit $P(Y \in W_0) = p_0$; $P(Y \in W_1) = p_1$; $P(Y \in W_2) = 1 - p_0 - p_1$; $h_0 = 49$; $h_1 = 35$ und $h_2 = 19$ folgt

$$\hat{x}^2_{ber.} = \frac{(49 - 103\cdot 0,4599)^2}{103\cdot 0,4599} + \frac{(35 - 103\cdot 0,3572)^2}{103\cdot 0,3572} + \frac{(19 - 103\cdot 0,1829)^2}{103\cdot 0,1829} = 0,1447.$$

Da ein Parameter geschätzt wurde, besitzt die entsprechende Chi-Quadrat-Verteilung einen Freiheitsgrad mit dem 0,95-Quantil 3,84. Wegen $\hat{x}^2_{ber.} < x^2_{0,95}$ kann die Hypothese, daß die Stichprobe aus einer Poisson-verteilten Grundgesamtheit stammt, nicht abgelehnt werden. ♦

Beispiel 6.5 (vgl. Beispiele 1.3, 1.7 und 1.16). Man teste mit einer Irrtumswahrscheinlichkeit $\alpha = 0,05$, ob die in Tabelle 1.3 enthaltenen Brutto-Monatsverdienste einer annähernd normalverteilten Grundgesamtheit entstammen.
Für die Stichproben der Klassenmitten gilt nach Beispiel 1.7 und 1.16
$\bar{x} = 1259,17$ und $s_x^2 = 40503,5$.
Mit $n = 120$ erhalten wir die Maximum-Likelihood-Schätzungen $\hat{\mu} = 1259,17$ und $\hat{\sigma}^2 = \frac{119}{120} 40503,5 = 40165,97$.
In der Tabelle 6.3 ist die praktische Berechnung von $\hat{x}^2_{ber.}$ mit Hilfe der Standardisierung auf die $N(0;1)$-Verteilung durchgeführt. Wegen $nq_1, nq_2, nq_3, nq_{10}, nq_{11} < 5$ müssen Klassen zusammengefaßt werden.

6.4. Anpassungstest für eine von Parametern abhängige Verteilungsfunktion

Tabelle 6.3. Praktische Durchführung des Chi-Quadrat-Tests bei vorgegebener Klasseneinteilung

Klasseneinteilung a_i	Standardisierung $a_i^* = \dfrac{a_i - 1259{,}17}{200{,}41}$	$\Phi(a_i^*)$ (linker Rand)	$q_i = \Phi(a_i^*) - \Phi(a_{i-1}^*)$	Zusammen-fassung p_i	$n \cdot p_i$	h_i	$\dfrac{(h_i - n \cdot p_i)^2}{n\, p_i}$
$-\infty \ldots\ 800$	$-\infty \ldots -2{,}29$	0	0,0110 ⎫				
800 … 900	$-2{,}29 \ldots -1{,}79$	0,0110	0,0257 ⎬ 0,0985	0,0985	11,82	12	0,0027
900 … 1000	$-1{,}79 \ldots -1{,}29$	0,0367	0,0618 ⎭	0,1163	13,956	12	0,2741
1000 … 1100	$-1{,}29 \ldots -0{,}79$	0,0985	0,1163	0,1711	20,532	22	0,1050
1100 … 1200	$-0{,}79 \ldots -0{,}30$	0,2148	0,1711	0,1934	23,208	27	0,6200
1200 … 1300	$-0{,}30 \ldots +0{,}20$	0,3859	0,1934	0,1787	21,444	19	0,2785
1300 … 1400	$+0{,}20 \ldots\ 0{,}70$	0,5793	0,1787	0,1269	15,228	14	0,0990
1400 … 1500	$0{,}70 \ldots\ 1{,}20$	0,7580	0,1269	0,0705	8,46	7	0,2520
1500 … 1600	$1{,}20 \ldots\ 1{,}70$	0,8849	0,0705 ⎫				
1600 … 1700	$1{,}70 \ldots\ 2{,}20$	0,9554	0,0307 ⎬ 0,0446	5,352	7	0,5074	
1700 … ∞	$2{,}20 \ldots\ \infty$	0,9861	0,0139 ⎭				
		1,0000					
			$\sum q_i = 1{,}0000$	$\sum p_i = 1$		$n = 120$	$\hat{\chi}^2_{\text{ber.}} = 2{,}1387$

111

Mit Hilfe der Maximum-Likelihood-Methode wurden zwei Parameter geschätzt. Ferner wurden 8 Klassen benutzt. Somit besitzt die Chi-Quadrat-verteilte Testgröße 5 Freiheitsgrade und das 0,95-Quantil 11,07.

Wegen $\hat{\chi}^2_{\text{ber.}} < 11{,}07$ kann die Hypothese, daß die Stichprobe aus einer normalverteilten Grundgesamtheit stammt, mit einer Irrtumswahrscheinlichkeit $\alpha = 0{,}05$ nicht abgelehnt werden. ♦

7. Verteilungsfunktion und empirische Verteilungsfunktion. Der Kolmogoroff-Smirnov-Test

7.1. Verteilungsfunktion und empirische Verteilungsfunktion

In Abschnitt 1.1 wurden zu einer vorgegebenen Stichprobe $(x_1, x_2, \ldots, x_n)$ die Funktionswerte $\widetilde{F}_n(x)$ der empirischen Verteilungsfunktion $\widetilde{F}_n$ definiert als die relative Häufigkeit derjenigen Stichprobenwerte, die kleiner oder höchstens gleich x sind. Es sei $(x_1, x_2, \ldots, x_n)$ eine einfache Stichprobe, d. h. die Stichprobenwerte x_i sind Realisierungen von (stochastisch) unabhängigen Zufallsvariablen X_i für $i = 1, 2, \ldots, n$, welche alle die gleiche Verteilungsfunktion F besitzen. Dann ist für jedes fest vorgegebene $x \in \mathbb{R}$ der Funktionswert $\widetilde{F}_n(x)$ Realisierung einer Zufallsvariablen

$$F_n(x) = F_n(X_1, X_2, \ldots, X_n; x), \quad (7.1)$$

die von den Zufallsvariablen $X_1, \ldots, X_n$ und dem Parameter x abhängt. Die Zufallsvariable $F_n(x)$ kann höchstens die Werte $0, \frac{1}{n}, \frac{2}{n}, \ldots, \frac{n-1}{n}, 1$ annehmen. Für die Verteilung der diskreten Zufallsvariablen F_n zeigen wir die folgenden beiden Sätze.

Satz 7.1

Die Zufallsvariablen $X_1, \ldots, X_n$ seien (stochastisch) unabhängig und mögen alle die gleiche Verteilungsfunktion F besitzen. Für festes x sei der Funktionswert $\widetilde{F}_n(x)$ der empirischen Verteilungsfunktion Realisierung der Zufallsvariablen $F_n(x) = F_n(X_1, \ldots, X_n; x)$. Dann gilt

$$P(F_n(x) = \tfrac{k}{n}) = \binom{n}{k} [F(x)]^k [1 - F(x)]^{n-k} \text{ für } k = 0, 1, \ldots, n. \quad (7.2)$$

Beweis: Für jede der Zufallsvariablen X_i gilt $P(X_i \leq x) = F(x) = p$. Das Ereignis $(F_n(x) = \tfrac{k}{n})$ tritt dann und nur dann ein, wenn genau k der (stochastisch) unabhängigen Zufallsvariablen $X_1, X_2, \ldots, X_n$ Werte annehmen, die nicht größer als x sind.

7.1. Verteilungsfunktion und empirische Verteilungsfunktion

Ein Teilereignis von $(F_n(x) = \frac{k}{n})$ ist z. B. das Ereignis $(X_1 \leq x, X_2 \leq x, \ldots, X_k \leq x, X_{k+1} > x, \ldots, X_n > x)$ mit der Wahrscheinlichkeit $p^k (1-p)^{n-k}$. Aus den n vorliegenden Zufallsvariablen kann man nun auf $\binom{n}{k}$ verschiedene Arten genau k Zufallsvariablen mit Werten $\leq x$ auswählen, während die Werte der restlichen $n-k$ Zufallsvariablen $> x$ sind. Wegen der vorausgesetzten (stochastischen) Unabhängigkeit der Zufallsvariablen gilt folglich

$$P(F_n(x) = \tfrac{k}{n}) = \binom{n}{k} p^k (1-p)^{n-k} \text{ mit } F(x) = p. \qquad\blacksquare$$

Satz 7.2

Unter den Voraussetzungen des Satzes 7.1 gelten für die Zufallsvariable $F_n(x)$ folgende Eigenschaften:

a) $E(F_n(x)) = F(x)$;

b) $D^2(F_n(x)) = \dfrac{F(x)[1 - F(x)]}{n}$;

c) $\lim\limits_{n \to \infty} P(|F_n(x) - F(x)| > \epsilon) = 0$ für jedes $\epsilon > 0$.

Beweis: Die Zufallsvariable $n F_n(x)$ ist wegen (7.2) binomialverteilt mit den Parametern n und $p = F(x)$. Sie besitzt den Erwartungswert np und die Varianz $np(1-p)$. Daraus folgt

$$E(F_n(x)) = \tfrac{1}{n} E(n F_n(x)) = p \text{ sowie } D^2(F_n(x)) = \tfrac{1}{n^2} D^2(n F_n(x)) = \frac{p(1-p)}{n},$$

also a) und b).

Aus der Tschebyscheffschen Ungleichung (vgl. [2] 3.1) erhalten wir für jedes $\epsilon > 0$ die Abschätzung

$$P(|F_n(x) - E(F_n(x))| > \epsilon) = P(|F_n(x) - F(x)| > \epsilon) \leq \frac{F(x)[1 - F(x)]}{\epsilon^2 \cdot n}$$

Grenzübergang $n \to \infty$ liefert schließlich die Behauptung c). $\qquad\blacksquare$

Für jedes $x \in \mathbb{R}$ ist nach Satz 2 die Zufallsvariable $F_n(x) = F_n(X_1, \ldots, X_n; x)$ eine erwartungstreue und konsistente Schätzfunktion des Funktionswertes $F(x)$ (vgl. [3] 2.1 und 3.2.2). Daher wird man mit großem n und festem $x \in \mathbb{R}$ in

$$\boxed{\widetilde{F}_n(x) \approx F(x)} \qquad (7.3)$$

i. a. eine recht brauchbare Näherung (Schätzwert) für einen unbekannten Funktionswert $F(x)$ finden.

Die Approximation in (7.3) ist sogar gleichmäßig gut für alle $x \in \mathbb{R}$. Nach dem Satz von Gliwenko (vgl. [10] 10.10) ist nämlich die Wahrscheinlichkeit dafür, daß die Folge $\{F_n(x), n = 1, 2, \ldots\}$ von Zufallsvariablen für $n \to \infty$ gleichmäßig bezüglich $x (-\infty < x < \infty)$ gegen $F(x)$ konvergiert, gleich 1.

Damit erhält man bei großem n in

$$\widetilde{F}_n \approx F_n \tag{7.4}$$

i. a. eine gute Näherung für eine unbekannte Verteilungsfunktion.

7.2. Das Wahrscheinlichkeitsnetz

In einem kartesischen Koordinatensystem mit jeweils gleichmäßiger Skaleneinteilung auf der Abszissen- und Ordinatenachse stellt die Verteilungsfunktion Φ einer $N(0;1)$-verteilten Zufallsvariablen eine S-förmige Kurve dar (Bild 7.1). Zum besseren und einfacheren Zeichnen dieser Kurve wählen wir im sog. Wahrscheinlichkeitsnetz die Ordinateneinteilung so, daß Φ dort als Gerade erscheint.

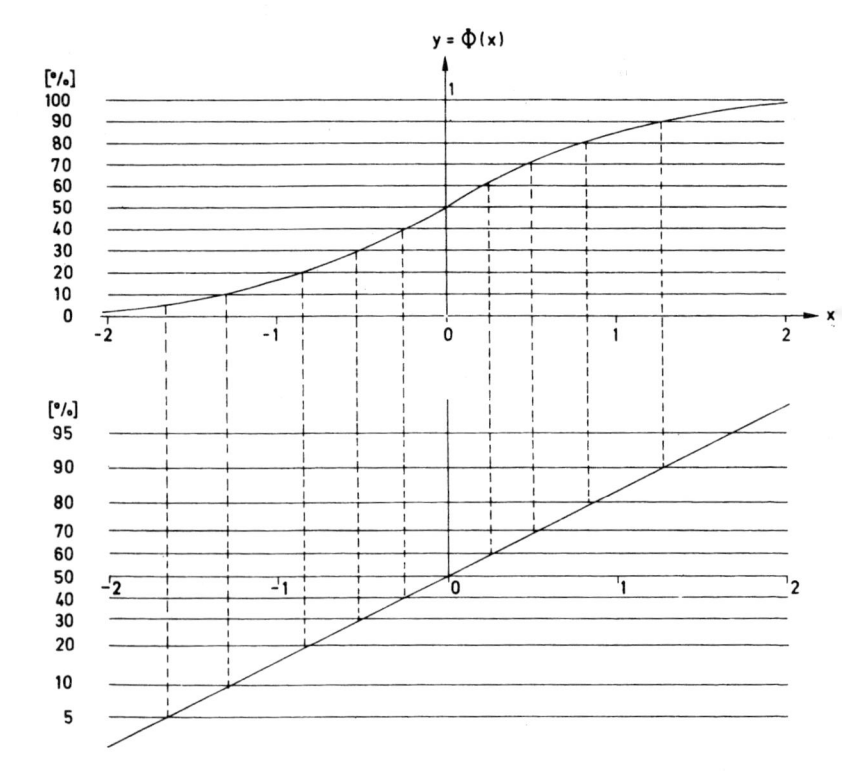

Bild 7.1. Konstruktion des Wahrscheinlichkeitsnetzes

7.2. Das Wahrscheinlichkeitsnetz

Die Einteilung auf der Ordinatenachse ist dann nicht mehr äquidistant. Dort werden auch nicht die Funktionswerte selbst, sondern ihre Werte in Prozenten eingetragen, wobei der Linie $\Phi(x) = y$ die $100 \cdot y$ %-Linie entspricht. In Bild 7.1 ist durch Vorgabe der 50 %- und der 90 %-Linie das Wahrscheinlichkeitsnetz aus der Verteilungsfunktion Φ im kartesischen Koordinatensystem skizziert. Die Ordinatenabstände nehmen von der 50 %-Linie jeweils nach oben und unten hin zu. Die 0 %- und die 100 %-Linien können nicht mehr dargestellt werden, da sie wegen $\Phi(-\infty) = 0$, $\Phi(+\infty) = 1$ die Ordinatenwerte $-\infty$ bzw. $+\infty$ besitzen.

Im Wahrscheinlichkeitsnetz ist also die Abszissenachse äquidistant unterteilt, während auf der Ordinatenachse zur Skaleneinteilung die zu $y = \Phi(v)$ inverse Funktion $v = \Phi^{-1}(y)$ benutzt wird. Dabei kann der Maßstab auf der Abszissenachse beliebig gewählt werden.

Die Verteilungsfunktion $F(x) = \Phi(\frac{x-\mu}{\sigma})$ einer $N(\mu; \sigma^2)$-verteilten Zufallsvariablen besitzt im Wahrscheinlichkeitsnetz die Darstellung

$$v = \Phi^{-1}(y) = \Phi^{-1} \Phi\left(\frac{x-\mu}{\sigma}\right) = \frac{x-\mu}{\sigma}. \tag{7.5}$$

Dies ist aber die Gleichung einer Geraden mit der Steigung $\frac{1}{\sigma}$. Diese Gerade schneidet die 50 %-Linie an der Stelle $x = \mu$. Für $x = \mu + \sigma$, d.h. $\frac{x-\mu}{\sigma} = 1$ gilt

$$\Phi\left(\frac{x-\mu}{\sigma}\right) = \Phi(1) = 0{,}8413.$$

Über dem Abszissenwert $x = \mu + \sigma$ schneidet die Gerade die 84,13 %-Linie, die 15,87 %-Linie wegen der Symmetrie zur 50 %-Linie für $x = \mu - \sigma$. Daher können aus der Geraden F die Parameter μ und σ bestimmt werden (Bild 7.2).

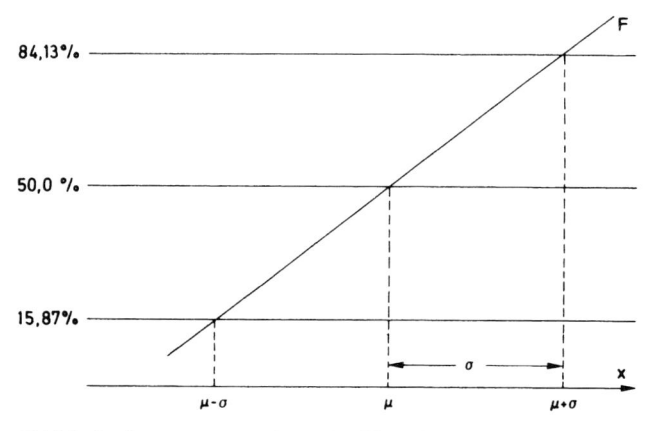

Bild 7.2. Bestimmung von μ und σ aus dem Wahrscheinlichkeitsnetz

Ist $\widetilde{F}_n$ die empirische Verteilungsfunktion einer aus einer normalverteilten Grundgesamtheit entnommenen Stichprobe, so liegt $\widetilde{F}_n$ für große n nach dem Satz von Gliwenko meistens in der Nähe der Verteilungsfunktion F. Im Wahrscheinlichkeitsnetz stellt dann $\widetilde{F}_n$ ungefähr eine Gerade dar.

Diese Tatsache benutzt man zur *Prüfung auf Normalverteilung* mit Hilfe des Wahrscheinlichkeitsnetzes:

Läßt sich durch die Funktionswerte von $\widetilde{F}_n$ an den Sprungstellen eine Gerade legen, der sich diese Punkte gut anpassen, so entscheidet man sich für die Normalverteilung. Gleichzeitig lassen sich nach Bild 7.2 aus dieser Geraden Näherungswerte für μ und σ gewinnen. Dieses Verfahren ist allerdings nur ein grobes Näherungsverfahren, da man i. a. näherungsweise mehrere Geraden durch die Punkte legen kann. Ferner muß dabei nach Augenmaß entschieden werden, ob die Approximation tatsächlich gut ist. Im Zweifelsfalle sollte man daher außerdem noch den Chi-Quadrat-Test anwenden.

Beispiel 7.1. Man prüfe mit Hilfe des Wahrscheinlichkeitsnetzes, ob die Stichprobe in Tabelle 7.1 aus einer normalverteilten Grundgesamtheit stammt. Ferner bestimme man Näherungswerte für μ und σ.

In Bild 7.3 sind die in Tabelle 7.1 berechneten prozentualen Summenhäufigkeiten eingezeichnet, die ungefähr auf einer Geraden liegen. Daraus liest man die Näherungswerte

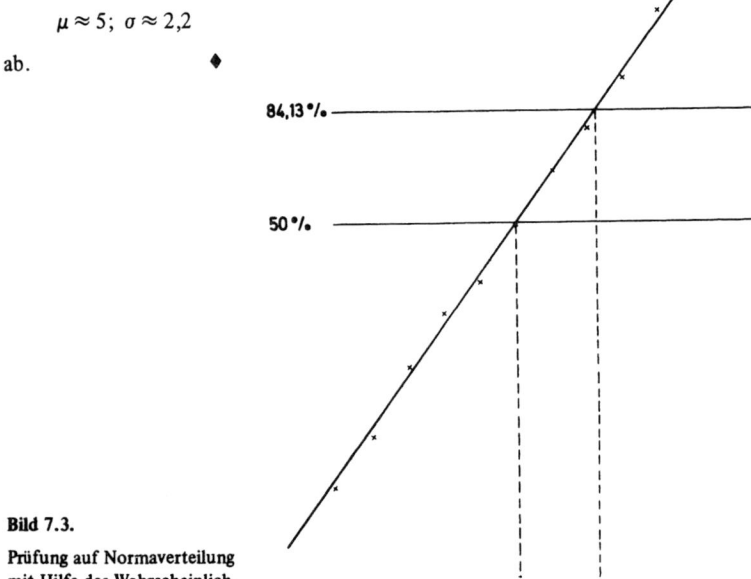

$\mu \approx 5; \sigma \approx 2,2$

ab. ♦

Bild 7.3.
Prüfung auf Normaverteilung mit Hilfe des Wahrscheinlichkeitsnetzes (zu Beispiel 7.1)

Tabelle 7.1. Praktische Berechnung (Beispiel 7.1)

x_i^*	h_i	prozentuale Häufigkeit	prozentuale Summenhäufigkeit
0	2	1	1
1	4	2	3
2	14	7	10
3	22	11	21
4	18	9	30
5	40	20	50
6	36	18	68
7	24	12	80
8	20	10	90
9	14	7	97
10	6	3	100
	n = 200		

7.3. Der Kolmogoroff-Smirnoff-Test

Für die maximalen Abweichungen der Zufallsvariablen $F_n(x)$ von $F(x)$ bzw. für deren kleinste oberen Schranken $\sup_x |F_n(x) - F(x)|$ gilt im stetigen Fall der

Satz 7.3

Unter den Voraussetzungen von Satz 7.1 gilt für eine stetige Verteilungsfunktion F

$$\lim_{n \to \infty} P(\sqrt{n} \sup_x |F_n(x) - F(x)| < \lambda) = Q(\lambda) = \begin{cases} 0 \text{ für } \lambda \leq 0 \\ \sum_{k=-\infty}^{+\infty} (-1)^k e^{-2 k^2 \lambda^2} \text{ für } \lambda > 0. \end{cases}$$
(7.6)

Zum Beweis von Satz 7.3 sei auf die weiterführende Literatur verwiesen. Bemerkenswert in Satz 7.3 ist die Tatsache, daß die rechte Seite in (7.6) unabhängig von der Verteilungsfunktion F ist. Die einzige Forderung an F besteht in der Stetigkeit.
Die Näherungsformel

$$P(\sqrt{n} \sup_x |F_n(x) - F(x)| < \lambda) \approx Q(\lambda) \tag{7.7}$$

ist bereits für $n \geq 35$ recht gut brauchbar. Da $Q(\lambda)$ für Tests benutzt wird, geben wir in Tabelle 7.2 einige Quantile für diese Verteilung an.

Tabelle 7.2. Quantile der Kolmogoroff-Smirnoffschen Verteilung

$Q(\lambda)$	0,8	0,85	0,90	0,95	0,975	0,99	0,999
λ	1,07	1,14	1,22	1,36	1,48	1,63	1,95

$Q(\lambda)$ aus (7.7) ist Testfunktion für den im folgenden erläuterten *Kolmogoroff-Smirnoff-Test*.

In diesem Test betrachtet man die

Hypothese: Die Verteilungsfunktion der stetigen Grundgesamtheit ist gleich einer fest vorgegebenen Funktion $F(x)$.

Ist die Hypothese richtig, so gilt (7.7). Daher läßt sich bei diesem Test die Testfunktion

$$D = \sqrt{n} \sup_{x} |F_n(x) - F(x)| \qquad (7.8)$$

benutzen.

Testdurchführung

1. Zu einer vorgegebenen Irrtumswahrscheinlichkeit α lese man aus der Tafel (Tabelle 7.2) das $(1-\alpha)$-Quantil c ab mit

$$Q(c) \approx 1 - \alpha. \qquad (7.9)$$

2. Für eine einfache Stichprobe $(x_1, x_2, \ldots, x_n)$ vom Umfang n bestimme man die empirische Verteilungsfunktion $\widetilde{F}_n$. Ist x_i^* Sprungstelle der Treppenfunktion $\widetilde{F}_n$, so sind nach Bild 7.4 die Beträge

$$d_i^{(1)} = |\widetilde{F}_n(x_i^*) - F(x_i^*)|,$$

$$d_i^{(2)} = |\widetilde{F}_n(x_{i-1}^*) - F(x_i^*)|$$

zu berechnen.

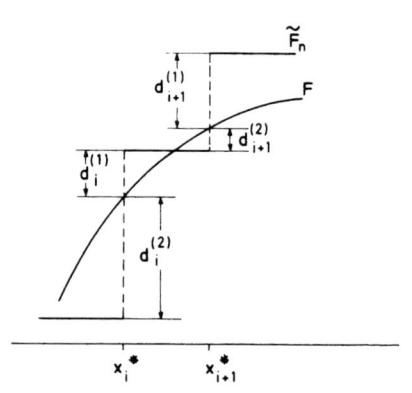

Bild 7.4.

Von diesen Beträgen ermittle man das Maximum, d. h.

$$d = \max_{i} (d_i^{(1)}, d_i^{(2)}). \qquad (7.10)$$

Testentscheidung: Im Falle $\sqrt{n}\, d > c$ wird die Hypothese verworfen, im Falle $\sqrt{n}\, d \leq c$ dagegen nicht.

Beispiel 7.2 (Test auf Gleichverteilung). Man teste, ob die in Tabelle 7.3 dargestellte Stichprobe vom Umfang 50 einer im Intervall [0; 10] gleichmäßig verteilten Grundgesamtheit entstammt.

7.3. Der Kolmogoroff-Smirnoff-Test

Tabelle 7.3. Praktische Rechnung beim Kolmogoroff-Smirnoff-Test (Beispiel 7.2)

x_i	$\widetilde{F}_{50}(x_i)$	$F(x_i)$	$d_i^{(1)}$	$d_i^{(2)}$	
0,1	0,02	0,01	0,01	0,01	
0,2	0,04	0,02	0,02	0,00	
0,4	0,06	0,04	0,02	0,00	
0,5	0,08	0,05	0,03	0,01	
0,6	0,10	0,06	0,04	0,02	
0,8	0,12	0,08	0,04	0,02	
1,3	0,14	0,13	0,01	0,01	
1,6	0,16	0,16	0,00	0,02	
1,7	0,18	0,17	0,01	0,01	
1,8	0,20	0,18	0,02	0,00	
2,3	0,22	0,23	0,01	0,03	
2,4	0,24	0,24	0,00	0,02	
2,5	0,26	0,25	0,01	0,01	
2,8	0,28	0,28	0,00	0,02	
2,9	0,30	0,29	0,01	0,01	
3,0	0,32	0,30	0,02	0,00	
3,2	0,34	0,32	0,02	0,00	
3,3	0,36	0,33	0,03	0,01	
4,1	0,38	0,41	0,03	0,05	
4,4	0,40	0,44	0,04	0,06	
4,5	0,42	0,45	0,03	0,05	
4,8	0,44	0,48	0,04	0,06	} maximale
5,0	0,46	0,50	0,04	0,06	} Abweichung
5,1	0,48	0,51	0,03	0,05	
5,3					
5,3	0,52	0,53	0,01	0,05	
5,4					
5,4	0,56	0,54	0,02	0,02	
6,0	0,58	0,60	0,02	0,04	
6,2	0,60	0,62	0,02	0,04	
6,6	0,62	0,66	0,04	0,06	
6,7	0,64	0,67	0,03	0,05	
6,9	0,66	0,69	0,03	0,05	
7,1	0,68	0,71	0,03	0,05	
7,2	0,70	0,72	0,02	0,04	
7,3					
7,3	0,74	0,73	0,01	0,03	
7,5	0,76	0,75	0,01	0,01	
7,8	0,78	0,78	0,00	0,02	
7,9	0,80	0,79	0,01	0,01	
8,0					
8,0	0,84	0,80	0,04	0,00	
8,1	0,86	0,81	0,05	0,03	
8,3	0,88	0,83	0,03	0,03	
8,8	0,90	0,88	0,02	0,00	
9,0	0,92	0,90	0,02	0,00	
9,1	0,94	0,91	0,03	0,01	
9,4					
9,4	0,98	0,94	0,04	0,00	
9,8	1,00	0,98	0,02	0,00	

Eine in [0; 10] gleichmäßig verteilte Zufallsvariable besitzt nach [2] 2.5.1 die Verteilungsfunktion $F(x) = 0{,}1 \cdot x$ für $0 \leq x \leq 1$. Wir erhalten $\sqrt{n}\, d = \sqrt{50} \cdot 0{,}06 = 0{,}42$. Dieser Wert ist nicht größer als das 0,8-Quantil 1,07 der Kolmogoroff-Smirnoffschen Verteilung. Daher kann mit einer Irrtumswahrscheinlichkeit von $\alpha = 0{,}2$ nicht behauptet werden, die Stichprobe entstamme keiner in [0; 10] gleichmäßig verteilten Grundgesamtheit. ♦

Bemerkung: Beim Kolmogoroff-Smirnoff-Test dürfen keine unbekannten Parameter der Verteilungsfunktion geschätzt werden. Durch eine solche Schätzung würde nämlich die Irrtumswahrscheinlichkeit α erheblich vergrößert. Falls die Verteilungsfunktion unbekannte Parameter enthält, sollte der Chi-Quadrat-Anpassungstest benutzt werden.

B. Zweidimensionale Darstellungen

Im ersten Teil dieses Buches haben wir Untersuchungen nur für ein einziges Merkmal durchgeführt. Die Stichprobenwerte x_i einer eindimensionalen Stichprobe x aus Kapitel 1 waren stets reelle Zahlen. Entsprechend waren die in der beurteilenden Statistik eines Merkmals benutzten Zufallsvariablen eindimensional. In diesem zweiten Teil berücksichtigen wir gleichzeitig zwei Merkmale.

8. Zweidimensionale Stichproben

Wir beginnen mit dem einführenden

Beispiel 8.1. Die von 10 (zufällig ausgewählten) Personen ermittelten Daten über Körpergröße und Gewicht sind nachstehend tabelliert.

Person	1	2	3	4	5	6	7	8	9	10
Körpergröße (cm)	170	165	173	180	161	168	171	176	169	179
Körpergewicht (kg)	75	60	64	79	62	76	71	72	65	85

Faßt man die beiden Meßwerte der i-ten Person als *Zahlenpaar* (x_i, y_i) auf, wobei die Komponente x_i die Körpergröße und y_i das Gewicht der i-ten Person darstellt, so entsteht die Urliste

$$(170;75), (165;60), (173;64), (180;79), (161;62), (168;76), (171;71), \\ (176;72); (169;65), (179;85). \tag{8.1}$$

Diese Zahlenpaare lassen sich als Punkte in einem kartesischen Koordinatensystem darstellen, wenn auf der Abszissenachse die Werte x_i und auf der Ordinatenachse die Werte y_i abgetragen werden (Bild 8.1). ♦

In Analogie zum eindimensionalen Fall bringen wir die

Definition 8.1. Gegeben seien n Paare $(x_1, y_1), (x_2, y_2), \ldots, (x_n, y_n)$ von Zahlenwerten, die an n Individuen bezüglich zweier Merkmale ermittelt wurden. Dann heißt

$$(x, y) = ((x_1, y_1), (x_2, y_2), \ldots, (x_n, y_n)) \tag{8.2}$$

eine *zweidimensionale Stichprobe* vom Umfang n. Sind die Zahlenpaare (x_i, y_i), $i = 1, \ldots, n$ unabhängige Realisierungen einer zweidimensionalen Zufallsvariablen (X, Y) (vgl. [2] 2.2.5 und 2.4.3), so nennt man (x, y) eine *einfache* zweidimensionale Stichprobe.

Falls die beiden Merkmale diskret sind mit den endlich vielen möglichen Merkmalwerten $x_1^*, x_2^*, \ldots, x_m^*$ bzw. $y_1^*, y_2^*, \ldots, y_r^*$, dann können in einer Stichprobe (x, y) die $m \cdot r$ Stichprobenwerte $(x_i^*, y_k^*), i = 1, 2, \ldots, m; k = 1, 2, \ldots, r$ vorkommen.

Bild 8.1.

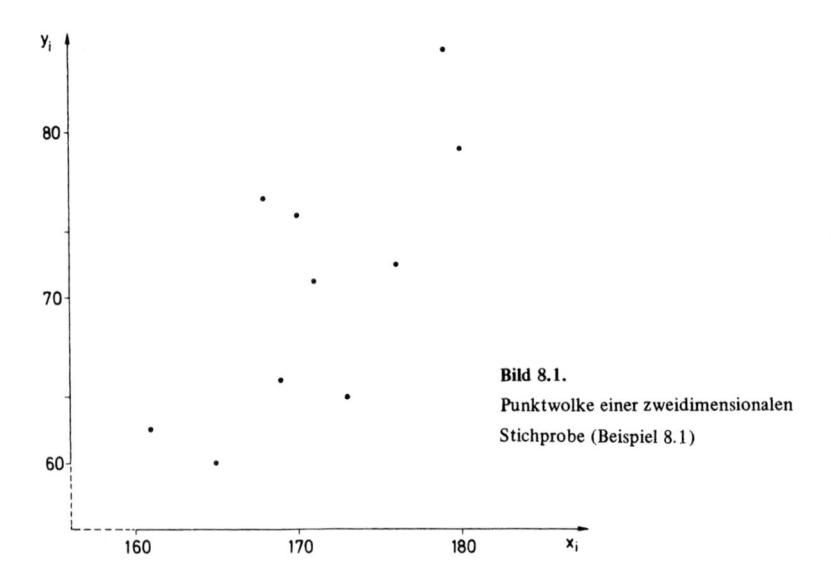

Punktwolke einer zweidimensionalen Stichprobe (Beispiel 8.1)

Die *absolute Häufigkeit* des Merkmalpaares (x_i^*, y_k^*) bezeichnen wir mit $h_{ik} = h(x_i^*, y_k^*)$, seine *relative Häufigkeit* mit $r_{ik} = \frac{h_{ik}}{n}$ für $i = 1, 2, \ldots, m$; $k = 1, 2, \ldots, r$. Dabei gilt natürlich

$$\sum_{i=1}^{m} \sum_{k=1}^{r} h_{ik} = n; \quad \sum_{i=1}^{m} \sum_{k=1}^{r} r_{ik} = 1. \tag{8.3}$$

Die absoluten (bzw. relativen) Häufigkeiten lassen sich in einem Matrixschema (Tabelle 8.1) übersichtlich anordnen.

Tabelle 8.1. Häufigkeitstabelle einer zweidimensionalen Stichprobe

	y_1^*	y_2^*	...	y_k^*	...	y_r^*	
x_1^*	h_{11}	h_{12}	...	h_{1k}	...	h_{1r}	$h_{1\cdot}$
x_2^*	h_{21}	h_{22}	...	h_{2k}	...	h_{2r}	$h_{2\cdot}$
.							...
x_i^*	h_{i1}	h_{i2}	...	h_{ik}	...	h_{ir}	$h_{i\cdot}$
.							...
x_m^*	h_{m1}	h_{m2}	...	h_{mk}	...	h_{mr}	$h_{m\cdot}$
	$h_{\cdot 1}$	$h_{\cdot 2}$	...	$h_{\cdot k}$	...	$h_{\cdot r}$	$h_{\cdot\cdot} = n$

8. Zweidimensionale Stichproben

Die ersten bzw. zweiten Komponenten der zweidimensionalen Stichprobe (x, y) liefern die eindimensionalen Stichproben

$$x = (x_1, x_2, \ldots, x_n); \quad y = (y_1, y_2, \ldots, y_n). \tag{8.4}$$

Im diskreten Fall erhält man die absolute Häufigkeit des Merkmalwertes x_i^* als Summe aller Häufigkeiten h_{ik} der i-ten Zeile, es gilt also

$$h_{i\cdot} = h(x_i^*) = \sum_{k=1}^{r} h_{ik} \quad \text{für } i = 1, 2, \ldots, m. \tag{8.5}$$

Entsprechend ist die absolute Häufigkeit des Merkmalwertes y_k^* gleich der k-ten Spaltensumme

$$h_{\cdot k} = h(y_k^*) = \sum_{i=1}^{m} h_{ik} \quad \text{für } k = 1, 2, \ldots, r. \tag{8.6}$$

Diese sog. *Randhäufigkeiten* sind ebenfalls in Tabelle 8.1 aufgeführt.

Da die Summe über alle Häufigkeiten gleich n ist, gilt

$$h_{\cdot\cdot} = \sum_{k=1}^{r} h_{\cdot k} = \sum_{i=1}^{m} h_{i\cdot} = \sum_{i=1}^{m} \sum_{k=1}^{r} h_{ik} = n. \tag{8.7}$$

Diese Eigenschaft dient zur Rechenkontrolle.

Beispiel 8.2. Die Tabelle 8.2 enthält die Häufigkeiten der einzelnen Mathematik- und Deutschzensuren von 90 zufällig ausgewählten Abiturienten.

Tabelle 8.2

		Mathematikzensur					Zeilensummen
		1	2	3	4	5	$h_{\cdot k}$
Deutschzensur	5	0	0	2	1	0	3
	4	0	3	11	12	1	27
	3	2	10	15	6	3	36
	2	3	7	6	2	0	18
	1	1	4	1	0	0	6
Spalten-summen $h_{i\cdot}$		6	24	35	21	4	90 = n

In Bild 8.2 sind diese Häufigkeiten graphisch dargestellt. Dabei bezeichnen die Höhen der über dem Punkt (x_i^*, y_k^*) skizzierten Quader gerade die absoluten Häufigkeiten h_{ik}. ♦

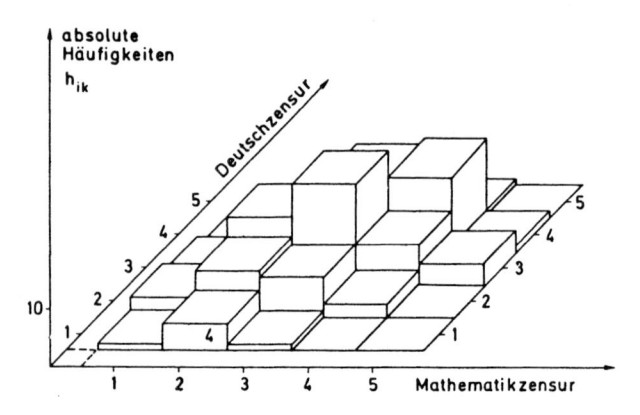

Bild 8.2. Graphische Darstellung einer zweidimensionalen Häufigkeitsverteilung. (Beispiel 8.2)

Bei stetigen Merkmalen läßt sich eine zweidimensionale Stichprobe analog dem eindimensionalen Fall durch eine Klasseneinteilung darstellen.

9. Kontingenztafeln (Der Chi-Quadrat-Unabhängigkeitstest)

Wir betrachten wieder gleichzeitig zwei Zufallsvariable X und Y, also ein Paar von Merkmalen. Getestet werden soll folgende

Hypothese H_0: Die beiden Zufallsvariablen X und Y sind (stochastisch) unabhängig.

Ist $(x, y) = ((x_1, y_1), (x_2, y_2), \ldots, (x_n, y_n))$ eine einfache Stichprobe bezüglich der zweidimensionalen Zufallsvariablen (X, Y), so teilen wir den Wertevorrat der Zufallsvariablen X in m disjunkte Klassen $S_1, S_2, \ldots, S_m$ und den Wertevorrat von Y in r disjunkte Klassen $G_1, G_2, \ldots, G_r$ ein und zwar derart, daß die Anzahl h_{ik} derjenigen Stichprobenelemente, deren x-Wert zur Klasse S_i und deren y-Wert zur Klasse G_k gehört, für jedes Paar i, k mindestens gleich 5 ist.

Die entsprechenden absoluten Häufigkeiten fassen wir in einer Häufigkeitstabelle übersichtlich zusammen, der sog. *Kontingenztafel* (Tabelle 9.1).

Ist die Hypothese H richtig, sind also die beiden Zufallsvariablen X und Y (stochastisch) unabhängig, dann gilt für die folgenden Wahrscheinlichkeiten die Produktdarstellung

$$p_{ik} = P(X \in S_i, Y \in G_k) = P(X \in S_i) P(Y \in G_k) = p_i \cdot p_{\cdot k}$$
für $i = 1, 2, \ldots, m$ und $k = 1, 2, \ldots, r$. \hfill (9.1)

9. Kontingenztafeln (Der Chi-Quadrat-Unabhängigkeitstest)

Tabelle 9.1. Kontingenztafel

X \ Y	G_1	G_2	...	G_k	...	G_r	Zeilensummen $h_i._$
S_1	h_{11}	h_{12}	...	h_{1k}	...	h_{1r}	$h_1._$
S_2	h_{21}	h_{22}	...	h_{2k}	...	h_{2r}	$h_2._$
⋮							⋮
S_i	h_{i1}	h_{i2}	...	h_{ik}	...	h_{ir}	$h_i._$
⋮							⋮
S_m	h_{m1}	h_{m2}	...	h_{mk}	...	h_{mr}	$h_m._$
Spaltensummen $h._k$	$h._1$	$h._2$	...	$h._k$	...	$h._r$	$h.._ = n$

Die Wahrscheinlichkeiten $p_i._$ und $p._k$ sind i. a. nicht bekannt. Um den Chi-Quadrat-Test aus Abschnitt 6.1 auf die $m \cdot r$ Wahrscheinlichkeiten p_{ik} anwenden zu können, müssen diese unbekannten Parameter nach dem Maximum-Likelihood-Prinzip aus der Stichprobe geschätzt werden. Wegen

$$\sum_{i=1}^{m} p_i._ = \sum_{k=1}^{r} p._k = 1 \tag{9.2}$$

sind jedoch nicht $m + r$, sondern nur $m + r - 2$ Parameter zu schätzen. Die Likelihood-Funktion lautet mit den Häufigkeiten h_{ik}:

$$L = \prod_{i=1}^{m} \prod_{k=1}^{r} p_{ik}^{h_{ik}} = \prod_{i=1}^{m} \prod_{k=1}^{r} (p_i._ \cdot p._k)^{h_{ik}} =$$

$$= \prod_{i=1}^{m} \prod_{k=1}^{r} p_{i\cdot}^{h_{ik}} \cdot \prod_{i=1}^{m} \prod_{k=1}^{r} p._k^{h_{ik}} = \prod_{i=1}^{m} p_{i\cdot}^{\sum_{k=1}^{r} h_{ik}} \cdot \prod_{k=1}^{r} p._k^{\sum_{i=1}^{m} h_{ik}} =$$

$$= \prod_{i=1}^{m} p_{i\cdot}^{h_i._} \cdot \prod_{k=1}^{r} p._k^{h._k} . \tag{9.3}$$

Aus (9.2) folgt

$$p_m._ = 1 - \sum_{i=1}^{m-1} p_i._ ; \quad p._r = 1 - \sum_{k=1}^{r-1} p._k . \tag{9.4}$$

Hiermit geht (9.3) über in

$$L = \left(1 - \sum_{i=1}^{m-1} p_i._\right)^{h_m._} \left(1 - \sum_{k=1}^{r-1} p._k\right)^{h._r} \prod_{i=1}^{m-1} p_{i\cdot}^{h_i._} \prod_{k=1}^{r-1} p._k^{h._k} . \tag{9.5}$$

Aus den Gleichungen

$$\frac{\partial \ln L}{\partial p_{i\cdot}} = 0 \quad \text{für } i = 1, 2, \ldots, m-1;$$

$$\frac{\partial \ln L}{\partial p_{\cdot k}} = 0 \quad \text{für } k = 1, 2, \ldots, r-1 \tag{9.6}$$

erhält man schließlich mit derselben Rechnung wie in Beispiel 3.4 die relativen Häufigkeiten als Maximum-Likelihood-Schätzungen:

$$\hat{p}_{i\cdot} = \frac{h_{i\cdot}}{n}; \quad \hat{p}_{\cdot k} = \frac{h_{\cdot k}}{n}; \quad i = 1, 2, \ldots, m; \quad k = 1, 2, \ldots, r. \tag{9.7}$$

Wir betrachten nun die $m \cdot r$ Ereignisse

$$A_{ik} = (X \in S_i, Y \in G_k), \quad i = 1, 2, \ldots, m; \quad k = 1, 2, \ldots, r \tag{9.8}$$

mit den Wahrscheinlichkeiten

$$P(A_{ik}) = p_{ik} = p_{i\cdot} \cdot p_{\cdot k}, \tag{9.9}$$

falls die Hypothese H_0 richtig ist. Die Zufallsvariable Z_{ik} beschreibe in einem Bernoulli-Experiment vom Umfang n die absolute Häufigkeit des Ereignisses A_{ik}. Die Zufallsvariable Z_{ik} besitzt dann den Erwartungswert

$$\mu_{ik} = E(Z_{ik}) = n p_{i\cdot} \cdot p_{\cdot k} \tag{9.10}$$

mit der Maximum Likelihood-Schätzung

$$\hat{\mu}_{ik} = n \cdot \frac{h_{i\cdot}}{n} \cdot \frac{h_{\cdot k}}{n} = \frac{h_{i\cdot} \cdot h_{\cdot k}}{n} \tag{9.11}$$

für $i = 1, 2, \ldots, m; \; k = 1, 2, \ldots, r$.

Da $m + r - 2$ Parameter geschätzt wurden, ist die Testfunktion

$$\chi^2 = n \sum_{i=1}^{m} \sum_{k=1}^{r} \frac{(Z_{ik} - \frac{h_{i\cdot} \cdot h_{\cdot k}}{n})^2}{h_{i\cdot} \cdot h_{\cdot k}}. \tag{9.12}$$

nach Satz 6.1 Chi-Quadrat-verteilt mit

$$mr - (m + r - 2) - 1 = mr - m - r + 1 = (m-1)(r-1)$$

Freiheitsgraden.

In einer Stichprobe (x, y) mit den absoluten Häufigkeiten h_{ik} des Ereignisses A_{ik} besitzt die Zufallsvariable χ^2 die Realisierung

$$\boxed{\chi^2_{\text{ber.}} = n \sum_{i=1}^{m} \sum_{k=1}^{r} \frac{(h_{ik} - \frac{h_{i\cdot} \cdot h_{\cdot k}}{n})^2}{h_{i\cdot} \cdot h_{\cdot k}}.} \tag{9.13}$$

9. Kontingenztafeln (Der Chi-Quadrat-Unabhängigkeitstest)

Damit erhalten wir die

> *Testvorschrift:* Zu einer vorgegebenen Irrtumswahrscheinlichkeit α bestimme man aus der Tabelle der Chi-Quadrat-Verteilung mit $(m-1)(r-1)$ Freiheitsgraden das $(1-\alpha)$-Quantil $\chi^2_{1-\alpha}$. Mit dem nach (9.13) berechneten Zahlenwert $\chi^2_{ber.}$ gelangt man zur
> *Testentscheidung:* $\chi^2_{ber.} > \chi^2_{1-\alpha} \Rightarrow H_0$ ablehnen;
> $\chi^2_{ber.} \leq \chi^2_{1-\alpha} \Rightarrow H_0$ nicht ablehnen.

Für $m = r = 2$ folgt aus (9.13) durch elementare Rechnung die sehr einfache Darstellung

$$\chi^2_{ber.} = \frac{n(h_{11} h_{22} - h_{12} h_{21})^2}{h_1 . h_2 . h_{.1} h_{.2}}. \tag{9.14}$$

Die zur Testdurchführung benutzte Kontingenztafel heißt in diesem Fall *Vierfeldertafel*. Die Anzahl der Freiheitsgrade ist hier gleich 1.

Beispiel 9.1. A sei das Ereignis „Eine zufällig ausgewählte Person besitzt einen Fernsehapparat" und B „Eine zufällig ausgewählte Person ist Mitglied einer Buchgemeinschaft." Um die beiden Ereignisse A und B auf (stochastische) Unabhängigkeit zu testen, werden 74 zufällig ausgewählte Personen befragt, ob sie Besitzer eines Fernsehgerätes und Mitglied einer Buchgemeinschaft sind. Von diesen Personen haben 37 ein Fernsehgerät, 43 sind in einer Buchgemeinschaft und 13 Personen besitzen kein Fernsehgerät und sind außerdem in keiner Buchgemeinschaft. Als Irrtumswahrscheinlichkeit wählen wir $\alpha = 0,05$. Da $n = 74$ vorgegeben ist, kann aus den Angaben mit Hilfe der Zeilen- und Spaltensummen die *Vierfeldertafel* aufgestellt werden:

Buchgemeinschaft / Fernseher	B	$\bar{B}$	Zeilensummen
A	19	18	37
$\bar{A}$	24	13	37
Spaltensummen	43	31	74 = n

Nach (9.13) erhalten wir

$$\chi^2_{ber.} = \frac{74(19 \cdot 13 - 24 \cdot 18)^2}{37 \cdot 37 \cdot 43 \cdot 31} = 1,39.$$

Aus der Tabelle 3 der Chi-Quadrat-Verteilung mit einem Freiheitsgrad erhalten wir das 0,95-Quantil $\chi^2_{0,95} = 3,84$.

Wegen $x^2_{ber.} < 3{,}84$ kann die Hypothese der (stochastischen) Unabhängigkeit von A und B nicht abgelehnt werden. ♦

Beispiel 9.2. Bei einer Untersuchung, ob zwischen dem Alter (X) von Autofahrern und der Anzahl der Unfälle (Y), in die sie verwickelt sind, ein Zusammenhang besteht, erhielt man die Kontingenztafel aus Tabelle 9.2.

Tabelle 9.2. Kontingenztafel

Y X	0	1	2	mehr als 2	$h_i._$
18–30	748	74	31	9	862
31–40	821	60	25	10	916
41–50	786	51	22	6	865
51–60	720	66	16	5	807
über 60	672	50	15	7	744
$h._k$	3747	301	109	37	4194

Daraus erhält man durch elementare Rechnung den Zahlenwert $x^2_{ber.} = 14{,}395$.
Die Chi-Quadrat-Verteilung mit $(m-1)\cdot(r-1) = 3\cdot 4 = 12$ Freiheitsgraden besitzt das 0,90-Quantil $x^2_{0{,}90} = 18{,}55$. Die Hypothese: Die Zufallsvariablen X und Y sind (stochastisch) unabhängig, kann wegen $x^2_{ber.} < x^2_{0{,}90}$ nicht mit einer Irrtumswahrscheinlichkeit $\alpha = 0{,}1$ abgelehnt werden. ♦

10. Kovarianz und Korrelation

10.1. Kovarianz und Korrelationskoeffizient zweier Zufallsvariabler

Der Korrelationskoeffizient gibt einen gewissen Aufschluß über den Abhängigkeitsgrad zweier Zufallsvariabler. Wir beginnen mit der

Definition 10.1. Sind X und Y zwei Zufallsvariable mit den Erwartungswerten $\mu_X = E(X)$ und $\mu_Y = E(Y)$, so heißt im Falle der Existenz der Zahlenwert

$$\sigma_{XY} = \text{Kov}(X, Y) = E[(X - \mu_X)\cdot(Y - \mu_Y)] \qquad (10.1)$$

die *Kovarianz* von X und Y. Für $\sigma_X^2 = D^2(X) \neq 0$, $\sigma_Y^2 = D^2(Y) \neq 0$ heißt

$$\rho = \rho(X, Y) = \frac{\sigma_{XY}}{\sigma_X \sigma_Y} = \frac{E[(X - \mu_X)\cdot(Y - \mu_Y)]}{\sigma_X \sigma_Y} \qquad (10.2)$$

der *Korrelationskoeffizient* von X und Y.
Zwei Zufallsvariable, deren Kovarianz verschwindet, nennt man *unkorreliert*.

10.1. Kovarianz und Korrelationskoeffizient zweier Zufallsvariabler

Bemerkung: Aus der Linearität des Erwartungswertes folgt

$$\sigma_{XY} = E[X \cdot Y - \mu_X Y - \mu_Y X + \mu_X \mu_Y] =$$
$$= E(X \cdot Y) - \mu_X E(Y) - \mu_Y E(X) + \mu_X \mu_Y = E(X \cdot Y) - \mu_X \mu_Y.$$

Somit gelten die für die praktische Rechnung nützlichen Formeln

$$\boxed{\sigma_{XY} = E(X \cdot Y) - E(X) \cdot E(Y); \quad \rho(X, Y) = \frac{E(X \cdot Y) - E(X) \cdot E(Y)}{\sigma_X \cdot \sigma_Y}.}$$

(10.3)

Ist (X, Y) diskret mit der gemeinsamen Verteilung
$((x_i, y_j), p_{ij} = P(X = x_i, Y = y_j)), i = 1, 2, \ldots, j = 1, 2, \ldots$, ergibt sich nach [2] 2.2.6

$$E(X \cdot Y) = \sum_i \sum_j x_i \cdot y_j \cdot p_{ij}. \tag{10.4}$$

Falls (X, Y) stetig ist mit der Dichte $f(x, y)$, folgt aus [2] 2.2.4

$$E(X \cdot Y) = \int_{-\infty}^{+\infty} \int_{-\infty}^{+\infty} x \cdot y \, f(x, y) \, dy \, dx. \tag{10.5}$$

Nach [2] (2.43) gilt für die Varianz allgemein die Darstellung

$$D^2(X + Y) = D^2(X) + D^2(Y) + 2 \operatorname{Kov}(X, Y). \tag{10.6}$$

Danach ist also die Varianz genau dann additiv, wenn die beiden Zufallsvariablen X und Y unkorreliert sind.

Aus der (stochastischen) Unabhängigkeit zweier Zufallsvariabler folgt die Unkorreliertheit. Die Umkehrung braucht nicht zu gelten, aus der Unkorreliertheit folgt i. a. nicht die (stochastische) Unabhängigkeit. Diesen Sachverhalt bestätigt das

Beispiel 10.1. Die gemeinsame Verteilung zweier diskreter Zufallsvariabler X und Y sowie ihre Randverteilungen seien durch die nachstehende Tabelle beschrieben.

Y \ X	1	2	3	$P(X = x_i)$
1	0	$\frac{1}{4}$	0	$\frac{1}{4}$
2	$\frac{1}{4}$	0	$\frac{1}{4}$	$\frac{1}{2}$
3	0	$\frac{1}{4}$	0	$\frac{1}{4}$
$P(Y = y_j)$	$\frac{1}{4}$	$\frac{1}{2}$	$\frac{1}{4}$	1

Hieraus berechnet man $E(X) = E(Y) = 1 \cdot \frac{1}{4} + 2 \cdot \frac{1}{2} + 3 \cdot \frac{1}{4} = 2$;

$E(X \cdot Y) = 2 \cdot \frac{1}{4} + 2 \cdot \frac{1}{4} + 6 \cdot \frac{1}{4} + 6 \cdot \frac{1}{4} = 4$.

Ferner ergibt sich $\text{Kov}(X, Y) = E(X \cdot Y) - E(X) \cdot E(Y) = 0$.

Die Zufallsvariablen X und Y sind also unkorreliert. Wegen $0 = P(X = 1, Y = 1) \neq$
$\neq P(X = 1) \cdot P(Y = 1) = \frac{1}{4} \cdot \frac{1}{4}$ sind X und Y jedoch nicht (stochastisch) unabhängig.
Aus $\rho = 0$ kann daher nicht auf Unabhängigkeit geschlossen werden. ◆

Beispiel 10.2. Beim Roulette setzt ein Spieler jeweils eine Einheit auf „Kolonne"
$\{1, 2, \ldots, 12\}$ und eine auf „Impair", d. h. auf die ungeraden Zahlen. Die Reingewinne aus den Einzelspielen werden durch die zweidimensionale Zufallsvariable (X, Y) beschrieben, die nach [2] Beispiel 2.13 nachstehende gemeinsame Verteilung besitzt

X \ Y	1	$-\frac{1}{2}$	-1
2	$\frac{6}{37}$	0	$\frac{6}{37}$
-1	$\frac{12}{37}$	$\frac{1}{37}$	$\frac{12}{37}$

Nach [2] Beispiel 2.8 gilt

$E(X) = -\frac{1}{37}$; $\sigma_X = 1{,}404$;
$E(Y) = -\frac{1}{74}$; $\sigma_Y = 0{,}990$;

Aus $E(X \cdot Y) = 2 \cdot \frac{6}{37} - 2 \cdot \frac{6}{37} - 1 \cdot \frac{12}{37} + \frac{1}{2} \cdot \frac{1}{37} + 1 \cdot \frac{12}{37} = \frac{1}{74}$

folgt $\sigma_{XY} = \frac{1}{74} - \frac{1}{37} \cdot \frac{1}{74} = \frac{1}{74}(1 - \frac{1}{37}) = \frac{36}{74 \cdot 37} = 0{,}013$ und damit

$\rho(X, Y) = \dfrac{\sigma_{XY}}{\sigma_X \sigma_Y} = \dfrac{0{,}013}{1{,}404 \cdot 0{,}990} = 0{,}009$. ◆

Beispiel 10.3. Die zweidimensionale Zufallsvariable (X, Y) sei stetig mit der Dichte

$$f(x, y) = \begin{cases} x + y & \text{für } 0 \leq x, y \leq 1, \\ 0 & \text{sonst.} \end{cases}$$

Gemäß [2] Beispiel 2.30 ist

$E(X) = E(Y) = \frac{7}{12}$; $D^2(X) = D^2(Y) = \frac{11}{144}$.

Die Produktvariable $X \cdot Y$ besitzt den Erwartungswert

$$E(X \cdot Y) = \int_0^1 \int_0^1 xy(x + y)\, dy\, dx = \int_0^1 \int_0^1 (x^2 y + xy^2)\, dy\, dx =$$

$$= \int_0^1 \left(x^2 \cdot \frac{y^2}{2} + x \frac{y^3}{3} \right)\bigg|_{y=0}^{y=1} dx = \int_0^1 \left(\frac{x^2}{2} + \frac{x}{3} \right) dx = \left(\frac{x^3}{6} + \frac{x^2}{6} \right)\bigg|_{x=0}^{x=1} = \frac{1}{3}.$$

10.1. Kovarianz und Korrelationskoeffizient zweier Zufallsvariabler

Daraus folgt

$$\sigma_{XY} = \tfrac{1}{3} - \tfrac{7}{12} \cdot \tfrac{7}{12} = \frac{48-49}{144} = -\tfrac{1}{144} \; ;$$

$$\rho = \frac{\sigma_{XY}}{\sigma_X \sigma_Y} = \frac{-1}{\sqrt{11}\sqrt{11}} = -\frac{1}{11}. \qquad \blacklozenge$$

Für die Korrelation gelten allgemein folgende Sätze.

Satz 10.1

Sind X und Y zwei beliebige Zufallsvariable, deren Korrelationskoeffizient $\rho(X, Y)$ existiert, so gilt

$$-1 \leq \rho(X, Y) \leq 1. \tag{10.7}$$

Beweis: Wir gehen aus von den standardisierten Zufallsvariablen

$$X^* = \frac{X - \mu_X}{\sigma_X}; \; Y^* = \frac{Y - \mu_Y}{\sigma_Y} \; \text{mit} \; E(X^{*2}) = E(Y^{*2}) = 1. \tag{10.8}$$

Da der Erwartungswert einer nichtnegativen Zufallsvariablen ebenfalls nichtnegativ ist, gilt für jede beliebige reelle Zahl λ

$$0 \leq E([\lambda X^* + Y^*]^2) = E(\lambda^2 X^{*2} + 2\lambda X^* Y^* + Y^{*2}) =$$
$$= \lambda^2 E(X^{*2}) + 2\lambda E(X^* \cdot Y^*) + E(Y^{*2}) = \lambda^2 + 2\lambda E(X^* \cdot Y^*) + 1.$$

Mit $\lambda = -\rho$ folgt hieraus wegen $E(X^* \cdot Y^*) = \rho$ die Beziehung

$$0 \leq \rho^2 - 2\rho^2 + 1 = 1 - \rho^2 \; \text{oder} \; \rho^2 \leq 1, \text{d.h.} \, |\rho| \leq 1,$$

also die Behauptung $-1 \leq \rho \leq 1$. ∎

Satz 10.2

Genau dann gilt $|\rho(X, Y)| = 1$, wenn mit Wahrscheinlichkeit 1 eine lineare Beziehung

$$Y = aX + b, \; a, b \in \mathbb{R}, a \neq 0, \tag{10.9}$$

besteht. Für $a > 0$ ist $\rho(X, Y) = 1$, während aus $a < 0$ die Gleichung $\rho(X, Y) = -1$ folgt.

Beweis: Wir zeigen zunächst die Notwendigkeit der Bedingung.

1. Fall: Es sei $\rho = E(X^* \cdot Y^*) = 1$. Dann gilt nach (10.8)

$$E([X^* - Y^*]^2) = E(X^{*2} - 2X^* \cdot Y^* + Y^{*2}) = E(X^{*2}) - 2\rho + E(Y^{*2}) =$$
$$= 2(1-\rho) = 0.$$

Aus $E([X^* - Y^*]^2) = 0$ folgt jedoch $P(X^* - Y^* = 0) = 1$, d.h.

$$P(X^* = Y^*) = 1. \tag{10.10}$$

Die Beziehung $X^* = Y^*$, d.h. $\frac{X - \mu_X}{\sigma_X} = \frac{Y - \mu_Y}{\sigma_Y}$ ist gleichwertig mit

$$Y = \mu_Y + \frac{\sigma_Y}{\sigma_X}(X - \mu_X) = aX + b,$$

wobei $a = \frac{\sigma_Y}{\sigma_X} > 0$ und $b = \mu_Y - \frac{\sigma_Y}{\sigma_X}\mu_X$ gesetzt ist.

2. *Fall:* Es gelte $\rho = -1$. Entsprechend erhalten wir hier

$$E([X^* + Y^*]^2) = E(X^{*2} + 2X^* \cdot Y^* + Y^{*2}) = 2(1 + \rho) = 0, \text{ d.h.}$$
$$P(X^* + Y^* = 0) = P(Y^* = -X^*) = 1.$$

Dabei ist $Y^* = -X^*$ äquivalent mit

$$Y = \mu_Y - \frac{\sigma_Y}{\sigma_X}(X - \mu_X) = aX + b,$$

worin $a = -\frac{\sigma_Y}{\sigma_X} < 0$ und $b = \mu_Y + \frac{\sigma_Y}{\sigma_X}\mu_X$ zu setzen ist.

Gilt umgekehrt mit Wahrscheinlichkeit 1 die lineare Beziehung (10.9), so folgt

$$E(Y) = aE(X) + b = a\mu_X + b;\ D^2(Y) = a^2 \sigma_X^2;\ \sigma_Y = |a|\sigma_X;$$

$$\rho = \frac{E[(X - \mu_X)(Y - \mu_Y)]}{\sigma_X \sigma_Y} = \frac{E[(X - \mu_X)(aX + b - a\mu_X - b)]}{|a|\sigma_X \cdot \sigma_X} =$$

$$= \frac{E[a(X - \mu_X)^2]}{|a|\sigma_X^2} = \frac{a\sigma_X^2}{|a|\sigma_X^2} = \frac{a}{|a|} = \begin{cases} 1 \text{ für } a > 0, \\ -1 \text{ für } a < 0. \end{cases}$$

Aus (10.9) erhalten wir somit $|\rho| = 1$, womit der Satz vollständig bewiesen ist. ∎

Definition 10.2. Eine zweidimensionale Zufallsvariable (X, Y) heißt *normalverteilt*, wenn sie eine Dichte folgender Gestalt besitzt:

$$f(x, y) = \frac{1}{2\pi \sigma_X \sigma_Y \sqrt{1 - \rho^2}} e^{-\frac{1}{2(1 - \rho^2)} \left[\frac{(x - \mu_X)^2}{\sigma_X^2} - 2\frac{\rho(x - \mu_X)(y - \mu_Y)}{\sigma_X \sigma_Y} + \frac{(y - \mu_Y)^2}{\sigma_Y^2} \right]}$$

(10.11)

dabei ist $|\rho| < 1$.

Durch elementares Nachrechnen erhält man für die Zufallsvariablen X und Y in Definition 10.2 die Aussagen
a) Die Zufallsvariable X ist $N(\mu_X; \sigma_X^2)$-verteilt.
b) Die Zufallsvariable Y ist $N(\mu_Y; \sigma_Y^2)$-verteilt.
c) Der Parameter ρ stellt den Korrelationskoeffizienten von X und Y dar.

10.2. Kovarianz und Korrelationskoeffizient einer zweidimensionalen Stichprobe

Mit $\rho = 0$ geht (10.11) über in

$$f(x, y) = \frac{1}{\sqrt{2\pi}\,\sigma_X}\, e^{-\frac{(x-\mu_X)^2}{2\sigma_X^2}} \cdot \frac{1}{\sqrt{2\pi}\,\sigma_Y}\, e^{-\frac{(y-\mu_Y)^2}{2\sigma_Y^2}} = f_1(x) \cdot f_2(y). \quad (10.$$

Wegen dieser Produktdarstellung sind dann die Zufallsvariablen X und Y (stochastisch) unabhängig. Damit gilt für Normalverteilungen der wichtige

Satz 10.3
Zwei normalverteilte Zufallsvariable X und Y sind genau dann (stochastisch) unabhängig, wenn sie unkorreliert sind.

10.2. (Empirische) Kovarianz und der (empirische) Korrelationskoeffizient einer zweidimensionalen Stichprobe

Wir übertragen die in Abschnitt 10.1 für zweidimensionale Zufallsvariable (X, Y) erklärten Begriffe auf zweidimensionale Stichproben.

Aus einer zweidimensionalen Stichprobe (x, y) erhalten wir durch „Trennung" der x- und y-Komponenten zwei eindimensionale Stichproben $x = (x_1, x_2, \ldots, x_n)$ und $y = (y_1, y_2, \ldots, y_n)$ mit den jeweiligen Mittelwerten

$$\bar{x} = \frac{1}{n}\sum_{i=1}^{n} x_i; \quad \bar{y} = \frac{1}{n}\sum_{i=1}^{n} y_i \quad (10.13)$$

sowie den (empirischen) Varianzen

$$s_x^2 = \frac{1}{n-1}\sum_{i=1}^{n}(x_i - \bar{x})^2; \quad s_y^2 = \frac{1}{n-1}\sum_{i=1}^{n}(y_i - \bar{y})^2. \quad (10.14)$$

Definition 10.3. Ist $(x, y) = ((x_1, y_1), (x_2, y_2), \ldots, (x_n, y_n))$ eine zweidimensionale Stichprobe, so heißt

$$s_{xy} = \frac{1}{n-1}\sum_{i=1}^{n}(x_i - \bar{x})(y_i - \bar{y}) = \frac{1}{n-1}\left(\sum_{i=1}^{n} x_i y_i - n\,\bar{x}\,\bar{y}\right) \quad (10.15)$$

die *(empirische) Kovarianz* und

$$r = r(x, y) = \frac{s_{xy}}{s_x\, s_y} = \frac{\displaystyle\sum_{i=1}^{n} x_i y_i - n\,\bar{x}\,\bar{y}}{\sqrt{\left(\displaystyle\sum_{i=1}^{n} x_i^2 - n\bar{x}^2\right)\left(\displaystyle\sum_{i=1}^{n} y_i^2 - n\bar{y}^2\right)}} \quad (10.16)$$

der *(empirische) Korrelationskoeffizient* der Stichprobe (x, y).

Wir ersetzen in den Sätzen 10.1 und 10.2 sowie in ihren Beweisen die Begriffe $\mu_X, \mu_Y, \sigma_X, \sigma_Y, \rho(X, Y)$ der Zufallsvariablen durch die entsprechenden Begriffe $\bar{x}, \bar{y}, s_x, s_y, r(x, y)$ einer Stichprobe. Der Erwartungswertberechnung entspricht dann die Bildung des (empirischen) Mittelwertes einer Stichprobe. Mit diesem „Übertragungsprinzip" folgt aus den Sätzen 10.1 und 10.2 der

Satz 10.4

Für den (empirischen) Korrelationskoeffizienten r einer Stichprobe (x, y) gilt

a) $-1 \leq r \leq 1$.

b) Aus $|r| = 1$ folgt die lineare Beziehung $y_i = a x_i + b$ für $i = 1, 2, \ldots, n$ mit $a = r \cdot \frac{s_y}{s_x}$; $b = \bar{y} - r \bar{x} \frac{s_y}{s_x}$. Die Punkte (x_i, y_i) liegen also auf einer Geraden mit positiver Steigung für $r = 1$ und mit negativer Steigung für $r = -1$.

c) Liegen alle Punkte (x_i, y_i), $i = 1, 2, \ldots, n$, auf einer Geraden $ax + b$, so gilt $r = \begin{cases} 1 & \text{für } a > 0, \\ -1 & \text{für } a < 0. \end{cases}$

(Im Falle $a = 0$ ist wegen $s_y = 0$ der (empirische) Korrelationskoeffizient r nicht definiert).

Werden alle x-Komponenten (y-Komponenten) einer Stichprobe mit einer Konstanten multipliziert oder wird dazu eine Konstante addiert, so ändert sich der (empirische) Korrelationskoeffizient dem Betrage nach nicht:

Satz 10.5.

Die zweidimensionale Stichprobe (x, y) besitze den (empirischen) Korrelationskoeffizienten $r(x, y)$. Dann hat für beliebige Konstanten $a_1, a_2, b_1, b_2 \in \mathbf{R}$ mit $a_1, a_2 \neq 0$ die Stichprobe

$(a_1 x + b_1, a_2 y + b_2) = ((a_1 x_1 + b_1, a_2 y_1 + b_2), (a_1 x_2 + b_1, a_2 y_2 + b_2), \ldots,$
$\ldots, (a_1 x_n + b_1, a_2 y_n + b_2))$

den (empirischen) Korrelationskoeffizienten

$$r(a_1 x + b_1, a_2 y + b_2) = \frac{a_1 a_2}{|a_1 a_2|} r(x, y) = \pm r(x, y). \tag{10.17}$$

Beweis: Nach (1.9) und (1.27) gilt $\overline{a_1 x + b_1} = a_1 \bar{x} + b_1$; $\overline{a_2 y + b_2} = a_2 \bar{y} + b_2$; $s_{a_1 x + b_1} = |a_1| s_x$; $s_{a_2 y + b_2} = |a_2| s_y$.

Weiter erhalten wir

$$s_{(a_1 x + b_1)(a_2 y + b_2)} = \frac{1}{n-1} \sum_{i=1}^{n} (a_1 x_i + b_1 - a_1 \bar{x} - b_1)(a_2 y_i + b_2 - a_2 \bar{y} - b_2) =$$

$$= \frac{1}{n-1} a_1 a_2 \sum_{i=1}^{n} (x_i - \bar{x})(y_i - \bar{y}) = a_1 a_2 s_{xy}.$$

10.2. Kovarianz und Korrelationskoeffizient einer zweidimensionalen Stichprobe 135

Hieraus folgt die Behauptung

$$r(a_1 x + b_1, a_2 y + b_2) = \frac{a_1 a_2}{|a_1||a_2|} r(x, y).$$ ∎

Bemerkung: Die Formel aus Satz 10.5 kann zur Vereinfachung der Berechnung eines (empirischen) Korrelationskoeffizienten verwendet werden, was im folgenden Beispiel deutlich wird.

Beispiel 10.4. Bei einem Ottomotor wurde die Leistung y (in PS) in Abhängigkeit der Drehzahl x (in UpM) gemessen. Die gewonnenen Daten sind nachstehend aufgeführt.

x_i	800	1500	2500	3500	4200	4700	5000	5500
y_i	12	20	31	40	52	60	65	70

Man bestimme den (empirischen) Korrelationskoeffizienten dieser Stichprobe.

Die Transformation $\hat{x}_i = \frac{x_i - 800}{100}$; $\hat{y}_i = y_i - 12$ ändert wegen (10.17) den Korrelationskoeffizienten nicht und liefert die einfacheren Werte

$\hat{x}_i$	0	7	17	27	34	39	42	47
$\hat{y}_i$	0	8	19	28	40	48	53	58

Mit $\bar{x} = \frac{213}{8}$; $\bar{y} = \frac{254}{8}$; $\sum_{i=1}^{8} \hat{x}_i \hat{y}_i = 9319$; $\sum_{i=1}^{8} \hat{x}_i^2 = 7717$; $\sum_{i=1}^{8} \hat{y}_i^2 = 11286$ folgt aus (10.17) und (10.16) schließlich

$$r(x, y) = r(\hat{x}, \hat{y}) = \frac{9319 - 8 \cdot \frac{213}{8} \cdot \frac{254}{8}}{\sqrt{\left(7717 - \frac{213^2}{8}\right)\left(11286 - \frac{254^2}{8}\right)}} = 0{,}9957.$$ ♦

Besitzen in einer Stichprobe die Zahlenpaare (x_i^*, y_k^*) die Häufigkeiten h_{ik} für $i = 1, 2, \ldots, m$ und $k = 1, 2, \ldots, r$ (vgl. Tabelle 8.1), so folgt aus (10.16) die Darstellung

$$r(x, y) = \frac{\sum_{i=1}^{m} \sum_{k=1}^{r} h_{ik} x_i^* y_k^* - \frac{1}{n} \sum_{i=1}^{m} h_{i\cdot} x_i^* \sum_{k=1}^{r} h_{\cdot k} y_k^*}{\sqrt{\left[\sum_{i=1}^{m} h_{i\cdot} x_i^{*2} - \frac{1}{n}\left(\sum_{i=1}^{m} h_{i\cdot} x_i^*\right)^2\right]\left[\sum_{k=1}^{r} h_{\cdot k} y_k^{*2} - \frac{1}{n}\left(\sum_{k=1}^{r} h_{\cdot k} y_k^*\right)^2\right]}}.$$

(10.18)

Die praktische Berechnung von (10.18) beginnt man am besten mit der Häufigkeitstabelle 8.1 und den Randhäufigkeiten $h_i._$ und $h._k$ (Tabelle 10.1). Danach verläuft die Rechnung zweckmäßigerweise in folgenden Schritten:

1. Multiplikation der Häufigkeiten $h._k$ mit y_k^* ergibt die Zeilensumme

$$\sum_{k=1}^{r} h._k\, y_k^*.$$ Multiplikation von $h_i._$ mit x_i^* liefert entsprechend die Spaltensumme

$$\sum_{i=1}^{m} h_i._\, x_i^*.$$

2. Durch Multiplikation der Zahlen $h._k\, y_k^*$ mit y_k^* ($h_i._\, x_i^*$ mit x_i^*) erhält man die

Zeilensumme $\sum_{k=1}^{r} h._k\, y_k^{*2}$ (Spaltensumme = $\sum_{i=1}^{m} h_i._\, x_i^{*2}$).

3 a) Für jedes k bilde man die Spaltenprodukte $\sum_{i=1}^{m} h_{ik}\, x_i^*$, $k = 1, 2, \ldots, r$. Die

Zeilensumme dieser r Produkte ergibt $\sum_{k=1}^{r} \sum_{i=1}^{m} h_{ik}\, x_i^*\, y_k^* = \sum_{i=1}^{m} \sum_{k=1}^{r} h_{ik}\, x_i^*\, y_k^*.$

b) Für jedes i berechne man die Zeilenprodukte $\sum_{k=1}^{r} h_{ik}\, y_k^*$, $i = 1, 2, \ldots, m$. Die

Spaltensumme dieser m Produkte ist gleich $\sum_{i=1}^{m} \sum_{k=1}^{r} h_{ik}\, x_i^*\, y_k^*.$

In a) und b) erhält man denselben Zahlenwert, was zur Rechenkontrolle benutzt werden kann. Mit diesen Zahlenwerten berechnet man r mit Hilfe von (10.18).

Beispiel 10.5. Von 100 zufällig ausgewählten Abiturienten wurde die Physik- und die Mathematiknote festgestellt. Man ermittle den (empirischen) Korrelationskoeffizienten nach der folgenden Ergebnistabelle 10.1.

Mit den in dieser Tabelle berechneten Werten folgt aus (10.18)

$$r(x, y) = \frac{952 - \frac{1}{100}\, 297 \cdot 306}{\sqrt{(1017 - \frac{1}{100} \cdot 297^2)(1078 - \frac{1}{100} \cdot 306^2)}} = 0{,}3124. \qquad \blacklozenge$$

Zum Abschluß dieses Abschnitts stellen wir in Bild 10.1 zweidimensionale Stichproben mit verschiedenen Korrelationskoeffizienten als „Punktwolken" graphisch dar. Je näher die Punkte bei einer Geraden liegen, desto größer wird der Betrag des Korrelationskoeffizienten. Erstreckt sich die Punktwolke von links unten nach rechts oben, so ist r positiv. Falls sie jedoch von links oben nach rechts unten verläuft, ist r entsprechend negativ.

10.2. Kovarianz und Korrelationskoeffizient einer zweidimensionalen Stichprobe

Tabelle 10.1. Praktische Berechnung des Korrelationskoeffizienten aus einer Häufigkeitstabelle

x_i^* \ y_k^* Physiknote	Mathematiknote						$h_{i\cdot}$	x_i^* $h_{i\cdot}\, x_i^*$	x_i^* $h_{i\cdot}\, x_i^{*2}$	$\sum_k h_{ik}\, y_k^*$	x_i^* $\sum_k h_{ik}\, y_k^*\, x_i^*$
	1	2	3	4	5	6					
6	0	0	1	1	0	0	2	12	72	7	42
5	0	1	2	4	0	1	8	40	200	30	150
4	0	2	7	10	1	0	20	80	320	70	280
3	4	6	15	6	3	1	35	105	315	106	318
2	4	10	4	3	3	1	25	50	100	69	138
1	2	3	4	1	0	0	10	10	10	24	24
$h_{\cdot k}$	10	22	33	25	7	3	$n = 100$	$297 = \sum_i h_{i\cdot}\, x_i^*$	$1017 = \sum_i h_{i\cdot}\, x_i^{*2}$		952 $(= \sum_i \sum_k h_{ik}\, x_i^*\, y_k^*)$
y_k^* $h_{\cdot k}\, y_k^*$	10	44	99	100	35	18	$306 = \sum_k h_{\cdot k}\, y_k^*$				
y_k^{*2} $h_{\cdot k}\, y_k^{*2}$	10	88	297	400	175	108	$1078 = \sum_k h_{\cdot k}\, y_k^{*2}$				
$\sum_{i=1}^{m} h_{ik}\, x_i^*$	22	54	101	91	19	10					
y_k^* $\sum_{i=1}^{m} h_{ik}\, x_i^*\, y_k^*$	22	108	303	364	95	60	$952\ (= \sum_i \sum_k h_{ik}\, x_i^*\, y_k^*)$				

Kontrolle

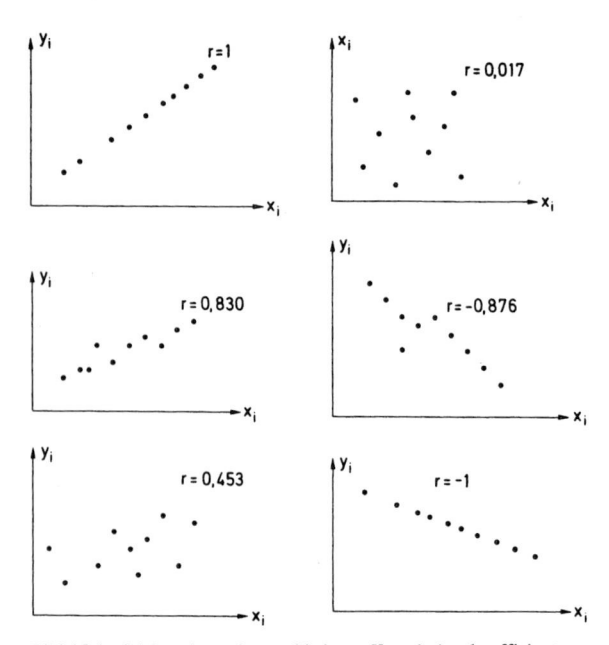

Bild 10.1. Stichproben mit verschiedenen Korrelationskoeffizienten

10.3. Schätzfunktionen für die Kovarianz und den Korrelationskoeffizienten zweier Zufallsvariabler

Bevor geeignete Schätzfunktionen für die Kovarianz σ_{XY} bzw. für den Korrelationskoeffizienten $\rho(X, Y)$ zweier Zufallsvariabler angegeben werden können, muß zunächst erklärt werden, was unter der (stochastischen) Unabhängigkeit von n zweidimensionalen Zufallsvariablen zu verstehen ist. Wir bringen dazu die naheliegende

Definition 10.4. Die zweidimensionalen Zufallsvariablen $(X_1, Y_1), (X_2, Y_2), \ldots, (X_n, Y_n)$ heißen *(stochastisch) unabhängig,* wenn für beliebige reelle Zahlenpaare (c_i, d_i), $i = 1, 2, \ldots, n$, gilt

$$P(X_1 \leq c_1, Y_1 \leq d_1 \,;\, X_2 \leq c_2, Y_2 \leq d_2 \,;\, \ldots \,;\, X_n \leq c_n, Y_n \leq d_n) = \\ = P(X_1 \leq c_1, Y_1 \leq d_1) \, P(X_2 \leq c_2, Y_2 \leq d_2) \ldots P(X_n \leq c_n, Y_n \leq d_n). \quad (10.19)$$

Bemerkung: Die jeweiligen Paare (X_i, Y_i) können dabei für jedes i voneinander (stochastisch) abhängig sein (siehe rechte Seite von (10.19)).

10.4. Konfidenzintervalle und Tests des Korrelationskoeffizienten

Sind $F_i(x, y) = P(X_i \leq x, Y_i \leq y)$ die zweidimensionalen Verteilungsfunktionen von (X_i, Y_i), so geht (10.19) über in

$$P(X_1 \leq c_1, Y_1 \leq d_1; \ldots, X_n \leq c_n, Y_n \leq d_n) = \prod_{i=1}^{n} F_i(c_i, d_i). \qquad (10.20)$$

Wir zeigen nun den

Satz 10.6:

Die zweidimensionalen Zufallsvariablen (X_i, Y_i), $i = 1, 2, \ldots, n$, seien (stochastisch) unabhängig und mögen alle die gleiche zweidimensionale Verteilungsfunktion F besitzen. Ferner sollen die Kovarianzen Kov (X_i, Y_i), $i = 1, 2, \ldots, n$, existieren und für alle i übereinstimmen. Dann gilt

$$E\left[\frac{1}{n-1} \sum_{i=1}^{n} (X_i - \overline{X})(Y_i - \overline{Y})\right] = \text{Kov}(X_1, Y_1) = \sigma_{X_1 Y_1}. \qquad (10.21)$$

Beweis: Durch ähnliche Umformungen wie im Beweis von Satz 3.1 erhält man die Identität

$$\frac{1}{n-1} \sum_{i=1}^{n} (X_i - \overline{X})(Y_i - \overline{Y}) = \frac{1}{n} \sum_{i=1}^{n} X_i Y_i - \frac{1}{n(n-1)} \sum_{i \neq j} X_i Y_j. \qquad (10.22)$$

Für $i \neq j$ sind die Zufallsvariablen X_i und Y_j (stochastisch) unabhängig. Somit gilt die Produktdarstellung

$$E(X_i Y_j) = E(X_i) E(Y_j) = E(X_1) E(Y_1) \text{ für alle } i \neq j.$$

Da es insgesamt $n(n-1)$ Paare X_i, Y_j mit $i \neq j$ gibt, folgt aus (10.22)

$$E\left[\frac{1}{n-1} \sum_{i=1}^{n} (X_i - \overline{X})(Y_i - \overline{Y})\right] = E(X_1 Y_1) - E(X_1) E(Y_1) = \sigma_{X_1 Y_1}. \qquad \blacksquare$$

Die Schätzfunktion $\frac{1}{n-1} \sum_{i=1}^{n} (X_i - \overline{X})(Y_i - \overline{Y})$ ist nach Satz 10.6 erwartungstreu für die Kovarianz σ_{XY}, falls die Paare (X_i, Y_i), $i = 1, \ldots, n$ (stochastisch) unabhängig und identisch verteilt sind. Ist $((x_1, y_1), \ldots, (x_n, y_n))$ eine einfache Stichprobe, d. h. sind die Zahlenpaare (x_i, y_i) Realisierungen (stochastisch) unabhängiger, identisch verteilter zweidimensionaler Zufallsvariabler mit der Kovarianz σ_{XY}, so ist deren (empirische) Kovarianz s_{xy} ein erwartungstreuer Schätzwert für σ_{XY}. Im Mittel erhält man also vermöge

$$s_{xy} \approx \sigma_{XY} \qquad (10.23)$$

eine brauchbare Näherung.

Für den Korrelationskoeffizienten ρ sind die Zufallsvariablen

$$R_n = R_n(X, Y) = \frac{\sum_{i=1}^{n}(X_i - \bar{X})(Y_i - \bar{Y})}{\sqrt{\sum_{i=1}^{n}(X_i - \bar{X})^2 \sum_{i=1}^{n}(Y_i - \bar{Y})^2}}, \quad n = 1, 2, \ldots \qquad (10.24)$$

keine erwartungstreuen Schätzfunktionen, auch wenn es sich um unabhängige, identisch verteilte Paare (X_i, Y_i), $i = 1, 2, \ldots, n$ handelt. Die Folge R_n, $n = 1, 2, \ldots$ ist jedoch konsistent für ρ. Dazu sei folgender Satz zitiert, dessen Beweis z. B. in [21] 2.1 zu finden ist.

Satz 10.7

Für jede natürliche Zahl n seien die zweidimensionalen Zufallsvariablen (X_i, Y_i), $i = 1, 2, \ldots, n$ (stochastisch) unabhängig und identisch verteilt mit dem Korrelationskoeffizienten ρ. Ferner sollen die Erwartungswerte $E(X_i^4)$ und $E(Y_i^4)$ für $i = 1, 2, \ldots$ existieren. Dann ist $R_n(X, Y)$, $n = 1, 2, \ldots$ konsistent für den Parameter ρ, d. h. es gilt für jedes $\epsilon > 0$

$$\lim_{n \to \infty} P(|R_n(X, Y) - \rho| > \epsilon) = 0.$$

Ist n groß, so erhält man wegen Satz 10.7 in

$$r(x, y) \approx \rho \qquad (10.25)$$

i. a. eine brauchbare Näherung, falls (x, y) eine einfache Stichprobe für zwei Zufallsvariable mit dem Korrelationskoeffizienten ρ ist.

10.4. Konfidenzintervalle und Tests des Korrelationskoeffizienten bei normalverteilten Zufallsvariablen

In diesem Abschnitt wird die zweidimensionale Zufallsvariable (X, Y) also normalverteilt mit dem Korrelationskoeffizienten ρ vorausgesetzt (s. Definition 10.2).
Im Falle $\rho = 0$ ist die Zufallsvariable

$$T_{n-2} = \sqrt{n-2} \frac{R_n}{\sqrt{1 - R_n^2}} \qquad (10.26)$$

(vgl. [10] 9.9) t-verteilt mit $n - 2$ Freiheitsgraden.
R. Fisher hat gezeigt, daß für beliebiges ρ die Zufallsvariable

$$U_n = \frac{1}{2} \ln \frac{1 + R_n}{1 - R_n} \qquad (10.27)$$

asymptotisch $N(\frac{1}{2} \ln \frac{1+\rho}{1-\rho}; \frac{1}{n-3})$-verteilt ist, wobei bereits für kleine Werte n eine brauchbare Näherung vorliegt. Zur Berechnung von Konfidenzintervallen ist somit

10.4. Konfidenzintervalle und Tests des Korrelationskoeffizienten   141

die Zufallsvariable U_n geeignet, während als Testfunktion die Zufallsvariablen T_{n-2} oder U_n benutzt werden; die spezielle Wahl hängt dabei von der Nullhypothese H_0 ab.

10.4.1. Konfidenzintervalle für den Korrelationskoeffizienten

Die Zufallsvariable $U_n = \frac{1}{2} \ln \frac{1+R_n}{1-R_n}$ ist näherungsweise $N(\frac{1}{2} \ln \frac{1+\rho}{1-\rho}; \frac{1}{n-3})$-verteilt. Somit ist ihre Standardisierung

$$U_n^* = \sqrt{n-3}\left(U_n - \frac{1}{2} \ln \frac{1+\rho}{1-\rho}\right)$$

ungefähr $N(0;1)$-verteilt. Mit dem $(1-\frac{\alpha}{2})$-Quantil $z_{1-\frac{\alpha}{2}}$ der $N(0;1)$-Verteilung gilt daher

$$P\left(-z_{1-\frac{\alpha}{2}} \leq \sqrt{n-3}\left(U_n - \frac{1}{2} \ln \frac{1+\rho}{1-\rho}\right) \leq z_{1-\frac{\alpha}{2}}\right) \approx 1-\alpha. \tag{10.28}$$

Durch Umformung erhalten wir folgende Identitäten:

$$\left(-z_{1-\frac{\alpha}{2}} \leq \sqrt{n-3}\left(U_n - \frac{1}{2} \ln \frac{1+\rho}{1-\rho}\right) \leq z_{1-\frac{\alpha}{2}}\right) =$$

$$= \left(-\frac{z_{1-\alpha/2}}{\sqrt{n-3}} \leq U_n - \frac{1}{2} \ln \frac{1+\rho}{1-\rho} \leq \frac{z_{1-\alpha/2}}{\sqrt{n-3}}\right) =$$

$$= \left(2\left(U_n - \frac{z_{1-\alpha/2}}{\sqrt{n-3}}\right) \leq \ln \frac{1+\rho}{1-\rho} \leq 2\left(U_n + \frac{z_{1-\alpha/2}}{\sqrt{n-3}}\right)\right) =$$

$$= \left(e^{2\left(U_n - \frac{z_{1-\alpha/2}}{\sqrt{n-3}}\right)} \leq \frac{1+\rho}{1-\rho} \leq e^{2\left(U_n + \frac{z_{1-\alpha/2}}{\sqrt{n-3}}\right)}\right) =$$

$$= \left(\frac{e^{2\left(U_n - \frac{z_{1-\alpha/2}}{\sqrt{n-3}}\right)} - 1}{e^{2\left(U_n - \frac{z_{1-\alpha/2}}{\sqrt{n-3}}\right)} + 1} \leq \rho \leq \frac{e^{2\left(U_n + \frac{z_{1-\alpha/2}}{\sqrt{n-3}}\right)} - 1}{e^{2\left(U_n + \frac{z_{1-\alpha/2}}{\sqrt{n-3}}\right)} + 1}\right).$$

Zur Konfidenzzahl $1-\alpha$ ergibt sich daher näherungsweise für ρ das Konfidenzintervall

$$\left[\frac{e^{2\left(U_n - \frac{z_{1-\alpha/2}}{\sqrt{n-3}}\right)} - 1}{e^{2\left(U_n - \frac{z_{1-\alpha/2}}{\sqrt{n-3}}\right)} + 1}; \frac{e^{2\left(U_n + \frac{z_{1-\alpha/2}}{\sqrt{n-3}}\right)} - 1}{e^{2\left(U_n + \frac{z_{1-\alpha/2}}{\sqrt{n-3}}\right)} + 1}\right]. \tag{10.29}$$

Aus einer einfachen Stichprobe $(x, y) = ((x_1, y_1), \ldots, (y_1, y_n))$ mit dem (empirischen) Korrelationskoeffizient r erhalten wir mit

$$a = \ln \frac{1+r}{1-r} - 2 \frac{z_{1-\alpha/2}}{\sqrt{n-3}} \quad \text{und} \quad b = \ln \frac{1+r}{1-r} + 2 \frac{z_{1-\alpha/2}}{\sqrt{n-3}} \qquad (10.30)$$

das (empirische) Konfidenzintervall

$$\left[\frac{e^a - 1}{e^a + 1} \leq \rho \leq \frac{e^b - 1}{e^b + 1} \right] \qquad (10.31)$$

als Realisierung des Zufallsintervalls (10.29).

Beispiel 10.6. Eine einfache Stichprobe vom Umfang n = 100 aus einer zweidimensionalen normalverteilten Grundgesamtheit besitze den (empirischen) Korrelationskoeffizienten r = 0,60. Man berechne daraus ein (empirisches) Konfidenzintervall zur Konfidenzzahl $1 - \alpha = 0,95$ für den Korrelationskoeffizienten ρ der Grundgesamtheit.

Mit $z_{1-\alpha/2} = z_{0,975} = 1,960$ folgt aus (10.30)

$$a = \ln \frac{1,6}{0,4} - \frac{2 \cdot 1,96}{\sqrt{97}} = \ln 4 - \frac{3,92}{\sqrt{97}} = 1,3863 - 0,3980 = 0,9883;$$

$b = 1,3863 + 0,3980 = 1,7843;$

$e^a = 2,6866; \quad e^b = 5,9555;$

$\frac{e^a - 1}{e^a + 1} = 0,457; \quad \frac{e^b - 1}{e^b + 1} = 0,712$.

Hieraus erhält man das (empirische) Konfidenzintervall

$[0,457 \leq \rho \leq 0,712]$. ♦

10.4.2. Test eines Korrelationskoeffizienten

1. Test der Nullhypothesen $H_0: \rho = 0$; $H_0: \rho \leq 0$; $H_0: \rho \geq 0$.

Für dieses Testproblem eignet sich die Testfunktion

$$T_{n-2} = \sqrt{n-2} \, \frac{R_n}{\sqrt{1 - R_n^2}},$$

welche t-verteilt ist mit n − 2 Freiheitsgraden, falls die Hypothese H_0 richtig ist.

Es sei α die vorgegebene Irrtumswahrscheinlichkeit 1. Art und $t_{1-\alpha/2}$ oder $t_{1-\alpha}$ die $(1-\alpha/2)$- bzw. $(1-\alpha)$-Quantile der t-Verteilung mit n − 2 Freiheitsgraden.

10.4. Konfidenzintervalle und Tests des Korrelationskoeffizienten

Mit Hilfe des (empirischen) Korrelationskoeffizienten r einer einfachen zweidimensionalen Stichprobe vom Umfang n gelangt man gemäß Abschnitt 4.3.3 zu folgenden

Testentscheidungen

a) $H_0: \rho = 0; H_1: \rho \neq 0: \sqrt{n-2} \dfrac{r}{\sqrt{1-r^2}} < -t_{1-\alpha/2}$ oder $> t_{1-\alpha/2} \Rightarrow H_0$ ablehnen

b) $H_0: \rho \leq 0; H_1: \rho > 0: \sqrt{n-2} \dfrac{r}{\sqrt{1-r^2}} > t_{1-\alpha} \Rightarrow H_0$ ablehnen;

c) $H_0: \rho \geq 0; H_1: \rho < 0: \sqrt{n-2} \dfrac{r}{\sqrt{1-r^2}} < -t_{1-\alpha} \Rightarrow H_0$ ablehnen.

Beispiel 10.7. Wie groß muß der (empirische) Korrelationskoeffizient r einer einfachen Stichprobe vom Umfang 100 einer normalverteilten Grundgesamtheit mindestens sein, damit zu einer Irrtumswahrscheinlichkeit $\alpha = 0,05$ die Nullhypothese $H_0: \rho \leq 0$ zugunsten der Alternative $H_1: \rho > 0$ abgelehnt werden kann?

Aus b) folgt mit $t_{0,95} = 1,66$ die Ungleichung.

$$\dfrac{r}{\sqrt{1-r^2}} > \dfrac{1,66}{\sqrt{98}}.$$

Durch Quadrieren und anschließendes Umformen erhält man hieraus

$$\dfrac{r^2}{1-r^2} > \dfrac{1,66^2}{98}; \; r^2 > (1-r^2)\, 0,0281; \; r^2(1+0,0281) > 0,0281;$$

$r^2 > 0,0273$, d. h. $r > 0,165$. ♦

2. Test der Nullhypothesen $H_0: \rho = \rho_0; H_0: \rho \leq \rho_0; H_1: \rho \geq \rho_0$ **mit** $\rho_0 \neq 0$.

Die Testfunktion $U_n = \frac{1}{2} \ln \dfrac{1+R_n}{1-R_n}$ ist ungefähr $N(\frac{1}{2} \ln \dfrac{1+\rho_0}{1-\rho_0}; \dfrac{1}{n-3})$-verteilt, falls ρ_0 der wahre Parameter ist.

Mit den Quantilen z der $N(0;1)$-Verteilung und dem (empirischen) Korrelationskoeffizienten r einer einfachen Stichprobe vom Umfang n erhält man über die Standardisierung unmittelbar die

Testentscheidungen:

a) $H_0: \rho = \rho_0; H_1: \rho \neq \rho_0. \; \left| \ln \dfrac{1+r}{1-r} - \ln \dfrac{1+\rho_0}{1-\rho_0} \right| > \dfrac{2 z_{1-\alpha/2}}{\sqrt{n-3}} \Rightarrow H_0$ ablehnen;

b) $H_0: \rho \leq \rho_0; H_1: \rho > \rho_0. \; \ln \dfrac{1+r}{1-r} > \ln \dfrac{1+\rho_0}{1-\rho_0} + \dfrac{2 z_{1-\alpha}}{\sqrt{n-3}} \Rightarrow H_0$ ablehnen;

c) $H_0: \rho \geq \rho_0; H_1: \rho < \rho_0. \; \ln \dfrac{1+r}{1-r} < \ln \dfrac{1+\rho_0}{1-\rho_0} - \dfrac{2 z_{1-\alpha}}{\sqrt{n-3}} \Rightarrow H_0$ ablehnen.

Beispiel 10.8. Der (empirische) Korrelationskoeffizient einer einfachen Stichprobe vom Umfang n = 100 sei 0,7. Man teste mit $\alpha = 0{,}05$ die Nullhypothese $H_0: \rho \leq 0{,}6$ gegen $H_1: \rho > 0{,}6$.

Mit dem 0,95-Quantil der $N(0;1)$-Verteilung folgt

$$\ln \frac{1+\rho_0}{1-\rho_0} + \frac{2z_{1-\alpha}}{\sqrt{n-3}} = \ln \frac{1{,}6}{0{,}4} + \frac{2 \cdot 1{,}645}{\sqrt{97}} = 1{,}7203 = c.$$

Wegen $\ln \frac{1+r}{1-r} = \ln \frac{1{,}7}{0{,}3} = 1{,}7346 > c$ kann mit einer Irrtumswahrscheinlichkeit 0,05 die Nullhypothese $H_0: \rho_1 \leq 0{,}6$ abgelehnt, die Alternative $H_1: \rho > 0{,}6$ also angenommen werden. ♦

10.4.3. Test auf Gleichheit zweier Korrelationskoeffizienten

$(X^{(1)}, Y^{(1)})$ und $(X^{(2)}, Y^{(2)})$ seien zwei normalverteilte zweidimensionale Zufallsvariable mit den Korrelationskoeffizienten ρ_1 und ρ_2. Falls die Zufallsvariablen

$$R_{n_1}^{(1)} = R_{n_1}^{(1)}(X^{(1)}, Y^{(1)}) = \frac{\sum_{i=1}^{n_1} (X_i^{(1)} - \overline{X^{(1)}})(Y_i^{(1)} - \overline{Y^{(1)}})}{\sqrt{\sum_{i=1}^{n_1} (X_i^{(1)} - \overline{X^{(1)}})^2 \sum_{i=1}^{n_1} (Y_i^{(1)} - \overline{Y^{(1)}})^2}}$$

$$R_{n_2}^{(2)} = R_{n_2}^{(2)}(X^{(2)}, Y^{(2)}) = \frac{\sum_{i=1}^{n_2} (X_i^{(2)} - \overline{X^{(2)}})(Y_i^{(2)} - \overline{Y^{(2)}})}{\sqrt{\sum_{i=1}^{n_2} (X_i^{(2)} - \overline{X^{(2)}})^2 \sum_{i=1}^{n_2} (Y_i^{(2)} - \overline{Y^{(2)}})^2}}$$

(stochastisch) unabhängig sind und die zweidimensionalen Zufallsvariablen $(X_1^{(1)}, Y_1^{(1)}), \ldots, (X_{n_1}^{(1)}, Y_{n_1}^{(1)})$ bzw. $(X_1^{(2)}, Y_1^{(2)}), \ldots, (X_{n_2}^{(2)}, Y_{n_2}^{(2)})$ unabhängig und identisch verteilt sind mit der Korrelation ρ_1 bzw. ρ_2, so ist die Differenz

$$U_{n_1}^{(1)} - U_{n_2}^{(2)} = \frac{1}{2} \ln \frac{1+R_{n_1}^{(1)}}{1-R_{n_1}^{(1)}} - \frac{1}{2} \ln \frac{1+R_{n_2}^{(2)}}{1-R_{n_2}^{(2)}}$$

asymptotisch $N(\frac{1}{2} \ln \frac{1+\rho_1}{1-\rho_1} - \frac{1}{2} \ln \frac{1+\rho_2}{1-\rho_2}; \frac{1}{n_1-3} + \frac{1}{n_2-3})$-verteilt.

Im Falle $\rho_1 = \rho_2$ ist $U_{n_1}^{(1)} - U_{n_2}^{(2)}$ asymptotisch $N(0; \frac{1}{n_1-3} + \frac{1}{n_2-3})$-verteilt.

Sind r_1 und r_2 die (empirischen) Korrelationskoeffizienten einfacher Stichproben vom Umfang n_1 für $(X^{(1)}, Y^{(1)})$ bzw. vom Umfang n_2 für $(X^{(2)}, Y^{(2)})$, dann erhält

10.4. Konfidenzintervalle und Tests des Korrelationskoeffizienten

man zu einer vorgegebenen Irrtumswahrscheinlichkeit α mit den Quantilen $z_{1-\alpha/2}$, $z_{1-\alpha}$ der $N(0;1)$-Verteilung folgende

Testentscheidungen:

a) $H_0: \rho_1 = \rho_2; H_1: \rho_1 \neq \rho_2$.

$$\left| \ln \frac{1+r_1}{1-r_1} - \ln \frac{1+r_2}{1-r_2} \right| > 2 z_{1-\alpha/2} \sqrt{\frac{1}{n_1-3} + \frac{1}{n_2-3}} \Rightarrow H_0 \text{ ablehnen};$$

b) $H_0: \rho_1 \leq \rho_2; H_1: \rho_1 > \rho_2$.

$$\ln \frac{1+r_1}{1-r_1} > \ln \frac{1+r_2}{1-r_2} + 2 z_{1-\alpha} \sqrt{\frac{1}{n_1-3} + \frac{1}{n_2-3}} \Rightarrow H_0 \text{ ablehnen};$$

c) $H_0: \rho_1 \geq \rho_2; H_1: \rho_1 < \rho_2$.

$$\ln \frac{1+r_1}{1-r_1} < \ln \frac{1+r_2}{1-r_2} - 2 z_{1-\alpha} \sqrt{\frac{1}{n_1-3} + \frac{1}{n_2-3}} \Rightarrow H_0 \text{ ablehnen}.$$

Beispiel 10.9. Mit $\alpha = 0,05$ teste man die Hypothese $H_0: \rho_1 = \rho_2$ gegen die Alternative $H_1: \rho_1 \neq \rho_2$. Dazu seien aus zwei Stichproben vom Umfang 80 bzw. 110 die (empirischen) Korrelationskoeffizienten berechnet als $r_1 = 0,6$ bzw. $r_2 = 0,5$.

Aus den gegebenen Werten folgt

$$2 z_{1-\alpha/2} \sqrt{\frac{1}{n_1-3} + \frac{1}{n_2-3}} = 2 \cdot 1,645 \sqrt{\frac{1}{77} + \frac{1}{107}} = 0,49 = c;$$

$$\left| \ln \frac{1+r_1}{1-r_1} - \ln \frac{1+r_2}{1-r_2} \right| = \ln \frac{1,6}{0,4} - \ln \frac{1,5}{0,5} = \ln 4 - \ln 3 = 0,29 = v_{ber}. \text{ Wegen } v_{ber.} < c \text{ kann}$$

die Nullhypothese $\rho_1 = \rho_2$ mit einer Irrtumswahrscheinlichkeit von 0,05 nicht abgelehnt werden.

11. Regressionsanalyse

Die Regressionsanalyse (wir beschränken uns auf den zweidimensionalen Fall) behandelt folgendes Problem: Aus den Realisierungen einer Zufallsvariablen X sollen wahrscheinlichkeitstheoretische Aussagen, d.h. Vorhersagen über die Werte einer zweiten Zufallsvariablen Y gemacht werden. Dabei sind selbstverständlich nur dann sinnvolle Vorhersagen möglich, wenn die beiden Zufallsvariablen X und Y (stochastisch) abhängig sind, wenn also eine sog. *(stochastische) Bindung* zwischen X und Y besteht. Falls nämlich X und Y (stochastisch) unabhängige Zufallsvariable sind, ist die Wahrscheinlichkeitsverteilung der einen Zufallsvariablen unabhängig von der anderen. Daher liefert eine der beiden Zufallsvariablen überhaupt keine Information über die Verteilung der anderen Zufallsvariablen. Wir betrachten zunächst folgende Beispiele.

Zwischen der Seitenlänge x eines Quadrates und dessen Flächeninhalt y besteht die Beziehung $y = x^2$. Durch die Vorgabe des Zahlenwertes x ist somit y eindeutig bestimmt, zwischen x und y besteht ein *funktionaler Zusammenhang*. Derselbe Sachverhalt liegt allgemein im deterministischen Fall vor, wo $y = \varphi(x)$ eine Funktion in x ist.

Der Bremsweg eines bestimmten Pkw-Typs hängt wesentlich von der Geschwindigkeit ab, die der Pkw unmittelbar vor dem Bremsbeginn erreicht hat. Diese Geschwindigkeit bestimmt jedoch den Bremsweg nicht eindeutig, weil er durch viele weitere Größen beeinflußt wird, z. b. durch den Zustand der Bremsen und Reifen, die Straßenbeschaffenheit, das Ladegewicht und das Verhalten des Fahrers während des Bremsvorgangs. Werden bei konstanter Geschwindigkeit x mehrere Bremsversuche unternommen, so erhält man im allgemeinen verschiedene Bremswege als Realisierungen einer Zufallsvariablen Y(x). Zu jedem Geschwindigkeitswert x gehört also eine Zufallsvariable Y(x). Aus Erfahrung ist bekannt, daß die Erwartungswerte $m(x) = E(Y(x))$ und die Varianzen $\sigma^2(x) = D^2(Y(x))$ mit wachsendem x größer werden. Die Faustregel „größere Geschwindigkeit = größerer Bremsweg" ist zwar häufig, jedoch nicht immer erfüllt. Aus der Geschwindigkeit können also keine deterministischen, sondern nur wahrscheinlichkeitstheoretische Aussagen über den Bremsweg gemacht werden.

Weitere solche Beispiele sind das Gewicht einer zufällig ausgewählten Person in Abhängigkeit von der Körpergröße, der Blutdruck eines Menschen als Funktion des Alters oder der Sauerstoffgehalt des Wassers in Abhängigkeit der Meerestiefe, wobei dieser mit wachsender Tiefe im Mittel abnimmt.

Wir werden zwei Regressionsarten behandeln: Die *Regression erster Art* liefert mit Hilfe der exakten „Regressionskurven" die „besten" Schätzwerte, während sich die *Regression zweiter Art* i. a. mit Näherungskurven beschäftigt und somit schwächere Aussagen macht. Da die Behandlung einer zweidimensionalen Stichprobe anschaulicher ist als die einer zweidimensionalen Zufallsvariablen, beginnen wir mit dem „empirischen" Teil und übertragen anschließend die dort benutzten Begriffe auf das „stochastische Modell".

11.1. Die Regression erster Art

11.1.1. Die (empirischen) Regressionskurven 1. Art einer zweidimensionalen Stichprobe

Wir beginnen unsere Betrachtungen mit dem einführenden

Beispiel 11.1 (vgl. Beispiel 8.2). Es werden noch einmal die Mathematik- und Deutschzensuren von 90 Abiturienten des Beispiels 8.2 betrachtet, die in Tabelle 11.1 übersichtlich dargestellt sind.

11 1. Die Regression erster Art

Tabelle 11.1. Berechnung der bedingten Mittelwerte

x_i^* \ y_k^*	Deutschzensur					$h_i.$	$\bar{y}/x_i^*$
	1	2	3	4	5		
1	1	3	2	0	0	6	$\frac{13}{6} = 2{,}17$
2 (Mathematikzensur)	4	7	10	3	0	24	$\frac{60}{24} = 2{,}50$
3	1	6	15	11	2	35	$\frac{112}{35} = 3{,}20$
4	0	2	6	12	1	21	$\frac{75}{21} = 3{,}57$
5	0	0	3	1	0	4	$\frac{13}{4} = 3{,}25$
$h_{.k}$	6	18	36	27	3	n = 90	
$\bar{x}/y_k^*$	$\frac{12}{6}=2$	$\frac{43}{18}=2{,}39$	$\frac{106}{36}=2{,}94$	$\frac{92}{27}=3{,}41$	$\frac{10}{3}=3{,}33$		

Für festes x_i^* bezeichnen wir mit $\bar{y}/x_i^*$ den Mittelwert der Deutschzensur derjenigen Schüler, die in Mathematik die Zensur x_i^* erhielten. Es gilt also

$$\bar{y}/x_i^* = \frac{1}{h_i.} \sum_{k=1}^{5} h_{ik}\, y_k^* \quad \text{für } i = 1, 2, \ldots, 5. \tag{11.1}$$

In der letzten Spalte der Tabelle 11.1 wurden diese sog. *bedingten Mittelwerte* $\bar{y}/x_i^*$ berechnet. Die Punkte $(x_i^*, \bar{y}/x_i^*)$, $i = 1, 2, \ldots, 5$, sind in Bild 11.1 eingezeichnet und geradlinig verbunden. Die so entstandene Kurve heißt *(empirische) Regressionskurve der Stichprobe y bezüglich x*. Auf ihr liegen die Mittelwerte der Deutschzensuren in Abhängigkeit von der Mathematikzensur. Entsprechend stellen die bedingten Mittelwerte

$$\bar{x}/y_k^* = \frac{1}{h_{.k}} \sum_{i=1}^{5} h_{ik}\, x_i^*, \quad k = 1, 2, \ldots, 5 \tag{11.2}$$

die Mathematikzensurendurchschnitte derjenigen Abiturienten dar, die in Deutsch die Zensur y_k^* erhielten. Diese Werte sind in der letzten Zeile von Tabelle 11.1 berechnet. Verbindet man wieder die entsprechenden Punkte geradlinig (Bild 11.1), dann erhält man die *(empirische) Regressionskurve der Stichprobe x bezüglich y*, also die mittleren Mathematiknoten in Abhängigkeit von der Deutschzensur. ♦

Eine Bestimmung der (empirischen) Regressionskurven nach der in Beispiel 11.1 durchgeführten Methode ist nur dann sinnvoll, wenn in der Stichprobe

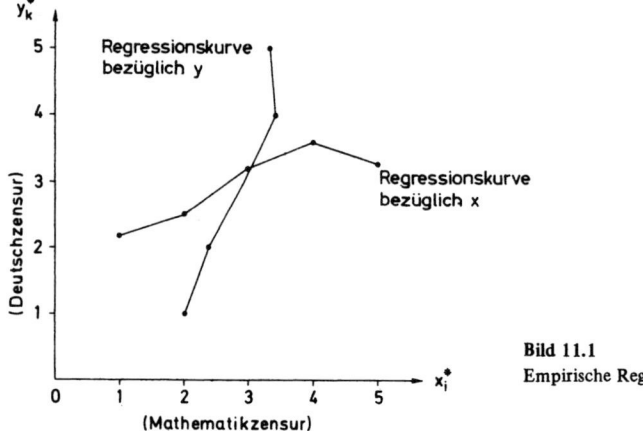

Bild 11.1
Empirische Regressionskurven

$(x, y) = ((x_1, y_1), (x_2, y_2), \ldots, (x_n, y_n))$ bei mehreren Zahlenpaaren die x- bzw. die y-Komponenten übereinstimmen. Dies ist genau dann der Fall, wenn in der gezeichneten Punktwolke verschiedene Punkte vertikal übereinander bzw. horizontal nebeneinander liegen. Diese Bedingung ist meistens erfüllt, wenn es sich um eine gemeinsame Stichprobe zweier diskreter Merkmale mit jeweils nur endlich vielen möglichen Merkmalwerten handelt und außerdem der Stichprobenumfang n groß ist. Dazu bringen wir die

Definition 11.1

a) Die zweidimensionale Stichprobe (x, y) sei in der (nach den x-Komponenten der Größe nach geordneten) Form

$$(x, y) = ((x_1^*, y_{11}), (x_1^*, y_{12}), \ldots, (x_1^*, y_{1n_1}), (x_2^*, y_{21}), \ldots, (x_m^*, y_{m1}), \ldots$$
$$\ldots, (x_m^*, y_{mn_m}))$$

gegeben, wobei die Merkmalwerte $x_1^*, x_2^*, \ldots, x_m^*$ alle verschieden sind. Dann heißen die Mittelwerte

$$g(x_i^*) = \bar{y}/x_i^* = \frac{1}{n_i} \sum_{k=1}^{n_i} y_{ik} = \frac{1}{n_i} y_i. \text{ für } i = 1, 2, \ldots, m \qquad (11.3)$$

die *bedingten Mittelwerte* von y bezüglich x.

Die durch $g(x_i^*) = \bar{y}/x_i^*$ für $i = 1, 2, \ldots, m$ auf den x-Werten definierte Funktion g heißt (empirische) *Regressionsfunktion 1. Art von y bezüglich x*. Jede durch die Punkte $(x_i^*, g(x_i^*))$, $i = 1, 2, \ldots, m$, verlaufende Kurve heißt *(empirische) Regressionskurve 1. Art von y bezüglich x*.

11.1. Die Regression erster Art

b) Ist die Stichprobe (x, y) nach den y-Komponenten geordnet, also

$$(x, y) = ((x_{11}, y_1^*), (x_{12}, y_1^*), \ldots, (x_{1s_1}, y_1^*), \ldots, (x_{r1}, y_r^*), (x_{r2}, y_r^*), \ldots$$
$$\ldots, (x_{rs_r}, y_r^*))$$

mit verschiedenen Merkmalwerten $y_1^*, y_2^*, \ldots, y_r^*$, so heißen die Mittelwerte

$$h(y_k^*) = \bar{x}/y_k^* = \frac{1}{s_k} \sum_{i=1}^{s_k} x_{ki} = \frac{1}{s_k} x_k. \quad , k = 1, 2, \ldots, r \tag{11.4}$$

die *bedingten Mittelwerte* von x bezüglich y. Die durch $h(x_k^*) = \bar{x}/y_k^*$ definierte Funktion heißt *(empirische) Regressionsfunktion 1. Art von x bezüglich y*. Jede Kurve, welche durch die Punkte $(h(y_k^*), y_k^*), k = 1, 2, \ldots, r$ verläuft, nennt man *(empirische) Regressionskurve 1. Art von x bezüglich y*.

Kommen keine Zahlenpaare in der Stichprobe doppelt vor, so läßt sie sich als Punktwolke graphisch übersichtlich darstellen, da dann keine Häufigkeiten berücksichtigt zu werden brauchen. In Bild 11.2 ist eine solche Punktwolke mit ihren zugehörigen Regressionskurven skizziert.

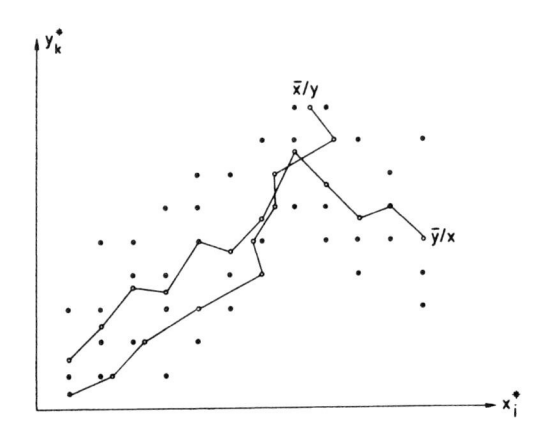

Bild 11.2 Regressionskurven einer Punktwolke

Falls in einer Punktwolke keine Punkte vertikal übereinander liegen, muß eine (empirische) Regressionskurve von y bezüglich x durch sämtliche Punkte gehen. Da eine solche Kurve aber i.a. starke Schwankungen aufweist, ist es zweckmäßig, bezüglich des x-Merkmals eine Klasseneinteilung vorzunehmen und die Mittelwerte der in einer Klasse liegenden y-Werte über den Klassenmitten aufzutragen. Verbindet man dann die entsprechenden Punkte geradlinig, so ergibt sich eine Regressionskurve, die natürlich von der Klasseneinteilung abhängt. Im nachfolgenden Beispiel wird eine solche Regressionskurve bestimmt.

Beispiel 11.2. Bei 20 zufällig ausgewählten Studenten wurde die Körpergröße (in cm) und das Körpergewicht (in kg) festgestellt. Die der Körpergröße nach geordneten Meßwerte sind in Tabelle 11.2 zusammengestellt.

Tabelle 11.2. Bestimmung der Regressionskurven bei Klasseneinteilung

Klasseneinteilung	Körpergröße	Gewicht	h_i	$\bar{y}/\hat{x}_i$ (Mittelwerte)
$165 \leqslant x < 170$	165 167 168	64 67 70	3	67
$170 \leqslant x < 175$	171 172 173 174	65 75 65 68	4	68,25
$175 \leqslant x < 180$	175 175 176 178 179	70 79 74 77 72	5	74,4
$180 \leqslant x < 185$	180 181 183 183 184	73 76 78 80 72	5	75,8
$185 \leqslant x < 190$	185 188 189	78 82 88	3	82,67
			n = 20	

Die Klassenmitten bezeichnen wir mit $\hat{x}_i$. Aus den Mittelwerten $\bar{y}/\hat{x}_i$ der in der i-ten Klasse liegenden y-Komponenten erhalten wir die in Bild 11.3 gezeichnete (empirische) Regressionskurve $\bar{y}/\hat{x}$. ♦

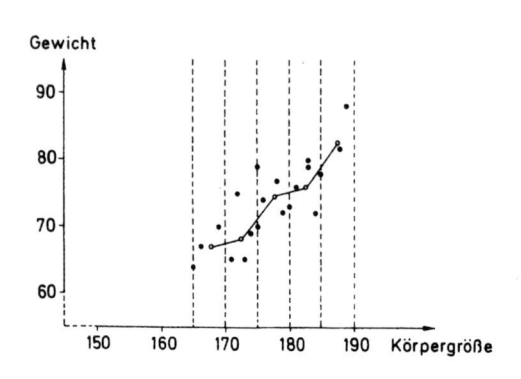

Bild 11.3
Empirische Regressionskurve bei Klasseneinteilung

11.1. Die Regression erster Art

Bemerkung: Durch eine Klasseneinteilung der y-Werte bekommt man entsprechend eine (empirische) Regressionslinie $\bar{x}/\hat{y}$.

Der Funktionswert $g(x_i^*) = \bar{y}/x_i^*$ ist der (empirische) Mittelwert derjenigen y-Komponenten, die zusammen mit x_i^* als Zahlenpaare in der Stichprobe (x, y) auftreten. Nach (1.31) folgt für jede von diesem Mittelwert verschiedene Konstante c_i die Ungleichung

$$\sum_{k=1}^{n_i} [y_{ik} - g(x_i^*)]^2 < \sum_{k=1}^{n_i} [y_{ik} - c_i]^2 \quad \text{für } c_i \neq g(x_i^*). \tag{11.5}$$

Für festes i ist also die Summe der Abstandsquadrate der Werte y_{ik} von $g(x_i^*)$ minimal.

Wir zeigen nun den

> **Satz 11.1**
> Die (empirische) Regressionsfunktion 1. Art von y bezüglich x ist unter allen auf $\{x_1^*, \ldots, x_m^*\}$ definierten Funktionen u diejenige, für welche die Summe der vertikalen Abstandsquadrate aller Stichprobenwerte minimal wird. Für alle Funktionen u gilt also
>
> $$\sum_{i=1}^{m} \sum_{k=1}^{n_i} [y_{ik} - u(x_i^*)]^2 \geq \sum_{i=1}^{m} \sum_{k=1}^{n_i} [y_{ik} - g(x_i^*)]^2, \tag{11.6}$$
>
> wobei in (11.6) genau dann das Gleichheitszeichen steht, wenn für alle i gilt $u(x_i^*) = g(x_i^*) = \bar{y}/x_i^*$.

Beweis: Ist für einen Index i der Funktionswert $u(x_i^*)$ von $g(x_i^*)$ verschieden, so folgt aus (11.5) mit $c_i = u(x_i^*)$ die Ungleichung

$$\sum_{k=1}^{n_i} [y_{ik} - g(x_i^*)]^2 < \sum_{k=1}^{n_i} [y_{ik} - u(x_i^*)]^2.$$

Summation über i liefert hieraus unmittelbar die Behauptung. ∎

Bemerkung: In (11.6) wird die Summe der vertikalen Abstandsquadrate der Stichprobenwerte von den (empirischen) Regressionskurven 1. Art von y bezüglich x berechnet. Auf diese Summe hat der Verlauf der Regressionskurve zwischen zwei nebeneinander liegenden x_i^*-Werten keinen Einfluß, da es über diesen Bereichen keine Stichprobenwerte gibt (vgl. Bild 11.2).

Für die (empirische) Regressionsfunktion h von x bezüglich y gilt natürlich eine analoge Formel, wobei dann die Summe der horizontalen Abstandsquadrate minimal ist.

Im Sinne dieses sog. *Prinzips der kleinsten Quadrate* nach Gauß (1777–1855) sind also die beiden (empirischen) Regressionsfunktionen unter allen auf den x- bzw. y-Werten einer Stichprobe erklärten Funktionen optimal.

11.1.2. Die Regressionskurven 1. Art zweier Zufallsvariabler

a) Diskrete Zufallsvariable

Beispiel 11.3. X und Y seien zwei diskrete Zufallsvariable mit dem jeweiligen Wertevorrat $W(X) = W(Y) = \{1, 2, 3, 4\}$ und der in Bild 11.4 dargestellten gemeinsamen Verteilung. Dabei sind diejenigen Paare (x_i, y_k), die von der zweidimensionalen Zufallsvariablen (X, Y) angenommen werden können, mit einem Punkt gezeichnet; die entsprechenden Wahrscheinlichkeiten stehen als Code-Zahlen daneben. Die Randverteilungen ergeben sich folglich zu

x_i	1	2	3	4
$P(X = x_i)$	0,15	0,35	0,4	0,1

;

y_k	1	2	3	4
$P(Y = y_k)$	0,15	0,4	0,2	0,25

.

Daraus berechnen wir die Erwartungswerte als

$$E(X) = 0{,}15 + 2 \cdot 0{,}35 + 3 \cdot 0{,}4 + 4 \cdot 0{,}1 = 2{,}45;$$
$$E(Y) = 0{,}15 + 2 \cdot 0{,}4 + 3 \cdot 0{,}2 + 4 \cdot 0{,}25 = 2{,}55.$$

Nimmt die Zufallsvariable X den Wert 1 an, so bleiben für die Zufallsvariable Y die möglichen Werte 1 oder 2. Für die entsprechenden bedingten Wahrscheinlichkeiten erhalten wir definitionsgemäß (vgl. [2] 1.6)

$$P(Y = 1/X = 1) = \frac{P(Y = 1, X = 1)}{P(X = 1)} = \frac{0{,}05}{0{,}15} = \frac{1}{3};$$

$$P(Y = 2/X = 1) = \frac{P(Y = 2, X = 1)}{P(X = 1)} = \frac{0{,}1}{0{,}15} = \frac{2}{3}.$$

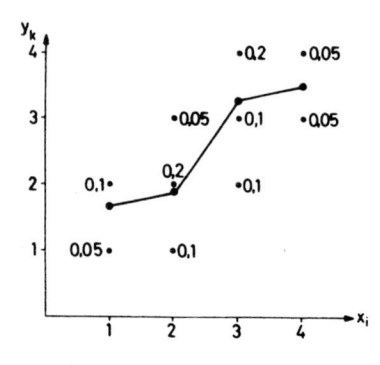

Bild 11.4. Regressionskurve

11.1. Die Regression erster Art

Die in diesen Beziehungen erklärte sog. *bedingte Zufallsvariable* bezeichnen wir mit $Y/X = 1$ (sprich „Y unter der Bedingung $X = 1$"). Sie besitzt den Erwartungswert

$$E(Y/X = 1) = 1 \cdot \frac{1}{3} + 2 \cdot \frac{2}{3} = \frac{5}{3}.$$

$E(Y/X = 1)$ heißt der *bedingte Erwartungswert der Zufallsvariablen* Y, *wenn* $X = 1$ *ist*.

Entsprechend sind die bedingten Erwartungswerte

$$E(Y/X = 2) = \frac{1}{0{,}35}(1 \cdot 0{,}1 + 2 \cdot 0{,}2 + 3 \cdot 0{,}05) = \frac{0{,}65}{0{,}35} = \frac{13}{7};$$

$$E(Y/X = 3) = \frac{1}{0{,}4}(2 \cdot 0{,}1 + 3 \cdot 0{,}1 + 4 \cdot 0{,}2) = \frac{1{,}3}{0{,}4} = 3{,}25;$$

$$E(Y/X = 4) = \frac{1}{0{,}1}(3 \cdot 0{,}05 + 4 \cdot 0{,}05) = \frac{0{,}35}{0{,}1} = 3{,}5$$

erklärt.

Verbindet man die in Bild 11.4 mit dem Symbol ● gekennzeichneten Punkte $(x_i, E(Y/X = x_i))$, $i = 1, 2, 3, 4$, geradlinig miteinander, so gewinnt man eine sog. *Regressionskurve 1. Art von* Y *bezüglich* X. Die auf dem Wertevorrat W der Zufallsvariablen X durch

$$g(x_i) = E(Y/X = x_i), \quad i = 1, 2, 3, 4$$

definierte Funktion g heißt *Regressionsfunktion 1. Art von* Y *bezüglich* X. Ihre Werte erfüllen die Beziehung

$$E(Y/X = 1) P(X = 1) + E(Y/X = 2) P(X = 2) + E(Y/X = 3) P(X = 3) +$$
$$+ E(Y/X = 4) P(X = 4) = \frac{5}{3} \cdot 0{,}15 + \frac{13}{7} \cdot 0{,}35 +$$
$$+ 3{,}25 \cdot 0{,}4 + 3{,}5 \cdot 0{,}1 = 2{,}55 = E(Y),$$

eine Eigenschaft, die wir in Satz 11.2 für beliebige diskrete Zufallsvariable zeigen werden. ♦

Wir betrachten nun zwei beliebige diskrete Zufallsvariable X und Y mit der gemeinsamen Verteilung

$$((x_i, y_k), p_{ik} = P(X = x_i, Y = y_k)), \quad i = 1, 2, \ldots; k = 1, 2, \ldots. \tag{11.7}$$

Daraus folgt insbesondere

$$\begin{aligned} P(X = x_i) &= \sum_k p_{ik} = p_{i \cdot}, \ i = 1, 2, \ldots; \\ P(Y = y_k) &= \sum_i p_{ik} = p_{\cdot k}, \ k = 1, 2, \ldots. \end{aligned} \tag{11.8}$$

Nach Definition der bedingten Wahrscheinlichkeit gilt für alle Paare (x_i, y_k)

$$P(Y = y_k/X = x_i) = \frac{P(X = x_i, Y = y_k)}{P(X = x_i)} = \frac{p_{ik}}{p_{i\cdot}}. \tag{11.9}$$

Bei festem i besitzt also die Zufallsvariable $Y/X = x_i$ die Verteilung

$$(y_k, P(Y = y_k/X = x_i)) = \left(y_k, \frac{p_{ik}}{p_{i\cdot}}\right), \quad k = 1, 2, \ldots \tag{11.10}$$

und den Erwartungswert

$$E(Y/X = x_i) = \sum_k y_k \frac{p_{ik}}{p_{i\cdot}} = \frac{1}{p_{i\cdot}} \sum_k y_k\, p_{ik}, \quad i = 1, 2, \ldots. \tag{11.11}$$

Für diese Erwartungswerte geben wir die

Definition 11.2. Die durch $g(x_i) = E(Y/X = x_i)$ auf dem Wertevorrat W der diskreten Zufallsvariablen X definierte Funktion g heißt *Regressionsfunktion 1. Art von Y bezüglich X*. Jede durch die Punktmenge $\{(x_i, E(Y/X = x_i)), i = 1, 2, \ldots\}$ verlaufende Kurve heißt *Regressionskurve 1. Art von X bezüglich Y*. Liegen diese Punkte auf einer Geraden, so spricht man von einer *linearen* oder *geradlinigen Regression*.

Im diskreten Fall ist also die Regressionsfunktion von Y bezüglich X zunächst nur auf dem Wertevorrat der Zufallsvariablen X bestimmt. Sie kann außerhalb dieser Werte beliebig, z. B. durch geradlinige Verbindung zu einer Regressionskurve fortgesetzt werden. Die Zufallsvariable $Y/X = x_i$ besitzt nach (11.10) die Varianz

$$\begin{aligned}D^2(Y/X = x_i) &= \sum_k [y_k - E(Y/X = x_i)]^2\, P(Y = y_k/X = x_i) = \\ &= \frac{1}{p_{i\cdot}} \sum_k [y_k - E(Y/X = x_i)]^2\, p_{ik} \quad \text{für } i = 1, 2, \ldots.\end{aligned} \tag{11.12}$$

Ist diese Varianz klein, so nimmt die Zufallsvariable $Y/X = x_i$ mit großer Wahrscheinlichkeit Werte in der unmittelbaren Umgebung ihres Erwartungswertes $E(Y/X = x_i)$ an. Dann erhält man in $E(Y/X = x_i)$ meistens eine brauchbare Näherungsvorhersage für den Wert der Zufallsvariablen Y, falls X den Wert x_i annimmt. Auf die Bestimmung der Realisierung der Zufallsvariablen Y kann in diesem Falle verzichtet werden.

Ist $\mu = E(Z)$ der Erwartungswert einer beliebigen Zufallsvariablen Z, so gilt bekanntlich für jede beliebige reelle Zahl $c \neq \mu$

$$E[Z - \mu]^2 < E[Z - c]^2. \tag{11.13}$$

11.1. Die Regression erster Art

Jede Zufallsvariable Z streut also am schwächsten um ihren Erwartungswert. Hieraus folgt mit $Z = Y/X = x_i$ für jedes $c_i \neq E(Y/X = x_i)$

$$E[(Y/X = x_i) - E(Y/X = x_i)]^2 < E[(Y/X = x_i) - c_i]^2. \qquad (11.14)$$

Wird zur Vorhersage von Y, falls $X = x_i$ eingetreten ist, nicht der bedingte Erwartungswert $E(Y/X = x_i)$, sondern ein durch x_i bestimmter, von $E(Y/X = x_i)$ verschiedener Zahlenwert $u(x_i) = c_i$ benutzt, so streut die Zufallsvariable $Y/X = x_i$ stärker um diesen Zahlenwert als um $E(Y/X = x_i)$. Daher liefert $E(Y/X = x_i)$ in diesem Falle im Mittel die bestmöglichen Vorhersagen über Y.

Sind die Varianzen $D^2(Y/X = x_i)$ für alle i klein, dann nimmt die zweidimensionale Zufallsvariable (X, Y) mit großer Wahrscheinlichkeit Werte an, die in der Nähe der Regressionskurve 1. Art von Y bezüglich X liegen.

Für eine einfache Stichprobe (x, y) ist die (empirische) Regressionskurve $\bar{y}/x$ Realisierung der Regressionskurve von Y bezüglich X.

Falls die Zufallsvariablen X und Y (stochastisch) unabhängig sind, folgt wegen $P(X = x_i, Y = y_k) = P(X = x_i) P(Y = y_k) = p_{i\cdot} \cdot p_{\cdot k}$ aus (11.9)

$$P(Y = y_k / X = x_i) = \frac{p_{i\cdot} \cdot p_{\cdot k}}{p_{i\cdot}} = p_{\cdot k} = P(Y = y_k) \quad \text{für alle i, k}$$

und hieraus schließlich

$$E(Y/X = x_i) = \sum_k y_k P(Y = y_k) = E(Y) \quad \text{für alle i.} \qquad (11.15)$$

Die Werte der Zufallsvariablen X liefern hier keine zusätzliche Information über den Erwartungswert der Zufallsvariablen Y. Die Punkte $(x_i, E(Y/X = x_i))$, $i = 1, 2, ..$ liegen dann auf einer Geraden, die zur x-Achse parallel verläuft.

Besteht zwischen den beiden Zufallsvariablen X und Y eine lineare Beziehung $Y = aX + b$; $a, b \in \mathbb{R}$, so nimmt die zweidimensionale Zufallsvariable (X, Y) höchstens Werte auf der Geraden $y = ax + b$ an. Diese Gerade ist Regressionskurve 1. Art von Y bezüglich X.

Allgemein ist mit dem Wert x_i der Zufallsvariablen X auch $g(x_i) = E(Y/X = x_i)$ bestimmt.

Daher ist $(E(Y/X = x_i), p_{i\cdot} = P(X = x_i))$, $i = 1, 2, ...$ Verteilung einer diskreten Zufallsvariablen, die wir mit $E(Y/X) = g(X)$ bezeichnen. Nachfolgend ist die Verteilung dieser diskreten Zufallsvariablen explizit angegeben.

Verteilung von $E(Y/X)$:	$E(Y/X = x_1)$	$E(Y/X = x_2)$	$E(Y/X = x_3)$	...
	$P(X = x_1)$	$P(X = x_2)$	$P(X = x_3)$	...

Definition 11.3. Die Zufallsvariable $E(Y/X)$ heißt *bedingter Erwartungswert von Y unter der Bedingung X.*

Für den Erwartungswert dieser Zufallsvariablen zeigen wir den

Satz 11.2
X und Y seien diskrete Zufallsvariable, wobei $E(Y)$ existiere. Dann besitzt die Zufallsvariable $E(Y/X)$ den Erwartungswert

$$E[E(Y/X)] = \sum_i E(Y/X = x_i) P(X = x_i) = E(Y). \qquad (11.16)$$

Beweis: Aus (11.11) folgt mit $P(X = x_i) = p_i$.

$$\sum_i E(Y/X = x_i) P(X = x_i) = \sum_i \frac{1}{p_{i\cdot}} \sum_k y_k p_{ik} p_{i\cdot} = \sum_i \sum_k y_k p_{ik} =$$

$$= \sum_k y_k \sum_i p_{ik} = \sum_k y_k p_{\cdot k} = \sum_k y_k P(Y = y_k) = E(Y). \qquad \blacksquare$$

Die Regressionsfunktion 1. Art erfüllt folgende Minimaleigenschaft:

Satz 11.3
Die mittlere quadratische Abweichung der Zufallsvariablen Y von der Funktion $u(X)$ ist am kleinsten, wenn $u(X) = E(Y/X) = g(X)$ ist. Es gilt also

$$E[Y - E(Y/X)]^2 = \min E[Y - u(X)]^2, \qquad (11.17)$$

wobei das Minimum über alle Funktionen $u(X)$ (= von X abhängige Funktionen) gebildet wird.

Beweis: Falls die zweidimensionale Zufallsvariable (X, Y) den Wert (x_i, y_k) annimmt, besitzt die Zufallsvariable $[Y - u(X)]^2$ den Wert $[y_k - u(x_i)]^2$. Daraus folgt

$$E[Y - u(X)]^2 = \sum_i \sum_k [y_k - u(x_i)]^2 p_{ik}.$$

Wegen (11.9) und (11.14) geht mit $E(Y/X = x_i) = g(x_i)$ diese Gleichung über in

$$E[Y - u(X)]^2 = \sum_i \sum_k [y_k - u(x_i)]^2 p_{i\cdot} \cdot P(Y = y_k/X = x_i) =$$

$$= \sum_i p_{i\cdot} \sum_k [y_k - u(x_i)]^2 P(Y = y_k / X = x_i) \geq$$

$$\geq \sum_i p_{i\cdot} \sum_k [y_k - g(x_i)]^2 P(Y = y_k/X = x_i) =$$

$$= \sum_i \sum_k [y_k - g(x_i)]^2 p_{ik} = E[Y - g(X)]^2. \qquad \blacksquare$$

11.1. Die Regression erster Art

Die Zufallsvariable $g(X) = E(Y/X)$ erfüllt also die *Minimaleigenschaft:* Die vertikalen Abstandsquadrate der zweidimensionalen Zufallsvariablen (X, Y) von $g(X)$ besitzen unter allen möglichen Funktionen minimalen Erwartungswert. Damit ist die Regressionsfunktion 1. Art $E(Y/X = x)$ optimal im Sinne des *Gaußschen Prinzips des kleinsten Erwartungswertes der vertikalen Abstandsquadrate.* Wird auf Grund der Realisierung x_i der Zufallsvariablen X der Funktionswert $g(x_i) = E(Y/X = x_i)$ als Vorhersagewert für die Zufallsvariable Y verwendet, so ist hiermit der mittlere quadratische Fehler minimal.

Vertauscht man in den obigen Ausführungen die Zufallsvariablen X und Y, dann erhält man unmittelbar die entsprechenden Größen

$$P(X = x_i/Y = y_k) = \frac{P(X = x_i, Y = y_k)}{P(Y = y_k)} = \frac{p_{ik}}{p_{\cdot k}} ; \tag{11.18}$$

$$E(X/Y = y_k) = \sum_i x_i P(X = x_i/Y = y_k) = \frac{1}{p_{\cdot k}} \sum_i x_i p_{ik} \quad \text{für } k = 1, 2, \ldots \tag{11.19}$$

Das Analogon zu Definition 11.2 ist die

Definition 11.2'. Die durch $h(y_k) = E(X/Y = y_k)$ auf dem Wertevorrat der diskreten Zufallsvariablen Y definierte Funktion h heißt *Regressionsfunktion 1. Art von X bezüglich Y.* Jede durch die Punkte $(E(X/Y = y_k), y_k)$, $k = 1, 2, \ldots$ verlaufende Kurve nennt man *Regressionskurve 1. Art von X bezüglich Y.*

b) Stetige Zufallsvariable

Wir betrachten nun zwei stetige Zufallsvariable (X, Y) mit der gemeinsamen Dichte $f(x, y)$ und den Randdichten $f_1(x) = \int_{-\infty}^{+\infty} f(x, y) \, dy$, $f_2(y) = \int_{-\infty}^{+\infty} f(x, y) \, dx$ (vgl. [2] 2.4.3).

Im Falle $P(x \leq X \leq x + h) > 0$ gilt nach Definition der bedingten Wahrscheinlichkeit für jedes $y \in \mathbb{R}$ die Beziehung

$$P(Y \leq y/x \leq X \leq x + h) = \frac{P(x \leq X \leq x + h, Y \leq y)}{P(x \leq X \leq x + h)} = \frac{\int_x^{x+h} \int_{-\infty}^y f(u, v) \, dv \, du}{\int_x^{x+h} f_1(u) \, du}. \tag{11.20}$$

Falls die Dichte $f(u, v)$ für $u \in [x, x + h]$ stetig ist mit $f_1(x) \neq 0$, folgt aus (11.20) durch Grenzübergang $h \to 0$ die Beziehung

$$F(y/X = x) = \lim_{h \to 0} P(Y \leq y/x \leq X \leq x + h) = \frac{\int_{-\infty}^y f(x, v) \, dv}{f_1(x)} = \int_{-\infty}^y \frac{f(x, v)}{f_1(x)} \, dv. \tag{11.21}$$

F(y/X = x) heißt die *bedingte Verteilungsfunktion* von Y bezüglich X, ihre Dichte lautet

$$f(y/x) = \frac{f(x, y)}{f_1(x)}. \tag{11.22}$$

Entsprechend wird im Falle der Existenz

$$f(x/y) = \frac{f(x, y)}{f_2(y)} \tag{11.23}$$

die bedingte Dichte von X unter der Bedingung Y = y genannt.

Wir setzen voraus, daß für jedes x und y die bedingten Dichten von X und Y existieren. Für die bedingten Erwartungswerte erhalten wir (bei Existenz) aus (11.22) bzw. (11.23) die Gleichungen

$$E(Y/X = x) = \int_{-\infty}^{+\infty} y \frac{f(x, y)}{f_1(x)} dy = \frac{1}{f_1(x)} \int_{-\infty}^{+\infty} y f(x, y) dy;$$

$$E(X/Y = y) = \int_{-\infty}^{+\infty} x \frac{f(x, y)}{f_2(y)} dx = \frac{1}{f_2(y)} \int_{-\infty}^{+\infty} x f(x, y) dx. \tag{11.24}$$

In Analogie zum diskreten Fall heißt die Funktion g(x) = E(Y/X = x) die *Regressionsfunktion 1. Art* von Y bezüglich X und ihre Kurve die *Regressionskurve 1. Art* von Y bezüglich X. Entsprechend heißt h(y) = E(X/Y = y) die Regressionsfunktion 1. Art von X bezüglich Y und ihre Kurve *Regressionskurve 1. Art* von X bezüglich Y.

Beispiel 11.4: Die zweidimensionale Zufallsvariable (X, Y) besitze die Dichte

$$f(x, y) = cx^3 + 3y,$$

falls der Punkt (x, y) in dem in Bild 11.5 skizzierten Dreieck D liegt. Außerhalb von D möge die Dichte f verschwinden.

a) Man bestimme dazu die Konstante c.
b) Man berechne die beiden Regressionsfunktionen 1. Art.

Zu a) Wegen D = {(x, y): y ≤ x; 0 ≤ x ≤ 1} erhalten wir für c die Bestimmungsgleichung (vgl. [2] 2.88)

$$1 = \int_0^1 \left\{ \int_0^x (cx^3 + 3y) \, dy \right\} dx = \int_0^1 (cx^3 y + \frac{3}{2} y^2) \Big|_{y=0}^{y=x} dx =$$

$$= \int_0^1 (cx^4 + \frac{3}{2} x^2) \, dx = \frac{c}{5} x^5 + \frac{1}{2} x^3 \Big|_{x=0}^{x=1} = \frac{c}{5} + \frac{1}{2}.$$

11.1. Die Regression erster Art

Hieraus folgt $c = \frac{5}{2}$, d.h.

$$f(x,y) = \begin{cases} \frac{5}{2} x^3 + 3y & \text{für } 0 \le y \le x;\ 0 \le x \le 1; \\ 0 & \text{sonst.} \end{cases}$$

Zu b) Da außerhalb des Intervalls [0,1] beide Randdichten verschwinden, beschränken wir uns auf dieses Intervall.

Für $0 \le x \le 1$ bzw. $0 \le y \le 1$ erhalten wir

$$f_1(x) = \int_0^x \left(\frac{5}{2} x^3 + 3y\right) dy = \frac{5}{2} x^3 y + \frac{3}{2} y^2 \bigg|_{y=0}^{y=x} = \frac{5}{2} x^4 + \frac{3}{2} x^2;$$

$$f_2(y) = \int_y^1 \left(\frac{5}{2} x^3 + 3y\right) dx = \frac{5}{8} x^4 + 3xy \bigg|_{x=y}^{x=1} = \frac{5}{8} + 3y - \frac{5}{8} y^4 - 3y^2.$$

Ferner gilt wegen $f(x,y) = 0$ für $x \notin [0,1]$ bzw. $y \notin [0,1]$:

$$\int_{-\infty}^{+\infty} y\, f(x,y)\, dy = \int_0^x \left(\frac{5}{2} x^3 y + 3y^2\right) dy = \frac{5}{4} x^3 x^2 + x^3 = \frac{5}{4} x^5 + x^3 \text{ für } 0 \le x \le 1$$

$$\int_{-\infty}^{+\infty} x\, f(x,y)\, dx = \int_y^1 \left(\frac{5}{2} x^4 + 3xy\right) dx = \frac{1}{2} x^5 + \frac{3}{2} x^2 y \bigg|_{x=y}^{x=1} =$$

$$= \frac{1}{2} + \frac{3}{2} y - \frac{1}{2} y^5 - \frac{3}{2} y^3 = \frac{1}{2}(1 - y^5) + \frac{3}{2}(y - y^3) \text{ für } 0 \le y \le 1.$$

Hiermit folgt aus (11.24)

$$E(Y/X = x) = \frac{\frac{5}{4} x^5 + x^3}{\frac{5}{2} x^4 + \frac{3}{2} x^2} = \frac{\frac{5}{2} x^3 + 2x}{5x^2 + 3}; \quad 0 \le x \le 1;$$

$$E(X/Y = y) = \frac{\frac{1}{2}(1 - y^5) + \frac{3}{2} y(1 - y^2)}{\frac{5}{8}(1 - y^4) + 3y(1 - y)}; \quad 0 \le y < 1.$$

In Bild 11.5 sind diese Regressionskurven skizziert. ♦

Für die Regressionsfunktionen 1. Art zweier stetiger Zufallsvariabler gelten dieselben Eigenschaften wie im diskreten Fall. Insbesondere können die Sätze 11.2 und 11.3 auch auf stetige Zufallsvariable übertragen werden. Dabei müssen im analogen Beweis die entsprechenden Wahrscheinlichkeiten durch Dichten und die auftretenden Summen durch Integrale ersetzt werden. Dann liefert auch hier die Funktion $g(x) = E(Y/X = x)$ Vorhersagewerte für Y aus der Realisierung x mit minimalem mittlerem quadratischen Fehler.

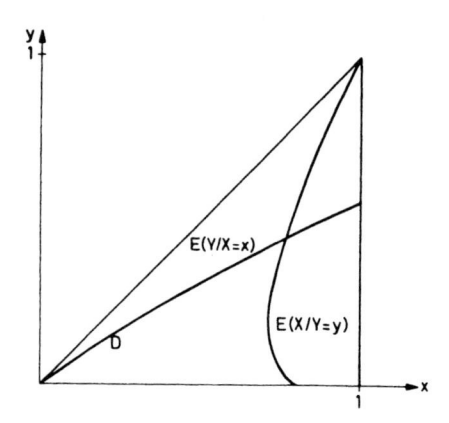

Bild 11.5
Regressionskurven 1. Art

Speziell bei normalverteilten Zufallsvariablen sind die Regressionskurven Geraden. Sind X und Y zwei normalverteilte Zufallsvariable mit den Erwartungswerten $E(X) = \mu_x$, $E(Y) = \mu_y$ sowie den Varianzen $D^2(X) = \sigma_x^2$, $D^2(Y) = \sigma_y^2$ und dem Korrelationskoeffizienten ρ (die gemeinsame Dichte ist in Definition 10.2 dargestellt), dann lauten nach [10] 5.11 die Regressionsfunktionen 1. Art:

$$E(Y/X = x) = \mu_Y + \rho \frac{\sigma_Y}{\sigma_X}(x - \mu_X);$$

$$E(X/Y = y) = \mu_X + \rho \frac{\sigma_X}{\sigma_Y}(y - \mu_Y).$$

(11.25)

Die beiden Geraden schneiden sich im Punkt S mit den Koordinaten $x = \mu_X$ und $y = \mu_Y$ (Bild 11.6).

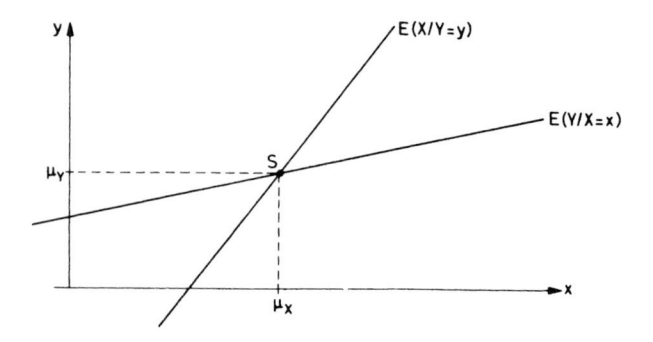

Bild 11.6. Regressionskurven zweier normalverteilter Zufallsvariabler

11.2. Regression zweiter Art

Die Bestimmung der Regressionsfunktionen erster Art über die bedingten Mittel- bzw. Erwartungswerte ist meistens sehr mühsam; ja sie ist praktisch undurchführbar, wenn bei einer zweidimensionalen Stichprobe nur wenige Punkte vertikal übereinander bzw. horizontal nebeneinander liegen. Daher ist es sinnvoll, unter bestimmten Funktionstypen, z.B. Geraden, Parabeln, Exponentialfunktionen oder Logarithmen, diejenige zu bestimmen, die nach dem *Prinzip der kleinsten Abweichungsquadrate* optimal ist. Wir beginnen mit dem einfachsten Fall, mit den Regressionsgeraden.

11.2.1. Die (empirische) Regressionsgerade

Beispiel 11.5. Bei einem Gleichstrommotor beschreibe Y die Leistung (in PS) in Abhängigkeit von der Drehzahl X (in UpM). Für 8 verschiedene Drehzahlen x_i wurde die Leistung y_i gemessen; es ergab sich dabei folgende Stichprobe:

x_i	800	1500	2500	3500	4200	4700	5000	5500
y_i	12	20	31	40	52	60	65	70

Die in Bild 11.7 graphisch dargestellten Stichprobenwerte liegen nahezu auf einer Geraden.

Der Punktwolke soll nun eine sog. *„Ausgleichsgerade"* möglichst gut angepaßt werden. Nach Augenmaß können verschiedene Geraden durch die Punktwolke gelegt werden. Dabei ist zunächst nicht ohne weiteres feststellbar, welche dieser Geraden die geeignetste ist. ♦

Wir müssen daher nach einem Verfahren suchen, welches die Ausgleichsgerade eindeutig festlegt. Eine mögliche Methode zur Ermittlung der Ausgleichsgeraden besteht in der Minimierung der Summe der Abstände aller Punkte von dieser Geraden. Da aber mit den Abständen nur umständlich zu rechnen ist, ziehen wir wie bei der Bildung der (empirischen) Varianz die Abstandsquadrate vor: Dadurch wird der Rechenvorgang wesentlich erleichtert. Die gesuchte Gerade soll als (empirische)

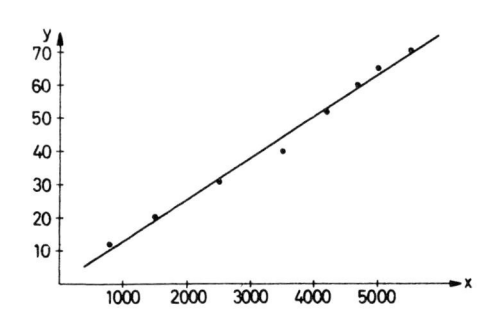

Bild 11.7. (empirische) Regressionsgerade (s. Beispiel 11.5 und 11.6)

Regressionsgerade Schätzwerte für die y-Werte liefern. Der Fehler ist aber gleich dem vertikalen Abstand des Punktes von der Geraden. Daher benutzen wir zur Konstruktion der Regressionsgeraden das *Gaußsche Prinzip der kleinsten (vertikalen) Abstandsquadrate:*

> *Die Ausgleichsgerade wird so konstruiert, daß die Summe der vertikalen Abstandsquadrate aller Punkte von dieser Geraden minimal ist.*

Wir werden nun allgemein für eine Stichprobe $((x_1, y_1), \ldots, (x_n, y_n))$ diese Regressionsgerade ermitteln. Dazu benutzen wir den Ansatz

$$\tilde{y} = a + bx, \tag{11.26}$$

wobei der Achsenabschnitt a und die Steigung b zu berechnen sind. Der Punkt mit den Koordinaten (x_i, y_i) besitzt nach Bild 11.8 das vertikale Abstandsquadrat

$$d_i^2 = (y_i - a - bx_i)^2. \tag{11.27}$$

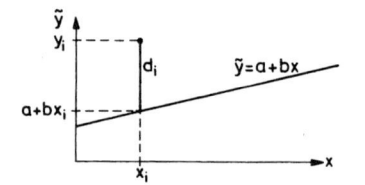

Bild 11.8

Die von a und b abhängende Summe aller dieser vertikalen Abstandsquadrate lautet daher

$$d^2(a, b) = \sum_{i=1}^{n} (y_i - a - bx_i)^2. \tag{11.28}$$

Als notwendige Bedingung für die Existenz eines Minimums von $d^2(a, b)$ müssen die partiellen Ableitungen $\dfrac{\partial d}{\partial a}$ und $\dfrac{\partial d}{\partial b}$ verschwinden. Daraus folgt (der Summationsindex läuft dabei von 1 bis n)

$$\begin{aligned}\frac{\partial d^2}{\partial a} &= -2\Sigma (y_i - a - bx_i) = 0; \\ \frac{\partial d^2}{\partial b} &= -2\Sigma (y_i - a - bx_i) x_i = 0, \text{ d.h.}\end{aligned} \tag{11.28a}$$

$$\Sigma (y_i - a - bx_i) = \Sigma y_i - na - b\Sigma x_i = n\bar{y} - na - bn\bar{x} = 0;$$
$$\Sigma (y_i - a - bx_i) x_i = \Sigma x_i y_i - a\Sigma x_i - b\Sigma x_i^2 = 0.$$

Hieraus ergeben sich für die Unbekannten a und b die beiden linearen Gleichungen

$$\begin{aligned} a + \bar{x}b &= \bar{y} \\ n\bar{x} a + (\Sigma x_i^2) b &= \Sigma x_i y_i. \end{aligned} \tag{11.29}$$

11.2. Regression zweiter Art

Setzt man nun den aus der ersten Gleichung von (11.29) ermittelten Zahlenwert $a = \bar{y} - b\bar{x}$ in die zweite ein, so erhält man für die Unbekannte b die Beziehung

$$n\bar{x}(\bar{y} - \bar{x}b) + (\Sigma x_i^2) b = \Sigma x_i y_i$$

und hieraus mit (10.15), (10.16) und (1.25) schließlich

$$b = \frac{\Sigma x_i y_i - n\bar{x}\bar{y}}{\Sigma x_i^2 - n\bar{x}^2} = \frac{(n-1)s_{xy}}{(n-1)s_x^2} = \frac{s_{xy}}{s_x^2}.$$

Somit gewinnt man für die gesuchte (empirische) Regressionsgerade von y bezüglich x die Darstellung

$$\tilde{y} = a + bx = \bar{y} - b\bar{x} + bx = \bar{y} + b(x - \bar{x}) = \bar{y} + \frac{s_{xy}}{s_x^2}(x - \bar{x}), \text{ d.h.}$$

$$\boxed{\tilde{y} - \bar{y} = b(x - \bar{x}) = \frac{s_{xy}}{s_x^2}(x - \bar{x}).} \qquad (11.30)$$

Die Regressionsgerade verläuft folglich durch den Punkt $(\bar{x}, \bar{y})$ und besitzt die Steigung $b = \frac{s_{xy}}{s_x^2}$. Die Zahl b heißt der (empirische) *Regressionskoeffizient* von y bezüglich x.

Für die Summe der vertikalen Abstandsquadrate folgt aus (11.28)

$$\begin{aligned} d^2(a, b) &= \Sigma[(y_i - \bar{y}) - b(x_i - \bar{x})]^2 = \\ &= \Sigma(y_i - \bar{y})^2 - 2b\Sigma(y_i - \bar{y})(x_i - \bar{x}) + b^2\Sigma(x_i - \bar{x})^2 = \\ &= (n-1)s_y^2 - 2b(n-1)s_{xy} + b^2(n-1)s_x^2 = \\ &= (n-1)\left[s_y^2 - 2\frac{s_{xy}}{s_x^2}s_{xy} + \frac{s_{xy}^2}{s_x^4}s_x^2\right] = (n-1)\left[s_y^2 - \frac{s_{xy}^2}{s_x^2}\right] = \\ &= (n-1)[s_y^2 - r^2(x, y)s_y^2] = (n-1)s_y^2(1 - r^2). \end{aligned} \qquad (11.31)$$

Dabei wurde (10.16) sowie der Korrelationskoeffizient r von x und y verwendet. Insgesamt gilt also

$$\boxed{d^2(a, b) = (n-1)\left(s_y^2 - \frac{s_{xy}^2}{s_x^2}\right) = (n-1)(s_y^2 - b^2 s_x^2) = (n-1)(1 - r^2)s_y^2.}$$

$$(11.32)$$

Die rechte Seite von (11.31) und (11.32) verschwindet genau dann, wenn der (empirische) Korrelationskoeffizient r den Betrag 1 hat. Dann liegen sämtliche Punkte auf einer Geraden, woraus nochmals die Aussage von Satz 10.4b) folgt.

Beispiel 11.6 (vgl. Beispiel 11.5). Für die in Beispiel 11.5 angegebene Stichprobe berechnen wir die (empirische) Regressionsgerade von y bezüglich x. Aus der Stichprobe ergibt sich $\bar{x} = 3462,5$; $\bar{y} = 43,75$;

$$s_x^2 = \frac{1}{7}\left[\sum_{i=1}^{8} x_i^2 - 8\bar{x}^2\right] = 2922678,57;$$

$$s_{xy} = \frac{1}{7}\left[\sum_{i=1}^{8} x_i y_i - 8\bar{x}\bar{y}\right] = 36517,86; \quad b = \frac{s_{xy}}{s_x^2} = 0,012495.$$

Damit lautet die (empirische) Regressionsgerade von y bezüglich x

$\tilde{y} - 43,75 = 0,012495\,(x - 3462,5)$, d.h.

$\tilde{y} = 0,012495\,x + 0,487$ (vgl. Bild 11.7).

Bei einer Drehzahl von 4000 (UpM) ist aus dieser Regressionsgeraden für die Leistung der Schätzwert $\tilde{y} = 50,45$ (PS) abzulesen.

Zur Berechnung der Summe der vertikalen Abstandsquadrate der 8 vorliegenden Stichprobenwerte benötigen wir die (empirische) Varianz

$$s_y^2 = \frac{1}{7}\left[\sum_{i=1}^{8} y_i^2 - 8\bar{y}^2\right] = 460,21.$$

Aus (11.32) folgt damit $d^2(a, b) = 27,55$.

Der Korrelationskoeffizient r der Stichprobe lautet schließlich

$$r = \frac{s_{xy}}{s_x s_y} = 0,9957.$$

Der Korrelationskoeffizient ist positiv, da die (empirische) Regressionsgerade positive Steigung besitzt. Der Zahlenwert r liegt sehr nahe bei Eins. Diese Eigenschaft hängt mit der Tatsache zusammen, daß die 8 Stichprobenwerte sehr nahe der Geraden liegen. ♦

Werden in (11.30) die x- und y-Werte miteinander vertauscht, so erhält man in

$$\boxed{\tilde{x} - \bar{x} = \frac{s_{xy}}{s_y^2}(y - \bar{y})} \tag{11.33}$$

die Gleichung der (empirischen) Regressionsgeraden von x bezüglich y. Bezüglich dieser Geraden ist die Summe der horizontalen Abstandsquadrate minimal. Die Gerade eignet sich zur Gewinnung von Schätzwerten für x bei gegebenen y-Werten.

11.2.2. Die Regressionsgeraden zweier Zufallsvariabler

In diesem Abschnitt sollen die beiden Zufallsvariablen bestimmt werden, deren Realisierungen die (empirischen) Regressionsgeraden sind.

Dazu betrachten wir zwei beliebige Zufallsvariablen X und Y mit den Erwartungswerten $\mu_X = E(X)$, $\mu_Y = E(Y)$, den (nicht verschwindenden) Varianzen $\sigma_X^2 = D^2(X)$, $\sigma_Y^2 = D^2(Y)$, der Kovarianz $\sigma_{XY} = E[(X - \mu_X)(Y - \mu_Y)]$ sowie dem Korrelationskoeffizienten

$$\rho = \rho(X, Y) = \frac{\sigma_{XY}}{\sigma_X \sigma_Y}.$$

In Analogie zum (empirischen) Teil heißt diejenige Zufallsvariable

$$\widetilde{Y} = \alpha_0 + \beta_0 X, \tag{11.34}$$

für welche der Erwartungswert der quadratischen vertikalen Abweichung am kleinsten wird, die *Regressionsgerade von Y bezüglich X*. Die Koeffizienten werden häufig auch mit α und β bezeichnet. Wir benutzen hier jedoch den Index o, um Verwechslungen mit den Irrtumswahrscheinlichkeiten auszuschließen. In (11.34) müssen α_0 und β_0 so bestimmt werden, daß gilt

$$d^2(\alpha_0, \beta_0) = E([Y - \alpha_0 - \beta_0 X]^2) = \text{Minimum}. \tag{11.35}$$

Durch elementare Umformung erhält man

$$\begin{aligned}d^2(\alpha_0, \beta_0) &= E([(Y - \mu_Y) - \beta_0(X - \mu_X) + (\mu_Y - \beta_0 \mu_X - \alpha_0)]^2) = \\ &= E[(Y - \mu_Y)^2 + \beta_0^2 (X - \mu_X)^2 + (\mu_Y - \beta_0 \mu_X - \alpha_0)^2 - \\ &\quad - 2\beta_0(Y - \mu_Y)(X - \mu_X) + 2\{(Y - \mu_Y) + \beta_0(X - \mu_X)\} \cdot \\ &\quad \cdot (\mu_Y - \beta_0 \mu_X - \alpha_0)].\end{aligned}$$

Mit $E(X - \mu_X) = E(Y - \mu_Y) = 0$ folgt hieraus wegen der Linearität der Erwartungswertbildung

$$d^2(\alpha_0, \beta_0) = \sigma_Y^2 + \beta_0^2 \sigma_X^2 - 2\beta_0 \sigma_{XY} + (\mu_Y - \beta_0 \mu_X - \alpha_0)^2. \tag{11.36}$$

Bedingungen für das Minimum in (11.35) sind

$$\frac{\partial d^2}{\partial \alpha_0} = -2(\mu_Y - \beta_0 \mu_X - \alpha_0) = 0;$$

$$\frac{\partial d^2}{\partial \beta_0} = 2\beta_0 \sigma_X^2 - 2\sigma_{XY} - 2\mu_X(\mu_Y - \beta_0 \mu_X - \alpha_0) = 0.$$

Dieses lineare Gleichungssystem in den Unbekannten α_0 und β_0 besitzt die Lösung

$$\beta_0 = \frac{\sigma_{XY}}{\sigma_X^2}; \quad \alpha_0 = \mu_Y - \beta_0 \mu_X. \tag{11.37}$$

Somit erhalten wir für die Regressionsgerade von Y bezüglich X die Gleichung

$$\widetilde{Y} - \mu_Y = \frac{\sigma_{XY}}{\sigma_X^2}(X - \mu_X). \tag{11.38}$$

Die Größe $\beta_0 = \dfrac{\sigma_{XY}}{\sigma_X^2}$ heißt dabei der *Regressionskoeffizient*, α_0 der *Achsenabschnitt*

Mit (11.36) folgt, wie im empirischen Teil, durch elementare Rechnung

$$d^2(\alpha_0, \beta_0) = E([Y - \alpha_0 - \beta_0 X]^2) = \sigma_Y^2 - \frac{\sigma_{XY}^2}{\sigma_X^2} = \sigma_Y^2(1 - \rho^2). \tag{11.39}$$

Beispiel 11.7 (vgl. Beispiel 11.4). Die zweidimensionale Zufallsvariable (X, Y) besitze die Dichte

$$f(x, y) = \begin{cases} \frac{5}{2}x^3 + 3y & \text{für } 0 \le y \le x;\ 0 \le x \le 1 \text{ (also für } (x, y) \in D), \\ 0 & \text{sonst.} \end{cases}$$

Wir bestimmen die Regressionsgerade von Y bezüglich X sowie den Korrelationskoeffizienten. Nach Beispiel 11.4 besitzen X und Y die Randdichten

$$f_1(x) = \begin{cases} \frac{5}{2}x^4 + \frac{3}{2}x^2 & \text{für } 0 \le x \le 1, \\ 0 & \text{sonst;} \end{cases}$$

$$f_2(y) = \begin{cases} \frac{5}{8} + 3y - 3y^2 - \frac{5}{8}y^4 & \text{für } 0 \le y \le 1, \\ 0 & \text{sonst.} \end{cases}$$

Hieraus folgt

$$E(X) = \int_0^1 \left(\frac{5}{2}x^5 + \frac{3}{2}x^3\right) dx = \frac{5}{12}x^6 + \frac{3}{8}x^4 \bigg|_{x=0}^{x=1} = \frac{5}{12} + \frac{3}{8} = \frac{19}{24} = 0{,}7917;$$

$$E(Y) = \int_0^1 \left(\frac{5}{8}y + 3y^2 - 3y^3 - \frac{5}{8}y^5\right) dy = \frac{5}{16}y^2 + y^3 - \frac{3}{4}y^4 - \frac{5}{48}y^6 \bigg|_{y=0}^{y=1} =$$

$$= \frac{11}{24} = 0{,}4583.$$

$$E(X^2) = \int_0^1 \left(\frac{5}{2}x^6 + \frac{3}{2}x^4\right) dx = \frac{5}{14}x^7 + \frac{3}{10}x^5 \bigg|_{x=0}^{x=1} = \frac{23}{35} = 0{,}6571.$$

11.2. Regression zweiter Art

Tabelle 11.3. Hilfsgrößen für die Regressionsparabel

v_i	s_i	v_i^2	v_i^3	v_i^4	$v_i s_i$	$v_i^2 s_i$
40	9	1 600	64 000	2 560 000	360	14 400
60	22	3 600	216 000	12 960 000	1 320	79 200
80	34	6 400	512 000	40 960 000	2 720	217 600
100	53	10 000	1 000 000	100 000 000	5 300	530 000
120	71	14 400	1 728 000	207 360 000	8 520	1 022 400
$\Sigma v_i = 400$	$\Sigma s_i = 189$	$\Sigma v_i^2 = 36\,000$	$\Sigma v_i^3 = 3\,520\,000$	$\Sigma v_i^4 = 363\,840\,000$	$\Sigma s_i v_i = 18\,220$	$\Sigma v_i^2 s_i = 1\,863\,600$

Unter Verwendung von (11.42) ergeben sich für die Parameter a, b, c die Gleichungen

$$5a + 400b + 36\,000c = 189$$
$$40a + 3\,600b + 352\,000c = 1\,822$$
$$360a + 35\,200b + 3\,638\,400c = 18\,636$$

mit der Lösung

$$a = -7{,}20; \quad b = 0{,}2894; \quad c = 0{,}003035.$$

Damit hat die gesuchte Regressionsparabel die Gestalt

$$\widetilde{s} = 0{,}003035\, v^2 + 0{,}2894\, v - 7{,}20.$$

Der Teil des Parabelbogens im Bereich der gegebenen Punkte ist in Bild 11.9 skizziert.

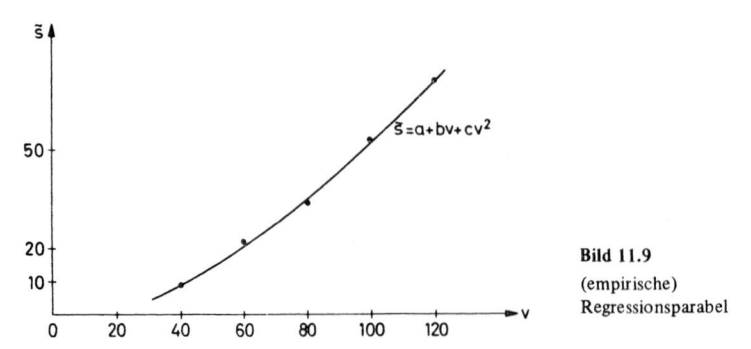

♦

Bild 11.9
(empirische) Regressionsparabel

(Empirische) Regressionskurven, die von *l* Parametern abhängen

Wir betrachten allgemein eine von *l* Parametern abhängige Regressionskurve

$$\widetilde{y} = f(a_1, a_2, \ldots, a_l, x).$$

Für die Summe der vertikalen Abstandsquadrate der Stichprobenpunkte von dieser Kurve erhalten wir

$$d^2(a_1, a_2, \ldots, a_l) = \sum_{i=1}^{n} [y_i - f(a_1, a_2, \ldots, a_l, x_i)]^2.$$

Falls die Funktion f nach allen Parametern differenzierbar ist, erhält man die Parameter $a_1, \ldots, a_l$ evtl. durch Auflösen der Gleichungen

$$\frac{\partial d^2}{\partial a_k} = -2 \sum_{i=1}^{n} [y_i - f(a_1, \ldots, a_l, x_i)] \frac{\partial f(a_1, \ldots, a_l, x_i)}{\partial a_k} = 0 \qquad (11.43)$$

für $k = 1, 2, \ldots, l$.

11.3. Test von Regressionskurven

In diesem Abschnitt sei generell folgende Voraussetzung erfüllt:

> Für jedes x aus dem Wertevorrat der Zufallsvariablen X ist die Zufallsvariable $Y(x) = Y/X = x$ normalverteilt mit einer vom Parameter x unabhängigen Varianz σ^2.

11.3.1. Test auf lineare Regression

Unter der obigen Voraussetzung testen wir die

Nullhypothese H_0: Die Regressionskurve ist eine Gerade, d. h. es gilt

$$E(Y/X = x) = \alpha_0 + \beta_0 x \qquad (11.44)$$

mit zwei Konstanten α_0 und β_0, die für den Test nicht bekannt zu sein brauchen.

Bemerkung: Bei richtiger Hypothese H_0 ist die Regressionsgerade zweiter Art $\widetilde{Y} = \alpha_0 + \beta_0 X$ auch Regressionsfunktion erster Art. Falls dann außerdem noch die gemeinsame Verteilung von X und Y bekannt ist, können die Parameter α_0 und β_0 nach den in Abschnitt 11.2.2 bereitgestellten Formeln berechnet werden. Ist die gemeinsame Verteilung von X und Y jedoch nicht bekannt, so werden wir dafür im nachfolgenden Abschnitt Tests und Konfidenzintervalle ableiten.

Zur Entwicklung eines geeigneten Tests übernehmen wir die Überlegungen aus der Varianzanalyse und stellen die nach den x-Werten geordnete Stichprobe aus Definition 11.1 in der Tabelle 11.4 übersichtlich dar. Dabei wird $m \geq 3$ vorausgesetzt.

Tabelle 11.4. Testdurchführung

x_i^*	y_{ik}	n_i	$\bar{y}_i$	$\widetilde{y}_i$	$n_i(\bar{y}_i - \widetilde{y}_i)^2$	$\sum_{k=1}^{n_i} (y_{ik} - \widetilde{y}_i)^2$
x_1^*	$y_{11}\ y_{12}\ \cdots\ y_{1n_1}$	n_1	$\bar{y}_1$	$\widetilde{y}_1$	$n_1(\bar{y}_1 - \widetilde{y}_1)^2$	$\sum_{k=1}^{n_1} (y_{1k} - \widetilde{y}_1)^2$
x_2^*	$y_{21}\ y_{22}\ \cdots\ y_{2n_2}$	n_2	$\bar{y}_2$	$\widetilde{y}_2$	$n_2(\bar{y}_2 - \widetilde{y}_2)^2$	$\sum_{k=1}^{n_2} (y_{2k} - \widetilde{y}_2)^2$
$\vdots$	$\vdots\quad\vdots\quad\vdots$	$\vdots$	$\vdots$	$\vdots$	$\vdots$	$\vdots$
x_m^*	$y_{m1}\ y_{m2}\ \cdots\ y_{mn_m}$	n_m	$\bar{y}_m$	$\widetilde{y}_m$	$n_m(\bar{y}_m - \widetilde{y}_n)^2$	$\sum_{k=1}^{n_m} (y_{mk} - \widetilde{y}_m)^2$
		n			q_1 = Summe	q = Summe

Es sei

$$\tilde{y} = \bar{y} + b(x - \bar{x}) = \bar{y} + \frac{s_{xy}}{s_x^2}(x - \bar{x}) \qquad (11.45)$$

die (empirische) Regressionsgerade der Stichprobe von y bezüglich x. Mit $\tilde{y}_i = \bar{y} + b(x_i^* - \bar{x})$ erhalten wir für die Summe der vertikalen Abweichungsquadrate der Stichprobenwerte von der (empirischen) Regressionsgeraden (11.45) die Darstellung

$$q = \sum_{i=1}^{m} \sum_{k=1}^{n_i} (y_{ik} - \tilde{y}_i)^2. \qquad (11.46)$$

Mit den Gruppenmittelwerten $\bar{y}_i = \frac{1}{n_i} \sum_{k=1}^{n_i} y_{ik}$ folgt

$$(y_{ik} - \tilde{y}_i)^2 = [(y_{ik} - \bar{y}_i) + (\bar{y}_i - \tilde{y}_i)]^2 =$$
$$= (y_{ik} - \bar{y}_i)^2 + (\bar{y}_i - \tilde{y}_i)^2 + 2(y_{ik} - \bar{y}_i)(\bar{y}_i - \tilde{y}_i)$$

und hieraus

$$q = \sum_{i=1}^{m} \sum_{k=1}^{n_i} (y_{ik} - \bar{y}_i)^2 + \sum_{i=1}^{m} \sum_{k=1}^{n_i} (\bar{y}_i - \tilde{y}_i)^2 +$$

$$+ 2 \sum_{i=1}^{m} (\bar{y}_i - \tilde{y}_i) \underbrace{\sum_{k=1}^{n_i} (y_{ik} - \bar{y}_i)}_{=0} = \qquad (11.47)$$

$$= \sum_{i=1}^{m} \sum_{k=1}^{n_i} (y_{ik} - \bar{y}_i)^2 + \sum_{i=1}^{m} n_i (\bar{y}_i - \tilde{y}_i)^2 =$$

$$= q_2 \quad + \quad q_1.$$

Dabei stellt q_1 die Summe der vertikalen Abstandsquadrate der Gruppenmittelwerte von der (empirischen) Regressionsgeraden dar, während q_2 die Summe der vertikalen Abweichungsquadrate innerhalb der Gruppen ist. Handelt es sich um eine einfache (unabhängige) Stichprobe, so ist die Zufallsvariable

$$\frac{1}{\sigma^2} \sum_{i=1}^{m} n_i (\bar{Y}_i - \tilde{Y}_i)^2 = \frac{1}{\sigma^2} Q_1 \qquad (11.48)$$

nach [23, Bd. II] Chi-Quadrat-verteilt mit $m - 2$ Freiheitsgraden, während die von Q_1 unabhängige Zufallsvariable

$$\frac{1}{\sigma^2} \sum_{i=1}^{m} \sum_{k=1}^{n_i} (Y_{ik} - \bar{Y}_i)^2 = \frac{1}{\sigma^2} Q_2; \ \left(n = \sum_{i=1}^{m} n_i \right) \qquad (11.49)$$

eine Chi-Quadrat-Verteilung mit $n - m$ Freiheitsgraden besitzt.

11.3. Test von Regressionskurven

Also ist der Quotient

$$V = \frac{Q_1/(m-2)\,\sigma^2}{Q_2/(n-m)\,\sigma^2} = \frac{Q_1/(m-2)}{Q_2/(n-m)} \quad (11.50)$$

F-verteilt mit $(m-2, n-m)$ Freiheitsgraden, falls die Hypothese H_0 richtig ist.

Mit dem $(1-\alpha)$-Quantil $f_{1-\alpha}$ der $F_{(m-2,n-m)}$-Verteilung gelangen wir zu der

Testentscheidung: $v_{\text{ber.}} = \dfrac{q_1/m-2}{q_2/n-m} > f_{1-\alpha} \Rightarrow H_0$ ablehnen;

$\leq f_{1-\alpha} \Rightarrow H_0$ nicht ablehnen.

Beispiel 11.9. Für die in Tabelle 11.5 dargestellten Stichprobe bestimme man die (empirische) Regressionsgerade von y bezüglich x und teste damit die Grundgesamtheit auf lineare Regression. (Dabei seien die zu Beginn dieses Abschnitts gemachten Voraussetzungen erfüllt.)

Tabelle 11.5. Test auf lineare Regression

x_i^*	y_{ik}			n_i	$\bar{y}_i$	$\tilde{y}_i$	$n_i(\bar{y}_i - \tilde{y}_i)^2$	$\sum\limits_{k=1}^{n_i}(y_{ik} - \tilde{y}_i)^2$
2	7	9		2	8	8,4491	0,4034	2,4034
4	8	10		2	9	8,8813	0,0282	2,0282
6	9			1	9	9,3135	0,0983	0,0983
8	10	13		2	11,5	9,7457	6,1551	10,6551
10	8	9	11	3	$\frac{28}{3}$	10,1779	2,1399	6,8065
				$n=10$			$q_1 = 8,8249$	$q = 21,9915$

Aus der Tabelle 11.5 ergeben sich die Werte

$$\bar{x} = \frac{1}{10}(2\cdot 2 + 2\cdot 4 + 1\cdot 6 + 2\cdot 8 + 3\cdot 10) = 6,4; \quad \bar{y} = 9,4;$$

$$\sum_{i=1}^{10} x_i^2 = 2\cdot 2^2 + 2\cdot 4^2 + 1\cdot 6^2 + 2\cdot 8^2 + 3\cdot 10^2 = 504;$$

$$\sum_{i=1}^{10} x_i y_i = 2\cdot 16 + 4\cdot 18 + 6\cdot 9 + 8\cdot 23 + 10\cdot 28 = 622.$$

Mit diesen Werten erhalten wir den (empirischen) Regressionskoeffizienten

$$b = \frac{s_{xy}}{s_x^2} = \frac{\sum_{i=1}^{10} x_i y_i - 10 \cdot \overline{x}\overline{y}}{\sum_{i=1}^{10} x_i^2 - 10\overline{x}^2} = \frac{622 - 601,6}{504 - 409,6} = 0,2161$$

und für die Regressionsgerade die Gleichung

$$\widetilde{y} - 9,4 = 0,2161(x - 6,4) \quad \text{oder} \quad \widetilde{y} = 0,2161 x + 8,0169.$$

Mit der in Tabelle 11.4 angegebenen Testdurchführung ergibt sich

$$q_1 = 8,8249; \quad q_2 = q - q_1 = 13,1666;$$

$$v_{ber.} = \frac{q_1/3}{q_2/5} = 1,1171.$$

Für $\alpha = 0,05$ lautet das 0,95-Quantil der $F_{(3,5)}$-Verteilung $f_{0,95} = 5,41$.

Mit einer Irrtumswahrscheinlichkeit von $\alpha = 0,05$ kann also die Nullhypothese, daß die Regressionslinie 1. Art eine Gerade ist, nicht abgelehnt werden. ♦

11.3.2. Test auf Regressionskurven, die von l Parametern abhängen

Wir testen nun allgemein die Nullhypothese

$$H_0: E(Y/X = x) = f(\alpha_1, \alpha_2, \ldots, \alpha_l, x),$$

wobei

$$\widetilde{y} = f(\alpha_1, \alpha_2, \ldots, \alpha_l, x)$$

die (empirische) Regressionsfunktion ist. Auch hier brauchen die l Parameter $\alpha_1, \ldots, \alpha_l$ nicht bekannt zu sein.

In den Formeln des Abschnitts 11.3.1 setzen wir überall

$$\widetilde{y}_i = f(\alpha_1, \alpha_2, \ldots, \alpha_l, x_i).$$

Da insgesamt l Parameter geschätzt werden, ist die Testgröße

$$\boxed{v_{ber.} = \frac{q_1/(m-l)}{q_2/(n-m)}}$$

Realisierung einer $F_{(m-l, n-m)}$-verteilten Zufallsvariablen, welche als Testfunktion dient.

11.4. Konfidenzintervalle und Tests für die Parameter β_0 und α_0 der Regressionsgeraden beim linearen Regressionsmodell

In diesem Abschnitt gelte allgemein die

Voraussetzung: Für jedes feste x ist die Zufallsvariable $Y/X = x$ normalverteilt mit einer von x unabhängigen Varianz σ^2 und dem Erwartungswert

$$\mu(x) = E(Y/X = x) = \alpha_0 + \beta_0 x. \tag{11.51}$$

Die Parameter α_0, β_0 und σ^2 brauchen dabei nicht bekannt zu sein. Dieses den Zufallsvariablen X und Y zugrunde liegende Modell heißt *lineares Regressionsmodell*. Für jedes x aus dem Wertevorrat von X ist die Zufallsvariable $Y(x) = Y/X = x$ $N(\alpha_0 + \beta_0 x; \sigma^2)$-verteilt (Bild 11.10).

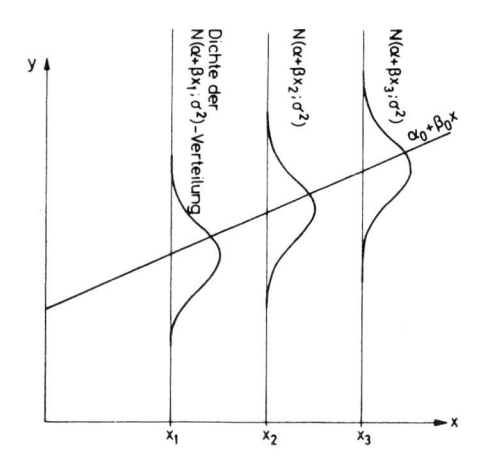

Bild 11.10
Lineares Regressionsmodell

11.4.1. Konfidenzintervall und Test des Regressionskoeffizienten β_0

Die einfache Stichprobe dieses Testproblems sei gegeben in der Form

$$(x, y) = ((x_1, y_1), (x_2, y_2), \ldots, (x_n, y_n)). \tag{11.52}$$

Aufgrund der Voraussetzung können die Stichprobenwerte $x_1, x_2, \ldots, x_n$ als Parameter aufgefaßt werden. Dann sind die Werte y_i Realisierungen der (stochastisch) unabhängigen, $N(\alpha_0 + \beta_0 x_i; \sigma^2)$-verteilten Zufallsvariablen $Y(x_i) = Y/X = x_i$ für $i = 1, 2, \ldots, n$. Der (empirische) Regressionskoeffizient

$$b = \frac{s_{xy}}{s_x^2} = \frac{1}{(n-1) s_x^2} \sum_{i=1}^{n} (x_i - \overline{x})(y_i - \overline{y}) \tag{11.53}$$

ist nun Realisierung der Zufallsvariablen

$$B = \frac{1}{(n-1) s_x^2} \sum_{i=1}^{n} (x_i - \overline{x})(Y_i - \overline{Y}). \tag{11.54}$$

Entsprechend ist nach (11.31) die Summe der vertikalen Abstandsquadrate

$$d^2 = \sum_{i=1}^{n} [(y_i - \overline{y}) - b(x_i - \overline{x})]^2 \tag{11.55}$$

eine Realisierung der Zufallsvariablen

$$D^2 = \sum_{i=1}^{n} [(Y_i - \overline{Y}) - B(x_i - \overline{x})]^2. \tag{11.56}$$

Sei β_0 der wirkliche Regressionskoeffizient in (11.51) und D die positive Quadratwurzel aus D^2, dann ist nach [28] 4.6 die Testgröße

$$\boxed{\begin{array}{c} T = s_x \sqrt{n-1} \cdot \sqrt{n-2} \dfrac{B - \beta_0}{D} \\ \text{t-verteilt mit } n-2 \text{ Freiheitsgraden.} \end{array}} \tag{11.57}$$

Konfidenzintervall für den Regressionskoeffizienten β_0

Mit dem $\left(1 - \dfrac{\alpha}{2}\right)$-Quantil der t-Verteilung mit $n-2$ Freiheitsgraden erhalten wir aus

$$P\left(-t_{1-\alpha/2} \leq s_x \sqrt{n-1} \sqrt{n-2} \frac{B - \beta_0}{D} \leq t_{1-\alpha/2}\right) = 1 - \alpha \tag{11.58}$$

für den unbekannten Regressionskoeffizienten β_0 das Konfidenzintervall

$$\left[B - t_{1-\alpha/2} \frac{D}{s_x \sqrt{(n-1)(n-2)}};\ B + t_{1-\alpha/2} \frac{D}{s_x \sqrt{(n-1)(n-2)}}\right] \text{ zur Konfidenz-}$$

zahl $1 - \alpha$. Als Realisierung dieses Zufallsintervalls ergibt sich aus der Stichprobe das (empirische) *Konfidenzintervall*

$$\boxed{\begin{array}{c} \left[b - t_{1-\alpha/2} \dfrac{d}{s_x \sqrt{(n-1)(n-2)}};\ b + t_{1-\alpha/2} \dfrac{d}{s_x \sqrt{(n-1)(n-2)}}\right] \\ \text{mit } b = \dfrac{s_{xy}}{s_x^2} \text{ und } d^2 = (n-1)\left(s_y^2 - \dfrac{s_{xy}^2}{s_x^2}\right) \\ = (n-1)(s_y^2 - b^2 s_x^2) = (n-1) s_y^2 (1 - r^2). \end{array}}$$

$$\tag{11.59}$$

11.4. Konfidenzintervalle und Tests für die Parameter β_0 und α_0

Beispiel 11.10 (vgl. Beispiele 11.5 und 11.6). Die Zufallsvariable Y beschreibe die Leistung eines bestimmten Pkw's in Abhängigkeit von der Drehzahl X des Motors aus Beispiel 11.5 und 11.6. Mit den in Beispiel 11.6 berechneten Werten folgt

$$d^2 = 7\left(460{,}21 - \frac{36\,517{,}86^2}{2\,922\,678{,}57}\right) = 27{,}5 \quad \text{und}$$

$$\frac{d}{s_x\sqrt{(n-1)(n-2)}} = 0{,}000474.$$

Zur Konfidenzzahl $1-\alpha = 0{,}95$ erhalten wir aus der Tabelle der t-Verteilung mit 6 Freiheitsgraden das 0,975-Quantil 2,45 und das (empirische) Konfidenzintervall [0,0113; 0,0137].

Danach treffen wir die zu 95 % abgesicherte Entscheidung

$$0{,}0113 \leq \beta_0 \leq 0{,}0137. \qquad \blacklozenge$$

Test des Regressionskoeffizienten β_0

Aus (11.57) ergeben sich mit den Quantilen der t-Verteilung mit $n-2$ Freiheitsgraden die

Testentscheidungen:

a) $H_0: \beta_0 = \hat{\beta}_0;\ H_1: \beta \neq \hat{\beta}_0:\quad s_x\sqrt{(n-1)(n-2)}\,\dfrac{|b - \hat{\beta}_0|}{d} > t_{1-\alpha/2} \Rightarrow H_0$ ablehnen;

b) $H_0: \beta \leq \hat{\beta}_0;\ H_1: \beta > \hat{\beta}_0:\quad s_x\sqrt{(n-1)(n-2)}\,\dfrac{b - \hat{\beta}_0}{d} > t_{1-\alpha} \Rightarrow H_0$ ablehnen;

c) $H_0: \beta \geq \hat{\beta}_0;\ H_1: \beta < \hat{\beta}_0:\quad s_x\sqrt{(n-1)(n-2)}\,\dfrac{b - \hat{\beta}_0}{d} < -t_{1-\alpha} \Rightarrow H_0$ ablehnen.

Beispiel 11.11 (vgl. Beispiel 11.9). Unter Verwendung der Ergebnisse aus Beispiel 11.9 testen wir die Nullhypothese H_0: Der Regressionskoeffizient $\beta_0 = \dfrac{\sigma_{XY}}{\sigma_X^2}$ verschwindet. Dabei sei $\alpha = 0{,}05$.

Aus Beispiel 11.9 folgt dazu

$$s_x^2 = 10{,}489;\quad s_{xy} = 2{,}267;\quad b = 0{,}216;$$

$$\sum_{i,k} y_{ik}^2 = 910;\quad s_y^2 = \frac{1}{9}(910 - 10 \cdot 9{,}4^2) = 2{,}933;$$

$$d^2 = 9\left(2{,}933 - \frac{2{,}267^2}{10{,}489}\right) = 21{,}987;$$

$$w_{\text{ber.}} = s_x\sqrt{(n-1)(n-2)}\,\frac{b}{d} = 1{,}27.$$

Wegen $|w_{ber.}| < t_{0,975} = 2{,}31$ kann die Nullhypothese $H_0: \beta_0 = 0$ zugunsten ihrer Alternativen $H_1: \beta_0 \neq 0$ nicht mit einer Irrtumswahrscheinlichkeit von $\alpha = 0{,}05$ abgelehnt werden. ♦

11.4.2. Konfidenzintervalle und Test des Achsenabschnitts α_0

Der Achsenabschnitt $a = \bar{y} - b\bar{x}$ der (empirischen) Regressionsgeraden ist Realisierung der Zufallsvariablen

$$A = \bar{Y} - \bar{x}B. \tag{11.60}$$

Für den Achsenabschnitt α_0 der Regressionsgeraden beim linearen Regressionsmodell folgt nach [23, Bd. II], daß die Testgröße

$$T_{n-2} = \frac{A - \alpha_0}{D} \cdot \frac{\sqrt{n-2}}{\sqrt{\frac{1}{n} + \frac{\bar{x}^2}{(n-1)\cdot s_x^2}}} \tag{11.61}$$

t-verteilt ist mit $n - 2$ Freiheitsgraden.

Zur Konfidenzzahl $1 - \alpha$ erhält man hieraus als Grenzen für das (empirische) *Konfidenzintervall* für den Parameter α_0 die beiden Zahlenwerte

$$a \mp t_{1-\frac{\alpha}{2}} \cdot s_e \cdot \sqrt{\frac{1}{n} + \frac{\bar{x}^2}{(n-1)\cdot s_x^2}} \tag{11.62}$$

$$\text{mit } s_e^2 = \frac{d^2}{n-2} = \frac{n-1}{n-2}\left(s_y^2 - \frac{s_{xy}^2}{s_x^2}\right)$$

Beispiel 11.12 (vgl. Beispiele 11.5, 11.6 und 11.10). Mit den in den Beispielen 11.6 und 11.10 berechneten Werten erhält man mit $\alpha = 0{,}05$ für α_0 das Konfidenzintervall

$$[-3{,}94; 4{,}91]$$

woraus die zu 95 % abgesicherte Aussage

$$-3{,}94 \leq \alpha_0 \leq 4{,}91$$

folgt. ♦

Test für α_0

Aus (11.61) ergeben sich mit den Quantilen der t-Verteilung mit $n - 2$ Freiheitsgraden die

Testentscheidungen:

a) $H_0: \alpha_0 = \hat{\alpha}_0$; $H_1: \alpha_0 \neq \hat{\alpha}_0$: $|t_{ber.}| > t_{1-\alpha/2} \Rightarrow H_0$ ablehnen;

b) $H_0: \alpha_0 \leq \hat{\alpha}_0$; $H_1: \alpha_0 > \hat{\alpha}_0$: $t_{ber.} > t_{1-\alpha} \Rightarrow H_0$ ablehnen;

c) $H_0: \alpha_0 \geq \hat{\alpha}_0$; $H_1: \alpha_0 < \hat{\alpha}_0$: $t_{ber.} < -t_{1-\alpha} \Rightarrow H_0$ ablehnen.

Beispiel 11.13 (vgl. Beispiel 11.12). Für Beispiel 11.12 teste man mit $\alpha = 0{,}05$ die Nullhypothese $H_0: \alpha_0 = 0$ gegen die Alternative $H_1: \alpha_0 \neq 0$.

Wegen $|t_{ber.}| = 0{,}27 < t_{1-\alpha/2} = 2{,}45$ kann die Nullhypothese H_0 nicht zugunsten von H_1 abgelehnt werden. ♦

11.5. Konfidenzintervalle für die Erwartungswerte beim linearen Regressionsmodell

Wir gehen wieder von einem linearen Regressionsmodell aus mit den auf einer Geraden liegenden bedingten Erwartungswerten

$$\mu(x) = E(Y/X = x) = \alpha_0 + \beta_0 x. \tag{11.63}$$

Nach [37] ist dann für jedes x die Zufallsvariable

$$T_{n-2} = \sqrt{n-2}\,\frac{(x-\bar{x})B + \bar{Y} - \mu(x)}{\sqrt{\dfrac{1}{n} + \dfrac{(x-\bar{x})^2}{(n-1)s_x^2}}\,D} = \sqrt{n-2}\,\frac{\widetilde{Y}(x) - \mu(x)}{\sqrt{\dfrac{1}{n} + \dfrac{(x-\bar{x})^2}{(n-1)s_x^2}}\,D} \tag{11.64}$$

t-verteilt mit $n - 2$ Freiheitsgraden.

Mit dem $(1 - \alpha/2)$-Quantil der t-Verteilung mit $n - 2$ Freiheitsgraden ergibt sich hieraus für $\mu(x)$ das

Konfidenzintervall:

$$\left[\ \tilde{Y}(x) - t_{1-\alpha/2}\frac{D}{\sqrt{n-2}}\sqrt{\frac{1}{n}+\frac{(x-\bar{x})^2}{(n-1)s_x^2}}\ ;\ \tilde{Y}(x) + t_{1-\alpha/2}\frac{D}{\sqrt{n-2}}\sqrt{\frac{1}{n}+\frac{(x-\bar{x})^2}{(n-1)s_x^2}}\ \right]$$

Ist $\tilde{y} = a + bx$ die (empirische) Regressionsgerade, so erhalten wir für jedes x das empirische *Konfidenzintervall*

$$\left[\ a + bx - t_{1-\alpha/2}\frac{d}{\sqrt{n-2}}\sqrt{\frac{1}{n}+\frac{(x-\bar{x})^2}{(n-1)s_x^2}}\ ;\ a + bx + t_{1-\alpha/2}\frac{d}{\sqrt{n-2}}\sqrt{\frac{1}{n}+\frac{(x-\bar{x})^2}{(n-1)s_x^2}}\ \right]$$

(11.65)

als Realisierung des Zufallsintervalls. Läßt man dabei x variieren, dann bilden die beiden Funktionen

$$g_u(x) = a + bx - t_{1-\alpha/2}\frac{d}{\sqrt{n-2}}\sqrt{\frac{1}{n}+\frac{(x-\bar{x})^2}{(n-1)s_x^2}}\ ;$$

$$g_0(x) = a + bx + t_{1-\alpha/2}\frac{d}{\sqrt{n-2}}\sqrt{\frac{1}{n}+\frac{(x-\bar{x})^2}{(n-1)s_x^2}}\ ;$$

$$d^2 = (n-1)\left(s_y^2 - \frac{s_{xy}^2}{s_x^2}\right)$$

(11.66)

einen (empirischen) Konfidenzbereich zum Niveau $1 - \alpha$ für jeden Punkt der Regressionsgeraden $\mu(x) = \alpha_0 + \beta_0 x$.

An der Stelle $x = \bar{x}$ wird offensichtlich die Länge des Konfidenzintervalls am kleinsten.

Beispiel 11.14 (vgl. Beispiele 11.12, 11.10, 11.6, 11.5). Für die Leistung des Motors in Abhängigkeit von seiner Drehzahl erhalten wir mit $\alpha = 0{,}05$ aus den angegebenen Beispielen die Funktionswerte

$$g_u(x) = 0{,}01249x + 0{,}487 - 2{,}45\sqrt{\frac{27{,}5}{6}}\sqrt{\frac{1}{8}+\frac{(x-3462{,}5)^2}{7\cdot 2\,922\,678{,}57}} =$$

$$= 0{,}01249x + 0{,}487 - 5{,}245\sqrt{\frac{1}{8}+\frac{(x-3462{,}5)^2}{20\,458\,750}}\ ;$$

$$g_0(x) = 0{,}01249x + 0{,}487 + 5{,}245\sqrt{\frac{1}{8}+\frac{(x-3462{,}5)^2}{20\,458\,750}}\ .$$

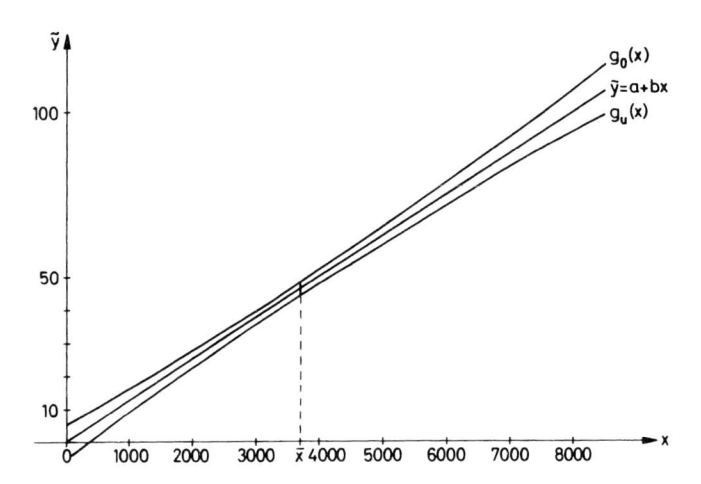

Bild 11.11. Konfidenzbereich für die Regressionsgerade

In Bild 11.11 ist der Konfidenzbereich dieser Geraden $\mu(x) = \alpha_0 + \beta_0 x$, also der Regressionsgeraden $\widetilde{Y} = \alpha_0 + \beta_0 X$ eingezeichnet. Die Aussage, daß die Regressionsgerade der Grundgesamtheit innerhalb des von den Funktionen g_u und g_0 bestimmten Bereichs liegt, ist also zu 95 % abgesichert. ♦

11.6. Test auf Gleichheit zweier Regressionsgeraden bei linearen Regressionsmodellen

Wir betrachten zwei lineare Regressionsmodelle mit den bedingten Erwartungswerten

$$\mu(x) = E(Y/X = x) = \alpha_0 + \beta_0 x;$$
$$\mu'(x') = E(Y'/X' = x') = \alpha_0' + \beta_0' x',$$

wobei sämtliche Zufallsvariablen $Y(x) = Y/X = x$ und $Y'(x') = Y'/X' = x'$ normalverteilt sind mit derselben Varianz σ^2 und den Erwartungswerten $\mu(x)$ bzw. $\mu'(x')$. Die beiden Regressionsgeraden sind gleich, wenn gilt $\alpha_0 = \alpha_0'$ und $\beta_0 = \beta_0'$.
Es seien $(x, y) = ((x_1, y_1), \dots, (x_{n_1}, y_{n_1}))$ und $(x', y') = ((x_1', y_1'), \dots, (x_{n_2}', y_{n_2}'))$ zwei Stichproben bezüglich (X, Y) bzw. (X', Y') mit den (empirischen) Regressionsgeraden

$$\widetilde{y} = a + bx; \quad \widetilde{y}' = a' + b'x',$$

den Varianzen s_x^2 bzw. $s_{x'}^2$ und den Summen

$$d^2 = (n_1 - 1)\left(s_y^2 - \frac{s_{xy}^2}{s_x^2}\right) \quad \text{bzw.} \quad d'^2 = (n_2 - 1)\left(s_{y'}^2 - \frac{s_{x'y'}^2}{s_{x'}^2}\right)$$

als vertikale Abstandsquadrate. Der Test auf Gleichheit der Regressionsgeraden gliedert sich in zwei Einzeltests. Dabei sei jeweils vorausgesetzt, daß (X, Y) und (X', Y') (stochastisch) unabhängig sind.

11.6.1. Vergleich zweier Achsenabschnitte

Zum Test der Hypothese $H_0: \alpha_0 = \alpha_0'$ eignet sich die Prüfgröße

$$t_{ber} = \frac{(a - a')\sqrt{n_1 + n_2 - 4}}{\sqrt{(d^2 + d'^2) \cdot \left(\frac{1}{n_1} + \frac{1}{n_2} + \frac{\overline{x}^2}{(n_1 - 1)s_x^2} + \frac{\overline{x}'^2}{(n_2 - 1)s_{x'}^2}\right)}} \qquad (11.67)$$

die Realisierung einer t-verteilten Zufallsvariablen mit $n_1 + n_2 - 4$ Freiheitsgraden ist, falls H_0 richtig ist.

11.6.2. Vergleich zweier Regressionskoeffizienten

Als Testgröße für die Hypothese $H_0: \beta_0 = \beta_0'$ dient die Prüfgröße

$$t_{ber} = \frac{(b - b')\sqrt{n_1 + n_2 - 4}}{\sqrt{(d^2 + d'^2)\left(\frac{1}{(n_1 - 1)s_x^2} + \frac{1}{(n_2 - 1)s_{x'}^2}\right)}}, \qquad (11.68)$$

die Realisierung einer mit $n_1 + n_2 - 4$ Freiheitsgraden t-verteilten Zufallsvariablen ist, falls H_0 richtig ist.

11.7. (Empirische) Regressionsebenen

Als Beispiel einer Mehrfachregression soll in diesem Abschnitt die empirische Regressionsebene eines Merkmals z bezüglich der beiden Merkmale x und y behandelt werden. Die Ergebnisse können dabei leicht auf mehr als drei Merkmale übertragen werden.

Werden bei der Stichprobenerhebung gleichzeitig drei Merkmale betrachtet, so erhält man eine dreidimensionale Stichprobe

$$((x_1, y_1, z_1), (x_2, y_2, z_2), \ldots, (x_n, y_n, z_n)).$$

Durch die n Punkte (x_i, y_i, z_i), $i = 1, 2, \ldots, n$ legen wir nach dem Gaußschen Prinzip der kleinsten (vertikalen) Abstandsquadrate eine Ebene

$$\widetilde{z} = a + b_1 x + b_2 y. \qquad (11.69)$$

Die Summe der vertikalen Abstandsquadrate lautet:

$$d^2(a, b_1, b_2) = \sum_{i=1}^{n} (z_i - a - b_1 x_i - b_2 y_i)^2. \qquad (11.70)$$

11.7. (Empirische) Regressionsebenen

Notwendige Bedingungen für das Minimum in (11.70) erhalten wir durch partielle Differentiation

$$\frac{\partial d^2(a, b_1, b_2)}{\partial a} = -2 \sum (z_i - a - b_1 x_i - b_2 y_i);$$

$$\frac{\partial d^2(a, b_1, b_2)}{\partial b_1} = -2 \sum x_i (z_i - a - b_1 x_i - b_2 y_i); \qquad (11.71)$$

$$\frac{\partial d^2(a, b_1, b_2)}{\partial b_2} = -2 \sum y_i (z_i - a - b_1 x_i - b_2 y_i).$$

Daraus ergibt sich für die Unbekannten a, b_1, b_2 das lineare Gleichungssystem

$$\begin{aligned} a + b_1 \bar{x} + b_2 \bar{y} &= \bar{z} \\ n\bar{x}a + b_1 \Sigma x_i^2 + b_2 \Sigma x_i y_i &= \Sigma x_i z_i \\ n\bar{y}a + b_1 \Sigma x_i y_i + b_2 \Sigma y_i^2 &= \Sigma y_i z_i. \end{aligned} \qquad (11.72)$$

Setzt man

$$\boxed{a = \bar{z} - b_1 \bar{x} - b_2 \bar{y}} \qquad (11.73)$$

in die zweite und dritte Gleichung ein, so folgt

$$\begin{aligned} b_1 (\Sigma x_i^2 - n\bar{x}^2) + b_2 (\Sigma x_i y_i - n\bar{x}\bar{y}) &= \Sigma x_i z_i - n\bar{x}\bar{z} \\ b_1 (\Sigma x_i y_i - n\bar{x}\bar{y}) + b_2 (\Sigma y_i^2 - n\bar{y}^2) &= \Sigma y_i z_i - n\bar{y}\bar{z}. \end{aligned} \qquad (11.74)$$

Die sog. zweidimensionalen Randstichproben $((x_1, z_1), \ldots, (x_n, z_n))$ bzw. $((y_1, z_1), \ldots, (y_n, z_n))$ besitzen die (empirischen) Kovarianzen

$$s_{xz} = \frac{1}{n-1} \sum (x_i - \bar{x})(z_i - \bar{z}) = \frac{1}{n-1} \sum (x_i z_i - n\bar{x}\bar{z})$$

$$s_{yz} = \frac{1}{n-1} \sum (y_i - \bar{y})(z_i - \bar{z}) = \frac{1}{n-1} \sum (y_i z_i - n\bar{y}\bar{z})$$

Hiermit geht das Gleichungssystem (11.74) über in

$$b_1 s_x^2 + b_2 s_{xy} = s_{xz}; \qquad b_1 s_{xy} + b_2 s_y^2 = s_{yz} \qquad (11.75)$$

mit der Lösung

$$\boxed{b_1 = \frac{s_y^2 \cdot s_{xz} - s_{xy} \cdot s_{yz}}{s_x^2 \cdot s_y^2 - (s_{xy})^2}; \qquad b_2 = \frac{s_x^2 \cdot s_{yz} - s_{xy} \cdot s_{xz}}{s_x^2 \cdot s_y^2 - (s_{xy})^2}.}$$

Zur Berechnung der Konstanten a, b_1, b_2 benötigt man somit die Stichprobenmittelwerte $\bar{x}, \bar{y}, \bar{z}$, die (empirischen) Varianzen s_x^2, s_y^2 und die (empirischen) Kovarianzen s_{xy}, s_{xz}, s_{yz}.

12. Verteilungsfreie Verfahren

Bei den bisher behandelten Verfahren hatten wir vorausgesetzt, daß der Typ der Verteilungsfunktionen der betrachteten Zufallsvariablen bekannt ist (z. b. Binomial-, Poisson-, Normalverteilung), oder aber daß der Stichprobenumfang n hinreichend groß ist, um mit Hilfe der Grenzwertsätze Näherungsformeln zu erhalten. Für großes n ist jedoch die Stichprobenerhebung i. a. zeit- und kostenaufwendig, insbesondere, wenn der betreffende Gegenstand bei der Untersuchung unbrauchbar wird wie etwa bei der Bestimmung der Brenndauer einer Glühbirne. Daher ist es naheliegend, nach Verfahren zu suchen, bei denen weder die Verteilungsfunktion der entsprechenden Zufallsvariablen bekannt noch der Stichprobenumfang groß sein muß. Einige dieser sog. verteilungsunabhängigen Verfahren sollen hier behandelt werden.

12.1. Der Vorzeichentest

Die Problemstellung wird durch das folgende Beispiel illustriert.

Beispiel 12.1. Wir untersuchen, ob die Reaktionszeiten auf ein bestimmtes Signal nach dem Konsum einer gewissen Menge Alkohol vergrößert wird. Dazu werden bei 50 Personen einer bestimmten Altersgruppe die Reaktionszeiten jeweils vor und eine halbe Stunde nach dem Konsum dieser Alkoholmenge bestimmt. Bei 40 Personen waren die Reaktionszeiten nach dem Alkoholgenuß größer, bei 4 Personen blieben sie gleich groß, während sie bei den restlichen 6 Personen kleiner wurden. Kann aufgrund dieses Ergebnisses gesagt werden, daß die Reaktionszeit allgemein durch den Alkoholgenuß vergrößert wird? Da die Reaktionszeiten Realisierungen von Zufallsvariablen sind, muß zur Behandlung dieses Problems zunächst eine geeignete Testgröße gefunden werden. Danach werden wir auf das Beispiel zurückkommen. ♦

Allgemein fassen wir jeweils die beiden am selben Individuum festgestellten Merkmalwerte zu einer sog. *verbundenen* (zweidimensionalen) Stichprobe $(x, y) = ((x_1, y_1), (x_2, y_2), \ldots , (x_n, y_n))$ zusammen. Die Werte x_i bzw. y_i sind Realisierungen von (i.a. (stochastisch) abhängigen) Zufallsvariablen X bzw. Y. Falls in Beispiel 12.1 der Alkoholgenuß keinen Einfluß auf die Reaktionszeit hat, müssen die beiden Ereignisse „Die Reaktionszeit nach dem Alkoholgenuß ist größer als die ohne Alkoholgenuß" und „Die Reaktionszeit wird durch den Alkoholverbrauch verkleinert" gleichwahrscheinlich sein. Beschreibt die Zufallsvariable X die Reaktionszeit vor und Y die nach dem Alkoholkonsum, so lassen sich die beiden Ereignisse darstellen durch

$(X - Y < 0)$ bzw. $(X - Y > 0)$.

Allgemein stellen wir nun folgende Hypothese auf:

H_0: $P(X - Y > 0) = P(X - Y < 0)$.

12.1. Der Vorzeichentest

Zum Nachprüfen dieser Hypothese ist es naheliegend, die Differenzen $d_i = x_i - y_i$ für $i = 1, 2, \ldots, n$ zu betrachten. Die Stichprobe der Differenzenwerte $d_i = x_i - y_i$, d.h.

$$d = (d_1, d_2, \ldots, d_n) = (x_1 - y_1, x_2 - y_2, \ldots, x_n - y_n) \quad (12.1)$$

ist dann Zufallsstichprobe bezüglich der Zufallsvariablen

$$D = X - Y. \quad (12.2)$$

Ist die Hypothese H_0 richtig, so folgt aus

$$P(D > 0) + P(D < 0) + P(D = 0) = 1$$

die Identität

$$P(D > 0) = P(D < 0) = \frac{1 - P(D = 0)}{2}. \quad (12.3)$$

Wir betrachten folgende Fallunterscheidungen:

1. Fall: $P(X - Y = 0) = 0$.

Aus (12.3) ergibt sich hieraus

$$P(D > 0) = P(D < 0) = \tfrac{1}{2}. \quad (12.4)$$

Die Zufallsvariable Z, welche die Anzahl der positiven Differenzen in der Stichprobe d beschreibt, ist dann binomialverteilt mit den Parametern n und $p = \tfrac{1}{2}$. Somit gilt

$$P(Z = k) = \binom{n}{k} \cdot \left(\frac{1}{2}\right)^n \text{ für } k = 0, 1, \ldots, n. \quad (12.5)$$

In

$$P(Z \leq k_\alpha) = \left(\frac{1}{2}\right)^n \left[1 + \binom{n}{1} + \ldots + \binom{n}{k_\alpha}\right] \leq \alpha \quad (12.6)$$

sei die Konstante k_α maximal gewählt. Wegen der Symmetrie ($p = \tfrac{1}{2}$) gilt

$$P(Z \geq n - k_\alpha) = P(Z \leq k_\alpha) \leq \alpha. \quad (12.7)$$

In Tabelle 5 des Anhangs sind für kleine n solche Schwellenwerte k_α tabelliert. Für $n \geq 36$ läßt sich die Binomialverteilung wieder gut durch eine Normalverteilung approximieren. Wegen $p = \tfrac{1}{2}$ erhält man nach [2] (2.119) in

$$P(Z \leq k_\alpha) \approx \Phi\left(\frac{k_\alpha - \frac{n}{2} + 0{,}5}{\sqrt{n/4}}\right)$$

eine brauchbare Näherung. Mit dem $(1-\alpha)$-Quantil $z_{1-\alpha}$ der $N(0;1)$-Verteilung folgt hieraus wegen $z_\alpha = -z_{1-\alpha}$ die Näherung

$$k_\alpha \approx \frac{n}{2} - 0{,}5 - \frac{\sqrt{n}}{2} z_{1-\alpha} \quad \text{für } n \geq 36. \quad (12.8)$$

Es sei z die Anzahl aller positiven Differenzen der n Stichprobenpaare. Zu einer vorgegebenen Irrtumswahrscheinlichkeit α erhalten wir dann die

Testentscheidungen:

a) $z \leq k_{\alpha/2}$ oder $z \geq n - k_{\alpha/2} \Rightarrow H_0$ ablehnen; Entscheidung für
$P(X - Y > 0) \neq P(X - Y < 0)$;
b) $z \geq n - k_\alpha \Rightarrow H_0$ ablehnen; Entscheidung für $P(X - Y > 0) > P(X - Y < 0)$;
c) $z \leq k_\alpha \Rightarrow H_0$ ablehnen; Entscheidung für $P(X - Y > 0) < P(X - Y < 0)$.

2. Fall: $P(X - Y = 0) = p_0 > 0$.

Wegen

$$P(D > 0) = P(D < 0) = \frac{1 - p_0}{2}$$

ist die Zufallsvariable Z binomialverteilt mit dem Parameter $\frac{1 - p_0}{2}$, falls die Hypothese H_0 richtig ist. Da aber i.a. p_0 nicht bekannt ist, kann für die Testdurchführung nicht unmittelbar eine Tabelle der Binomialverteilung benutzt werden.

Nach [25] S. 61 kann jedoch auch hier der Fall 1 vermöge folgender Modifizierung angewendet werden:

In der Stichprobe läßt man diejenigen Werte weg, deren Differenzen verschwinden. Die Reststichprobe besitzt nun den Stichprobenumfang $\bar{n}$ (= Anzahl der nicht verschwindenden Differenzen). Mit diesem neuen Stichprobenumfang $\bar{n}$ werden dann die obigen Testentscheidungen benutzt. Der Fehler 1. Art wird dabei höchstens verkleinert.

Beispiel 12.2 (vgl. Beispiel 12.1). Mit den Differenzenwerten aus Beispiel 12.1 folgt: $\bar{n} = 46$ und $z = 6$. Wegen $k_{0,005} = 13$, $\bar{n} - k_{0,995} = 33$ kann mit einer Irrtumswahrscheinlichkeit von $\alpha = 0,005$ gesagt werden, daß die Reaktionszeit infolge des Alkoholgenusses vergrößert wird. ♦

12.2. Test und Konfidenzintervall für den Median

Wir setzen in diesem Abschnitt voraus, daß X eine stetige Zufallsvariable mit der Verteilungsfunktion F ist. Dann heißt jeder Zahlenwert $\tilde{\mu}$ mit $F(\tilde{\mu}) = \frac{1}{2}$ Median von X (vgl. [2] 2.6.2). Für einen Median $\tilde{\mu}$ einer stetigen Zufallsvariablen gilt

$$P(X < \tilde{\mu}) = P(X > \tilde{\mu}) = \tfrac{1}{2}. \tag{12.9}$$

Sei $x = (x_1, x_2, \ldots, x_n)$ eine Stichprobe vom Umfang n. Wegen (12.9) kann dann auf die Stichprobe

$$x - \tilde{\mu} = (x_1 - \tilde{\mu}, x_2 - \tilde{\mu}, \ldots, x_n - \tilde{\mu}) \tag{12.10}$$

der Vorzeichentest angewendet werden. Als Testgröße eignet sich hierfür die Zufallsvariable Z, welche die Anzahl der positiven Stichprobenelemente aus (12.10) beschreibt. Diese Zahl ist identisch mit der Anzahl derjenigen Werte der Ausgangs-

12.2. Test und Konfidenzintervall für den Median

stichprobe x, die größer als $\widetilde{\mu}$ sind. Mit der Testfunktion Z und den in Abschnitt 12.1 definierten Werten k_α ergeben sich zur Irrtumswahrscheinlichkeit α die folgenden

Testentscheidungen:

a) $H_0: \widetilde{\mu} = \widetilde{\mu}_0$; $z \leq k_{\alpha/2}$ oder $z \geq n - k_{\alpha/2} \Rightarrow H_0$ ablehnen;
                Entscheidung für $\widetilde{\mu} \neq \widetilde{\mu}_0$;

b) $H_0: \widetilde{\mu} \leq \widetilde{\mu}_0$; $z \geq n - k_\alpha \Rightarrow H_0$ ablehnen; Entscheidung für $\widetilde{\mu} > \widetilde{\mu}_0$;

c) $H_0: \widetilde{\mu} \geq \widetilde{\mu}_0$; $z \leq k_\alpha \Rightarrow H_0$ ablehnen; Entscheidung für $\widetilde{\mu} < \widetilde{\mu}_0$.

Zur Bestimmung eines Konfidenzintervalls für den Median $\widetilde{\mu}$ ordnen wir die Stichprobenwerte $x_1, x_2, \ldots, x_n$ nach aufsteigender Größe an. Wie in Definition 1.4 bezeichnen wir die geordneten Werte der Reihe nach mit

$$x_{(1)}, x_{(2)}, \ldots, x_{(n-1)}, x_{(n)}.$$

Die Werte $x_{(i)}$ heißen *(empirische) Ranggrößen*. Da es sich nach Voraussetzung um ein stetiges Merkmal handelt, sind mit Wahrscheinlichkeit 1 (also praktisch immer) alle Ranggrößen verschieden, d.h. es gilt

$$x_{(1)} < x_{(2)} < \ldots < x_{(n-1)} < x_{(n)}. \qquad (12.11)$$

Die Zufallsvariable, deren Realisierung die i-te (empirische) Ranggröße $x_{(i)}$ ist, bezeichnen wir mit $X_{(i)}$ für $i = 1, 2, \ldots, n$.

Das Ereignis $(\widetilde{\mu} < X_{(m)})$ tritt genau dann ein, wenn rechts vom Median $\widetilde{\mu}$ mindestens $n - m + 1$ Stichprobenwerte liegen (Bild 12.1), wenn also das Ereignis $(Z \geq n - m + 1)$ eintritt. Dabei beschreibt die Zufallsvariable Z definitionsgemäß die Anzahl derjenigen Stichprobenwerte, die größer als $\widetilde{\mu}$ sind.

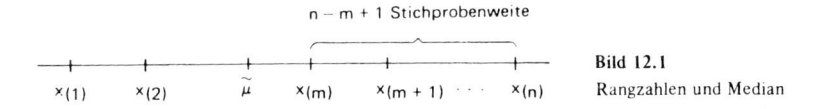

Bild 12.1 Rangzahlen und Median

Daraus folgt für zwei Rangzahlen a, b mit $1 \leq a < b \leq n$

$$P(X_{(a)} \leq \widetilde{\mu} < X_{(b)}) = P[(\widetilde{\mu} < X_{(b)}) \cap \overline{(\widetilde{\mu} < X_{(a)})}] =$$
$$= P(\widetilde{\mu} < X_{(b)}) - P(\widetilde{\mu} < X_{(a)}) = P(Z \geq n-b+1) - P(Z \geq n-a+1) = \qquad (12.12)$$
$$= 1 - P(Z \leq n-b) - P(Z \geq n-a+1).$$

Mit $a = 1 + k_{\alpha/2}$ und $b = n - k_{\alpha/2}$ erhalten wir wegen (12.7)

$$P(X_{(1+k_{\alpha/2})} \leq \widetilde{\mu} < X_{(n-k_{\alpha/2})}) = 1 - P(Z \leq k_{\alpha/2}) - P(Z \geq n - k_{\alpha/2}) \leq$$
$$\leq 1 - \alpha/2 - \alpha/2 = 1 - \alpha. \qquad (12.13)$$

Zu einer vorgegebenen Konfidenzzahl ergibt sich hieraus für den Median $\tilde{\mu}$ das halboffene (links abgeschlossene und rechts offene)

Konfidenzintervall $[X_{(1+k_{\alpha/2})};\ X_{(n-k_{\alpha/2})})$.

Aus einer Stichprobe erhält man als Realisierung das *(empirische) Konfidenzintervall* $[x_{(1+k_{\alpha/2})};\ x_{(n-k_{\alpha/2})})$ oder die mit einer Sticherheitswahrscheinlichkeit von mindestens $1-\alpha$ abgesicherte Aussage $x_{(1+k_{\alpha/2})} \leq \tilde{\mu} < x_{(n-k_{\alpha/2})}$.

Beispiel 12.3. Eine Stichprobe vom Umfang 20 enthalte folgende (empirische) Rangzahlen:

0,55; 0,57; 0,6; 0,61; 0,65; **0,67**; 0,69; 0,71; 0,75; 0,77; 0,78; 0,80; 0,81; 0,83; **0,84**; 0,86; 0,87; 0,88; 0,90; 0,98.

$\alpha = 0{,}05$ liefert $k_{\alpha/2} = 5$. Wegen $1 + k_{\alpha/2} = 6$ und $n - k_{\alpha/2} = 15$ ergibt sich aus den Ranggrößen das (empirische) Konfidenzintervall $0{,}67 \leq \tilde{\mu} < 0{,}84$. ♦

12.3. Wilcoxonscher Rangsummentest für unverbundene Stichproben

Gegeben seien zwei unabhängige Stichproben $x = (x_1, x_2, \ldots, x_{n_1})$ und $y = (y_1, y_2, \ldots, y_{n_2})$ vom Umfang n_1 bzw. n_2. Die Stichprobenwerte x_i seien dabei Realisierungen einer Zufallsvariablen X und die y_k Realisierungen einer Zufallsvariablen Y. Getestet werden soll die

Hypothese H_0: Beide Zufallsvariablen besitzen dieselbe Verteilungsfunktion.

Im Test werden die beiden Stichproben zu einer einzigen Stichprobe $z = (x_1, x_2, \ldots, x_{n_1}, y_1, y_2, \ldots, y_{n_2}) = (z_1, z_2, \ldots, z_{n_1+n_2})$ zusammengefaßt und nach aufsteigender Rangfolge geordnet:

$$z_{(1)} \leq z_{(2)} \leq \ldots \leq z_{(n_1+n_2)}. \tag{12.14}$$

1. Fall: Alle Stichprobenwerte z_i sind verschieden.

Für den Test interessieren nur noch die hier eindeutig bestimmten Rangzahlen, wobei die Rangzahlen der Stichprobenwerte x_i gekennzeichnet werden müssen. Als *Testgröße* dient die *Zufallsvariable* R_1, welche die Summe der Rangzahlen der Stichprobenwerte $x_1, x_2, \ldots, x_{n_1}$ beschreibt. Dabei gilt (s. [20] Bd. II)

$$E(R_1) = \frac{n_1(n_1 + n_2 + 1)}{2}\ ;\quad D^2(R_1) = \frac{n_1 \cdot n_2(n_1 + n_2 + 1)}{12}. \tag{12.15}$$

Quantile dieser Verteilung sind in Abhängigkeit von n_1 und n_2 tabelliert.

Für große $n_1 + n_2$ (nach [15] Bd. II genügt $n_1, n_2 \geq 4$ und $n_1 + n_2 \geq 30$) ist R_1 angenähert $N\left(\dfrac{n_1 \cdot (n_1 + n_2 + 1)}{2};\ \dfrac{n_1 \cdot n_2(n_1 + n_2 + 1)}{12}\right)$-verteilt. Man benutzt dann

12.3. Wilcoxonscher Rangsummentest für unverbundene Stichproben

die ungefähr $N(0;1)$-verteilte Testgröße

$$U = \frac{R_1 - \dfrac{n_1(n_1+n_2+1)}{2}}{\sqrt{\dfrac{n_1 \cdot n_2 \cdot (n_1+n_2+1)}{12}}}. \qquad (12.16)$$

Beispiel 12.4. Ein Lehrer teilt eine Schulklasse so in zwei Gruppen zu 10 und 8 Schülern ein, daß beide leistungsmäßig etwa gleich sind. Die erste Gruppe wird nach einer neuen Methode unterrichtet, die zweite Gruppe zur Kontrolle hingegen weiter nach der alten. Eine Klassenarbeit nach drei Monaten ergibt folgende Punktzahlen:

Gruppe 1	42, 53, 47, 38, 46, 51, 62, 60, 45, 39
Gruppe 2	41, 36, 33, 55, 44, 35, 32, 40

Mit $\alpha = 0{,}05$ teste man die Hypothese H_0: Beide Unterrichtsmethoden führen zum gleichen Erfolg, gegen die Alternative: Die Unterrichtsmethoden führen nicht zum selben Erfolg. Als x-Stichprobe wählen wir die zweite Gruppe. Die vereinigte Stichprobe liefert die Rangzahlen

x_i	41	36	33	55	44	35	32	40		
Rangzahlen	8	4	2	16	10	3	1	7		
y_j	42	53	47	38	46	51	62	60	45	39
Rangzahlen	9	15	13	5	12	14	18	17	11	6

Die Zufallsvariable R_1 besitzt dann die Realisierung

$$r_1 = 8+4+2+16+10+3+1+7 = 51.$$

Mit $n_1 = 8$, $n_2 = 10$ folgt

$$w = r_1 - \frac{n_1(n_1+n_2+1)}{2} = 51 - \frac{8 \cdot 19}{2} = 51 - 76 = -25.$$

Der kritische Wert für den zweiseitigen Test lautet $c = 23$. Wegen $|w| > c$ wird die Hypothese H_0 zugunsten ihrer Alternative abgelehnt. ◆

2. Fall: Die Stichprobe z enthält mehrere gleiche Stichprobenwerte

Sind in (12.14) manche Werte gleich, so wird diesen übereinstimmenden Stichprobenwerten jeweils die mittlere Rangzahl zugeordnet. Folgende geordnete Stichprobe soll dies illustrieren.

$z_{(i)}$	1	1	2	3	3	3	4	4	4	4
Rangzahl	1,5	1,5	3	5	5	5	8,5	8,5	8,5	8,5

Führt man mit diesen Rangzahlen vermöge der Zufallsvariablen R_1 den oben beschriebenen Rangsummentest durch, verringert sich die Irrtumswahrscheinlichkeit α bei kleinen n_1 und n_2 geringfügig.

Die Anzahl der Stichprobenwerte aus z mit gleicher Rangzahl bezeichnen wir der Reihe nach mit $t_1, t_2, \ldots$. Dann ist für große n_1, n_2 nach [26] die Testgröße

$$U = \frac{R_1 - \dfrac{n_1 \cdot (n+1)}{2}}{\sqrt{\dfrac{n_1 \cdot n_2}{n(n-1)} \left[\dfrac{n^3 - n}{12} - \sum_k \dfrac{t_k^3 - t_k}{12} \right]}} \quad ; \quad n = n_1 + n_2 \tag{12.17}$$

ungefähr $N(0;1)$-verteilt.

13. Ausblick

Im Rahmen dieses Einführungsbandes konnten nur wenige Verfahren der mathematischen Statistik behandelt werden. Bei den einzelnen Testverfahren bestand die Hauptaufgabe darin, eine geeignete Testfunktion und – wenigstens näherungsweise – deren Verteilungsfunktion zu finden. Zu einer vorgegebenen Irrtumswahrscheinlichkeit α erster Art wurden aus dieser Verteilungsfunktion beim einseitigen Test ein und beim zweiseitigen Test zwei Quantile als kritische Grenzen bestimmt. Ein Vergleich der durch eine Stichprobe festgelegten Realisierung der entsprechenden Testgröße mit diesen Quantilen führte schließlich zur Testentscheidung. Falls dabei die Nullhypothese abgelehnt werden kann, beträgt die Fehlerwahrscheinlichkeit höchstens α. Kann die Nullhypothese nicht abgelehnt werden, so darf sie nicht ohne weiteres angenommen werden, da der zugehörige Fehler 2. Art unter Umständen sehr groß sein kann.

Bezüglich weiterer statistischer Verfahren sei auf die weiterführende Literatur verwiesen, z.B. auf [16] und [31].

Weiterführende Literatur

A. Wahrscheinlichkeitsrechnung

[1] *Bauer, H.:* Wahrscheinlichkeitstheorie. Berlin – New York, 4., völlig überarbeitete und neugestaltete Aufl. des Werkes: Wahrscheinlichkeitstheorie und Grundzüge der Maßtheorie 1991
[2] *Bosch, K.:* Elementare Einführung in die Wahrscheinlichkeitsrechnung. Wiesbaden, 10. Aufl. 2010
[3] *Behnen, K.; Neuhaus, G.:* Grundkurs Stochastik. Eine integrierte Einführung in die Wahrscheinlichkeitstheorie und Mathematische Statistik. Stuttgart, 3. Aufl. 1995
[4] *Feller W.:* An introduction to probability theory and its applications. New York – London – Sydney, volume I, 4rd edition 2003; volume II, 2nd edition 1971. New York – London – Sydney
[5] *Gänssler, P.; Stute, W.:* Wahrscheinlichkeitstheorie. Berlin – Heidelberg – New York 1977
[6] *Gnedenko, I.:* Lehrbuch der Wahrscheinlichkeitsrechnung. Berlin 1987
[7] *Hinderer, K.:* Grundbegriffe der Wahrscheinlichkeitstheorie. Berlin – Heidelberg – New York, 3. Nachdruck, 1985
[8] *Krickeberg, K.; Ziezold, H.:* Stochastische Methoden. Berlin – Heidelberg – New York, 4. Aufl. 1994
[9] *Neveu, J.:* Mathematische Grundlagen der Wahrscheinlichkeitstheorie. München – Wien 1969
[10] *Pfanzagl, J.:* Elementare Wahrscheinlichkeitsrechnung. Berlin, 2. Aufl. 1991
[11] *Plachky, D.; Baringhaus, L.; Schmitz, N:* Stochastik I. Wiesbaden, 2. Aufl. 1983
[12] *Plachky, D.:* Stochastik II. Wiesbaden 1981
[13] *Rényi, A.:* Wahrscheinlichkeitsrechnung mit einem Anhang über Informationstheorie. Berlin, 3. Aufl. 1971
[14] *Richter, H.:* Wahrscheinlichkeitstheorie. Berlin – Heidelberg – New York, 2. Aufl. 1966
[15] *Vogel, W.:* Wahrscheinlichkeitstheorie, Göttingen 1971

B. Mathematische Statistik

[16] *Hartung, J. H.; Elpelt B. ; Kösener, H. H.:* Statistik, Lehr- und Handbuch der angewandten Statistik. München – Wien, 13. Aufl. 2002
[17] *Hartung, J. H.; Elpelt B.:* Multivariate Statistik. München – Wien, 6. Auflage 1999
[18] *Lehmann, E. L.:* Testing Statistical Hypothesies. New York – London, 2nd edition 1993
[19] *Linder, A.:* Statistische Methoden für Naturwissenschaftler, Mediziner und Ingenieure. Stuttgart, 4. Aufl. 1964
[20] *Pfanzagl, J.:* Allgemeine Methodenlehre der Statistik. Berlin – New York, Bd. I: elementare Methoden, 6. Aufl. 1983; Bd. II: höhere Methoden, 4. Aufl. 1974
[21] *Sachs, L.:* Angewandte Statistik. Berlin – Heidelberg – New York, 11. Aufl. 2004

[22] *Schach, S.; Schäfer, T.*: Regressions- und Varianzanalyse. Eine Einführung. Berlin – Heidelberg – New York 1978
[23] *Stange, K.*: Angewandte Statistik. Berlin – Heidelberg – New York, Bd. I: Eindimensionale Probleme 1979; Bd. II: Mehrdimensionale Probleme 1971
[24] *Schmetterer, L.*: Einführung in die mathematische Statistik. Wien – New York, 2. Aufl. 1966
[25] *Waerden, van der, B.L.*: Mathematische Statistik. Berlin – Heidelberg – New York, 3. Aufl. 1971
[26] *Walter, E.*: Statistische Methoden. Berlin – Heidelberg – New York. Lecture Notes in Economics, Bd. 38, Bd. 39, 1970
[27] *Weber, E.*: Grundlagen der biologischen Statistik. Stuttgart, 7. Aufl. 1972
[28] *Witting, H.*: Mathematische Statistik. Stuttgart, 3. Aufl. 1978
[29] *Witting, H.*: Mathematische Statistik I: Parametrische Verfahren bei festem Stichprobenumfang. Stuttgart 1985
[30] *Witting, H.; Nölle, G.*: Angewandte mathematische Statistik: optimale finite u. asymptotische Verfahren. Stuttgart 1970

C. Wahrscheinlichkeitsrechnung und mathematische Statistik

[31] *Bosch, K.*: Statistik-Taschenbuch. München – Wien, 3. Aufl. 1998
[32] *Bosch, K.*: Großes Lehrbuch Statistik. München – Wien 1996
[33] *Bosch, K.*: Grundzüge der Statistik. Einführung mit Übungen. München – Wien 1996
[34] *Bosch, K.*: Lexikon der Statistik. München – Wien, 2., völlig überarbeitete und stark erweiterte Aufl. 1997
[35] *Bosch, K.*: Formelsammlung Statistik. München – Wien 2003
[36] *Fisz, M.*: Wahrscheinlichkeitsrechnung und mathematische Statistik. Berlin, 11., erw. Aufl. 1989
[37] *Krengel, U.*: Einführung in die Wahrscheinlichkeitstheorie und Statistik. Wiesbaden, 7. Aufl. 2003
[38] *Kreyszig, E.*: Statistische Methoden und ihre Anwendungen. Göttingen, 7. Aufl. 1991
[39] *Morgenstern, D.*: Einführung in die Wahrscheinlichkeitsrechnung und mathematische Statistik. Grundlehren der mathematischen Wissenschaften, Bd. 124. Berlin – New York, 2. Aufl. 1968
[40] *Müller, P.H.*: Lexikon der Stochastik. Wahrscheinlichkeitsrechnung und mathematische Statistik. Berlin, 5., bearbeitete und wesentlich erweiterte Aufl. 1991
[41] *Storm, R.*: Wahrscheinlichkeitsrechnung, mathematische Statistik und statistische Qualitätskontrolle. Leipzig 11. Aufl. 2001

Karl Bosch wurde 1937 in Ennetach (Württ.) geboren. Er studierte Mathematik in Stuttgart und Heidelberg. Nach dem Diplom im Jahre 1964 wurde er in Braunschweig 1967 promoviert und 1973 habilitiert. Seit 1976 ist er o. Professor am Institut für Angewandte Mathematik und Statistik der Universität Hohenheim. Seine wissenschaftlichen Arbeiten befassen sich mit Wahrscheinlichkeitsrechnung und angewandter mathematischer Statistik.

Anhang
(Tabellen)

Tabelle 1a. Verteilungsfunktion Φ der N(0;1)-Verteilung. $\Phi(-z) = 1 - \Phi(z)$

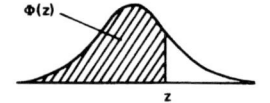

z	$\Phi(z)$	z	$\Phi(z)$	z	$\Phi(z)$	z	$\Phi(z)$
0,00	0,5000						
0,01	0,5040	0,41	0,6591	0,81	0,7910	1,21	0,8869
0,02	0,5080	0,42	0,6628	0,82	0,7939	1,22	0,8888
0,03	0,5120	0,43	0,6664	0,83	0,7967	1,23	0,8907
0,04	0,5160	0,44	0,6700	0,84	0,7995	1,24	0,8925
0,05	0,5199	0,45	0,6736	0,85	0,8023	1,25	0,8944
0,06	0,5239	0,46	0,6772	0,86	0,8051	1,26	0,8962
0,07	0,5279	0,47	0,6808	0,87	0,8078	1,27	0,8980
0,08	0,5319	0,48	0,6844	0,88	0,8106	1,28	0,8997
0,09	0,5359	0,49	0,6879	0,89	0,8133	1,29	0,9015
0,10	0,5398	0,50	0,6915	0,90	0,8159	1,30	0,9032
0,11	0,5438	0,51	0,6950	0,91	0,8186	1,31	0,9049
0,12	0,5478	0,52	0,6985	0,92	0,8212	1,32	0,9066
0,13	0,5517	0,53	0,7019	0,93	0,8238	1,33	0,9082
0,14	0,5557	0,54	0,7054	0,94	0,8264	1,34	0,9099
0,15	0,5596	0,55	0,7088	0,95	0,8289	1,35	0,9115
0,16	0,5636	0,56	0,7123	0,96	0,8315	1,36	0,9131
0,17	0,5675	0,57	0,7157	0,97	0,8340	1,37	0,9147
0,18	0,5714	0,58	0,7190	0,98	0,8365	1,38	0,9162
0,19	0,5753	0,59	0,7224	0,99	0,8389	1,39	0,9177
0,20	0,5793	0,60	0,7257	1,00	0,8413	1,40	0,9192
0,21	0,5832	0,61	0,7291	1,01	0,8438	1,41	0,9207
0,22	0,5871	0,62	0,7324	1,02	0,8461	1,42	0,9222
0,23	0,5910	0,63	0,7357	1,03	0,8485	1,43	0,9236
0,24	0,5948	0,64	0,7389	1,04	0,8508	1,44	0,9251
0,25	0,5987	0,65	0,7422	1,05	0,8531	1,45	0,9265
0,26	0,6026	0,66	0,7454	1,06	0,8554	1,46	0,9279
0,27	0,6064	0,67	0,7486	1,07	0,8577	1,47	0,9292
0,28	0,6103	0,68	0,7517	1,08	0,8599	1,48	0,9306
0,29	0,6141	0,69	0,7549	1,09	0,8621	1,49	0,9319
0,30	0,6179	0,70	0,7580	1,10	0,8643	1,50	0,9332
0,31	0,6217	0,71	0,7611	1,11	0,8665	1,51	0,9345
0,32	0,6255	0,72	0,7642	1,12	0,8686	1,52	0,9357
0,33	0,6293	0,73	0,7673	1,13	0,8708	1,53	0,9370
0,34	0,6331	0,74	0,7704	1,14	0,8729	1,54	0,9382
0,35	0,6368	0,75	0,7734	1,15	0,8749	1,55	0,9394
0,36	0,6406	0,76	0,7764	1,16	0,8770	1,56	0,9406
0,37	0,6443	0,77	0,7794	1,17	0,8790	1,57	0,9418
0,38	0,6480	0,78	0,7823	1,18	0,8810	1,58	0,9429
0,39	0,6517	0,79	0,7852	1,19	0,8830	1,59	0,9441
0,40	0,6554	0,80	0,7881	1,20	0,8849	1,60	0,9452

z	Φ(z)	z	Φ(z)	z	Φ(z)	z	Φ(z)
1,61	0,9463	2,15	0,9842	2,69	0,9964	3,23	0,9994
1,62	0,9474	2,16	0,9846	2,70	0,9965	3,24	0,9994
1,63	0,9484	2,17	0,9850	2,71	0,9966	3,25	0,9994
1,64	0,9495	2,18	0,9854	2,72	0,9967	3,26	0,9994
1,65	0,9505	2,19	0,9857	2,73	0,9968	3,27	0,9995
1,66	0,9515	2,20	0,9861	2,74	0,9969	3,28	0,9995
1,67	0,9525	2,21	0,9864	2,75	0,9970	3,29	0,9995
1,68	0,9535	2,22	0,9868	2,76	0,9971	3,30	0,9995
1,69	0,9545	2,23	0,9871	2,77	0,9972	3,31	0,9995
1,70	0,9554	2,24	0,9875	2,78	0,9973	3,32	0,9995
1,71	0,9564	2,25	0,9878	2,79	0,9974	3,33	0,9996
1,72	0,9573	2,26	0,9881	2,80	0,9974	3,34	0,9996
1,73	0,9582	2,27	0,9884	2,81	0,9975	3,35	0,9996
1,74	0,9591	2,28	0,9887	2,82	0,9976	3,36	0,9996
1,75	0,9599	2,29	0,9890	2,83	0,9977	3,37	0,9996
1,76	0,9608	2,30	0,9893	2,84	0,9977	3,38	0,9996
1,77	0,9616	2,31	0,9896	2,85	0,9978	3,39	0,9997
1,78	0,9625	2,32	0,9898	2,86	0,9979	3,40	0,9997
1,79	0,9633	2,33	0,9901	2,87	0,9979	3,41	0,9997
1,80	0,9641	2,34	0,9904	2,88	0,9980	3,42	0,9997
1,81	0,9649	2,35	0,9906	2,89	0,9981	3,43	0,9997
1,82	0,9656	2,36	0,9909	2,90	0,9981	3,44	0,9997
1,83	0,9664	2,37	0,9911	2,91	0,9982	3,45	0,9997
1,84	0,9671	2,38	0,9913	2,92	0,9982	3,46	0,9997
1,85	0,9678	2,39	0,9916	2,93	0,9983	3,47	0,9997
1,86	0,9686	2,40	0,9918	2,94	0,9984	3,48	0,9997
1,87	0,9693	2,41	0,9920	2,95	0,9984	3,49	0,9998
1,88	0,9699	2,42	0,9922	2,96	0,9985	3,50	0,9998
1,89	0,9706	2,43	0,9925	2,97	0,9985	3,51	0,9998
1,90	0,9713	2,44	0,9927	2,98	0,9986	3,52	0,9998
1,91	0,9719	2,45	0,9929	2,99	0,9986	3,53	0,9998
1,92	0,9726	2,46	0,9931	3,00	0,9987	3,54	0,9998
1,93	0,9732	2,47	0,9932	3,01	0,9987	3,55	0,9998
1,94	0,9738	2,48	0,9934	3,02	0,9987	3,56	0,9998
1,95	0,9744	2,49	0,9936	3,03	0,9988	3,57	0,9998
1,96	0,9750	2,50	0,9938	3,04	0,9988	3,58	0,9998
1,97	0,9756	2,51	0,9940	3,05	0,9989	3,59	0,9998
1,98	0,9761	2,52	0,9941	3,06	0,9989	3,60	0,9998
1,99	0,9767	2,53	0,9943	3,07	0,9989	3,61	0,9998
2,00	0,9772	2,54	0,9945	3,08	0,9990	3,62	0,9999
2,01	0,9778	2,55	0,9946	3,09	0,9990		
2,02	0,9783	2,56	0,9948	3,10	0,9990		
2,03	0,9788	2,57	0,9949	3,11	0,9991		
2,04	0,9793	2,58	0,9951	3,12	0,9991		
2,05	0,9798	2,59	0,9952	3,13	0,9991		
2,06	0,9803	2,60	0,9953	3,14	0,9992		
2,07	0,9808	2,61	0,9955	3,15	0,9992		
2,08	0,9812	2,62	0,9956	3,16	0,9992		
2,09	0,9817	2,63	0,9957	3,17	0,9992		
2,10	0,9821	2,64	0,9959	3,18	0,9993		
2,11	0,9826	2,65	0,9960	3,19	0,9993		
2,12	0,9830	2,66	0,9961	3,20	0,9993		
2,13	0,9834	2,67	0,9962	3,21	0,9993		
2,14	0,9838	2,68	0,9963	3,22	0,9994		

Tabelle 1b. Quantile der N(0;1) − Verteilung

q	z_q
0,50	0,000
0,55	0,126
0,60	0,253
0,65	0,385
0,70	0,524
0,75	0,674
0,80	0,842
0,85	1,036
0,90	1,282
0,925	1,440
0,950	1,645
0,955	1,695
0,960	1,751
0,965	1,812
0,970	1,881
0,975	1,960
0,980	2,054
0,985	2,170
0,990	2,326
0,991	2,366
0,992	2,409
0,993	2,457
0,994	2,512
0,995	2,576
0,996	2,652
0,997	2,748
0,998	2,878
0,999	3,090
0,9991	3,121
0,9992	3,156
0,9993	3,195
0,9994	3,239
0,9995	3,291
0,9996	3,353
0,9997	3,432
0,9998	3,540
0,9999	3,719

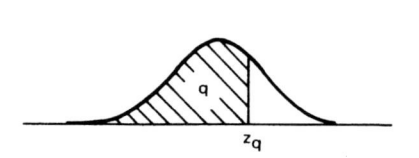

Für $q < 0{,}5$ gilt $z_q = -z_{1-q}$.

Anhang

Tabelle 2. Quantile der t-Verteilung

Für $n \to \infty$ konvergiert die Verteilungsfunktion gegen die der $N(0;1)$ – Verteilung.

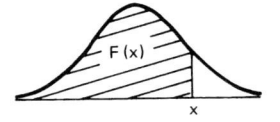

Bei zweiseitigen Verfahren gilt

$$P(-t_{\frac{\alpha}{2}} \leq X \leq t_{\frac{\alpha}{2}}) = P(X \leq t_\alpha)$$

F(x) Zahl der Freiheitsgrade	0,9	0,95	0,975	0,99	0,995	0,999
1	3,08	6,31	12,71	31,82	63,66	318,31
2	1,89	2,92	4,30	6,96	9,92	22,33
3	1,64	2,35	3,18	4,54	5,84	10,21
4	1,53	2,13	2,78	3,75	4,60	7,17
5	1,48	2,02	2,57	3,36	4,03	5,89
6	1,44	1,94	2,45	3,14	3,71	5,21
7	1,42	1,90	2,36	3,00	3,50	4,79
8	1,40	1,86	2,31	2,90	3,36	4,50
9	1,38	1,83	2,26	2,82	3,25	4,30
10	1,37	1,81	2,23	2,76	3,17	4,14
11	1,36	1,80	2,20	2,72	3,11	4,03
12	1,36	1,78	2,18	2,68	3,06	3,93
13	1,35	1,77	2,16	2,65	3,01	3,85
14	1,35	1,76	2,14	2,62	2,98	3,79
15	1,34	1,75	2,13	2,60	2,95	3,73
16	1,34	1,75	2,12	2,58	2,92	3,69
17	1,33	1,74	2,11	2,57	2,90	3,65
18	1,33	1,73	2,10	2,55	2,88	3,61
19	1,33	1,73	2,09	2,54	2,86	3,58
20	1,33	1,72	2,09	2,53	2,85	3,55
21	1,32	1,72	2,08	2,52	2,83	3,53
22	1,32	1,72	2,07	2,51	2,82	3,51
23	1,32	1,71	2,07	2,50	2,81	3,48
24	1,32	1,71	2,06	2,49	2,80	3,47
25	1,32	1,71	2,06	2,48	2,79	3,45
26	1,32	1,71	2,06	2,48	2,78	3,44
27	1,31	1,70	2,05	2,47	2,77	3,42
28	1,31	1,70	2,05	2,47	2,76	3,41
29	1,31	1,70	2,04	2,46	2,76	3,40
30	1,31	1,70	2,04	2,46	2,75	3,39
40	1,30	1,68	2,02	2,42	2,70	3,31
50	1,30	1,68	2,01	2,40	2,68	3,26
60	1,30	1,67	2,00	2,39	2,66	3,23
80	1,29	1,66	1,99	2,37	2,64	3,20
100	1,29	1,66	1,98	2,36	2,63	3,17
200	1,29	1,65	1,97	2,35	2,60	3,13
500	1,28	1,65	1,96	2,33	2,59	3,11
∞	1,28	1,65	1,96	2,33	2,58	3,09

Tabelle 3. Quantile der Chi-Quadrat-Verteilung

Für $f \geq 30$ ist $\sqrt{2X^2}$ näherungsweise $N(\sqrt{2f-1}; 1)$ − verteilt. Mit dem Quantil z_α der $N(0;1)$ − Verteilung gilt dabei für $f \geq 30$

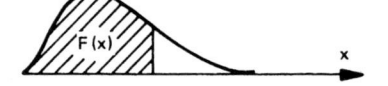

$$\chi^2_\alpha \approx \tfrac{1}{2} (\sqrt{2f-1} + z_\alpha)^2$$

F(x) Freiheitsgrad f	0,005	0,01	0,025	0,05	0,10	0,90	0,95
1	0,00	0,00	0,00	0,004	0,02	2,71	3,84
2	0,01	0,02	0,05	0,10	0,21	4,61	5,99
3	0,07	0,11	0,22	0,35	0,58	6,25	7,81
4	0,21	0,30	0,48	0,71	1,06	7,78	9,49
5	0,41	0,55	0,83	1,15	1,61	9,24	11,07
6	0,68	0,87	1,24	1,64	2,20	10,64	12,59
7	0,99	1,24	1,69	2,17	2,83	12,02	14,07
8	1,34	1,65	2,18	2,73	3,49	13,36	15,51
9	1,73	2,09	2,70	3,33	4,17	14,68	16,92
10	2,16	2,56	3,25	3,94	4,87	15,99	18,31
11	2,60	3,05	3,82	4,57	5,58	17,28	19,68
12	3,07	3,57	4,40	5,23	6,30	18,55	21,03
13	3,57	4,11	5,01	5,89	7,04	19,81	22,36
14	4,07	4,66	5,63	6,57	7,79	21,06	23,68
15	4,60	5,23	6,26	7,26	8,55	22,31	25,00
16	5,14	5,81	6,91	7,96	9,31	23,54	26,30
17	5,70	6,41	7,56	8,67	10,09	24,77	27,59
18	6,26	7,01	8,23	9,39	10,86	25,99	28,87
19	6,84	7,63	8,91	10,12	11,65	27,20	30,14
20	7,43	8,26	9,59	10,85	12,44	28,41	31,41
21	8,03	8,90	10,28	11,59	13,24	29,62	32,67
22	8,64	9,54	10,98	12,34	14,04	30,81	33,92
23	9,26	10,20	11,69	13,09	14,85	32,01	35,17
24	9,89	10,86	12,40	13,85	15,66	33,20	36,42
25	10,52	11,52	13,12	14,61	16,47	34,38	37,65
26	11,16	12,20	13,84	15,38	17,29	35,56	38,89
27	11,81	12,88	14,57	16,15	18,11	36,74	40,11
28	12,46	13,56	15,31	17,93	18,94	37,92	41,34
29	13,12	14,26	16,05	17,71	19,77	39,09	42,56
30	13,79	14,95	16,79	18,49	20,60	40,26	43,77
31	14,46	15,66	17,54	19,28	21,43	41,42	44,99
32	15,13	16,36	18,29	20,07	22,27	42,59	46,19
33	15,82	17,07	19,05	20,87	23,11	43,75	47,40
34	16,50	17,79	19,81	21,66	23,95	44,90	48,60
35	17,19	18,51	20,57	22,46	24,80	46,06	49,80
36	17,89	19,23	21,34	23,27	25,64	47,21	51,00
37	18,59	19,96	22,11	24,07	26,49	48,36	52,19
38	19,29	20,69	22,88	24,88	27,34	49,51	53,38
39	20,00	21,43	23,65	25,70	28,20	50,66	54,57
40	20,71	22,16	24,43	26,51	29,05	51,81	55,76
50	27,99	29,71	32,36	34,76	37,69	63,17	67,51
60	35,53	37,49	40,48	43,19	46,46	74,40	79,08
70	43,28	45,44	48,76	51,74	55,33	85,53	90,53
80	51,17	53,54	57,15	60,39	64,28	96,58	101,88
90	59,20	61,75	65,65	69,13	73,29	107,57	113,15
100	67,33	70,06	74,22	77,93	82,36	118,50	124,34

0,975	0,99	0,995	0,999
5,02	6,63	7,88	10,83
7,38	9,21	10,60	13,82
9,35	11,35	12,84	16,27
11,14	13,28	14,86	18,47
12,83	15,09	16,75	20,52
14,45	16,81	18,55	22,46
16,01	18,48	20,78	24,32
17,53	20,09	21,96	26,13
19,02	21,67	23,59	27,88
20,48	23,21	25,19	29,59
21,92	24,72	26,76	31,26
23,34	26,22	28,30	32,91
24,74	27,69	29,82	34,53
26,12	29,14	31,32	36,12
27,49	30,58	32,80	37,70
28,85	32,00	34,27	39,25
30,19	33,41	35,72	40,79
31,53	34,81	37,16	42,31
32,85	36,19	38,58	43,82
34,17	37,57	40,00	45,31
35,48	38,93	41,40	46,80
36,78	40,29	42,80	48,27
38,08	41,64	44,18	49,73
39,36	42,98	45,56	51,18
40,65	44,31	46,93	52,62
41,92	45,64	48,29	54,05
43,19	46,96	49,64	55,48
44,46	48,28	50,99	56,89
45,72	49,59	52,34	58,30
46,98	50,89	53,67	59,70
48,23	52,19	55,00	61,10
49,49	53,49	56,33	62,49
50,73	54,78	57,65	63,87
51,97	56,06	58,96	65,25
53,20	57,34	60,27	66,62
54,44	58,62	61,58	67,98
55,67	59,89	62,88	69,34
56,90	61,16	64,18	70,70
58,12	62,43	65,48	72,05
59,34	63,69	66,77	73,40
71,42	76,15	79,49	86,66
83,30	88,38	91,95	99,61
95,02	100,42	104,22	112,32
106,63	112,33	116,32	124,84
118,14	124,12	128,30	137,21
129,56	135,81	140,17	149,45

Tabelle 4a. $0{,}95$ – Quantile der $F_{(n_1, n_2)}$ – Verteilung
(n_1 = Freiheitsgrade im Zähler, n_2 im Nenner).

n_2 \ n_1	1	2	3	4	5	6	7	8
1	162	200	216	225	230	234	237	239
2	18,5	19,0	19,2	19,2	19,3	19,3	19,4	19,4
3	10,1	9,55	9,28	9,12	9,01	8,94	8,89	8,85
4	7,71	6,94	6,59	6,39	6,26	6,16	6,09	6,04
5	6,61	5,79	5,41	5,19	5,05	4,95	4,86	4,82
6	5,99	5,14	4,76	4,53	4,39	4,28	4,21	4,15
7	5,59	4,74	4,35	4,12	3,97	3,87	3,79	3,73
8	5,32	4,46	4,07	3,84	3,69	3,58	3,50	3,44
9	5,12	4,26	3,86	3,63	3,48	3,37	3,29	3,23
10	4,96	4,10	3,71	3,48	3,33	3,22	3,14	3,07
11	4,84	3,98	3,59	3,36	3,20	3,09	3,01	2,95
12	4,75	3,89	3,49	3,26	3,11	3,00	2,91	2,85
13	4,67	3,81	3,41	3,18	3,03	2,92	2,83	2,77
14	4,60	3,74	3,34	3,11	2,96	2,85	2,76	2,70
15	4,54	3,68	3,29	3,06	2,90	2,79	2,71	2,64
16	4,49	3,63	3,24	3,01	2,85	2,74	2,66	2,59
17	4,45	3,59	3,20	2,96	2,81	2,70	2,61	2,55
18	4,41	3,55	3,16	2,93	2,77	2,66	2,58	2,51
19	4,38	3,52	3,13	2,90	2,74	2,63	2,54	2,48
20	4,35	3,49	3,10	2,87	2,71	2,60	2,51	2,45
21	4,32	3,47	3,07	2,84	2,68	2,57	2,49	2,42
22	4,30	3,44	3,05	2,82	2,66	2,55	2,46	2,40
23	4,28	3,42	3,03	2,80	2,64	2,53	2,44	2,37
24	4,26	3,40	3,01	2,78	2,62	2,51	2,42	2,36
25	4,24	3,39	2,99	2,76	2,60	2,49	2,40	2,34
26	4,23	3,37	2,98	2,74	2,59	2,47	2,39	2,32
27	4,21	3,35	2,96	2,73	2,57	2,46	2,37	2,31
28	4,20	3,34	2,95	2,71	2,56	2,45	2,36	2,29
29	4,18	3,33	2,93	2,70	2,55	2,43	2,35	2,28
30	4,17	3,32	2,92	2,69	2,53	2,42	2,33	2,27
32	4,15	3,29	2,90	2,67	2,51	2,40	2,31	2,24
34	4,13	3,28	2,88	2,65	2,49	2,38	2,29	2,23
36	4,11	3,26	2,87	2,63	2,48	2,36	2,28	2,21
38	4,10	3,24	2,85	2,62	2,46	2,35	2,26	2,19
40	4,08	3,23	2,84	2,61	2,45	2,34	2,25	2,18
42	4,07	3,22	2,83	2,59	2,44	2,32	2,24	2,17
44	4,06	3,21	2,82	2,58	2,43	2,31	2,23	2,16
46	4,05	3,20	2,81	2,57	2,42	2,30	2,22	2,15
48	4,04	3,19	2,80	2,57	2,41	2,29	2,21	2,14
50	4,03	3,18	2,79	2,56	2,40	2,29	2,20	2,13
60	4,00	3,15	2,76	2,53	2,37	2,25	2,17	2,10
70	3,98	3,13	2,74	2,50	2,35	2,23	2,14	2,07
80	3,96	3,11	2,72	2,49	2,33	2,21	2,13	2,06
90	3,95	3,10	2,71	2,47	2,32	2,20	2,11	2,04
100	3,94	3,09	2,70	2,46	2,31	2,19	2,10	2,03
200	3,90	3,04	2,65	2,42	2,26	2,14	2,06	1,98
500	3,86	3,01	2,62	2,39	2,23	2,12	2,03	1,96
1000	3,85	3,00	2,61	2,38	2,22	2,11	2,02	1,95
∞	3,84	3,00	2,60	2,37	2,21	2,10	2,01	1,94

9	10	11	12	13	14	15	16	17
241	242	243	244	245	245	246	246	247
19,4	19,4	19,4	19,4	19,4	19,4	19,4	19,4	19,4
8,81	8,79	8,76	8,74	8,73	8,71	8,70	8,69	8,68
6,00	5,96	5,94	5,91	5,89	5,87	5,86	5,84	5,83
4,77	4,74	4,70	4,68	4,66	4,64	4,62	4,60	4,59
4,10	4,06	4,03	4,00	3,98	3,96	3,94	3,92	3,91
3,68	3,64	3,60	3,57	3,55	3,53	3,51	3,49	3,48
3,39	3,35	3,31	3,28	3,26	3,24	3,17	3,20	3,19
3,18	3,14	3,10	3,07	3,05	3,03	3,01	2,99	2,97
3,02	2,98	2,94	2,91	2,89	2,86	2,85	2,83	2,81
2,90	2,85	2,82	2,79	2,76	2,74	2,72	2,70	2,69
2,80	2,75	2,72	2,69	2,66	2,64	2,62	2,60	2,58
2,71	2,67	2,63	2,60	2,58	2,55	2,53	2,51	2,50
2,65	2,60	2,57	2,53	2,51	2,48	2,46	2,44	2,43
2,59	2,54	2,51	2,48	2,45	2,42	2,40	2,38	2,37
2,54	2,49	2,46	2,42	2,40	2,37	2,35	2,33	2,32
2,49	2,45	2,41	2,38	2,35	2,33	2,31	2,29	2,27
2,46	2,41	2,37	2,34	2,31	2,29	2,27	2,25	2,23
2,42	2,38	2,34	2,31	2,28	2,26	2,23	2,21	2,20
2,39	2,35	2,31	2,28	2,25	2,22	2,20	2,18	2,17
2,37	2,32	2,28	2,25	2,22	2,20	2,18	2,16	2,14
2,34	2,30	2,26	2,23	2,20	2,17	2,15	2,13	2,11
2,32	2,27	2,24	2,20	2,17	2,15	2,13	2,11	2,09
2,30	2,25	2,22	2,18	2,15	2,13	2,11	2,09	2,07
2,28	2,24	2,20	2,17	2,14	2,11	2,09	2,07	2,05
2,27	2,22	2,18	2,15	2,12	2,09	2,07	2,05	2,03
2,25	2,20	2,17	2,13	2,10	2,08	2,06	2,04	2,02
2,24	2,19	2,15	2,12	2,09	2,06	2,04	2,02	2,00
2,22	2,18	2,14	2,10	2,07	2,05	2,03	2,01	1,99
2,21	2,16	2,13	2,09	2,06	2,04	2,01	1,99	1,98
2,19	2,14	2,10	2,07	2,04	2,01	1,99	1,97	1,95
2,17	2,12	2,08	2,05	2,02	1,99	1,97	1,95	1,93
2,15	2,11	2,07	2,03	2,00	1,98	1,95	1,93	1,92
2,14	2,09	2,05	2,02	1,99	1,96	1,94	1,92	1,90
2,12	2,08	2,04	2,00	1,97	1,95	1,92	1,90	1,89
2,11	2,06	2,03	1,99	1,96	1,93	1,91	1,89	1,87
2,10	2,05	2,01	1,98	1,95	1,92	1,90	1,88	1,86
2,09	2,04	2,00	1,97	1,94	1,91	1,89	1,87	1,85
2,08	2,03	1,99	1,96	1,93	1,90	1,88	1,86	1,84
2,07	2,03	1,99	1,95	1,92	1,89	1,87	1,85	1,83
2,04	1,99	1,95	1,92	1,89	1,86	1,84	1,82	1,80
2,02	1,97	1,93	1,89	1,86	1,84	1,81	1,79	1,77
2,00	1,95	1,91	1,88	1,84	1,82	1,79	1,77	1,75
1,99	1,94	1,90	1,86	1,83	1,80	1,78	1,76	1,74
1,97	1,93	1,89	1,85	1,82	1,79	1,77	1,75	1,73
1,93	1,88	1,84	1,80	1,77	1,74	1,72	1,69	1,67
1,90	1,85	1,81	1,77	1,74	1,71	1,69	1,66	1,64
1,89	1,84	1,80	1,76	1,73	1,70	1,68	1,65	1,63
1,88	1,83	1,79	1,75	1,72	1,69	1,67	1,64	1,62

Fortsetzung Tabelle 4a

n_2 \ n_1	18	19	20	22	24	26	28	30
1	247	248	248	249	249	249	250	250
2	19,4	19,4	19,4	19,5	19,5	19,5	19,5	19,5
3	8,67	8,67	8,66	8,65	8,64	8,63	8,62	8,62
4	5,82	5,81	5,80	5,79	5,77	5,76	5,75	5,75
5	4,58	4,57	4,56	4,54	4,53	4,52	4,50	4,50
6	3,90	3,88	3,87	3,86	3,84	3,83	3,81	3,81
7	3,47	3,46	3,44	3,43	3,41	3,40	3,39	3,38
8	3,17	3,16	3,15	3,13	3,12	3,10	3,09	3,08
9	2,96	2,95	2,94	2,92	2,90	2,89	2,87	2,86
10	2,80	2,78	2,77	2,75	2,74	2,72	2,71	2,70
11	2,67	2,66	2,65	2,63	2,61	2,59	2,58	2,57
12	2,57	2,56	2,54	2,52	2,51	2,49	2,48	2,47
13	2,48	2,47	2,46	2,44	2,42	2,41	2,39	2,38
14	2,41	2,40	2,39	2,37	2,35	2,33	2,32	2,31
15	2,35	2,34	2,33	2,31	2,29	2,27	2,26	2,25
16	2,30	2,29	2,28	2,25	2,24	2,22	2,21	2,19
17	2,26	2,24	2,23	2,21	2,19	2,17	2,16	2,15
18	2,22	2,20	2,19	2,17	2,15	2,13	2,12	2,11
19	2,18	2,17	2,16	2,13	2,11	2,10	2,08	2,07
20	2,15	2,14	2,12	2,10	2,08	2,07	2,05	2,04
21	2,12	2,11	2,10	2,07	2,05	2,04	2,02	2,01
22	2,10	2,08	2,07	2,05	2,03	2,01	2,00	1,98
23	2,07	2,06	2,05	2,02	2,00	1,99	1,97	1,96
24	2,05	2,04	2,03	2,00	1,98	1,97	1,95	1,94
25	2,04	2,02	2,01	1,98	1,96	1,95	1,93	1,92
26	2,02	2,00	1,99	1,97	1,95	1,93	1,91	1,90
27	2,00	1,99	1,97	1,95	1,93	1,91	1,90	1,88
28	1,99	1,97	1,96	1,93	1,91	1,90	1,88	1,87
29	1,97	1,96	1,94	1,92	1,90	1,88	1,87	1,85
30	1,96	1,95	1,93	1,91	1,89	1,87	1,85	1,84
32	1,94	1,92	1,91	1,88	1,86	1,85	1,83	1,82
34	1,92	1,90	1,89	1,86	1,84	1,82	1,80	1,80
36	1,90	1,88	1,87	1,85	1,82	1,81	1,79	1,78
38	1,88	1,87	1,85	1,83	1,81	1,79	1,77	1,76
40	1,87	1,85	1,84	1,81	1,79	1,77	1,76	1,74
42	1,86	1,84	1,83	1,80	1,78	1,76	1,74	1,73
44	1,84	1,83	1,81	1,79	1,77	1,75	1,73	1,72
46	1,83	1,82	1,80	1,78	1,76	1,74	1,72	1,71
48	1,82	1,81	1,79	1,77	1,75	1,73	1,71	1,70
50	1,81	1,80	1,78	1,76	1,74	1,72	1,70	1,69
60	1,78	1,76	1,75	1,72	1,70	1,68	1,66	1,65
70	1,75	1,74	1,72	1,70	1,67	1,65	1,64	1,62
80	1,73	1,72	1,70	1,68	1,65	1,63	1,62	1,60
90	1,72	1,70	1,69	1,66	1,64	1,62	1,60	1,59
100	1,71	1,69	1,68	1,65	1,63	1,61	1,59	1,57
200	1,66	1,64	1,62	1,60	1,57	1,55	1,53	1,52
500	1,62	1,61	1,59	1,56	1,54	1,52	1,50	1,48
1000	1,61	1,60	1,58	1,55	1,53	1,51	1,49	1,47
∞	1,60	1,59	1,57	1,54	1,52	1,50	1,47	1,46

40	50	60	80	100	200	500	∞
251	252	252	253	253	254	254	254
19,5	19,5	19,5	19,5	19,5	19,5	19,5	19,5
8,59	8,58	8,57	8,56	8,55	8,54	8,53	8,53
5,72	5,70	5,69	5,67	5,66	5,65	5,64	5,63
4,46	4,44	4,43	4,41	4,41	4,39	4,37	4,37
3,77	3,75	3,74	3,72	3,71	3,69	3,68	3,67
3,34	3,32	3,30	3,29	3,27	3,25	3,24	3,23
3,04	3,02	3,01	2,99	2,97	2,95	2,94	2,93
2,83	2,80	2,79	2,77	2,76	2,73	2,72	2,71
2,66	2,64	2,62	2,60	2,59	2,56	2,55	2,54
2,53	2,51	2,49	2,47	2,46	2,43	2,42	2,40
2,43	2,40	2,38	2,36	2,35	2,32	2,31	2,30
2,34	2,31	2,30	2,27	2,26	2,23	2,22	2,21
2,27	2,24	2,22	2,20	2,19	2,16	2,14	2,13
2,20	2,18	2,16	2,14	2,12	2,10	2,08	2,07
2,15	2,12	2,11	2,08	2,07	2,04	2,02	2,01
2,10	2,08	2,06	2,03	2,02	1,99	1,97	1,96
2,06	2,04	2,02	1,99	1,98	1,95	1,93	1,92
2,03	2,00	1,98	1,96	1,94	1,91	1,89	1,88
1,99	1,97	1,95	1,92	1,91	1,88	1,86	1,84
1,96	1,94	1,92	1,89	1,88	1,84	1,82	1,81
1,94	1,91	1,89	1,86	1,85	1,82	1,80	1,78
1,91	1,88	1,86	1,84	1,82	1,79	1,77	1,76
1,89	1,86	1,84	1,82	1,80	1,77	1,75	1,73
1,87	1,84	1,82	1,80	1,78	1,75	1,73	1,71
1,85	1,82	1,80	1,78	1,76	1,73	1,71	1,69
1,84	1,81	1,79	1,76	1,74	1,71	1,68	1,67
1,82	1,79	1,77	1,74	1,73	1,69	1,67	1,65
1,81	1,77	1,75	1,73	1,71	1,67	1,65	1,64
1,79	1,76	1,74	1,71	1,70	1,66	1,64	1,62
1,77	1,74	1,71	1,69	1,67	1,63	1,61	1,59
1,75	1,71	1,69	1,66	1,65	1,61	1,59	1,57
1,73	1,69	1,67	1,64	1,62	1,59	1,56	1,55
1,71	1,68	1,65	1,62	1,61	1,57	1,54	1,53
1,69	1,66	1,64	1,61	1,59	1,55	1,53	1,51
1,68	1,65	1,62	1,59	1,57	1,53	1,51	1,49
1,67	1,63	1,61	1,58	1,56	1,52	1,49	1,48
1,65	1,62	1,60	1,57	1,55	1,51	1,48	1,46
1,64	1,61	1,59	1,56	1,54	1,49	1,47	1,45
1,63	1,60	1,58	1,54	1,52	1,48	1,46	1,44
1,59	1,56	1,53	1,50	1,48	1,44	1,41	1,39
1,57	1,53	1,50	1,47	1,45	1,40	1,37	1,35
1,54	1,51	1,48	1,45	1,43	1,38	1,35	1,32
1,53	1,49	1,46	1,43	1,41	1,36	1,33	1,30
1,52	1,48	1,45	1,41	1,39	1,34	1,31	1,28
1,46	1,41	1,39	1,35	1,32	1,26	1,22	1,19
1,42	1,38	1,34	1,30	1,28	1,21	1,16	1,11
1,41	1,36	1,33	1,29	1,26	1,19	1,13	1,08
1,39	1,35	1,32	1,27	1,24	1,17	1,11	1,00

Tabelle 4b: 0,99-Quantile der $F_{(n_1, n_2)}$-Verteilung
(n_1 = Freiheitsgrade im Zähler, n_2 im Nenner)

n_2 \ n_1	1	2	3	4	5	6	7	8
1	4052	4999	5403	5625	5764	5859	5928	5981
2	98,50	99,00	99,17	99,25	99,30	99,33	99,36	99,37
3	34,12	30,82	29,46	28,71	28,24	27,91	27,67	27,49
4	21,20	18,00	16,69	15,98	15,52	15,21	14,98	14,80
5	16,26	13,27	12,06	11,39	10,97	10,67	10,46	10,29
6	13,75	10,92	9,78	9,15	8,75	8,47	8,26	8,10
7	12,25	9,55	8,45	7,85	7,46	7,19	6,99	6,84
8	11,26	8,65	7,59	7,01	6,63	6,37	6,18	6,03
9	10,56	8,02	6,99	6,42	6,06	5,80	5,61	5,47
10	10,04	7,56	6,55	5,99	5,64	5,39	5,20	5,06
11	9,65	7,21	6,22	5,67	5,32	5,07	4,89	4,74
12	9,33	6,93	5,95	5,41	5,06	4,82	4,64	4,50
13	9,07	6,70	5,74	5,21	4,86	4,62	4,44	4,30
14	8,86	6,51	5,56	5,04	4,70	4,46	4,28	4,14
15	8,68	6,36	5,42	4,89	4,56	4,32	4,14	4,00
16	8,53	6,23	5,29	4,77	4,44	4,20	4,03	3,89
17	8,40	6,11	5,18	4,67	4,34	4,10	3,93	3,79
18	8,29	6,01	5,09	4,58	4,25	4,01	3,84	3,71
19	8,18	5,93	5,01	4,50	4,17	3,94	3,77	3,63
20	8,10	5,85	4,94	4,43	4,10	3,87	3,70	3,56
21	8,02	5,78	4,87	4,37	4,04	3,81	3,64	3,51
22	7,95	5,72	4,82	4,31	3,99	3,76	3,59	3,45
23	7,88	5,66	4,76	4,26	3,94	3,71	3,54	3,41
24	7,82	5,61	4,72	4,22	3,90	3,67	3,50	3,36
25	7,77	5,57	4,68	4,18	3,85	3,63	3,46	3,32
26	7,72	5,53	4,64	4,14	3,82	3,59	3,42	3,29
27	7,68	5,49	4,60	4.11	3,78	3,56	3,39	3,26
28	7,64	5,45	4,57	4,07	3,75	3,53	3,36	3,23
29	7,60	5,42	4,54	4,04	3,73	3.50	3,33	3.20
30	7,56	5,39	4,51	4,02	3,70	3,47	3,30	3,17
32	7,50	5,34	4,46	3,97	3,65	3,43	3,26	3,13
34	7,44	5,29	4,42	3,93	3,61	3,39	3,22	3,09
36	7,40	5,25	4,38	3,89	3,57	3,35	3,18	3,05
38	7,35	5,21	4,34	3,86	3,54	3,32	3,15	3,02
40	7,31	5,18	4,31	3,83	3,51	3,29	3,12	2,99
42	7,28	5,15	4,29	3,80	3,49	3,27	3,10	2,97
44	7,25	5,12	4,26	3,78	3,47	3,24	3,08	2,95
46	7,22	5,10	4,24	3,76	3,44	3,22	3,06	2,93
48	7,19	5,08	4,22	3,74	3,43	3,20	3,04	2,91
50	7,17	5,06	4,20	3,72	3,41	3,19	3,02	2,89
60	7,08	4,98	4,13	3,65	3,34	3,12	2,95	2,82
70	7,01	4,92	4,08	3,60	3,29	3,07	2,91	2,78
80	6,96	4,88	4,04	3,56	3,26	3,04	2,87	2,74
90	6,93	4,85	4,01	3,54	3,23	3,01	2,84	2,72
100	6,90	4,82	3,98	3,51	3,21	2,99	2,82	2,69
200	6,76	4,71	3,88	3,41	3,11	2,89	2,73	2,60
500	6,69	4,65	3,82	3,36	3,05	2,84	2,68	2,55
1000	6,66	4,63	3,80	3,34	3,04	2,82	2,66	2,53
∞	6,63	4,61	3,78	3,32	3,02	2,80	2,64	2,51

9	10	11	12	13	14	15	16	17
6023	6056	6083	6106	6126	6143	6157	6169	6182
99,39	99,40	99,41	99,42	99,42	99,43	99,43	99,44	99,44
27,35	27,23	27,13	27,05	26,98	26,92	26,87	26,83	26,79
14,66	14,55	14,45	14,37	14,31	14,25	14,20	14,15	14,11
10,16	10,05	9,96	9,89	9,82	9,77	9,72	9,68	9,64
7,98	7,87	7,79	7,72	7,66	7,60	7,56	7,52	7,48
6,72	6,62	6,54	6,47	6,41	6,36	6,31	6,27	6,24
5,91	5,81	5,73	5,67	5,61	5,56	5,52	5,48	5,44
5,35	5,26	5,18	5,11	5,05	5,00	4,96	4,92	4,89
4,94	4,85	4,77	4,71	4,65	4,60	4,56	4,52	4,49
4,63	4,54	4,46	4,40	4,34	4,30	4,25	4,21	4,18
4,39	4,30	4,22	4,16	4,10	4,05	4,01	3,97	3,94
4,19	4,10	4,02	3,96	3,90	3,86	3,82	3,78	3,75
4,03	3,94	3,86	3,80	3,74	3,70	3,66	3,62	3,59
3,89	3,80	3,73	3,67	3,61	3,56	3,52	3,49	3,45
3,78	3,69	3,62	3,55	3,50	3,45	3,41	3,37	3,34
3,68	3,59	3,52	3,46	3,40	3,35	3,31	3,27	3,24
3,60	3,51	3,43	3,37	3,32	3,27	3,23	3,19	3,16
3,52	3,43	3,36	3,30	3,24	3,19	3,15	3,12	3,08
3,46	3,37	3,29	3,23	3,18	3,13	3,09	3,05	3,02
3,40	3,31	3,24	3,17	3,12	3,07	3.03	2.99	2,96
3,35	3,26	3,18	3.12	3.07	3.02	2,98	2,94	2,91
3,30	3,21	3,14	3,07	3,02	2,97	2,93	2,89	2,86
3,26	3,17	3,09	3,03	2,98	2,93	2,89	2,85	2,82
3,22	3,13	3,06	2,99	2,94	2,89	2,85	2,81	2,78
3,18	3,09	3,02	2,96	2,90	2,86	2,82	2,78	2,74
3,15	3,06	2,99	2,93	2,87	2,82	2,78	2,75	2,71
3,12	3,03	2,96	2,90	2,84	2,79	2,75	2,71	2,68
3,09	3,00	2,93	2,87	2,81	2,77	2,73	2,69	2,66
3,07	2,98	2,90	2,84	2,79	2,74	2,70	2,66	2,63
3,02	2,93	2,86	2,80	2,74	2,70	2,66	2,62	2,58
2,98	2,89	2,82	2,76	2,70	2,66	2,62	2,58	2,55
2,95	2,86	2,79	2,72	2,67	2,62	2,58	2,54	2,51
2,92	2,83	2,75	2,69	2,64	2,59	2,55	2,51	2,48
2,89	2,80	2,73	2,66	2,61	2,56	2,52	2,48	2,45
2,86	2,78	2,70	2,64	2,59	2,54	2,50	2,46	2,43
2,84	2,75	2,68	2,62	2,56	2,52	2,47	2,44	2,40
2,82	2,73	2,66	2,60	2,54	2,50	2,45	2,42	2,38
2,80	2,72	2,64	2,58	2,53	2,48	2,44	2,40	2,37
2,79	2,70	2,63	2,56	2,51	2,46	2,42	2,38	2,35
2,72	2,63	2,56	2,50	2,44	2,39	2,35	2,31	2,28
2,67	2,59	2,51	2,45	2,40	2,35	2,31	2,27	2,23
2,64	2,55	2,48	2,42	2,36	2,31	2,27	2,23	2,20
2,61	2,52	2,45	2,39	2,33	2,29	2,24	2,21	2,17
2,59	2,50	2,43	2,37	2,31	2,26	2,22	2,19	2,15
2,50	2,41	2,34	2,27	2,22	2,17	2,13	2,09	2,06
2,44	2,36	2,28	2,22	2,17	2,12	2,07	2,04	2,00
2,43	2,34	2,27	2,20	2,15	2,10	2,06	2,02	1,98
2,41	2,32	2,25	2,18	2,13	2,08	2,04	2,00	1,97

Fortsetzung Tabelle 4b

n₂ \ n₁	18	19	20	22	24	26	28	30
1	6192	6201	6209	6223	6235	6249	6254	6261
2	99,44	99,45	99,45	99,45	99,46	99,46	99,47	99,47
3	26,75	26,72	26,69	26,64	26,60	26,56	26,53	26,50
4	14,08	14,0	14,02	14,97	13,93	13,90	13,87	13,84
5	9,61	9,58	9,55	9,51	9,47	9,43	9,40	9,38
6	7,45	7,42	7,40	7,35	7,31	7,28	7,25	7,23
7	6,21	6,18	6,16	6,11	6,07	6,04	6,02	5,99
8	5,41	5,38	5,36	5,32	5,28	5,25	5,22	5,20
9	4,86	4,83	4,81	4,77	4,73	4,70	4,67	4,65
10	4,46	4,43	4,41	4,36	4,33	4,30	4,27	4,25
11	4,15	4,12	4,10	4,06	4,02	3,99	3,96	3,94
12	3,91	3,88	3,86	3,82	3,78	3,75	3,72	3,70
13	3,71	3,69	3.66	3,62	3,59	3,56	3,53	3,51
14	3,56	3,53	3,51	3,46	3,43	3,40	3,37	3,35
15	3,42	3,40	3,37	3,33	3,29	3,26	3,24	3,21
16	3,31	3,28	3,26	3,22	3,18	3,15	3,12	3,10
17	3,21	3,18	3,16	3,12	3,08	3,05	3,03	3,03
18	3,13	3,10	3,08	3,03	3,00	2,97	2,94	2,92
19	3,05	3,03	3,00	2,96	2,92	2,89	2,87	2,84
20	2,99	2,96	2,94	2,90	2,86	2,83	2,80	2,78
21	2,93	2,90	2,88	2,84	2,80	2,77	2,74	2,72
22	2,88	2,85	2,83	2,78	2,75	2,72	2,69	2,67
23	2,83	2,80	2,78	2,74	2,70	2,67	2,64	2,62
24	2,79	2,76	2,74	2,70	2,66	2,63	2,60	2,58
25	2,75	2,72	2,70	2,66	2,62	2,59	2,56	2,54
26	2,71	2,69	2,66	2,62	2,58	2,55	2,53	2,50
27	2,68	2,66	2,63	2,59	2,55	2,52	2,49	2,47
28	2,65	2,63	2,60	2,56	2,52	2,49	2,46	2,44
29	2,62	2,60	2,57	2,53	2,49	2,46	2,44	2,41
30	2,60	2,57	2,55	2,51	2,47	2,44	2,41	2,39
32	2,55	2,53	2,50	2,46	2,42	2,39	2,36	2,34
34	2,51	2,49	2,46	2,42	2,38	2,35	2,32	2,30
36	2,48	2,45	2,43	2,38	2,35	2,32	2,29	2,26
38	2,45	2,42	2,40	2,35	2,32	2,28	2,26	2,23
40	2,42	2,39	2,37	2,33	2,29	2,26	2,23	2,20
42	2,40	2,37	2,34	2,30	2,26	2,23	2,20	2,18
44	2,37	2,35	2,32	2,28	2,24	2,21	2,18	2,15
46	2,35	2,33	2,30	2,26	2,22	2,19	2,16	2,13
48	2,33	2,31	2,28	2,24	2,20	2,17	2,14	2,12
50	2,32	2,29	2,27	2,22	2,18	2,15	2,12	2,10
60	2,25	2,22	2,20	2,15	2,12	2,08	2,05	2,03
70	2,20	2,18	2,15	2,11	2,07	2,03	2,01	1,98
80	2,17	2,14	2,12	2,07	2,03	2,00	1,97	1,94
90	2,14	2,11	2,09	2,04	2,00	1,97	1,94	1,92
100	2,12	2,09	2,07	2,02	1,98	1,94	1,92	1,89
200	2,02	2,00	1,97	1,93	1,89	1,85	1,82	1,79
500	1,97	1,94	1,92	1,87	1,83	1,79	1,76	1,74
1000	1,95	1,92	1,90	1,85	1,81	1,77	1,74	1,72
∞	1,93	1,90	1,88	1,83	1,79	1,76	1,72	1,70

40	50	60	80	100	200	500	∞
6287	6303	6313	6326	6335	6352	6361	6366
99,47	99,48	99,48	99,49	99,49	99,49	99,50	99,50
26,41	26,36	26,32	26,2	26,23	26,18	26,14	26,12
13,75	13,69	13,65	13,6	13,57	13,52	13,48	13,46
9,29	9,24	9,20	9,16	9,13	9,08	9,04	9,02
7,14	7,09	7,06	7,01	6,99	6,93	6,90	6,88
5,91	5,86	5,82	5,78	5,75	5,70	5,67	5,65
5,12	5,07	5,03	4,99	4,96	4,91	4,88	4,86
4,57	4,52	4,48	4,44	4,42	4,36	4,33	4,31
4,17	4,12	4,12	4,04	4,01	3,96	3,93	3,91
3,86	3,81	3,78	3,73	3,71	3,66	3,62	3,60
3,62	3,57	3,54	3,49	3,47	3,41	3,38	3,36
3,43	3,38	3,34	3,30	3,27	3,22	3,19	3,17
3,27	3,22	3,18	3,14	3,11	3,06	3,03	3,00
3,13	3,08	3,05	3,00	2,98	2,92	2,89	2,87
3,02	2,97	2,93	2,89	2,86	2,81	2,78	2,75
2,92	2,87	2,83	2,79	2,76	2,71	2,68	2,65
2,84	2,78	2,75	2,70	2,68	2,62	2,59	2,57
2,76	2,71	2,67	2,63	2,60	2,55	2,51	2,49
2,69	2,64	2,61	2,56	2,54	2,48	2,44	2,42
2,64	2,58	2,55	2,50	2,48	2,42	2,38	2,36
2,58	2,53	2,50	2,45	2,42	2,36	2,33	2,31
2,54	2,48	2,45	2,40	2,37	2,32	2,28	2,26
2,49	2,44	2,40	2,36	2,33	2,27	2,24	2,21
2,45	2,40	2,36	2,32	2,29	2,23	2,19	2,17
2,42	2,36	2,33	2,28	2,25	2,19	2,16	2,13
2,38	2,33	2,30	2,25	2,22	2,16	2,12	2,10
2,35	2,30	2,26	2,22	2,19	2,13	2,09	2,06
2,33	2,27	2,23	2,19	2,16	2,10	2,06	2,03
2,30	2,25	2,21	2,21	2,13	2,07	2,03	2,01
2,25	2,20	2,16	2,11	2,08	2,02	1,98	1,96
2,21	2,16	2,12	2,07	2,04	1,98	1,94	1,91
2,17	2,12	2,08	2,03	2,00	1,94	1,90	1,87
2,14	2,09	2,05	2,00	1,97	1,90	1,86	1,84
2,11	2,06	2,02	1,97	1,94	1,87	1,83	1,80
2,09	2,03	1,99	1,94	1,91	1,85	1,80	1,78
2,06	2,01	1,97	1,92	1,89	1,82	1,78	1,75
2,04	1,99	1,95	1,90	1,86	1,80	1,75	1,73
2,02	1,97	1,93	1,88	1,84	1,78	1,73	1,70
2,01	1,95	1,91	1,86	1,82	1,76	1,71	1,68
1,94	1,88	1,84	1,78	1,75	1,68	1,63	1,60
1,89	1,83	1,78	1,73	1,70	1,62	1,57	1,53
1,85	1,79	1,75	1,69	1,66	1,58	1,53	1,49
1,82	1,76	1,72	1,66	1,62	1,54	1,49	1,46
1,80	1,73	1,69	1,63	1,60	1,52	1,47	1,43
1,69	1,63	1,58	1,52	1,48	1,39	1,33	1,28
1,63	1,56	1,52	1,45	1,41	1,31	1,23	1,16
1,61	1,54	1,50	1,43	1,38	1,28	1,19	1,11
1,59	1,52	1,47	1,40	1,35	1,25	1,15	1,00

Tabelle 5: Quantile der Binominalverteilung (p = 1/2).

n \ α	0,005	0,01	0,025	0,05	0,1
4	–	–	–	–	0
5	–	–	–	0	0
6	–	–	0	0	0
7	–	0	0	0	1
8	0	0	0	1	1
9	0	0	1	1	2
10	0	0	1	1	2
11	0	1	1	2	2
12	1	1	2	2	3
13	1	1	2	3	3
14	1	2	2	3	4
15	2	2	3	3	4
16	2	2	3	4	4
17	2	3	4	4	5
18	3	3	4	5	5
19	3	4	4	5	6
20	3	4	5	5	6
21	4	4	5	6	7
22	4	5	5	6	7
23	4	5	6	7	7
24	5	5	6	7	8
25	5	6	7	7	8
26	6	6	7	8	9
27	6	7	7	8	9
28	6	7	8	9	10
29	7	7	8	9	10
30	7	8	9	10	10
31	7	8	9	10	11
32	8	8	9	10	11
33	8	9	10	11	12
34	9	9	10	11	12
35	9	10	11	12	13
36	9	10	11	12	13
37	10	10	12	13	14
38	10	11	12	13	14
39	11	11	12	13	15
40	11	12	13	14	15
41	11	12	13	14	15
42	12	13	14	15	16
43	12	13	14	15	16
44	13	13	15	16	17
45	13	14	15	16	17
46	13	14	15	16	18
47	14	15	16	17	18
48	14	15	16	17	19
49	15	15	17	18	19
50	15	16	17	18	19

Tabelliert sind α-Quantile binomialverteilter Zufallsvariabler X mit $p = 1/2$, d.h. die größten natürlichen Zahlen k_α mit

$$P(X \leq k_\alpha) = \frac{1}{2^n} \sum_{\nu=0}^{k_\alpha} \binom{n}{\nu} \leq \alpha.$$

Aus Symmetriegründen gilt

$$P(X \geq n - k_\alpha) = P(X \leq k_\alpha).$$

Für $n \geq 36$ gilt mit dem $(1-\alpha)$ – Quantil $z_{1-\alpha}$ der $N(0;1)$ – Verteilung die Näherung

$$k_\alpha \approx \frac{n}{2} - 0{,}5 - \frac{\sqrt{n}}{2} z_{1-\alpha}$$

Wichtige Bezeichnungen und Formeln

Verteilungsfunktion der Stichprobe $x = (x_1, \ldots, x_n)$

$$\widetilde{F}_n(x) = \frac{\text{Anzahl der Stichprobenwerte } x_i \text{ mit } x_i \leq x}{n}, \quad x \in \mathbb{R}$$

Mittelwert (arithmetisches Mittel) einer Stichprobe

$$\overline{x} = \frac{1}{n}\sum_{i=1}^{n} x_i = \frac{1}{n}\sum_{j=1}^{m} h_j \cdot x_j^*; \quad x_j^* \text{ Merkmalswerte, } h_j \text{ Häufigkeiten in der Stichprobe}$$

lineare Transformation $a + bx = (a + bx_1, \ldots, a + bx_n); \quad \overline{a + bx} = a + b\overline{x} \quad a, b \in \mathbb{R}$

Median (Zentralwert) der geordneten Stichprobe $x_{(1)} \leq x_{(2)} \leq x_{(3)} \leq \cdots \leq x_{(n)}$

Median $\widetilde{x} = x_{\left(\frac{n+1}{2}\right)}$ bei ungeradem n

Median $\widetilde{x}$ ist jeder Merkmalswert zwischen $x_{\left(\frac{n}{2}\right)}$ und $x_{\left(\frac{n}{2}+1\right)}$ für gerades n

häufig setzt man $\widetilde{x} = \frac{1}{2} \cdot \left(x_{\left(\frac{n}{2}\right)} + x_{\left(\frac{n}{2}+1\right)}\right)$ für gerades n

Modalwert (Modus oder **Mode)**: häufigster Stichprobenwert

mittlere absolute Abweichung der Stichprobenwerte

vom Mittelwert $\overline{x}$: $\quad d_{\overline{x}} = \frac{1}{n}\sum_{i=1}^{n} |x_i - \overline{x}|; \quad$ vom Median $\widetilde{x}$: $\quad d_{\widetilde{x}} = \frac{1}{n}\sum_{i=1}^{n} |x_i - \widetilde{x}|$

Varianz einer Stichprobe

$$s^2 = s_x^2 = \frac{1}{n-1}\sum_{i=1}^{n}(x_i - \overline{x})^2 = \frac{1}{n-1}\left[\sum_{i=1}^{n} x_i^2 - n\overline{x}^2\right] \quad \text{für } n > 1$$

Standardabweichung (Streuung) einer Stichprobe

$$s = s_x = +\sqrt{s^2}; \quad s_{a+bx}^2 = b^2 \cdot s_x^2; \quad s_{a+bx} = |b| \cdot s_x \quad \text{für } a, b \in \mathbb{R}$$

Kovarianz der zweidimensionalen Stichprobe $(x, y) = \bigl((x_1, y_1), \ldots, (x_n, y_n)\bigr)$

$$s_{xy} = \frac{1}{n-1}\sum_{i=1}^{n}(x_i - \overline{x})\cdot(y_i - \overline{y}) = \frac{1}{n-1}\left[\sum_{i=1}^{n} x_i y_i - n\overline{x}\,\overline{y}\right] \quad \text{für } n > 1$$

Korrelationskoeffizient von $(x, y) = \bigl((x_1, y_1), \ldots, (x_n, y_n)\bigr)$

$$r = \frac{s_{xy}}{s_x \cdot s_y} = \frac{\sum_{i=1}^{n}(x_i - \overline{x})(y_i - \overline{y})}{\sqrt{\left(\sum_{i=1}^{n}(x_i - \overline{x})^2\right) \cdot \left(\sum_{i=1}^{n}(y_i - \overline{y})^2\right)}} = \frac{\sum_{i=1}^{n} x_i y_i - n\overline{x}\,\overline{y}}{\sqrt{\sum_{i=1}^{n} x_i^2 - n\overline{x}^2} \cdot \sqrt{\sum_{i=1}^{n} y_i^2 - n\overline{y}^2}}$$

$|r| \leq 1$; $|r| = 1 \Leftrightarrow$ alle Stichprobenpaare auf der Regressionsgeraden

Regressionsgerade der Stichprobe $(x, y) = \bigl((x_1, y_1), \ldots, (x_n, y_n)\bigr)$ von y bzgl. x

$$\hat{y} - \overline{y} = b \cdot (x - \overline{x}) = \frac{s_{xy}}{s_x^2} \cdot (x - \overline{x}), \; x \in \mathbb{R}; \quad b = \text{Regressionskoeffizient}$$

Summe der vertikalen Abstandsquadrate

$$Q^2 = \sum_{i=1}^{n}(y_i - \hat{y}_i)^2 = (n-1)\cdot(1 - r^2)\cdot s_y^2$$

Schätzwert für einen unbekannten Parameter ϑ
$\hat{\vartheta} = t_n(x_1, x_2, \ldots, x_n) \approx \vartheta$; t_n Funktion der Stichprobenwerte $x_1, \ldots, x_n$

Schätzfunktion
Zufallsvariable $T_n = t_n(X_1, X_2, \ldots, X_n)$, abhängig vom unbekannten Parameter ϑ
X_i = Zufallsvarialbe mit der Realisierung x_i (i-ter Stichprobenwert)

erwartungstreue Schätzfunktion $E(T_n) = \vartheta$

asymptotisch erwartungstreue Schätzfunktion $\lim\limits_{n \to \infty} E(T_n) = \vartheta$

wirksamste Schätzfunktion: Schätzfunktion mit der kleinsten Varianz

konsistente Schätzfunktion: für jedes $\varepsilon > 0$ gilt $\lim\limits_{n \to \infty} P\Big(|T_n - \vartheta| > \varepsilon\Big) = 0$
Tschebyscheffsche Ungleichung:

$$P\Big(|T_n - \vartheta| \geq \varepsilon\Big) \leq \frac{D^2(T_n)}{\varepsilon^2} \quad \text{für jedes } \varepsilon > 0; \quad D^2(T_n) = \text{Varianz von } T_n$$

aus $\lim\limits_{n \to \infty} D^2(T_n) = 0$ folgt $\lim\limits_{n \to \infty} P\Big(|T_n - \vartheta| > \varepsilon\Big) = 0$ (Konsistenz)

Maximum-Likelihood-Schätzungen

Parameter $p = P(A)$ einer Binomialverteilung: $\hat{p} = r_n(A)$ (relative Häufigkeit)

Parameter $\lambda = E(X)$ einer Poissonverteilung: $\hat{\lambda} = \bar{x}$

Parameter einer Normalverteilung: $\hat{\mu} = \bar{x}$; $\hat{\sigma}^2 = \frac{n-1}{n} \cdot s^2$

Konfidenzintervalle (Vertrauensintervalle) für einen Parameter ϑ

zweiseitiges: $[g_u; g_o] \Leftrightarrow g_u \leq \vartheta \leq g_o$

einseitige: $(-\infty; g_o] \Leftrightarrow \vartheta \leq g_o$ und $[g_u; +\infty) \Leftrightarrow \vartheta \geq g_u$
$g_u = g_u(x_1, \ldots, x_n)$; $g_o = g_o(x_1, \ldots, x_n)$ Funktionen der Stichprobenwerte

Konfidenzwahrscheinlichkeit (Vertrauenswahrscheinlichkeit)

$\gamma = (G_u \leq \vartheta \leq G_o)$ bzw. $\gamma = P(\vartheta \leq G_o)$ bzw. $\gamma = P(\vartheta \geq G_u)$
G_u, G_o Zufallsvariablen mit der Realisierungen g_u, g_o

Parametertest (Test eines Parameters ϑ)

Testfunktion: $P(T_n = t_n(X_1, X_2, \ldots, X_n) \leq c \,|\, \vartheta)$, $c \in \mathbb{R}$, abhängig von ϑ
Nullhypothesen: H_0 a) $\vartheta = \vartheta_0$; b) $\vartheta \leq \vartheta_0$; c) $\vartheta \geq \vartheta_0$
Alternativen: H_0 a) $\vartheta \neq \vartheta_0$ (zweiseitig); b) $\vartheta > \vartheta_0$; c) $\vartheta < \vartheta_0$ (einseitige)
Ablehnungsbereich $A \subset \mathbb{R}$

Testentscheidung: $t_n(x_1, \ldots, x_n) \in A \Rightarrow$ Ablehnung von $H_0 \Leftrightarrow$ Annahme von H_1
$t_n(x_1, \ldots, x_n) \notin A \Rightarrow$ keine Ablehnung von H_0

Irrtumswahrscheinlichkeiten:
1. Art: $\alpha(\vartheta) = P(T_n \in A | \vartheta)$ für $\vartheta \in H_0$; H_0 zu Unrecht abgelehnt, falls ϑ richtig
2. Art: $\beta(\vartheta) = P(T_n \notin A | \vartheta)$ für $\vartheta \in H_1$; H_0 zu Unrecht nicht abgelehnt, falls ϑ richtig
Spezielle Tests s. Tabelle auf S. 87

Aufgaben und Lösungen

1. Beschreibende Statistik

• AUFGABE 1

Bei einem Eignungstest war ein Eignungsgrad von 0 bis 10 zu erreichen. Dabei ergaben sich folgende Werte:

Eignungsgrad	0	1	2	3	4	5	6	7	8	9	10
Häufigkeit	1	5	8	12	15	17	14	12	7	5	4

Bestimmen Sie folgende Größen der Stichprobe

a) den Mittelwert;
b) den Median;
c) die Standardabweichung;
d) die mittlere Abweichung bezüglich des Mittelwerts;
e) die mittlere Abweichung bezüglich des Medians.

• AUFGABE 2

Bestimmen Sie mit Hilfe einer geeigneten Transformation Mittelwert, Median und Streuung der folgenden Stichprobe

x_k^*	100	350	600	850	1100	1350	1600	1850	2100	2350
h_k	1	3	5	6	8	10	7	5	3	2

• AUFGABE 3

Die Verkaufspreise (in DM) eines bestimmten Artikels betragen in 7 Kaufhäusern 190, 210, 195, 209, 199, 189, 215.

a) Berechnen Sie den Mittelwert und den Median der Stichprobe.
b) Wie ändern sich Mittelwert und Median, falls in einem achten Kaufhaus der Artikel zu 149 DM angeboten wird?

• AUFGABE 4

Von einer Stichprobe vom Umfang n=30 wurde der Mittelwert $\bar{y}=15{,}8$ und die Streuung $s_y=3{,}5$ berechnet. Nachträglich stellte sich heraus, daß die beiden Stichprobenwerte $x_{31}=16{,}5$ und $x_{32}=18{,}3$ bei der Rechnung vergessen wurden. Wie lautet $\bar{x}$ und s_x für die gesamte Stichprobe vom Umfang n=32?

● AUFGABE 5

In einer Stichprobe x sollen nur die Merkmalswerte $x_1^*=0$ und $x_2^*=1$ vorkommen, wobei die Häufigkeiten h_1 und h_2 nicht bekannt sind. Man kennt jedoch die Parameter $\bar{x}=0,5$ und $s_x^2=1/3$.
Berechnen Sie hieraus die beiden Häufigkeiten.

● AUFGBABE 6

Ein Unternehmen besteht aus 8 Betrieben. Die Anzahl der Beschäftigten und deren monatliche Durchschnittseinkommen seien in der folgenden Tabelle zusammengestellt

Betrieb	Anzahl der Beschäftigten	monatlicher Durchschnittsverdienst
1	150	2150
2	235	2345
3	780	2574
4	578	2830
5	148	3115
6	640	2640
7	374	2960
8	295	3250

Berechnen Sie daraus

a) die gesamte Lohnsumme, die das Unternehmen pro Monat bezahlen muß;

b) den monatlichen Durchschnittsverdienst aller im Unternehmen Beschäftigten.

● AUFGABE 7

In einer Automobilfabrik wurden die Höchstgeschwindigkeiten von 400 Kraftfahrzeugen eines bestimmten Typs gemessen. Dabei ergaben sich folgende Meßergebnisse

Höchstgeschwindigkeit (km/h)	absolute Häufigkeit
$135 < x \leq 140$	18
$140 < x \leq 142$	38
$142 < x \leq 144$	82
$144 < x \leq 146$	105
$146 < x \leq 148$	89
$148 < x \leq 150$	46
$150 < x \leq 155$	22

a) Zeichnen Sie ein Histogramm.

b) Geben Sie einen Bereich an, in dem der Mittelwert $\bar{x}$ der

Stichprobe liegt. Bestimmen Sie Näherungswerte für den Mittelwert $\bar{x}$ und den Median $\tilde{x}$.

• AUFGABE 8

Bei der Messung von 250 Widerständen ergaben sich folgende Werte

Widerstand	Häufigkeit
(94;95]	2
(95;96]	4
(96;97]	15
(97;98]	23
(98;99]	33
(99;100]	41
(100;101]	49
(101;102]	42
(102;103]	20
(103;104]	10
(104;105]	7
(105;106]	4

a) Zeichnen Sie ein Histogramm.
b) Geben Sie Schätzwerte für Mittelwert, Median und Streuung der Stichprobe an.
c) Geben Sie Ober- und Untergrenzen für den Mittelwert und den Median der Stichprobe an.

• AUFGABE 9

Die Altersverteilung derjenigen Personen, die im Jahre 1980 in der Bundesrepublik Deutschland gestorben sind, ist in der nachfolgenden Tabelle nach Geschlecht getrennt dargestellt (Quelle: Stat. Jahrbuch 1982)

Alter	männlich	weiblich
0 - 1	4 455	3 366
1 - 5	801	647'
5 - 10	677	404
10 - 15	830	487
15 - 20	3 114	1 147
20 - 25	3 562	1 058
25 - 30	2 848	1 218
30 - 35	2 963	1 472
35 - 40	4 732	2 376
40 - 45	8 564	4 011
45 - 50	10 903	5 237
50 - 55	16 020	8 181
55 - 60	20 380	13 810
60 - 65	19 751	14 182
65 - 70	43 560	32 834
70 - 75	61 700	53 893
75 - 80	66 049	71 968
80 - 85	44 658	74 262
85 - 90	22 487	51 312
90 und mehr ..	9 961	24 237
Insgesamt	348 015	366 102

a) Zeichnen Sie die entsprechenden Histogramme.
b) Berechnen Sie Näherungswerte für die jeweiligen Mittelwerte und Streuungen. Als Mittelwert der obersten Klasse setze man 95.
c) Um wieviel ändern sich die Mittelwerte, wenn man als Klassenmitte der obersten Klasse 92,5 wählt?

● AUFGABE 10

Die Altersverteilung derjenigen Personen, die in der Bundesrepublik Deutschland im Jahre 1980 als ledige geheiratet haben, ist in der nachfolgenden Tabelle nach Geschlecht getrennt dargestellt (Quelle: Stat. Jahrbuch 1982)

Männer		Frauen	
unter 18	165	unter 16	112
18 - 19	2 885	16 - 17	1 910
19 - 20	10 364	17 - 18	5 420
20 - 21	16 834	18 - 19	25 007
21 - 22	22 301	19 - 20	31 750
22 - 23	28 348	20 - 21	38 684
23 - 24	31 406	21 - 22	38 260
24 - 25	31 124	22 - 23	34 126
25 - 26	28 928	23 - 24	28 276
26 - 27	24 991	24 - 25	22 633
27 - 28	20 849	25 - 26	17 622
28 - 29	16 660	26 - 27	13 114
29 - 30	12 913	27 - 28	9 607
30 - 31	10 425	28 - 29	7 035
31 - 32	7 970	29 - 30	5 305
32 - 33	5 667	30 - 31	3 987
33 - 34	4 325	31 - 32	2 861
34 - 35	2 759	32 - 33	1 921
35 - 40	10 193	33 - 34	1 490
40 - 45	4 377	34 - 35	974
45 - 50	1 221	35 - 40	3 681
50 - 55	510	40 - 45	2 112
55 - 60	206	45 - 50	1 208
60 - 65	108	50 - 55	952
65 - 70	99	55 - 60	728
70 und mehr	106	60 - 65	260
		65 - 70	164
Insgesamt	295 734	70 und mehr	71
		Insgesamt	299 270

Zeichnen Sie jeweils ein Histogramm und bestimmen Sie Näherungswerte für das mittlere Erstheiratsalter der Männer bzw. Frauen und für die entsprechenden Standardabweichungen.

1. Beschreibende Statistik

● AUFGABE 11

Gegeben ist die Stichprobe
$x = (3;1;4;5;2;6;3;4;1;5)$.

a) Zeichnen Sie die (empirische) Verteilungsfunktion der Stichprobe.
b) Bestimmen Sie graphisch den Median der Stichprobe.

● AUFGABE 12

Bei einem Landwirt ferkelten im Jahr 25 Säue. Die Anzahl der Ferkel pro Wurf sei in der nachfolgenden Tabelle zusammengestellt

x_k^*	h_k
5	1
7	3
8	6
9	7
10	5
11	2
14	1

a) Zeichnen Sie die (empirische) Verteilungsfunktion der Stichprobe.
b) Berechnen Sie Mittelwert und Streuung der Stichprobe.
c) Bestimmen Sie aus der Verteilungsfunktion graphisch den Median der Stichprobe.

● AUFGABE 13

Lassen sich aus der (empirischen) Verteilungsfunktion $\tilde{F}(x)$ die absoluten Häufigkeiten der Merkmalswerte berechnen?

● AUFGABE 14

$x = (x_1, x_2, \ldots, x_n)$ sei eine beliebige Stichprobe. Zeigen Sie, daß für $c=\bar{x}$ die Quadratsumme
$$\sum_{i=1}^{n} (x_j - c)^2$$
am kleinsten ist.

2. Zufallsstichproben

• AUFGABE 1

Die Teilnehmer an der Fernsehsendung Pro und Contra werden aus dem Telefonbuch der Stadt Stuttgart zufällig ausgewählt. Handelt es sich bei diesem Auswahlverfahren um eine repräsentative Stichprobe der Stuttgarter Bevölkerung?

• AUFGABE 2

In einer Schule soll für eine bestimmte Reise ein Schüler zufällig ausgewählt werden. Das Auswahlverfahren wird folgendermaßen durchgeführt: Zunächst wird eine Klasse zufällig ausgewählt und daraus anschließend ein Schüler. Ist dieses Auswahlverfahren gerecht, d.h. hat jeder Schüler der Schule die gleiche Chance, ausgewählt zu werden?

• AUFGABE 3

Nach dem statistischen Jahrbuch 1982 lebten im Jahre 1980 in der Bundesrepublik Deutschland durchschnittlich 29,417 Mio Männer und 32,149 Mio Frauen. Kann daraus geschlossen werden, daß allgemein mehr Frauen als Männer geboren werden?

• AUFGABE 4

Bei einer Meinungsumfrage über den Koalitionswechsel einer bestimmten Partei kritisierten 41% der befragten Personen diesen Wechsel. Können daraus Schlüsse für den Stimmenanteil dieser Partei bei der nächsten Wahl gezogen werden?

• AUFGABE 5

An einem Auslosungsverfahren für 1 000 Studienplätze für Medizin nahmen sechs Abiturienten der gleichen Schule teil. Sie erhielten die Platznummern 601, 610, 623, 680, 910, 941. Die Chancengleichheit der Auslosung wurde von ihnen angezweifelt mit dem Hinweis, daß 4 bzw. 2 von ihnen in der gleichen Hundertergruppe sind. Sie meinten, bei einer gleichwahrscheinlichen Auslosung müßten die 6 Zahlen gleichmäßiger verteilt sein. Ist dieser Einwand richtig?

3. Parameterschätzung

- AUFGABE 1

Zur Schätzung einer unbekannten Wahrscheinlichkeit $p=P(A)$ werde ein Bernoulli-Experiment vom Umfang n durchgeführt. Bestimmen Sie den minimalen Stichprobenumfang n so, daß für die Zufallsvariable der relativen Häufigkeit $R_n(A)$ des Ereignisses A gilt $P(|R_n(A) - p| > 0,01) \leq 0,05$,

a) falls über p nichts bekannt ist,
b) falls $p \leq 0,25$ bekannt ist.
Interpretieren Sie die Ergebnisse!

- AUFGABE 2

Von einer Zufallsvariablen X sei der Erwartungswert μ_0 bekannt, nicht jedoch die Varianz σ^2. Zeigen Sie, daß im Falle unabhängiger Wiederholungen X_i die Schätzfunktion
$$\frac{1}{n} \sum_{i=1}^{n} (X_i - \mu_0)^2 \text{ erwartungstreu für } \sigma^2 \text{ ist.}$$

- AUFGABE 3

Ein Betrieb besteht aus zwei Werken mit 1450 bzw. 2550 Beschäftigten. Einige Tage vor einer geplanten Urabstimmung über einen möglichen Streik möchte die Betriebsleitung den relativen Anteil p der Streikwilligen im gesamten Betrieb schätzen. Dazu werden im Werk 1 n_1 und im Werk 2 n_2 Personen zufällig ausgewählt. Die Zufallsvariablen $\bar{X}_1$ bzw. $\bar{X}_2$ beschreiben die relativen Anteile der Streikwilligen in den beiden Stichproben.

a) Bestimmen Sie die Konstanten c_1 und c_2 so, daß $c_1 \cdot \bar{X} + c_2 \cdot \bar{X}_2$ eine erwartungstreue Schätzfunktion für p ist.
b) Schätzen Sie p aus $\bar{x}_1=0,28$ und $\bar{x}_2=0,51$.
c) Wann ist $\frac{1}{2}(\bar{X}_1+\bar{X}_2)$ erwartungstreu für p?

- AUFGABE 4

Die (stoch.) unabhängigen Zufallsvariablen X und Y seien $N(\mu_1,\sigma_1^2)$ - bzw. $N(\mu_2,\sigma_2^2)$-verteilt, wobei die Varianzen bekannt sind.

Zur Schätzung von μ_1 bzw. μ_2 werden aus zwei unabhängigen Stichproben vom Umfang n_1 bzw. n_2 die Mittelwerte

$$\bar{x} = \frac{1}{n_1} \sum_{i=1}^{n_1} x_i \quad \text{bzw.} \quad \bar{y} = \frac{1}{n_2} \sum_{k=1}^{n_2} y_k$$

benutzt, wobei die Gesamtzahl $n=n_1+n_2$ fest vorgegeben ist. Wie müssen n_1 und n_2 gewählt werden, damit die Schätzfunktion $\bar{X}-\bar{Y}$ die kleinste Varianz besitzt?

Zahlenbeispiel: $\sigma_2^2 = 4\sigma_1^2$, $n = 300$.

● AUFGABE 5

a) Welche Bedingungen müssen die Koeffizienten α_i erfüllen, damit bei unabhängigen Wiederholungen X_i

$$T = \sum_{i=1}^{n} \alpha_i X_i$$

eine erwartungstreue Schätzfunktion für den Erwartungswert $\mu = E(X_i)$ ist?

b) Wann hat die erwartungstreue Schätzfunktion T minimale Varianz?

● AUFGABE 6

Eine geometrisch verteilte Zufallsvariable X besitze die unabhängige Stichprobe $(k_1, k_2, \ldots, k_n)$. Bestimmen Sie hieraus für den unbekannten Parameter p dieser geometrischen Verteilung die Maximum-Likelihood-Schätzung.

● AUFGABE 7

Die Dichte einer Zufallsvariablen besitze die Gestalt

$$f(x) = \begin{cases} \dfrac{x}{c^2} & \text{für } 0 \le x \le c\sqrt{2} \; ; \\ 0 & \text{sonst}, \end{cases}$$

wobei die Konstante c nicht bekannt ist. Bestimmen Sie aus der Stichprobe $(x_1, x_2, \ldots, x_n)$ die Maximum-Likelihood-Schätzung für den unbekannten Parameter c.

3. Parameterschätzung

● AUFGABE 8

Eine Grundgesamtheit sei im Intervall $[a,b]$ gleichmäßig verteilt, wobei die Parameter a und b nicht bekannt sind.

a) Bestimmen Sie für diese Parameter die Maximum-Likelihood-Schätzungen.
b) Zeigen Sie, daß diese Schätzungen konsistent und asymptotisch erwartungstreu sind.

● AUFGABE 9

Die Zufallsvariable X sei im Intervall $[\mu-1/2; \mu+1/2]$ gleichmäßig verteilt. Zeigen Sie, daß bei einer Stichprobe vom Umfang n die Zufallsvariable $\frac{1}{2}(X_{min}+X_{max})$ eine erwartungstreue Schätzfunktion für den Parameter μ ist.

● AUFGABE 10

Gegeben sei eine normalverteilte Grundgesamtheit mit bekanntem Erwartungswert μ_0 und unbekannter Varianz σ^2.

a) Bestimmen Sie die Maximum-Likelihood-Schätzung für σ^2.
b) Leiten Sie in Abhängigkeit des Stichprobenumfangs n ein Konfidenzintervall für σ^2 zur Konfidenzzahl γ ab. Benutzen Sie dabei die Eigenschaft, daß die Quadratsumme von n unabhängigen $N(0;1)$-verteilten Zufallsvariablen Chi-Quadrat-verteilt ist mit n Freiheitsgraden.
c) Bestimmen Sie das Konfidenzintervall für $\gamma=0,95$; $\mu_0=50$ aus einer Stichprobe vom Umfang n=10 mit $\bar{x}=49,5$ und $s^2=4$.
d) Bestimmen Sie aus den Angaben aus c) das Konfidenzintervall für σ^2, falls der Erwartungswert μ nicht bekannt ist. Interpretieren Sie die gewonnenen Ergebnisse.

● AUFGABE 11

Die Durchmesser der von einer bestimmten Maschine gefertigten Stahlkugeln für Kugellager seien ungefähr normalverteilt. Bei einer Stichprobe vom Umfang n=30 erhält man einen mittleren Durchmesser $\bar{x}=10,2$ mm und eine Streuung $s=0,62$ mm. Bestimmen Sie hieraus Konfidenzintervalle für den Erwartungswert μ und die Varianz σ^2 für $\gamma=0,95$.

● AUFGABE 12

Bei einer Repräsentativumfrage kurz vor einer Wahl geben von den Befragten, die zur Wahl gehen wollen, 51,5% an, sie werden die Partei A wählen. Daraus schließt die Partei sofort, daß sie bei der bevorstehenden Wahl mindestens 50% der Wählerstimmen erhalten werde. Welche Bedingung muß erfüllt sein, damit die Aussage der Partei mit 95%-iger Sicherheit richtig ist?

● AUFGABE 13

Herr Schlau kandidiert für den Gemeinderat. In der Gemeinde sind nur 955 Personen stimmberechtigt. Um eine Prognose über den Stimmenanteil für den Kandidaten zu geben, sollen n Personen für eine Repräsentativumfrage ausgewählt werden.
Wie groß muß n mindestens sein, damit das Ergebnis mit dem Sicherheitsgrad 95% auf 3 Prozentpunkte genau ist?
Benutzen Sie dabei einmal zur Approximation die Binomialverteilung und zum anderen - um n möglichst gering zu halten - die Varianz der hypergeometrischen Verteilung (endliche Grundgesamtheit!).

● AUFGABE 14

Bei einer Meinungsumfrage über den Bekanntheitsgrad eines bestimmten Artikels wurde festgestellt, daß 65% der zufällig ausgewählten befragten Personen den Artikel kennen. Berechnen Sie ein Konfidenzintervall für den Bekanntheitsgrad (in Prozent) für $\gamma=0,95$, falls
a) n=1 000 , b) n=10 000 , c) n=100 000 , d) n=1 000 000
Personen befragt wurden.

● AUFGABE 15

Die Zufallsvariable, welche die Leistung von Automotoren beschreibt, sei ungefähr normalverteilt. Die Überprüfung von 10 zufällig ausgewählten Motoren ergab eine mittlere Leistung von 40,9 PS bei einer Standardabweichung von 3,1 PS. Bestimmen Sie hieraus Konfidenzintervalle für die Parameter der Normalverteilung zu $\gamma=0,95$.

3. Parameterschätzung

● AUFGABE 16

Ein Anthropologe untersucht einen bestimmten Volksstamm. Er vermutet, daß die Männer dieses Stammes aufgrund der Zivilisationseinflüsse jetzt größer werden als früher. Ältere Untersuchungen ergaben, daß die Körpergröße annähernd normalverteilt ist mit $\sigma_0 = 15$ cm.

a) Berechnen Sie unter der Annahme, daß die Streuung gleich geblieben ist, wieviele Männer mindestens gemessen werden müssen, damit die Länge des 95%-Konfidenzintervalles für μ höchstens 2 cm ist.

b) 1 000 zufällig ausgewählte Männer besitzen eine mittlere Körpergröße von 172,5 cm. Berechnen Sie daraus ein 95%-Konfidenzintervall für μ.

● AUFGABE 17

Um die Anzahl der Fische in einem Teich zu schätzen, wird folgendes Verfahren gewählt: Es werden 250 Fische gefangen, gekennzeichnet und wieder in den Teich zurückgebracht. Nach einiger Zeit werden 150 Fische gefangen. Darunter befinden sich 22 gekennzeichnete. Bestimmen Sie hieraus einen Schätzwert sowie ein Konfidenzintervall für die Gesamtzahl der Fische im Teich zu $\gamma = 0,95$.

● AUFGABE 18

Die Zufallsvariable X sei Poisson-verteilt. Leiten Sie mit Hilfe des zentralen Grenzwertsatzes ein (zweiseitiges) Konfidenzintervall für den Parameter λ her.

● AUFGABE 19

Die Anzahl der Anrufe pro Minute in einer Telefonzentrale während einer gewissen Tageszeit sei Poisson-verteilt mit dem Parameter λ. Während einer Stunde gingen 200 Anrufe ein. Bestimmen Sie mit Hilfe der Aufgabe 18 ein 95%-Konfidenzintervall für λ.

● AUFGABE 20

Die Zufallsvariable, welche die Anzahl der Tore pro Spiel in der Bundesliga beschreibt, sei ungefähr Poisson-verteilt mit dem Parameter λ. In der Saison 1981/82 bestand die Bundesliga aus 18 Mannschaften, wobei jede Mannschaft gegen jede zweimal spielte. Insgesamt wurden 1 081 Tore geschossen. Berechnen Sie hieraus mit Hilfe von Aufgabe 18 ein Konfidenzintervall für λ zur Konfidenzzahl $\gamma=0,95$.

● AUFGABE 21

Die Zufallsvariable X sei in $[0;a]$ gleichmäßig verteilt. Berechnen Sie mit Hilfe der Testgröße X_{max} ein Konfidenzintervall für den Parameter a.
Zahlenbeispiel: $n = 100$; $x_{max} = 9,99$; $\gamma = 0,95$.

● AUFGABE 22

Die Zufallsvariable X sei in $[0,a]$ gleichmäßig verteilt.

a) Zeigen Sie: Bei einem Stichprobenumfang n ist $\frac{n+1}{n}X_{max}$ eine erwartungstreue Schätzfunktion für den Parameter a mit $D^2(\frac{n+1}{n} \cdot X_{max}) = \frac{a^2}{n \cdot (n+2)}$
b) $2 \cdot \bar{X}$ ist ebenfalls eine erwartungstreue Schätzfunktion für a. Welche der beiden Schätzfunktionen ist wirksamer?

● AUFGABE 23

Die Zufallsvariable X sei in $[\mu-1/2;\mu+1/2]$ gleichmäßig verteilt. Zeigen Sie, daß $Z = X_{max} - \frac{1}{2} + \frac{1}{n+1}$ eine erwartungstreue Schätzfunktion für den Parameter μ ist mit $D^2(Z) = \frac{n}{(n+1)^2 \cdot (n+2)}$

● AUFGABE 24

Die Zufallsvariable X sei in $[a,b]$ gleichmäßig verteilt. Dann ist $Y = \frac{X-a}{b-a}$ in $[0,1]$ gleichmäßig verteilt.

1.) Zeigen Sie, daß bei einer Stichprobe vom Umfang n für
$Z = Y_{min} + Y_{max}$ gilt: $E(Z) = 1$; $D^2(Z) = \frac{3}{(n+1) \cdot (n+2)}$.
2.) Bestimmen Sie hieraus den Erwartungswert und die Varianz der Schätzfunktion $W = \frac{1}{2}(X_{min} + X_{max})$.

4. Parametertests

- AUFGABE 1

In einer Sendung von 10 Geräten befindet sich 1 fehlerhaftes, wobei der Fehler nur durch eine sehr kostspielige Qualitätskontrolle festgestellt werden kann. Der Hersteller behauptet, alle 10 Geräte seien einwandfrei. Ein Abnehmer führt folgende Eingangskontrolle durch: Er prüft 5 Geräte. Sind sie alle einwandfrei, so nimmt er die Sendung an, sonst läßt er sie zurückgehen. Berechnen Sie die Irrtumswahrscheinlichkeiten bei dieser Entscheidung, falls genau ein Gerät fehlerhaft ist.

- AUFGABE 2

Vor der Annahme einer umfangreichen Warenlieferung wird folgender Eingangstest durchgeführt:
Zunächst wird eine Stichprobe vom Umfang 5 entnommen. Befindet sich in der Stichprobe kein fehlerhaftes Stück, so wird die Lieferung angenommen. Sind mehr als ein Stück aus der Stichprobe fehlerhaft, so wird die Sendung zurückgewiesen. Bei einem fehlerhaften Stück in der Stichprobe wird eine zweite Stichprobe vom Umfang 20 entnommen. Falls sich mehr als ein fehlerhaftes Stück in dieser zweiten Stichprobe befindet, wird die Lieferung abgelehnt, sonst angenommen.
Berechnen Sie die Wahrscheinlichkeit dafür, daß die Lieferung angenommen wird, falls sich in der Sendung $100 \cdot p\%$ fehlerhafte Stücke befinden (benutzen Sie die Approximation durch die Binomialverteilung).
Zahlenbeispiele: a) p=0,01 ; b) p=0,05 ; c) p=0,1 ; d) p=0,2 ; e) p=0,5 .

- AUFGABE 3

Die Zufallsvariable der Körpergröße von Mädchen eines bestimmten Jahrganges sei etwa $N(99;25)$-, die der gleichaltrigen Jungen etwa $N(100;25)$-verteilt. Aus einer Meßreihe vom Umfang 400 sei nicht mehr feststellbar, ob Mädchen oder Jungen gemessen wurden.

a) Folgende Testentscheidung wird benutzt: Gilt für den Mittelwert $\bar{x}<99{,}5$, so entscheidet man sich für $\mu=99$, sonst für $\mu=100$. Bestimmen Sie die beiden Irrtumswahrscheinlichkeiten

b) Wie groß muß der Stichprobenumfang n mindestens sein, damit beide Irrtumswahrscheinlichkeiten höchstens gleich 0,001 sind?

● AUFGABE 4

Unter 3 000 in einer Klinik neugeborenen Kindern befanden sich 1 578 Knaben. Testen Sie mit einer Irrtumswahrscheinlichkeit $\alpha=0{,}01$ die Nullhypothese H_0: P(Knabengeburt) $\leq 0{,}5$.

● AUFGABE 5

Bei einer Umfrage vor einer Wahl sagten 285 der 2 000 befragten Personen, sie würden nicht zur Wahl gehen. Nachdem in der Zwischenzeit ein heißes "Kopf an Kopf-Rennen" zweier Blöcke bekanntgegeben wurde, betrug die tatsächliche Wahlbeteiligung 88,5%. Kann daraus mit 99%-iger Sicherheit geschlossen werden, daß in der Zwischenzeit Personen, die ursprünglich nicht zur Wahl gehen wollten, umgestimmt wurden?

● AUFGABE 6

Die Montagezeit nach einem herkömmlichen Verfahren sei ungefähr normalverteilt mit dem Erwartungswert $\mu=60$ min und der Standardabweichung $\sigma=4$ min. Da die Umstellung auf ein neues Verfahren sehr kostspielig ist, hat der Vorstand des Unternehmens beschlossen, die Umstellung nur dann vorzunehmen, wenn die mittlere Montagezeit um mehr als 10% verkürzt wird.

a) Stellen Sie für diesen Test Hypothese und Alternative auf.

b) Mit Hilfe einer Stichprobe vom Umfang n werde folgende Testentscheidung durchgeführt:
$\bar{x}<53{,}8$ ⇒ Umstellung wird vorgenommen.
Wie groß muß der Stichprobenumfang n mindestens sein, damit die Irrtumswahrscheinlichkeit 1. Art höchstens 0,05 ist?

c) Ist b) auch für $\bar{x}<54$ lösbar?

4. Parametertests

● AUFGABE 7

Der Hersteller eines billigen Produkts behauptet seinen Kunden gegenüber, höchstens 5% der Ware sei fehlerhaft.
Um seine Kunden nicht zu verärgern, führt der Hersteller wiederholt folgende Qualitätskontrolle durch: Falls von 300 geprüften Stücken höchstens c_H fehlerhaft sind, wird die Produktion ausgeliefert, sonst werden alle Stücke geprüft.
Der Kunde dagegen trifft folgende Entscheidung: Falls sich in einer Stichprobe von 400 Stücken mehr als c_K fehlerhafte befinden, wird die Sendung nicht angenommen.

a) Bestimmen Sie die Konstanten c_H und c_K so, daß die jeweiligen Irrtumswahrscheinlichkeiten 1. Art höchstens 0,05 sind.
b) Bestimmen Sie jeweils die Irrtumswahrscheinlichkeiten 1. und 2. Art sowie deren oberen Grenzen.
c) Berechnen Sie jeweils die möglichen Irrtumswahrscheinlichkeiten, falls 4 bzw. 7 % der Ware fehlerhaft ist.

● AUFGABE 8

Der Lieferant einer großen Warensendung behauptet, die Ausschußquote in der Lieferung sei höchstens 5%.

a.) Die Behauptung des Lieferanten sei die Hypothese H_0. Wie lautet sie und ihre Alternative?
b) Zum Test der Hypothese wird folgendes Verfahren benutzt: Der Liefermenge werden 40 Stück zufällig entnommen. Falls sich darunter mehr als zwei fehlerhafte Stücke befinden, wird die Lieferung nicht angenommen. Bestimmen Sie die Gütefunktion und die von p abhängigen Irrtumswahrscheinlichkeiten.
c) Berechnen Sie die Irrtumswahrscheinlichkeiten für die Testentscheidung aus b), falls die Gesamtlieferung 3% bzw. 6% Ausschuß enthält.

● AUFGABE 9

Durch langjährige Beobachtungen sei bekannt, daß die durchschnittliche Brenndauer der mit einem bestimmten Produktionsverfahren hergestellten Glühlampen 2000 Stunden beträgt bei einer Standardabweichung $\sigma_0 = 100$ Stunden. Eine nach Vornahme einer geringfügigen Materialänderung hergestellten Probeserie von n=100 Lampen ergibt eine mittlere Brenndauer von 2 030 Stunden.

a) Kann aus diesem Ergebnis auf eine signifikante Erhöhung der Brenndauer bei Anwendung des neuen Verfahrens geschlossen werden? Führen Sie den Test mit $\alpha=0,01$ durch.

b) Die Herstellerfirma treffe prinzipiell folgende Entscheidung: Beträgt die mittlere Lebensdauer von 100 zufällig ausgewählten Glühlampen mindestens 2 015 Stunden, so wird nach dem neuen Verfahren, andernfalls nach dem alten Verfahren produziert. Berechnen Sie für diese Testentscheidung die Irrtumswahrscheinlichkeit 1. Art sowie die Irrtumswahrscheinlichkeit 2. Art in Abhängigkeit von der wahren Lebensdauererwartung μ des neuen Verfahrens.
Zahlenbeispiel: $\mu=2\,020$. Berechnen Sie $\lim\limits_{\mu \to 2000} \beta(\mu)$.
Die Standardabweichung sei konstant.

● AUFGABE 10

Von einem Heilmittel sei bekannt, daß bei etwa 70% der Behandlungen infolge dieses Heilmittels eine Heilung eintritt.

a) Bevor ein neues Medikament auf den Markt kommt, wird es aus Risikogründen nur 15 an der entsprechenden Krankheit leidenden Personen verabreicht. Falls mindestens 12 dieser Personen geheilt werden, geht man davon aus, daß das neue Medikament besser ist als das alte. Mit welcher Irrtumswahrscheinlichkeit ist eine solche Entscheidung für das neue Medikament falsch?

b) Wieviel der 15 Testpersonen müssen mindestens geheilt werden, damit die Irrtumswahrscheinlichkeit 1. Art höchstens 0,05 ist?

c) Nach einigen Vorversuchen wird das Medikament 100 Patienten verabreicht. Wieviel Personen müssen mindestens geheilt werden, damit eine Entscheidung für das neue Medikament mit einer Irrtumswahrscheinlichkeit von $\alpha=0,01$ behaftet ist?

● AUFGABE 11

Eine "Multiple-Choice-Prüfung" bestehe aus 100 Einzelfragen, wobei bei jeder Frage in zufälliger Reihenfolge 4 Antworten angegeben sind, wovon genau eine richtig ist. Der Prüfling darf jeweils nur eine Antwort ankreuzen. Wieviel richtig angekreuzte Antworten müssen zum Bestehen der Prüfung mindestens verlangt werden, damit man die Prüfung durch Raten (zufälliges Ankreuzen) höchstens mit Wahrscheinlichkeit
a) 0,05 ; b) 0,01 ; c) 0,001 ; d) 0,0001
bestehen kann?

● AUFGABE 12

Glühbirnen zweier verschiedener Hersteller wurden auf ihre Brenndauer [in h] untersucht. Dabei ergaben sich folgende Werte

Hersteller	Anzahl der ge- getesteten Birnen	mittlere Brenndauer [h]	Streuung [h²]
A	80	1430	90
B	100	1510	110

Kann man aufgrund dieser Ergebnisse mit einer Irrtumswahrscheinlichkeit a) $\alpha=0,01$; b) $\alpha=0,05$ behaupten, die von B hergestellten Glühbirnen besitzen eine längere Brenndauer?

● AUFGABE 13

Zur Untersuchung des Einflusses eines Düngemittels auf die Weizenproduktion wurde ein Acker in 20 gleichgroße Parzellen eingeteilt, wobei zwischen benachbarten Parzellen genügend Zwischenraum gewählt wurde, damit eine gegenseitige Beeinflussung über den Boden fast ausgeschlossen werden kann. Von diesen Parzellen wurden 10 zufällig ausgewählt und gedüngt, die restlichen Parzellen wurden nicht gedüngt.
Der mittlere Ertrag auf den ungedüngten Parzellen betrug 3 dz mit einer Standardabweichung von 0,4 dz, während er auf den gedüngten Parzellen 3,35 dz betrug mit einer Standardabweichung von 0,3 dz. Kann man daraus schließen, daß die Düngung zu einer signifikanten Ertragserhöhung führt und zwar mit einer Irrtumswahrscheinlichkeit von a) $\alpha=0,05$; b) $\alpha=0,01$?

AUFGABE 14

Um zwei Methoden zur Stärkegehaltsbestimmung miteinander zu vergleichen, wurden 20 Kartoffeln halbiert und jeweils auf die beiden Hälften die beiden verschiedenen Methoden angewandt. Es ergaben sich folgende Unterschiede des Stärkegehalts (in ‰) zwischen den beiden Hälften:

1; 0; 2; -1; 1; 3; -2; 4; -1; 0; 2; -1; 1; 0; 3; -2; 0; 1;-2; 0

Testen Sie mit $\alpha=0,05$ die Hypothese, daß beide Methoden i.A. den gleichen Stärkegehalt liefern, daß sich die Ergenbisse also höchstens durch Meßfehler unterscheiden. Dabei sei vorausgesetzt, daß das entsprechende Merkmal ungefähr normalverteilt ist.

AUFGABE 15

10 Versuchspersonen wurden vor und nach einem Trainingsprogramm einem bestimmten Test unterzogen. Man erhielt die folgenden Testergebnisse:

Person Nr.	1	2	3	4	5	6	7	8	9	10
vorher	34	56	45	47	69	93	51	63	54	62
nachher	31	55	47	44	73	89	44	60	50	61

Testen Sie unter der Voraussetzung, daß die Testergebnisse ungefähr normalverteilt sind, mit einer Irrtumswahrscheinlichkeit $\alpha=0,02$, ob die Testleistungen vor und nach dem Trainingsprogramm nur zufällig voneinander abweichen.

AUFGABE 16

Mit einem bestimmten Verfahren soll der Fettgehalt [in %] von verschiedenen Wurstsorten geprüft werden. Jemand äußert den Verdacht, daß bei der Anwendung dieses Verfahrens infolge eines systematischen Fehlers der empirische Fettgehalt um mehr als 2 Prozentpunkte zu niedrig ist. Zur Überprüfung dieser Vermutung wurden bei 40 Proben die Differenzen der tatsächlichen und der gemessenen Fettgehalte berechnet; dabei erhielt man $\bar{x}=-2,4$ und $s=0,8$. Kann hieraus die Vermutung mit einer Irrtumswahrscheinlichkeit $\alpha=0,05$ bestätigt werden?

• AUFGABE 17

Ein Schüler verteilt an 1 800 Haushalte eines Bezirks Prospekte. Falls mehr als 5% der Haushalte keinen Prospekt erhalten, soll er keine Vergütung für seine unzuverlässige Arbeit erhalten. Zur Nachprüfung werden a) n=100, b) n=400 der Haushalte befragt, ob sie den Prospekt erhalten haben. Wieviele der befragten Haushalte müssen mindestens den Prospekt nicht erhalten haben, damit die Nichthonorierung der Arbeit höchstens mit einer Irrtumswahrscheinlichkeit $\alpha=0,02$ zu recht erfolgt? Benutzen Sie dabei die Streuung der Binomialverteilung und der hypergeometrischen Verteilung.

• AUFGABE 18

Nach Angabe des Herstellers eines bestimmten PKW-Typs ist der Benzinverbrauch im Stadtverkehr annähernd normalverteilt mit dem Erwartungswert $\mu=9,5$ l/100 km und der Streuung $\sigma=2,5$ l/100 km. Zur Überprüfung der Angaben des Herstellers führt eine Verbraucherorganisation einen Test mit 25 PKW's durch mit folgendem Ergebnis:
Mittlerer Benzinverbrauch $\bar{x} = 9,9$ l ;
Streuung $s = 3,5$ l .
Testen Sie mit der Irrtumswahrscheinlichkeit $\alpha=0,05$ die beiden Angaben des Herstellers.

• AUFGABE 19

Eine Abfüllmaschine kann auf verschiedene Abfüllmengen eingestellt werden. Es wird angenommen, daß die Zufallsvariable X, welche die Abfüllmenge in Gramm beschreibt, bei jeder Einstellung ungefähr normalverteilt ist. Es ist weiterhin erwünscht, daß bei jeder Einstellung die Varianz gleich bleibt. Um dies zu testen, werden bei zwei verschiedenen Einstellungen Stichproben vom Umfang $n_1=15$ bzw. $n_2=20$ entnommen.
1. Stichprobe: 440,433,489,438,432,445,435,441,438,442,445,
   420,467,428,425.
2. Stichprobe: 808,835,858,832,826,827,837,853,860,835,852,
   834,840,814,847,814,823,801,840,854.
Testen Sie die Hypothese $H_0: \sigma_1^2=\sigma_2^2$ mit $\alpha=0,05$.

● AUFGABE 20

Bei einer ungefähr $N(150, 20^2)$-verteilten Montagezeit läßt sich momentan der Erwartungswert $\mu=150$ Min. nicht verringern. Um jedoch eine gleichmäßigere Arbeitsweise zu erreichen, möchte man die Produktion umstellen, falls ein Montageverfahren entwickelt wird, bei dem die Standardabweichung der Montagezeit kleiner al 10 Min. ist.
Nach einem neuen Verfahren wird eine Stichprobe von 30 zufällig ausgewählten Montagezeiten gezogen. Danach soll über die Umstellung entschieden werden. Wie groß darf die Streuung s dieser Stichprobe höchstens sein, damit die Irrtumswahrscheinlichkeit bei einer Entscheidung für $\sigma<10$ höchstens 0,05 ist?

● AUFGABE 21

Die Anzahl der Fahrzeuge, die während der Hauptverkehrszeit pro Zeiteinheit eine bestimmte Kreuzung passieren, sei Poisson-verteilt. Vor Durchführung einer Verkehrsberuhigungsmaßnahme lautete der Parameter $\lambda=2,9$. Nach der Maßnahme passierten während 100 Zeiteinheiten 255 Fahrzeuge die Kreuzung. Kann daraus mit einer Irrtumswahrscheinlichkeit $\alpha=0,05$ geschlossen werden, daß die Maßnahme zur (signifikanten) Abnahme des Verkehrs an der Kreuzung geführt hat? (Benutzen Sie für die Testgröße den zentralen Grenzwertsatz).

● AUFGABE 22

In einer Telefonzentrale seien die Anzahl der Anrufe pro Minute Poisson-verteilt. Zum Einstellungszeitpunkt einer Telefonistin betrug der Parameter $\lambda=4,1$. Nach einer gewissen Zeitspanne stellt die Telefonistin fest, daß innerhalb einer Stunde 273 Anrufe erfolgten. Kann daraus mit einer Irrtumswahrscheinlichkeit von 0,05 geschlossen werden, daß sich die mittlere Anzahl der Anrufe pro Minute signifikant erhöht hat?

4. Parametertests

● AUFGABE 23

In einem Betrieb werden von einer Maschine Schrauben und von einer zweiten Maschine die dazugehörigen Muttern hergestellt. Dabei seien die entsprechenden Zufallsvariablen, welche die Durchmesser[in mm]beschreiben, annähernd $N(\mu_1, 0{,}3^2)$- bzw. $N(\mu_2, 0{,}3^2)$-verteilt (σ_0 ändert sich als Maschinengröße nicht).

a) Zum Test der Hypothese $H_0: \mu_1 = \mu_2$ werden 200 Schrauben und 100 Muttern gemessen mit dem Mittelwert $\bar{x}$ bzw. $\bar{y}$. Wie groß muß $|\bar{x} - \bar{y}|$ mindestens sein, damit die Nullhypothese mit einer Irrtumswahrscheinlichkeit $\alpha = 0{,}02$ abgelehnt werden kann?

b) In der Praxis sei die Produktion brauchbar, falls $|\mu_1 - \mu_2| \leq 0{,}2$ (mmm) ist. Bestimmen Sie für $n_1 = 200$ und $n_2 = 100$ die Ablehnungsgrenzen für die einseitigen Tests

$H_0: \mu_1 - \mu_0 = 0{,}2$; $H_1: \mu_1 - \mu_0 > 0{,}2$;
$H_0: \mu_1 - \mu_0 = -0{,}2$; $H_1: \mu_1 - \mu_0 < -0{,}2$

mit $\alpha = 0{,}01$.

● AUFGABE 24

Die Gewichte [in g] der von einer Maschine abgepackten Zuckerpakete seien $N(\mu, 9)$-verteilt, wobei die Varianz $\sigma_0^2 = 9$ unabhängig ist von der Maschineneinstellung. Da der Hersteller weiß, daß seine ideale Maschineneinstellung $\mu_0 = 1007$ i.A. nicht eingehalten werden kann, läßt er seine Produktion weiterlaufen, wenn er aufgrund eines Tests zur Entscheidung

$$1005 < \mu < 1009$$

gelangt. Bestimmen Sie zur Hypothese $H_0: |\mu - 1007| \geq 2$ gegen die Alternative $H_1: |\mu - 1007| < 2$ einen geeigneten Ablehnungsbereich für H_0 zum Stichprobenumfang $n = 100$, für den die Irrtumswahrscheinlichkeit 1. Art höchstens $0{,}01$ ist.

5. Varianzanalyse

● AUFGABE 1

Bei der Untersuchung der Weizenerträge [in dz/ha] in Abhängigkeit von verschiedenen Düngemitteln ergaben sich folgende Werte

Düngemittel	Erträge				
A	54,1	52,3	57,4	57,8	51,8
B	53	54,6	56,9	59,4	57
C	57,4	61,6	58,2	63,4	58,9
D	58,6	61,3	59,5	63	62,5

Testen Sie mit $\alpha=0,05$, ob die Düngemittel Einfluß auf den Ertrag haben. Dabei seien die Varianzen der vier Grundgesamtheiten gleich.

● AUFGABE 2

Auf einem Versuchsfeld werden 8 Sorten Weizen auf ihren Ertrag getestet. Dazu wurden die Erträge von je 5 jeweils 50 m langen Reihen dieser Sorten gewogen. Dabei ergaben sich folgende Gewichte (in Kilogramm pro Reihe):

Sorte \ Reihe	1	2	3	4	5
1	3,0	3,6	3,4	3,4	3,5
2	4,1	4,0	4,4	3,5	3,3
3	4,4	3,4	4,3	3,3	3,0
4	3,1	3,2	3,2	2,7	2,5
5	4,7	4,1	4,5	4,9	4,0
6	3,5	3,5	3,6	3,1	3,1
7	3,3	3,4	3,6	3,6	2,3
8	4,9	3,8	4,1	3,4	3,3

Untersuchen Sie unter der Normalverteilungsannahme, ob sich die Erträge der Sorten signifikant unterscheiden mit $\alpha=0,01$.

● AUFGABE 3

In einem Automobilwerk werden auf 4 Endmontagebändern Kraftfahrzeuge fertiggestellt. Innerhalb einer Woche wird bei der Schlußkontrolle festgestellt, wieviele Fahrzeuge pro Band Montagemängel aufweisen. Dabei ergeben sich folgende Zahlen:

	Montag	Dienstag	Mittwoch	Donnerstag	Freitag
Band 1	47	56	45	43	59
Band 2	52	47	46	42	48
Band 3	55	50	53	60	62
Band 4	51	39	42	46	42

Unter der Annahme, daß die Ausschußzahlen ungefähr normalverteilt sind mit gleicher Varianz und innerhalb der einzelnen Bänder auch die Erwartungswerte konstant bleiben, teste man die Hypothese, daß auch zwischen den Bändern keine Unterschiede bzgl. der Erwartungswerte bestehen mit a) $\alpha=0,05$; b) $\alpha=0,01$.

• AUFGABE 4

Gemessen wurden die Kelchlängen (in mm) einer bestimmten Primelart bei 10 verschiedenen Pflanzen (Quelle: E. Weber, Grundriß der biologischen Statistik)

Pflanze	1	2	3	4	5	6	7	8	9	10
Blütenlängen	12,5 11,5 12,0 12,5 11,5	13,5 14,5 13,5 13,5 12,5	15,0 13,5 13,5 14,5 14,5	11,5 12,0 12,0 11,5 12,0	12,5 12,5 12,5 12,0 11,5	12,0 11,0 11,5 11,5	15,0 15,5 14,5 13,0	15,0 13,5 15,0	10,5 10,5 11,0	13,0 13,5 13,5

Testen Sie mit $\alpha=0,01$ die Hypothese H_o: Der Erwartungswert der Blütenlängen ist bei allen Pflanzen der Grundgesamtheit gleich.

• AUFGABE 5

Um die Wirksamkeit von Lehrmethoden zu prüfen, wurden 20 zufällig ausgewählte Schüler in drei Gruppen zusammengefaßt und nach drei verschiedenen Lehrmethoden unterrichtet. Die Leistungen der 20 Schüler wurden nach einem Jahr durch eine Klausur überprüft. Dabei erhielten die einzelnen Schüler folgende Punktzahlen:

Gruppe 1	8	18	13	12	14					
Gruppe 2	20	19	20	17	19					
Gruppe 3	19	12	9	17	16	18	10	14	17	18

Die Punktzahlen in der Klausur seien ungefähr normalverteilt mit gleicher Varianz. Testen Sie mit $\alpha=0,05$, ob bei allen drei Lehrmethoden gleiche mittlere Leistungen erzielt werden.

AUFGABE 6

In der nachfolgenden Tabelle sind Weizenerträge in Abhängigkeit von der Sorte und dem Anbauort gemessen worden.

Sorte \ Anbauort	I	II	III
A	8	19	24
B	10	20	22
C	16	18	23
D	14	22	21

Testen Sie mit $\alpha=0,05$, ob Sorte oder Anbauort Einfluß auf den (mittleren) Ertrag haben.

AUFGABE 7

6 verschiedene Zapfsäulen einer Tankstelle werden folgendermaßen geprüft: Vier Prüfer entnehmen an jeder Zapfsäule je 10 l nach der Anzeige aus der Zapfsäule. Diese 10 l messen sie mit einem Meßgefäß nach. Die Differenz zwischen dem von der Zapfsäule angezeigten und dem nachgemessenen Wert wird notiert (Einheit 100 cm^3). Dabei erhält man die Tabelle

	Zapfsäule	1	2	3	4	5	6
Prüfer	P I	-2	1	0	-1	1	-1
	P II	-1	4	0	0	1	2
	P III	0	3	-1	2	0	2
	P IV	-1	1	0	-1	1	1

Die Werte seien ungefähr normalverteilt. Testen Sie mit $\alpha=0,05$ ob die Prüfer unterschiedliche mittlere Meßwerte erhalten und ob die Zapfsäulen verschiedene mittlere Benzinmengen abgeben.

AUFGABE 8

Testen Sie mit der folgenden Stichprobe, ob der Wochentag oder die Arbeitsschicht einen signifikanten Einfluß auf die Produktionsmengen (in Tonnen) eines Werkes haben ($\alpha=0,05$):

	Frühschicht	Tagesschicht	Spätschicht
Montag	1,7	1,9	2,0
Dienstag	2,0	2,2	2,1
Mittwoch	2,0	2,1	2,0
Donnerstag	2,1	1,8	1,9
Freitag	1,8	1,9	1,8

6. Chi-Quadrat-Anpassungstests

• AUFGABE 1

Lösen Sie Aufgabe 4 von Abschnitt 4 mit Hilfe des Chi-Quadrat-Anpassungstests.

• AUFGABE 2

384 zufällig ausgewählte Personen wurden nach ihrem Urteil in einer bestimmten Angelegenheit befragt. Zur statistischen Auswertung wurden die Urteile jeweils in eine von 6 Kategorien eingeordnet. Es ergab sich die Tabelle:

Kategorie	I	II	III	IV	V	VI
Anzahl der Urteile	58	61	72	67	57	69

Testen Sie mit $\alpha=0,05$, ob in der Grundgesamtheit alle sechs Kategorien gleichwahrscheinlich sind.

• AUFGABE 3

In einer Entbindungsstation ergaben sich für die einzelnen Monate eines Jahres folgende Geburtenhäufigkeiten:

Monat	Jan.	Febr.	März	April	Mai	Juni	Juli	Aug.	Sept.	Okt.	Nov.	Dez.
Geburten	119	116	121	125	129	140	138	136	124	127	115	113

Testen Sie hiermit die Hypothese der Gleichverteilung der Geburten auf die einzelnen Monate des Jahres mit $\alpha=0,05$.

• AUFGABE 4

Das zweite Mendelsche Gesetz besagt, daß bei Kreuzung zweier Pflanzen mit rosa Blütenfarben Pflanzen entstehen, deren Blütenfarben rot, rosa oder weiß sind und zwar mit den Wahrscheinlichkeiten $P(rot):P(rosa):P(weiß) = 1:2:1$.
Zum Test der Mendelschen Hypothese wurden 500 Kreuzungsversuche vorgenommen mit dem Ergebnis

Merkmal	rot	rosa	weiß
Häufigkeiten	128	255	117

Testen Sie hiermit die Gültigkeit dieses Mendelschen Gesetzes mit $\alpha=0,05$.

● AUFGABE 5

Ein Tennisspieler spielte während einer Saison 80 Spiele, wobei jedes Spiel aus 3 Einzelsätzen bestand. Die Anzahl der gewonnenen Sätze pro Spiel sind in der folgenden Tabelle zusammengestellt

Anzahl der gewonnenen Sätze pro Spiel	0	1	2	3
Häufigkeiten	10	18	28	24

Testen Sie mit $\alpha=0{,}05$, ob bei dem Spieler bei jedem einzelnen Satz die Gewinnwahrscheinlichkeit p konstant ist.

● AUFGABE 6

Bei einer Befragung von 500 Familien mit 3 Kindern ergab sich folgende Verteilung

Anzahl der Knaben	0	1	2	3
Anzahl der Familien	54	175	195	76

Testen Sie mit $\alpha=0{,}05$ folgende Hypothesen:

1) Die Wahrscheinlichkeit einer Knabengeburt ist 0,5.
2) Die Wahrscheinlichkeit einer Knabengeburt ist 0,515.
   Interpretieren Sie die Ergebnisse.

● AUFGABE 7

Von einer Zufallsvariablen X wird vermutet, daß sie die nebenstehende Dichte f besitzt mit $f(x)=0$ für $x \notin [0;3]$.

a) Bestimmen Sie die Konstante a so, daß f Dichte ist.
b) Testen Sie die Vermutung mit folgender Stichprobe ($\alpha=0{,}05$)

Klasse	h_i (abs. Häufigkeiten)
$0 \leq x \leq 1$	15
$1 < x \leq 2$	29
$2 < x \leq 3$	6

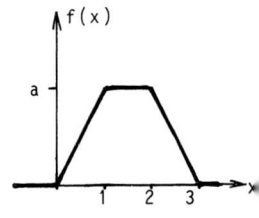

6. Chi-Quadrat-Anpassungstests

● AUFGABE 8

Glühbirnen einer bestimmten Sorte werden in einer Großhandlung in Viererpackungen verkauft. Bei der Überprüfung von 500 Packungen erhielt man die Anzahl der fehlerhaften Stücke je Paket

Anzahl defekter Glühbirnen je Packung	0	1	2	3	4
absolute Häufigkeit	411	40	30	16	3

Testen Sie mit $\alpha=0,01$ jeweils die Hypothese:

a) Die Grundgesamtheit ist Poisson-verteilt.
b) Die Grundgesamtheit ist binomialverteilt.

● AUFGABE 9

Bei der Bestimmung des Geburtsgewichts von 100 Mädchen ergaben sich folgende gerundeten Werte

kg	2,7	2,8	2,9	3,0	3,1	3,2	3,3	3,4	3,5	3,6
Anzahl der Mädchen	6	8	11	13	14	11	13	8	9	7

Testen Sie sowohl die Hypothese 'Gleichverteilung in [2,65;3,65]' als auch die Hypothese 'Normalverteilung' mit einer Irrtumswahrscheinlichkeit $\alpha=0,05$.

● AUFGABE 10

Testen Sie mit $\alpha=0,05$, ob die in Aufgabe 7 aus Abschnitt 1 dargestellte Stichprobe aus einer normalverteilten Grundgesamtheit stammt. Benutzen Sie dabei $\bar{x}=145,19$ und $s=3,27$.

● AUFGABE 11

Eine Automobilfirma behauptet, der Benzinverbrauch (in Liter pro 100 km) sei normalverteilt mit dem Erwartungswert $\mu=10$ l und der Standardabweichung $\sigma=1$ l.
Bei einer Überprüfung bei 1 000 zufällig ausgewählten Autos ergaben sich folgende Werte

Verbrauch (l)	Häufigkeit
x ≤ 9,5	248
9,5 < x ≤ 10	180
10 < x ≤ 10,5	242
10,5 < x	330

Testen Sie mit $\alpha=0,01$, ob die Angaben des Herstellers stimmen.

● AUFGABE 12

In einer Telefonzentrale sollten die Schaltzeiten X ermittelt werden, die für das Erstellen einer Verbindung notwendig sind. Dabei ergaben sich folgende Zeiten (in Sekunden):

0,14	0,59	0,86	0,72	0,14
1,09	1,67	1,71	0,14	1,07
0,61	2,28	2,16	1,60	0,35
0,67	0,60	1,05	0,18	0,06
0,24	1,49	0,56	0,21	0,27

Testen Sie mit $\alpha=0,05$ die Hypothese
H_o: X ist exponentialverteilt, d.h. $P(X \leq x)=1-e^{-\lambda x}$, $x \geq 0$.
Benutzen Sie dabei $\bar{x}=0,8184$ und die Klasseneinteilung
0; 0,2; 0,4; 0,7; 1,3; ∞.

● AUFGABE 13

In Aufgabe 10 aus Abschnitt 1 wurde die Verteilung des Heiratsalters der Frauen dargestellt. Testen Sie dieses Zahlenmaterial auf Normalverteilung mit einer Irrtumswahrscheinlichkeit $\alpha=0,001$. Benutzen Sie dabei $\bar{x}=23,4$ und $s=5,24$.

● AUFGABE 14

Die Eltern von 30 (ehelich geborenen) Babys wurden gefragt, wie lange nach der Eheschließung das erste Kind geboren wurde. Es ergaben sich folgende Zahlen (in Jahren):

1,46	2,41	2,41	1,08	11,94	2,41
0,73	0,89	0,19	2,18	0,33	0,06
0,49	1,62	21,75	3,60	1,32	0,89
1,20	1,20	0,44	1,46	3,25	8,85
0,66	1,79	0,33	1,97	0,08	0,66

Die Zufallsvariable X beschreibe die Zeit zwischen der Eheschließung und der (nachfolgenden) Geburt des ersten (ehelich geborenen) Kindes.

Testen Sie mit $\alpha = 0{,}05$ die Hypothese: X ist logarithmisch normalverteilt, d.h. ln X ist normalverteilt. Für die logarithmischen Werte gilt $\sum_i \ln x_i = 4{,}71$; $\sum_i (\ln x_i)^2 = 48{,}98$.

● AUFGABE 15

In der Fußball-Bundesliga-Spielzeit 80/81 sind die Torerfolge (pro Spiel) in folgender Häufigkeitstabelle zusammengestellt:

Tore	0	1	2	3	4	5	6	7	8	9	10
Heimmannschaft	44	74	87	51	31	14	1	4	0	0	0
Gastmannschaft	79	109	71	33	11	2	1	0	0	0	0
insgesamt	13	29	60	65	61	39	26	6	5	2	0

Testen Sie mit $\alpha = 0{,}05$ folgende Hypothesen:
1) Die Anzahl der von der Heimmannschaft pro Spiel geschossenen Tore ist Poisson-verteilt.
2) Die Anzahl der von der Gastmannschaft geschossenen Tore pro Spiel ist Poisson-verteilt.
3) Die Gesamtzahl der Tore pro Spiel ist Poisson-verteilt.

● AUFGABE 16

Eine Stichprobe bestehe aus 12 Werten.

a) Weshalb reicht diese Stichprobe zum Test auf Normalverteilung nicht aus, falls über μ und σ^2 keine Informationen vorliegen?
b) Wann reicht die Stichprobe zur Testdurchführung aus?

● AUFGABE 17

Zur Überprüfung, ob die 6 Telefonanrufe in einem erpresserischen Entführungsfall vom gleichen Täter geführt wurden, benutzten zwei Sprachwissenschaftler in ihrem Gutachten folgenden Chi-Quadrat-Test: Durch Abzählung der gesprochenen Wörter berechneten Sie bzgl. aller 6 Gespräche die durchschnittliche Sprechdauer p für ein Wort. Mit der tatsächlichen Gesprächsdauer t_i und der Anzahl der Wörter n_i, aus denen das i-te Gespräch bestand, benutzten sie die Testgröße
$$\chi^2 = \sum_{i=1}^{6} \frac{(t_i - n_i p)^2}{n_i p}$$
und gingen davon aus, daß diese Größe Chi-Quadrat-verteilt ist mit 5 Freiheitsgraden. Weshalb ist dieser Test nicht zulässig?

7. Kolmogoroff-Smirnov-Test – Wahrscheinlichkeitspapier

● AUFGABE 1

Bei der Bestimmung des Blutzuckergehalts [in mg %] an 25 Patienten ergaben sich folgende Meßwerte: 79, 88, 110, 122, 84, 94, 116, 95, 109, 108, 98, 82, 101, 107, 92, 77, 100, 113, 102, 104 88, 99, 86, 84, 105.

a) Prüfen Sie mit Hilfe des Wahrscheinlichkeitsnetzes, ob die Grundgesamtheit normalverteilt ist.
b) Berechnen Sie zum Vergleich $\bar{x}$ und s.

● AUFGABE 2

Es besteht die Vermutung, daß die Zufallsvariable der Lebensdauer (in h) von bestimmten Geräten die Dichte $f(t) = 3 \cdot 10^{-9} t^2$ für $0 \leq t \leq 1\,000$ besitzt. Testen Sie diese Vermutung mit der nachfolgenden Stichprobe mit Hilfe des Kolmogoroff-Smirnov-Tests.

429; 607; 948; 723; 640; 978; 507; 675; 820; 784; 750; 949; 686; 400; 357; 782; 969; 504; 488; 997; 818; 860; 828; 699; 822; 730; 541; 591; 519; 962; 587; 970; 910; 886; 726; 595; 338; 975; 454; 691; 904; 726; 562; 454; 943; 988; 826; 538; 962; 855.

● AUFGABE 3

Zum Test der Hypothese
H_0: Eine Grundgesamtheit ist in [0,1] gleichmäßig verteilt
wird die empirische Verteilungsfunktion $\tilde{F}_{100}(x)$ einer Stichprobe vom Umfang n=100 benutzt. Die maximale Abweichung der empirischen Verteilungsfunktion von $F(x)=x$ für $0 \leq x \leq 1$ sei

$$\max_x | \tilde{F}_{100}(x) - F(x)| = 0,16 .$$

Testen Sie hiermit die Nullhypothese mit der Irrtumswahrscheinlichkeit $\alpha=0,05$.

7. Kolmogoroff-Smirnov-Test — Wahrscheinlichkeitspapier

● AUFGABE 4

Gegeben sind zwei Stichproben vom Umfang $n_1=150$ bzw. $n_2=80$ aus zwei stetig verteilten Grundgesamtheiten.
Zum Test der Hypothese

H_0: Die beiden Grundgesamtheiten besitzen die gleiche Verteilungsfunktion

wird aus den empirischen Verteilungsfunktionen der beiden Stichproben die maximale Abweichung $d = \max_x |\tilde{F}(x) - \tilde{G}(x)|$ berechnet.
Die Testgröße $d \cdot \sqrt{\dfrac{n_1 \cdot n_2}{n_1+n_2}}$ ist dabei ungefähr Kolmogoroff-Smirnov-verteilt.

Wie groß muß d mindestens sein, damit mit einer Irrtumswahrscheinlichkeit $\alpha=0{,}05$ die Nullhypothese abgelehnt werden kann?

● AUFGABE 5

Wie lautet die Testgröße in der vorigen Aufgabe, falls beide Stichprobenumfänge gleich n sind?

● AUFGABE 6

Zum Test der Nullhypothese

H_0: Zwei stetig verteilte Grundgesamtheiten besitzen die gleiche Verteilungsfunktion

werden zwei Stichproben vom Umfang 100 bzw. 200 gezogen. Die maximale Abweichung der beiden empirischen Verteilungsfunktionen sei 0,18. Kann mit einer Irrtumswahrscheinlichkeit $\alpha=0{,}05$ H_0 abgelehnt werden?

● AUFGABE 7

Zum Test der Nullhypothese, daß zwei stetig verteilte Zufallsvariablen die gleiche Verteilungsfunktion besitzen, wird aus beiden Grundgesamtheiten jeweils eine Stichprobe vom Umfang n gezogen. Wie groß muß die maximale Abweichung der beiden empirischen Verteilungsfunktionen mindestens sein, damit die Nullhypothese mit einer Irrtumswahrscheinlichkeit von 0,01 abgelehnt werden kann für
a) n=100; b) n=1 000; c) n=10 000 ?

8. Zweidimensionale Stichproben

● AUFGABE 1

Bei der Untersuchung der Spitzengeschwindigkeit y (km/h) in Abhängigkeit von der Leistung x (kW) verschiedener PKW's ergaben sich folgende Werte

x_i	65	70	68	74	63	72	70	69	66	67	71	67	64	73
y_i	164	171	170	193	149	185	178	176	168	160	184	172	153	190

a) Stellen Sie diese Werte als zweidimensionale "Punktwolke" graphisch dar.
b) Berechnen Sie die relative Häufigkeit des Ereignisses $(X \leq 70, Y \leq 170)$.

● AUFGABE 2

Bei 20 Personen einer bestimmten Altersgruppe wurden Körpergröße x und Gewicht y festgestellt. Dabei ergaben sich folgende Meßwerte:

x_i	162	155	172	163	166	168	170	159	155	172
y_i	50	49	66	45	49	58	61	52	47	61
	168	164	160	170	163	159	168	157	163	170
	52	65	50	53	57	50	67	47	47	58

a) Stellen Sie die Stichprobe graphisch dar.
b) Bestimmen Sie die relativen Häufigkeiten folgender Ereignisse: $(X \leq 167)$; $(Y \leq 55)$; $(X \leq 167, Y \leq 55)$.

● AUFGABE 3

Zeichnen Sie ein Histogramm für die in der nachfolgenden Häufigkeitstabelle (Klasseneinteilung) dargestellte zweidimensionale Stichprobe.

	$0 \leq y \leq 2$	$2 < y \leq 4$	$4 < y \leq 5$
$1 < x \leq 3$	4	6	4
$3 < x \leq 5$	2	5	3

9. Kontingenztafeln – Vierfeldertafeln
(Homogenitäts- und Unabhängigkeitstests)

● AUFGABE 1

Zum Test, ob eine Impfung gegen Grippe tatsächlich hilft, wurden 500 Personen überwacht, die sich nicht impfen ließen und 200 Personen, die geimpft wurden. Dabei ergab sich folgendes Ergebnis:

	nicht an der Grippe erkrankt	an der Grippe erkrankt
nicht geimpft	48	452
geimpft	9	191

Testen Sie mit a) $\alpha=0{,}05$; b) $\alpha=0{,}01$ die Hypothese, daß die Impfung keinen Einfluß auf die Grippeerkrankung hat.

● AUFGABE 2

Um zu testen, ob durch ein bestimmtes Medikament die Heilungschancen bei einer bestimmten Krankheit steigen, wird das Medikament 100 Kranken verabreicht, während eine andere Gruppe von 100 Patienten das Medikament nicht erhält. Die Anzahl der Heilungserfolge ist in der nachfolgenden Tabelle zusammengestellt.

	geheilt	nicht geheilt
mit Medikament	79	21
ohne Medikament	67	33

Führen Sie den Test mit $\alpha=0{,}05$ durch.

● AUFGABE 3

Zur Überprüfung, ob von zwei Pflanzenschutzmitteln gegen eine bestimmte Krankheit eines besser ist, wurden 200 Pflanzen mit dem Mittel A und 280 Pflanzen mit dem Mittel B behandelt und zwar mit folgendem Ergebnis:

	von der Krankheit befallen	nicht befallen
A	19	181
B	20	260

Kann daraus mit einer Irrtumswahrscheinlichkeit von $\alpha=0,05$ geschlossen werden, daß das Mittel B besser ist?

● AUFGABE 4

350 Studenten nahmen an der Statistik-und an der Mathematikklausur teil. Dabei kam folgendes Ergebnis heraus:

	Mathematik bestanden	Mathematik nicht bestanden
Statistik bestanden	40	78
Statistik nicht bestanden	41	191

Testen Sie mit $\alpha=0,01$, ob zwischen dem Bestehen der beiden Klausuren ein Zusammenhang besteht.

● AUFGABE 5

Bei einer Umfrage über das Interesse am "politischen Geschehen" wurden Frauen und Männer zufällig ausgewählt. Dabei ergaben sich folgende Häufigkeiten

	kein Interesse	mittleres Interesse	großes Interesse
Frauen	162	148	90
Männer	178	233	189

Testen Sie mit einer Irrtumswahrscheinlichkeit $\alpha=0,01$, ob Frauen und Männer am politischen Geschehen gleich stark interessiert sind.

● AUFGABE 6

Bei 500 neugeborenen Mädchen wurden Augen-und Haarfarbe festgestellt. Man erhielt folgende Tabelle

Augenfarbe	Haarfarbe			
	hellblond	dunkelblond	schwarz	rot
blau	82	53	26	9
grau oder grün	71	82	46	11
braun	28	57	31	4

Testen Sie mit der Irrtumswahrscheinlichkeit $\alpha=0,005$, ob die beiden Merkmale unabhängig sind.

9. Kontingenztafeln — Vierfeldertafeln

• AUFGABE 7

Vier Wochen vor einer Wahl wurden 2 000 zufällig ausgewählte Personen gefragt, welche von 4 kandidierenden Parteien sie wählen werden. Aufgrund politischer Ereignisse wurden 3 Tage vor der Wahl nochmals 1 000 Personen nach ihrer Stimmabgabe gefragt. Dabei ergaben sich folgende Werte

Partei	A	B	C	D	(Rest)	Unent-schlossene	keine Teilnahme an der Wahl
1. Umfrage	928	543	149	78	30	53	219
2. Umfrage	417	345	67	32	14	26	99

Überprüfen Sie mit a) $\alpha = 0{,}05$; b) $\alpha = 0{,}01$, ob zwischen der 1. und 2. Umfrage eine signifikante Änderung des Wählerverhaltens eingetreten ist.

• AUFGABE 8

Zu Beginn eines Kurses wurden die 151 Teilnehmer zufällig in drei Gruppen eingeteilt. Die einzelnen Gruppen wurden mit verschiedenen Methoden unterrichtet. Die gemeinsame Abschlußprüfung brachte folgendes Ergebnis

Gruppe	nicht bestanden	ausreichend	befriedigend	gut	sehr gut
1	6	13	20	7	4
2	10	18	15	5	2
3	18	19	13	1	0

Testen Sie, ob die verschiedenen Unterrichtsmethoden zu verschiedenen Lernerfolgen führen mit einer Irrtumswahrscheinlichkeit a) $\alpha = 0{,}05$; b) $\alpha = 0{,}01$.

• AUFGABE 9

In einem Entführungsfall wurden alle Einzelanschläge zweier mit Schreibmaschine geschriebener Briefe auf 3 Fehlertypen untersucht. Dabei ergaben sich folgende Häufigkeiten

	Fehler-typ I	Fehler-typ II	Fehler-typ III	fehlerfrei
Brief 1	4	33	5	2 934
Brief 2	8	23	5	1 597

Führen Sie einen Homogenitätstest für $\alpha = 0{,}05$ durch.

AUFGABE 10

Die Spielergebnisse aller Fußball-Bundesliga-Spiele der Spielzeiten 1980/81 und 1981/82 sind in den beiden nachfolgenden Häufigkeitstabellen zusammengestellt.

Spielzeit 1980/81
Anzahl der Tore d. Gastmann.

Heimmannschaft	0	1	2	3	4	5	6
0	13	8	9	10	3	0	1
1	21	31	9	8	4	1	0
2	20	33	27	4	2	1	0
3	13	15	14	7	2	0	0
4	8	13	8	2	0	0	0
5	4	7	1	2	0	0	0
6	0	0	1	0	0	0	0
7	0	2	2	0	0	0	0

Spielzeit 1981/82
Anzahl der Tore d. Gastmann.

Tore d. Heimmann.	0	1	2	3	4	5	6
0	12	10	11	5	0	0	0
1	17	31	12	7	3	0	0
2	20	26	18	7	3	0	1
3	17	21	16	5	2	0	0
4	10	12	16	1	2	0	0
5	2	4	4	2	0	0	0
6	0	4	2	0	0	0	0
7	2	0	0	0	0	0	0
8	0	0	0	0	0	0	0
9	0	0	1	0	0	0	0

Testen Sie jeweils für beide Spielzeiten, ob die Zufallsvariablen X und Y, welche die Tore pro Spiel für die Heim-bzw. Gastmannschaft beschreiben, voneinander unabhängig sind ($\alpha=0,05$).

AUFGABE 11

Zum Test der Nullhypothese

H_o: Zwei Grundgesamtheiten besitzen die gleiche Verteilungsfunktion

werden die Stichprobenhäufigkeiten für die gleiche Klasseneinteilungen benutzt.

Klasse	1	2	....	i	....	r	Summe
Stichprobe 1	h_{11}	h_{12}	....	h_{1i}	....	h_{1r}	$h_{1\cdot}$
Stichprobe 2	h_{21}	h_{22}	....	h_{2i}	....	h_{2r}	$h_{2\cdot}$

Zeigen Sie, daß sich die Testgröße für den Chi-Quadrat-Homogenitätstest (Kontingenztafel) in diesem Fall darstellen läßt als

$$\chi^2_{ber.} = h_{1\cdot} \cdot h_{2\cdot} \cdot \sum_{i=1}^{r} \frac{\left(\dfrac{h_{1i}}{h_{1\cdot}} - \dfrac{h_{2i}}{h_{2\cdot}} \right)^2}{h_{1i} + h_{2i}} \quad .$$

10. Kovarianz und Korrelation

● AUFGABE 1

X und Y seien zwei Zufallsvariable mit der gemeinsamen Verteilung

X \ Y	1	2	3	4
1	0,05	0,1	0	0
2	0,1	0,2	0,05	0
3	0	0,1	0,1	0,2
4	0	0	0,05	0,05

Berechnen Sie die Kovarianz σ_{xy} sowie den Korrelationskoeffizienten ρ.

● AUFGABE 2

Bei der Untersuchung der Abhängigkeit des Körpergewichts Y [kg] von der Körperlänge X [cm] bei n=20 erwachsenen Personen sind folgende Daten gemessen worden (vgl. E. Weber: Grundriß der Biologischen Statistik, S. 332):

x_i	y_i	x_i	y_i	x_i	y_i
165	56	180	80	170	63
176	75	179	76	176	71
175	70	173	68	180	78
168	61	166	57	169	62
167	61	178	76	177	75
172	63	169	60	176	71
175	72	169	64		

a) Berechnen Sie die Kovarianz und den Korrelationskoeffizienten der Stichprobe.
b) Berechnen Sie zur Konfidenzwahrscheinlichkeit $\gamma=0,95$ ein Konfidenzintervall für den Korrelationskoeffizienten ρ der Grundgesamtheit.

● AUFGABE 3

Berechnen Sie den Korrelationskoeffizienten zwischen den Toren pro Spiel der Heimmannschaft und der Gastmannschaft für die Fußballbundesligaspielzeiten
a) 1980/81 ; b) 1981/82
(Zahlenmaterial s. Aufgabe 10 in Abschnitt 9).

● AUFGABE 4

Der Index der Stundenlöhne (1976=100) zwischen Männern und
Frauen entwickelte sich von 1972 bis 1982 nach dem Stat. Jahrbuch 1982 wie folgt:

Jahr	1972	1973	1974	1975	1976	1977	1978	1979	1980	1981
Männer	71,0	77,8	87,0	94,8	100	107	112,7	119,1	126,9	134,2
Frauen	68,5	76,3	86,1	94,7	100	107,2	112,9	118,6	125,8	132,7

Berechnen Sie den Korrelationskoeffizienten r zwischen den
Stundenlöhnen der Frauen und Männer.

● AUFGABE 5

Es sei ρ der Korrelationskoeffizient einer zweidimensionalen
normalverteilten Grundgesamtheit und r der (empirische) Korrelationskoeffizient einer Stichprobe vom Umfang a) n=30, b) n=500. Wie groß muß
$|r|$ jeweils mindestens sein, damit die Nullhypothese
H_o: ρ=0 mit einer Irrtumswahrscheinlichkeit α=0,05 abgelehnt
werden kann?

● AUFGABE 6

Aus unabhängigen Stichproben vom Umfang n_1=53 bzw. n_2=103
wurden die Korrelationskoeffizienten r_1=0,81 und r_2=0,76 berechnet. Testen Sie hiermit die Hypothese H_o: Die Korrelationskoeffizienten ρ_1 und ρ_2 der beiden normalverteilten Grundgesamtheiten sind gleich mit α=0,05.

● AUFGABE 7

X und Y seien zwei beliebige Zufallsvariable mit E(X) = E(Y)
und $E(X^2) = E(Y^2)$.

a) Zeigen Sie, daß dann die beiden Zufallsvariablen X+Y und
   X-Y unkorreliert sind.
b) Benutzen Sie diese Eigenschaft zur Konstruktion zweier
   diskreter Zufallsvariabler, die unkorreliert, jedoch nicht
   unabhängig sind.

11. Regressionsanalyse

• AUFGABE 1

10 Schüler erreichten bei einem Rechtschreibtest (x_i) und einem Lesetest (y_i) folgende Punkte

Schüler	x_i	y_i
1	2	3
2	4	4
3	7	9
4	9	12
5	10	12
6	12	14
7	13	16
8	15	17
9	16	18
10	19	20

1) Zeichnen Sie die zugehörige "Punktwolke".
2) Berechnen Sie den Korrelationskoeffizienten r.
3) Bestimmen Sie die Regressionsgerade sowie die Summe der vertikalen Abstandsquadrate der Punkte von dieser Geraden.
4) Zeichnen Sie die Regressionsgerade.

• AUFGABE 2

Bestimmen Sie den Korrelationskoeffizienten r der folgenden Stichprobe sowie die Gleichung der Regressionsgeraden.

x_i	0,5	1	1,5	2	3	4	5
y_i	1,65	2,4	3,15	3,9	5,4	6,9	8,4

• AUFGABE 3

Bei der Untersuchung des Fettgehalts Y [in %] der Milch in Abhängigkeit des Rohfaseranteils X im Futter [%] bei einer bestimmten Kuh wurden folgende Werte gemessen

x_i^*	y_{ik}
12	3,3; 3,4; 3,0; 2,9; 3,1
14	3,5; 3,8; 3,3; 3,5; 3,4
16	3,5; 3,7; 3,4; 3,6; 3,7
18	3,7; 4,1; 3,7; 3,6; 4,0
20	4,1; 3,9; 4,2; 3,9; 4,0

1) Bestimmen Sie die Gleichung der Regressionsgeraden von y bezüglich x.
2) Testen Sie mit $\alpha=0,05$, ob die Regressionskurve der Grundgesamtheit eine Gerade ist.

● AUFGABE 4

In der vorhergehenden Aufgabe seien die Voraussetzungen des linearen Regressionsmodells erfüllt. Bestimmen Sie zur Konfidenzzahl $\gamma=0,95$ Konfidenzintervalle für den Achsenabschnitt und die Steigung der Regressionsgeraden der Grundgesamtheit.

● AUFGABE 5

Bei der Untersuchung des Fettgehalts der Milch in Abhängigkeit des Rohfaseranteils ergaben sich bei einer zweiten Kuh bei 40 Messungen folgende Ergebnisse:
$\bar{x}'=16,3$; $s_{x'}=2,95$; Regressionsgerade $\tilde{y} = 0,095x + 2,493$;
Summe der vertikalen Abstandsquadrate $d'^2 = 1,150$.
Testen Sie mit $\alpha=0,05$ die Hypothesen, daß die Parameter der Regressionsgeraden dieser Grundgesamtheit von denen aus Aufgabe 3 nicht verschieden sind. Interpretieren Sie die Ergebnisse!

● AUFGABE 6

Bei 100 Männern verschiedener Altersstufen wurde der systolische Blutdruck gemessen. Dabei ergaben sich folgende Werte

Alter [Jahre]	Blutdruck [mm Hg]
20	110,5 110,7 106,5 111 112,1 111,4 118 116,8 112,5 117,1
25	119,3 119,2 112,9 117,2 109,1 119,9 111,0 120,5 109,2 118,6
30	116,3 108,1 118,3 116,4 119,1 115,4 122,2 120,9 123 122,9
35	121,3 118 119,8 126,3 126,5 128,8 118,7 116,1 121,9 121,6
40	133,6 131,7 128,6 122,5 127,1 119,6 127,9 129,8 134,3 126,7
45	133,2 133 127,3 132 134,5 135,1 121,3 135,7 131,2 120,6
50	139,1 137,0 129,1 132,5 134,4 136,2 134,7 128,4 137,2 133,5
55	131 135,1 137,5 138,9 149,4 141,3 140,1 141,7 136,6 136,3
60	141 141,1 146,4 146,5 146,3 148,9 139 143,9 146,3 139,1
65	147,3 154,5 147,3 143 153,6 151,2 140,2 147,7 143,2 149,3

1) Berechnen Sie den Korrelationskoeffizienten r.
2) Bestimmen Sie die Gleichung der Regressionsgeraden dieser Stichprobe.
3) Testen Sie mit $\alpha=0,05$ die Hypothese
   H_0: In der Grundgesamtheit liegt lineare Regression vor.
4) Bestimmen Sie unter der Annahme, daß in der Grundgesamtheit lineare Regression vorliegt, zur Konfidenzzahl $\gamma=0,95$ Konfidenzintervalle für den Achsenabschnitt und die Steigung der (theoretischen) Regressionsgeraden.

5) Bestimmen Sie zu $\gamma=0,95$ ein Konfidenzintervall für den mittleren Blutdruck bei einem Alter von 45 Jahren.

● AUFGABE 7

In Süd-Dakato wurde 1942 bei verschiedenen nach der Größe ausgewählten landwirtschaftlichen Betrieben der Anteil der Getreidefläche an der Gesamtbetriebsfläche untersucht (vgl. G.W. Snedecor and W.G. Cochran: Statistical Methods, S. 168).

Betriebsgröße [acres] x_i^*	$\frac{\text{Getreidefläche}}{\text{Betriebsgröße}} \times 100$ [in %] y_{ik}					Gruppenmittel $\bar{y}_{i\cdot}$	Varianzen innerhalb der Gruppen s_i^2
80	31,2	12,5	25,0	40,0	25,0	26,74	101,138
160	37,5	21,9	12,5	28,1	25,0	25,00	82,93
240	27,1	33,3	27,1	35,4	12,5	27,08	80,122
320	21,9	34,4	9,4	17,2	18,8	20,34	83,008
400	18,8	8,8	35,0	22,5	27,5	22,52	95,657

Hilfsgrößen: $\bar{x}=240$; $s_x=115,47$; $\bar{y}=24,336$; $s_y=8,983$; $s_{xy}=-218,33$.

1) Bestimmen Sie die Gleichung der Regressionsgeraden.
2) Testen Sie auf lineare Regression mit $\alpha=0,05$.

● AUFGABE 8

Eine zweidimensionale Stichprobe (x_i, y_i); $i=1,2,\ldots,n$ soll durch ein Regressionspolynom p-ten Grades approximiert werden, also durch das Polynom

$$y = b_0 + b_1 x + b_2 x^2 + \ldots + b_p x^p \quad, \quad p \geq 1 \ .$$

1) Stellen Sie für die unbekannten Koeffizienten ein lineares Gleichungssystem auf.
2) Wie lautet das Gleichungssystem falls das Regressionspolynom durch den Koordinatenursprung $(x=0, y=0)$ gehen muß?

● AUFGABE 9

Bei der Untersuchung der Milchmenge y [kg] in Abhängigkeit vom Fettgehalt [%] bei einer Kuh ergaben sich folgende Meßwerte

x_i	3,1	3,2	3,4	3,5	3,5	3,6	3,6	3,7	3,8	3,9
y_i	24,5	22,4	21,8	23	18,9	20,9	19,4	18,9	19,1	17,5

1) Bestimmen Sie die Gleichung der Regressionsgeraden sowie die Summe der vertikalen Abstandsquadrate.
2) Falls die Fettmenge der Milch immer etwa konstant wäre ($x \cdot y = c$), müßte eine Regressionsbeziehung $y = \frac{c}{x}$ bestehen. Bestimmen Sie aus der Stichprobe den Parameter c und die Summe der vertikalen Abstandsquadrate.
   Wird durch die Regressionsgerade oder durch die Regressionshyperbel $y = \frac{c}{x}$ die Stichprobe besser beschrieben?

● AUFGABE 10

Bei der Messung des reinen Bremsweges s [in m] (ohne Reaktionsweg) eines bestimmten PKW-Typs in Abhängigkeit von der Geschwindigkeit v [km/h] erhielt man folgende Meßwerte:

v_i	10	20	40	50	60	70	80	100	120
s_i	1	3	8	13	18	23	31	47	63

a) Berechnen Sie den Koeffizienten c der empirischen Regressionsparabel $s = c \cdot v^2$.
b) Geben Sie einen Schätzwert für den Bremsweg bei einer Geschwindigkeit von 75 km/h an.

● AUFGABE 11

Für den gesamten Anhalteweg s (m) in Abhängigkeit von der Geschwindigkeit v (km/h) eines bestimmten PKW's ergaben sich folgende Meßwerte:

v_i	20	30	50	60	70	80	100	120	150
s_i	9	12	24	36	41	57	72	104	148

a) Bestimmen Sie die Gleichung der empirischen Regressionsparabel, die durch den Koordinatenursprung geht.
b) Bestimmen Sie die Gleichung der Regressionsgeraden von $\frac{s}{v}$ bezüglich v, d.h. $\frac{s}{v} = b_0 + b_1 v$.

● AUFGABE 12

Das Bruttosozialprodukt y in Mrd DM in Abhängigkeit vom Jahr x betrug für die Bundesrepublik Deutschland nach dem Stat. Jahrbuch 1982

x (Jahr)	1970	1975	1976	1977	1978	1979	1980
y	678,8	751,8	790,6	814,6	840,8	878,3	895,1

11. Regressionsanalyse

Legen Sie durch diese Punkte als Regressionskurven
a) eine Parabel,
b) eine Gerade
und vergleichen Sie die Summe der vertikalen Abstandsquadrate.

● AUFGABE 13

Der Index für den Energieverbrauch in der Bundesrepublik Deutschland entwickelte sich in den vergangenen Jahren folgendermaßen

Jahr x_i	1976	1977	1978	1979	1980	1981
Index y_i	100	102,2	104,5	114,8	130,6	154,7

(Quelle: Stat. Jahrbuch 1982).

a) Bestimmen Sie die Gleichung der Regressionsparabel.
b) Schätzen Sie daraus den Energieverbrauch für 1982 und 1983.

● AUFGABE 14

Nach dem Statistischen Jahrbuch 1982 entwickelte sich der Index (1976=100) der Erzeugerpreise des verarbeitenden Gewerbes folgendermaßen

Jahr	1975	1976	1977	1978	1979	1980	1981
Index	96,8	100	102,8	103,6	108,9	116,6	123,9

Bestimmen Sie die Gleichung der Regressionsparabel.

● AUFGABE 15

Zum Test auf lineare Regression werden für 10 Werte des unabhängigen Merkmals x jeweils 20 zufällige Werte der abhängigen Zufallsvariablen Y(x) bestimmt. Wie groß muß das Verhältnis q_1/q_2 der Summe der vertikalen Abstandsquadrate der Gruppenmittel von der empirischen Regressionsgeraden zur Summe der vertikalen Abweichungsquadrate innerhalb der Gruppen mindestens sein, damit die Hypothese der Linearität der Grundgesamtheit mit einer Irrtumswahrscheinlichkeit von 0,05 abgelehnt werden kann?

12. Verteilungsfreie Verfahren

● AUFGABE 1

Bei 10 Blutproben wurde der Alkoholgehalt [in ‰] durch zwei verschiedene Verfahren bestimmt. Dabei ergaben sich folgende Werte

Verfahren 1	0,78	0,83	0,94	1,02	1,20	0,40	0,69	0,85	0,79	0,55
Verfahren 2	0,79	0,85	0,95	0,99	1,25	0,39	0,71	0,87	0,80	0,51

Testen Sie mit $\alpha=0,05$ die Nullhypothese H_0: Positive und negative Differenzen der durch die beiden Verfahren gewonnenen Meßwerte sind gleichwahrscheinlich.

● AUFGABE 2

52 Kartoffeln wurden halbiert und jeweils bei beiden Hälften mit Hilfe zweier verschiedener Verfahren der Stärkegehalt gemessen. Viermal wurde mit beiden Verfahren der gleiche Wert gemessen. 33-mal ergab das Verfahren 2 einen größeren Meßwert als das Verfahren 1.
Testen Sie mit $\alpha=0,05$ die Nullhypothese H_0: Die Abweichungen sind rein zufällig.

● AUFGABE 3

Bei 200 Personen wurden die Reaktionszeiten auf zwei verschiedene Reizsignale gemessen. Dabei waren bei 120 Personen die Reaktionszeiten auf das 2. Signal größer, bei 80 Personen dagegen kleiner als die auf das erste Signal.
Testen Sie mit $\alpha=0,01$ die Nullhypothese H_0: Die Abweichungen sind rein zufällig.

● AUFGABE 4

Ein Unternehmen weiß aus Erfahrung, daß es nur dann sinnvoll ist, für ein bestimmtes Produkt Werbung zu machen, wenn der Median des monatlichen Haushaltseinkommens in der entsprechenden Region über DM 2 500 liegt. Eine Umfrage bei 40 zufällig ausgewählten Haushalten ergab, daß 12 Haushalten weniger als

DM 2 500 und den restlichen mehr als DM 2 500 monatlich zur
Verfügung stehen. Ist es sinnvoll, aufgrund dieses Ergebnisses
die Werbung durchzuführen?

● AUFGABE 5

In der vorhergehenden Aufgabe werden 100 Haushalte für die
Umfrage zufällig ausgewählt. Wieviele dieser Haushalte müssen
ein Einkommen von über DM 2 500 haben, damit die Entscheidung
für $\tilde{\mu} > 2\ 500$ getroffen werden kann mit $\alpha = 0,05$?

● AUFGABE 6

In einer Großstadt wurden die Preise in DM für einen bestimmten
Artikel in 20 Geschäften festgestellt als 139; 140; 141; 144;
145; 149; 151; 153; 154; 156; 158; 159; 160; 161; 163; 164;
165; 166; 169; 170.
Bestimmen Sie hieraus das Konfidenzintervall für den Median
$\tilde{\mu}$ zu $\gamma = 0,95$.

● AUFGABE 7

Untersucht wurden die Reaktionszeiten von Menschen auf ein
akustisches und ein optisches Signal. Dabei ergaben sich folgende Werte (Einheit $\frac{1}{100}$ sec)

akustisch	35	49	39	46	33	50		
optisch	55	52	48	40	51	47	41	34

Testen Sie mit $\alpha = 0,05$ <u>ohne</u> die Voraussetzung der Normalverteilung die Nullhypothese H_0: Die Zufallsvariablen der beiden
Reaktionszeiten besitzen die gleiche Verteilung.

Lösungen der Aufgaben

1. Beschreibende Statistik

- AUFGABE 1

  n=100; a) $\bar{x}=5,11$; b) $\tilde{x}=5$; c) $s=2,344$; d) $d_{\bar{x}}=1,8876$; e) $d_{\tilde{x}}=1,87$.

- AUFGABE 2

  Transformation $y = \frac{x-100}{250}$.

  Transformierte Stichprobe:

y_k^*	0	1	2	3	4	5	6	7	8	9
h_k	1	3	5	6	8	10	7	5	3	2

  n=50; $\sum h_k y_k^* = 232$; $\bar{y}=4,64$; $\sum h_k y_k^{*2} = 1306$;

  $s_y^2 = \frac{1}{49}[1306 - 50 \cdot 4,64^2] = 4,684$;

  $\bar{x} = 100 + 250 \cdot \bar{y} = 1260$; $s_x^2 = 250^2 \cdot 4,684$; $s_x = 541,068$; $\tilde{x} = 1350$.

- AUFGABE 3

  a) $\bar{x}=201$; $\tilde{x}=199$ (Stichprobe ordnen!); b) $\bar{x}=194,50$; $\tilde{x}=197$.

- AUFGABE 4

  $\bar{x} = \frac{30 \cdot 15,8 + 16,5 + 18,3}{32} = 15,9$;

  $29 \cdot s_y^2 = \sum_{i=1}^{30} y_i^2 - 30 \cdot 15,8^2 \quad \Rightarrow \quad \sum_{i=1}^{30} y_i^2 = 7844,45$;

  $s_x^2 = \frac{1}{31}[\sum_{i=1}^{32} x_i^2 - 32\bar{x}^2] = \frac{1}{31} \cdot [7\,844,45 + 16,5^2 + 18,3^2 - 32 \cdot 15,9^2]$
  $= 11,667$;

  $s_x = 3,416$.

- AUFGABE 5

  $\bar{x} = 0,5 = \frac{0 \cdot h_1 + 1 \cdot h_2}{h_1 + h_2} \quad \Rightarrow \quad h_2 = 0,5 h_1 + 0,5 h_2 \quad \Rightarrow \quad h_1 = h_2$.

1. Beschreibende Statistik

Wegen $h_1 = h_2$ gilt

$$s_x^2 = \frac{h_1 \cdot 0,5^2 + h_1 \cdot 0,5^2}{2h_1 - 1} = \frac{0,5 h_1}{2h_1 - 1} = \frac{1}{3} \ ;$$

$\frac{1}{2}h_1 = \frac{2}{3}h_1 - \frac{1}{3} \ ; \quad \frac{1}{6}h_1 = \frac{1}{3} \ ; \quad \underline{\underline{h_1 = h_2 = 2}}$.

- AUFGABE 6

  $n = 3200$; a) $S = \sum_{i=1}^{8} n_i \bar{y}_i = 8\ 733\ 445$ DM; b) $\bar{x} = \frac{S}{n} = 2\ 729{,}20$ DM.

- AUFGABE 7

  a)

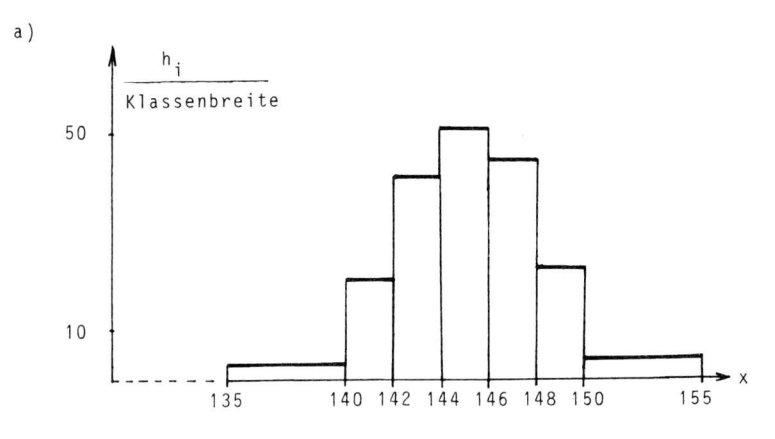

  b) $n = 400$; $\underbrace{144{,}04}_{\text{linke Klassengrenzen}} < \bar{x} \leq \underbrace{146{,}34}_{\text{rechte Klassengrenzen}}$; $\bar{x} \approx 145{,}19$ (Intervallmitte).

- AUFGABE 8

  a)

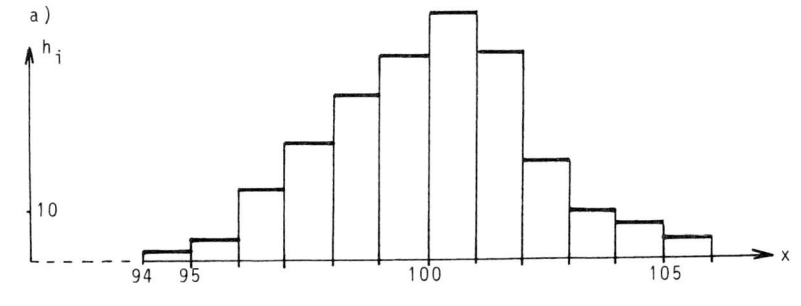

b) Stichprobe mit den Klassenmitten.

Die Transformation $y = x - 94{,}5$ ergibt die Stichprobe

y_k^*	0	1	2	3	4	5	6	7	8	9	10	11
h_k	2	4	15	23	33	41	49	42	20	10	7	4

$\bar{y} = 5{,}568$; $s_y = 2{,}17$;

Aus $x = \bar{y} + 94{,}5$ folgt $\bar{x} \approx 100$; $s_x \approx 2{,}17$; $\tilde{x} \approx 100{,}5$.

c) Da die Klassenbreiten konstant sind, gilt

$99{,}5 \leq \bar{x} \leq 100{,}5$.

Der Median $\tilde{x}$ liegt im Intervall $(100;101]$, d.h. $100 < \tilde{x} \leq 101$.

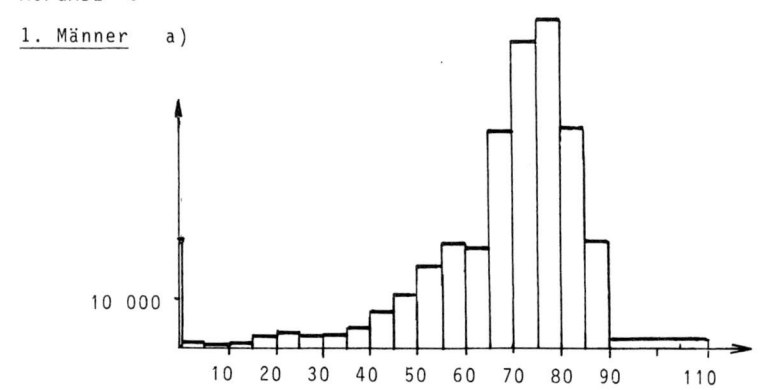

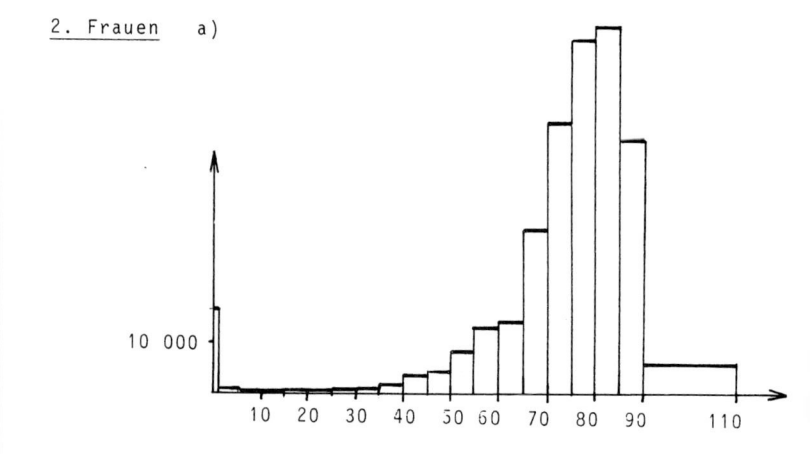

● AUFGABE 9

<u>1. Männer</u>   a)

<u>2. Frauen</u>   a)

1. Beschreibende Statistik 261

<u>1. Männer</u> b) $\bar{x} \approx 68,29$; $s_x \approx 17,46$. c) $\Delta \bar{x} = - \frac{9967 \cdot 2,5}{348015} = -0,07$.

<u>2. Frauen</u> b) $\bar{y} \approx 74,78$; $s_y \approx 15,19$. c) $\Delta \bar{y} = - \frac{24237 \cdot 2,5}{366102} = -0,17$.

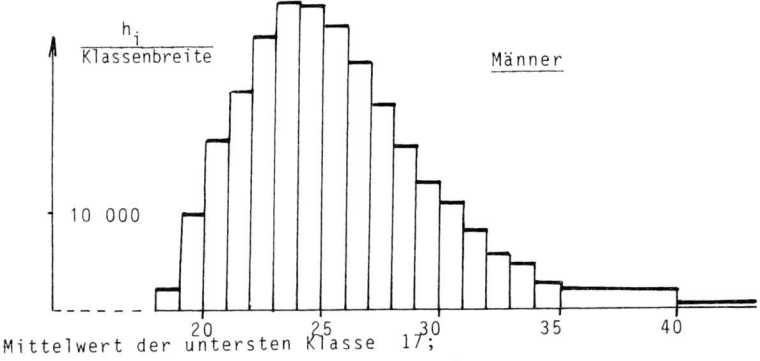

• AUFGABE 10

Männer

Mittelwert der untersten Klasse 17;
Mittelwert der obersten Klasse 75; $\bar{x} \approx 26,14$; $s_x \approx 5,16$.

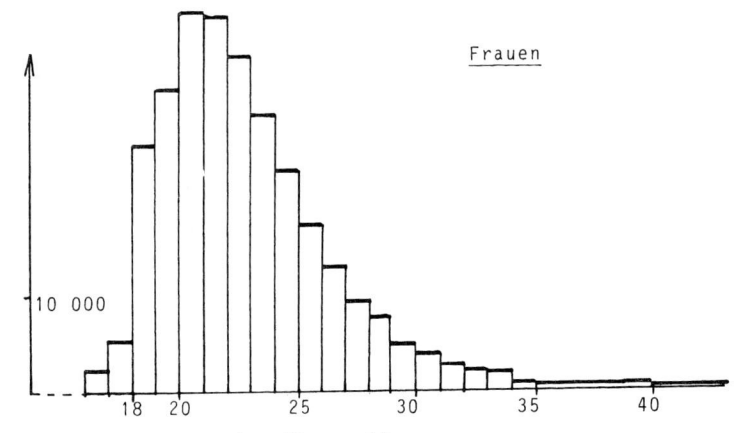

Frauen

Mittelwert der untersten Klasse 15;
Mittelwert der obersten Klasse 75; $\bar{y} \approx 23,38$; $s_y \approx 5,24$.

● AUFGABE 11

x_j^*	rel. Häufigkeiten	rel. Summenhäufigkeiten $F(x_j^*)$
1	0,2	0,2
2	0,1	0,3
3	0,2	0,5
4	0,2	0,7
5	0,2	0,9
6	0,1	1,0

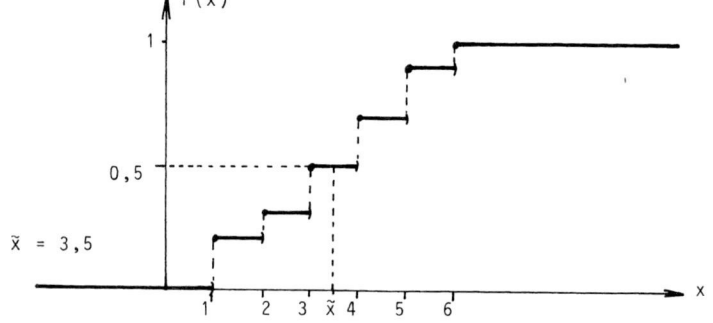

$\tilde{x} = 3,5$

● AUFGABE 12

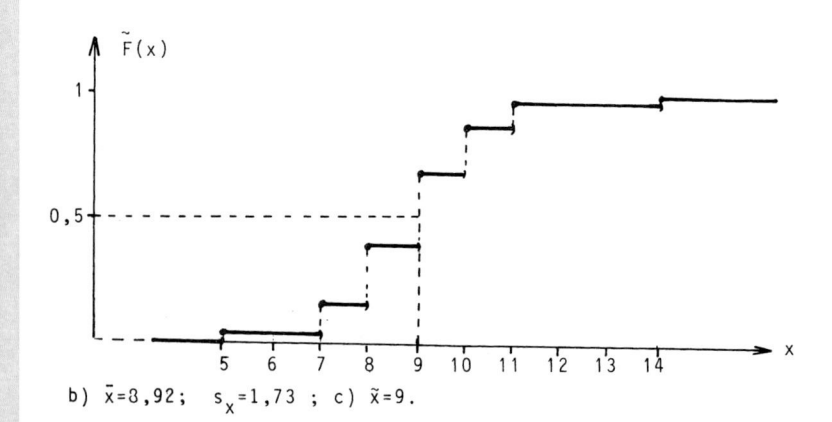

b) $\bar{x}=8,92$; $s_x=1,73$; c) $\tilde{x}=9$.

● AUFGABE 13

Sprunghöhen = relative Häufigkeiten $r(x_k^*)$.
Zur Berechnung der absoluten Häufigkeiten $h(x_k^*) = n \cdot r(x_k^*)$ muß der Stichprobenumfang bekannt sein.

● AUFGABE 14

$$f(c) = \sum_{i=1}^{n} (x_i - c)^2 \; ; \quad f'(c) = -2 \sum_{i=1}^{n} (x_i - c) = 0;$$

$$\sum_{i=1}^{n} x_i = nc \Rightarrow c = \frac{1}{n} \sum_{i=1}^{n} x_i = \bar{x}; \; f''(c) = 2n > 0 \Rightarrow \text{Minimum}.$$

2. Zufallsstichproben

● AUFGABE 1

Die Bevölkerungsschicht ohne Telefon ist nicht vertreten. Es handelt sich nur um eine Repräsentativauswahl aus der Bevölkerungsgruppe, die ein Telefon hat.

● AUFGABE 2

Falls in allen Klassen gleich viel Schüler sind, wird jeder Schüler mit der gleichen Wahrscheinlichkeit ausgelost. Sonst haben die Schüler aus den Klassen mit der kleinsten Klassenstärke die größte Chance (Wahrscheinlichkeit) ausgelost zu werden.

● AUFGABE 3

Der Frauenüberschuß ist im wesentlichen auf folgende Gründe zurückzuführen:
1.) Kürzere Lebenserwartung der Männer,
2.) die in den beiden Weltkriegen gefallenen Männer.
Bis zum Jahrgang 1926 besteht Frauenüberschuß, ab Jahrgang 1927 Männerüberschuß.

● AUFGABE 4

Die Kritik könnte im Wesentlichen von den Wählern der anderen Koalitionspartei stammen. Für eine solche Aussage müßte die Befragung anders lauten (Befragung über das Wahlverhalten).

● AUFGABE 5

Für die 6 Platzzahlen gibt es $\binom{1000}{6}$ mögliche Fälle. Bei einer chancengleichen Auswahl besitzen alle diese Möglichkeiten die gleiche Wahrscheinlichkeit, so daß der Einwand nicht gerechtfertigt ist. Die Platzzahlen 102, 205, 308, 610, 780, 890 haben z.B. die gleiche Wahrscheinlichkeit. Falls diese gezogen wären, hätten die Bewerber vermutlich keinen Einwand vorgebracht. Der Denkfehler der Bewerber besteht darin, daß sie <u>nach</u> Sichtung der Daten irgendeine Besonderheit, wie man sie eigentlich immer finden oder konstruieren kann, herausgreifen und aufgrund dieser <u>nachträglich</u> gefundenen Besonderheit die Hypothese der Chancengleichheit ablehnen möchten.

3. Parameterschätzung

● AUFGABE 1

Die Zufallsvariable R_n, welche die relative Häufigkeit des Ereignisses A im Bernoulli-Experiment vom Umfang n beschreibt, besitzt die Varianz $D^2(R_n) = \frac{p(1-p)}{n}$.

Wegen der Tschebyscheffschen Ungleichung gilt

$$P(|R_n - p| > 0,01) \leq \frac{p \cdot (1-p)}{n \cdot (0,01)^2} \leq 0,05.$$

a) $\max_{0 \leq p \leq 1} p(1-p) = \frac{1}{4}$ ⇒ $\frac{1}{4 \cdot n \cdot 0,0001} \leq 0,05$ ⇒ $n \geq 50\ 000$.

b) $\max_{0,1 \leq p \leq 0,25} p(1-p) = 0,25 \cdot 0,75$ ⇒ $\frac{0,25 \cdot 0,75}{n \cdot 0,0001} \leq 0,05$ ⇒ $n \geq 37\ 500$.

<u>Interpretation:</u> Im Mittel wird bei mindestens 95% der Serien die relative Häufigkeit r_n von der unbekannten Wahrscheinlichkeit p um höchstens 0,01 abweichen.

3. Parameterschätzung

● AUFGABE 2

Aus
$$T = \frac{1}{n} \sum_{i=1}^{n}(X_i - \mu_0)^2 = \frac{1}{n}[\sum_{i=1}^{n} X_i^2 - 2\mu_0 \sum_{i=1}^{n} X_i + n\mu_0^2]$$

folgt wegen der Linearität des Erwartungswertes
$$E(T) = \frac{1}{n}[nE(X^2) - 2\mu_0 \cdot n \cdot \mu_0 + n\mu_0^2] = E(X^2) - \mu_0^2 = D^2(X) = \sigma^2 .$$

● AUFGABE 3

Anzahl der Streikwilligen im Werk i sei M_i, i=1,2.
$$E(\bar{X}_1) = p_1 = \frac{M_1}{1450} \; ; \quad E(\bar{X}_2) = p_2 = \frac{M_2}{2550} \; ;$$

a) $E(c_1\bar{X}_1 + c_2\bar{X}_2) = c_1 \cdot \frac{M_1}{1450} + c_2 \cdot \frac{M_2}{2550} = \frac{M_1 + M_2}{4000} \; ;$

$$\Rightarrow M_1 \cdot \left(\frac{c_1}{1450} - \frac{1}{4000}\right) + M_2 \cdot \left(\frac{c_2}{2550} - \frac{1}{4000}\right) = 0 \; ;$$

M_1, M_2 beliebig $\Rightarrow c_1 = \frac{1450}{4000} \; ; \quad c_2 = \frac{2550}{4000} .$

b) $\hat{p} = \frac{1450}{4000} \cdot 0,28 + \frac{2550}{4000} \cdot 0,51 = 0,4266 .$

c) $\frac{1}{2}[E(\bar{X}_1) + E(\bar{X}_2)] = \frac{1}{2}[\frac{M_1}{1450} + \frac{M_2}{2550}] = \frac{M_1 + M_2}{4000}$

$\Leftrightarrow \frac{2000}{1450} M_1 + \frac{2000}{2550} M_2 = M_1 + M_2 \; ;$

$-\frac{550}{1450} M_1 + \frac{550}{2550} M_2 = 0 \; ;$

$$\frac{M_1}{M_2} = \frac{1450}{2550} .$$

● AUFGABE 4

$$D^2(\bar{X}-\bar{Y}) = D^2(\bar{X}+(-1)\bar{Y}) = D^2(\bar{X}) + (-1)^2 D^2(\bar{Y}) = \frac{\sigma_1^2}{n_1} + \frac{\sigma_2^2}{n_2} .$$

$\frac{\sigma_1^2}{n_1} + \frac{\sigma_2^2}{n_2} = \min.$; Nebenbedingung $n_1 + n_2 = n$.

Lagrange-Funktion $F(n_1, n_2, \lambda) = \frac{\sigma_1^2}{n_1} + \frac{\sigma_2^2}{n_2} + \lambda(n_1 + n_2 - n);$

$$\left.\begin{array}{l}\frac{\partial F}{\partial n_1} = -\frac{\sigma_1^2}{n_1^2} + \lambda = 0 \\ \frac{\partial F}{\partial n_2} = -\frac{\sigma_2^2}{n_2^2} + \lambda = 0\end{array}\right\} \Rightarrow \frac{\sigma_1}{n_1} = \frac{\sigma_2}{n_2};$$

$n_1 = \frac{\sigma_1}{\sigma_2} \cdot n_2$; $n_1+n_2=n$ $\Rightarrow$ $n_2(1+\frac{\sigma_1}{\sigma_2}) = n$.

$n_2 = \frac{\sigma_2}{\sigma_1+\sigma_2} \cdot n$;

$n_1 = \frac{\sigma_1}{\sigma_1+\sigma_2} \cdot n$;

Da diese Lösungen i.A. nicht ganzzahlig sind, müssen Werte in der Nähe der Lösung benutzt werden.

$\sigma_2 = 2\sigma_1$; $n_1 = \frac{\sigma_1}{\sigma_1+2\sigma_1} \cdot n = \frac{1}{3} \cdot n = 100$; $n_2 = n - n_1 = 200$.

● AUFGABE 5

a) $\mu = E(T) = \sum_{i=1}^{n} \alpha_i \mu$ $\Rightarrow$ $\sum_{i=1}^{n} \alpha_i = 1$.

b) $D^2(T) = \sum_{i=1}^{n} \alpha_i^2 \sigma^2$;

$\sum_{i=1}^{n} \alpha_i^2 = \min.$ unter der Nebenbedingung $\sum_{i=1}^{n} \alpha_i = 1$.

Lagrange-Funktion

$F(\alpha_1,\ldots,\alpha_n) = \sum_{i=1}^{n} \alpha_i^2 + \lambda(\sum_{i=1}^{n} \alpha_i - 1)$;

$\frac{\partial F}{\partial \alpha_k} = 2\alpha_k + \lambda = 0$, $k=1,2,\ldots,n$.

$\Rightarrow$ alle α_k müssen gleich sein;
$\Rightarrow$ $\alpha_k = \frac{1}{n}$ für alle k.

● AUFGABE 6

$P(X=k) = p(1-p)^{k-1}$, $k=1,2,\ldots$.

Likelihood-Funktion $L = \prod_{i=1}^{n} p(1-p)^{k_i-1} = p^n \prod_{i=1}^{n} (1-p)^{k_i-1}$;

$\ln L = n \cdot \ln p + \sum_{i=1}^{n} (k_i-1)\ln(1-p)$;

$$\frac{d\ln L}{dp} = \frac{n}{p} - \sum_{i=1}^{n}(k_i-1)\frac{1}{1-p} = 0 \quad \Big| \cdot p(1-p)$$

$$n(1-p) - p\sum_{i=1}^{n}k_i + np = 0 \, .$$

Lösung: $\hat{p} = \dfrac{n}{\sum_{i=1}^{n} k_i}$.

● AUFGABE 7

Likelihood-Funktion $\quad L = \dfrac{1}{c^{2n}} x_1 \cdot x_2 \cdot \ldots \cdot x_n$.

Wegen $0 \leq x_i \leq c\sqrt{2}$, d.h. $c \geq \dfrac{x_i}{\sqrt{2}}$ für alle i besitzt L das Maximum an der Stelle $\hat{c} = \dfrac{1}{\sqrt{2}} \cdot x_{max}$, wobei x_{max} der maximale Stichprobenwert ist.

● AUFGABE 8

Stichprobe $(x_1, x_2, \ldots, x_n)$.

Likelihood-Funktion $\quad L = \dfrac{1}{(b-a)^n}$ mit $a \leq x_i \leq b$ für alle i .

a) L wird maximal für

$\hat{a} = x_{min}$ (minimaler Stichprobenwert) ;
$\hat{b} = x_{max}$ (maximaler Stichprobenwert) .

b) $F(x) = \dfrac{x-a}{b-a}$, $a \leq x \leq b$.

Aus $P(X_{max} \leq x) = P(X_1 \leq x, X_2 \leq x, \ldots, X_n \leq x) = [P(X_1 \leq x)]^n$;

$P(X_{min} > x) = P(X_1 > x, X_2 > x, \ldots, X_n > x) = [P(X_1 > x)]^n$
$= [1 - (1-P(X_1 \leq x))]^n$

folgt $P(X_{max} \leq x) = \left(\dfrac{x-a}{b-a}\right)^n$ für $a \leq x \leq b$;

$P(X_{min} \leq x) = 1 - \left(1 - \dfrac{x-a}{b-a}\right)^n = 1 - \left(\dfrac{b-x}{b-a}\right)^n$, $a \leq x \leq b$.

Hieraus folgt für jedes $\varepsilon > 0$

$P(X_{min} > a+\varepsilon) = \left(\dfrac{b-a-\varepsilon}{b-a}\right)^n \xrightarrow{n \to \infty} 0$;

$P(X_{max} < b-\varepsilon) = \left(\dfrac{b-a-\varepsilon}{b-a}\right)^n \xrightarrow{n \to \infty} 0$. (Konsistenz!).

X_{min} besitzt die Dichte $f(x) = [1 - (\frac{b-x}{b-a})^n]' = \frac{n}{b-a}(\frac{b-x}{b-a})^{n-1}$.

Mit Hilfe der Substitution $\frac{b-x}{b-a} = u$ erhält man den Erwartungswert

$$E(X_{min}) = \frac{n}{b-a} \cdot \int_a^b x \cdot (\frac{b-x}{b-a})^{n-1} dx = n \cdot \int_0^1 [b-u(b-a)] u^{n-1} du$$

$$= n[\frac{b}{n} - \frac{b-a}{n+1}] = a + \frac{b-a}{n+1} \xrightarrow{n \to \infty} a .$$

X_{max} besitzt die Dichte $f(x) = \frac{n}{b-a}(\frac{x-a}{b-a})^{n-1}$;

Mit der Substitution $\frac{x-a}{b-a} = u$ erhält man

$$E(X_{max}) = \frac{n}{b-a} \cdot \int_a^b x (\frac{x-a}{b-a})^{n-1} dx = n \cdot \int_0^1 [a + (b-a)u] u^{n-1} du$$

$$= n[\frac{a}{n} + \frac{b-a}{n+1}] = b - \frac{(b-a)}{n+1} \xrightarrow{n \to \infty} b .$$

Beide Schätzungen sind asymptotisch erwartungstreu.

● AUFGABE 9

$Y = X - \mu + 1/2$ ist in $[0;1]$ gleichmäßig verteilt.
Für $0 \leq y \leq 1$ gilt
$P(Y_{max} \leq y) = P(Y_i \leq y, i=1,2,\ldots,n) = y^n$; Dichte $f(y) = ny^{n-1}$
für $0 \leq y \leq 1$.

$$E(Y_{max}) = \int_0^1 ny^n dy = \frac{n}{n+1} = 1 - \frac{1}{n+1} .$$

$$E(X_{max}) = E(Y_{max}) + \mu - 1/2 = \mu + 1/2 - \frac{1}{n+1} .$$

$P(Y_{min} \leq y) = 1 - P(Y_{min} \geq y) = 1 - P(Y_i \geq y, i=1,2,\ldots,n)$
$= 1 - (1-y)^n$; Dichte $q(y) = n(1-y)^{n-1}$ für $0 \leq y \leq 1$.

Die Substitution $1-y=z$ liefert

$$E(Y_{min}) = \int_0^1 yn(1-y)^{n-1} dy = \int_0^1 n(1-z)z^{n-1} dz = \int_0^1 nz^{n-1} dz - \int_0^1 nz^n dz$$

$$= z^n \Big|_0^1 - \frac{n}{n+1} \cdot z^{n+1} \Big|_0^1 = 1 - \frac{n}{n+1} = \frac{1}{n+1} .$$

$$E(X_{min}) = E(Y_{min}) + \mu - 1/2 = \mu - 1/2 + \frac{1}{n+1} .$$

$$E[\frac{1}{2}(X_{min} + X_{max})] = \frac{1}{2}[E(X_{min}) + E(X_{max})] = \mu .$$

3. Parameterschätzung

● AUFGABE 10

a) Likelihood-Funktion

$$L = \frac{1}{(\sqrt{2\pi})^n} \cdot \frac{1}{(\sigma^2)^{n/2}} e^{-\frac{1}{2\sigma^2} \sum_{i=1}^{n}(x_i - \mu_0)^2} \quad ;$$

$$\ln L = -n \cdot \ln\sqrt{2\pi} - \frac{n}{2} \cdot \ln \sigma^2 - \frac{1}{2\sigma^2} \cdot \sum_{i=1}^{n}(x_i - \mu_0)^2 \quad ;$$

$$\frac{\partial \ln L}{\partial \sigma^2} = -\frac{n}{2\sigma^2} + \frac{1}{2\sigma^4} \cdot \sum_{i=1}^{n}(x_i - \mu_0)^2 = 0 \quad ;$$

$$\hat{\sigma}^2 = \frac{1}{n} \cdot \sum_{i=1}^{n}(x_i - \mu_0)^2 \quad .$$

b) $\frac{X_i - \mu_0}{\sigma}$ sind $N(0;1)$-verteilt und unabhängig.

$T = \frac{1}{\sigma^2} \sum_{i=1}^{n}(X_i - \mu_0)^2$ ist Chi-Quadrat-verteilt mit n Freiheitsgraden (s.[1], S. 154).

$$\gamma = P(\chi^2_{\frac{1-\gamma}{2}} \leq \frac{1}{\sigma^2} \sum_{i=1}^{n}(X_i - \mu_0)^2 \leq \chi^2_{\frac{1+\gamma}{2}})$$

$$= P(\frac{\sum_{i=1}^{n}(X_i - \mu_0)^2}{\chi^2_{\frac{1+\gamma}{2}}} \leq \sigma^2 \leq \frac{\sum_{i=1}^{n}(X_i - \mu_0)^2}{\chi^2_{\frac{1-\gamma}{2}}}) \quad .$$

$$\text{Konf} \left\{ \frac{\sum_{i=1}^{n}(x_i - \mu_0)^2}{\chi^2_{\frac{1+\gamma}{2}}} \leq \sigma^2 \leq \frac{\sum_{i=1}^{n}(x_i - \mu_0)^2}{\chi^2_{\frac{1-\gamma}{2}}} \right\} \quad ; \text{ n Freiheitsgrade.}$$

c) $\sum_{i=1}^{10}(x_i - \mu_0)^2 = \sum_{i=1}^{10}(x_i - \bar{x})^2 + 10(\bar{x} - \mu_0)^2 = 9 \cdot s^2 + 10 \cdot 0,5^2 = 38,5$.

10 Freiheitsgrade ergibt $\chi^2_{0,975} = 20,48$; $\chi^2_{0,025} = 3,25$.

Daraus ergibt sich das Konfidenzintervall
Konf $\{1,88 \leq \sigma^2 \leq 11,85\}$.

d) σ^2 muß durch s^2 geschätzt werden. 9 Freiheitsgrade.
$(n-1)s^2 = 36$.

$[\frac{36}{19,02} \; ; \; \frac{36}{2,70}]$; Konf $\{1,89 \leq \sigma^2 \leq 13,33\}$.

Wegen den zusätzlichen Informationen über σ^2 ist die Aussage in c) präziser als die in d).

- AUFGABE 11

  a) Konfidenzintervall für μ; t-Verteilung mit 29 Freiheitsgraden.

  Grenzen: $\bar{x} \mp \dfrac{s}{\sqrt{n}} t_{\frac{1+\gamma}{2}} = 10,2 \mp \dfrac{0,62}{\sqrt{30}} \cdot 2,04$;

  Konf $\{9,97 \leq \mu \leq 10,43\}$.

  b) Chi-Quadrat-Verteilung mit 29 Freiheitsgraden.

  Quantile $\chi^2_{\frac{1+\gamma}{2}} = 45,72$; $\chi^2_{\frac{1-\gamma}{2}} = 16,05$;

  Konfidenzintervall
  $\left[\dfrac{29 \cdot 0,62^2}{45,72} ; \dfrac{29 \cdot 0,62^2}{16,05}\right]$; Konf $\{0,24 \leq \sigma^2 \leq 0,69\}$.

- Aufgabe 12

  Modell: Konstruktion eines einseitigen Konfidenzintervalls
  für p, d.h. $p \geq 0,5$ (also $0,5 \leq p \leq 1$) .

  Bestimmung des minimalen Stichprobenumfangs n in der Umfrage.

  Linke Grenze: $0,5 \geq r_n - c\sqrt{\dfrac{r_n(1-r_n)}{n}}$ mit $\phi(c) = 0,95$; $c = 1,645$;
  $r_n = 0,515$.
  $\left(\dfrac{0,515 - 0,5}{1,645}\right)^2 \geq \dfrac{0,515 \cdot (1-0,515)}{n}$ $\Rightarrow$ $n \geq 3004$.

- AUFGABE 13

  M=Anzahl der Wähler von Herrn Schlau; N=955 .

  1) Binomialverteilung

     l=Länge des Konfidenzintervalls für $p = \dfrac{M}{N}$;

     $d = \dfrac{l}{2} = c \cdot \sqrt{\dfrac{r_n(1-r_n)}{n}}$; $c = z_{0,975} = 1,96$;

     $d \leq c \cdot \sqrt{\dfrac{1}{4n}} \leq u$ $\Rightarrow$ $n \geq \dfrac{1,96^2}{4u^2}$; $u = 0,03$; $n \geq 1068$ ($>N$).

     Nach dieser Approximation müßten alle 955 Wahlberechtigten befragt werden.

  2) Hypergeometrische Verteilung

     $E(\bar{X}) = p$; $D^2(\bar{X}) = \dfrac{p(1-p)}{n} \cdot \dfrac{N-n}{N-1} \leq \dfrac{1}{4n} \cdot \dfrac{955-n}{954} = \sigma^2$.

     Für die Binomialverteilung erhält man über die Normalverteilung

$P(p-c\sigma \le \bar{X} \le p+c\sigma) \approx \phi(c) - \phi(-c) = 0,95$; $c = 1,96$.

Bedingung: $c \cdot \sigma = 1,96 \sqrt{\dfrac{955-n}{3816n}} \le 0,03$

$$955 \le [1 + 3816 \cdot (\tfrac{0,03}{1,96})^2] \cdot n \quad \Rightarrow \quad n \ge 505.$$

● AUFGABE 14

Konfidenzintervall für $100 \cdot p = z$ bei großem Stichprobenumfang.

Grenzen $100 \cdot \left(r_n \mp \dfrac{c \sqrt{r_n(1-r_n)}}{\sqrt{n}} \right)$; $\phi(c) = 0,975$; $c = 1,96$;

$r_n = 0,65$; $c \cdot \sqrt{r_n(1-r_n)} = 0,9349$;

a) n = 1 000   ⇒ $62,04 \le z \le 67,96$;
b) n = 10 000   ⇒ $64,07 \le z \le 65,93$;
c) n = 100 000   ⇒ $64,70 \le z \le 65,30$;
d) n = 1 000 000 ⇒ $64,91 \le z \le 65,09$.

● AUFGABE 15

$\bar{x} = 40,9$; $s = 3,1$; $n = 10$.

a) t-Verteilung mit 9 Freiheitsgraden.

Grenzen $\bar{x} \mp \dfrac{s}{\sqrt{n}} t_{\frac{1+\gamma}{2}} = 40,9 \mp \dfrac{3,1}{\sqrt{10}} \cdot 2,26$;

Konf $\{38,7 \le \mu \le 43,1\}$.

b) Chi-Quadrat-Verteilung mit 9 Freiheitsgraden.

$$\left[\dfrac{9 \cdot s^2}{\chi^2_{\frac{1+\gamma}{2}}} \ ; \ \dfrac{9 \cdot s^2}{\chi^2_{\frac{1-\gamma}{2}}} \right] = \left[\dfrac{86,49}{19,02} \ ; \ \dfrac{86,49}{2,7} \right] \ ;$$

Konf $\{4,55 \le \sigma^2 \le 32,03\}$.

● AUFGABE 16

a) $l = \dfrac{2\sigma_0}{\sqrt{n}} \cdot z_{\frac{1+\gamma}{2}} = \dfrac{30}{\sqrt{n}} \cdot 1,96 \le 2$; $\sqrt{n} \ge \dfrac{30 \cdot 1,96}{2}$ ⇒ $n \ge 865$.

b) $\dfrac{\sigma_0}{\sqrt{n}} \cdot z_{\frac{1+\gamma}{2}} = \dfrac{15}{\sqrt{1000}} \cdot 1,96 = 0,93$ cm.

Konf $\{171,57 \le \mu \le 173,43\}$.

• AUFGABE 17

N= Gesamtzahl der Fische; M=250 gekennzeichnete Fische.

a) $\frac{250}{N} = \frac{22}{150}$; Schätzwert $\hat{N}=1705$.

b) Approximation durch die Normalverteilung.
Konfidenzintervall für $p=\frac{250}{N}$:

$$g_{u,o} = \frac{1}{n+c^2} \cdot (k_0 + \frac{c^2}{2} \mp c\sqrt{\frac{k_0(n-k_0)}{n} + \frac{c^2}{4}}) \; ;$$

$\phi(c)=0,975$; $c=1,96$; $n=150$; $k_0=22$; $n-k_0=128$;
$g_u=0,0989$; $g_o=0,2121$; $0,0989 \leq \frac{250}{N} \leq 0,2121$; Konf $\{1178 \leq N \leq 2528\}$.

• AUFGABE 18

$E(X) = D^2(X) = \lambda$; $E(\bar{X})=\lambda$; $D^2(\bar{X}) = \frac{\lambda}{n}$; $\lambda > 0$.

Standardisierung $Z = \frac{\bar{X}-\lambda}{\sqrt{\lambda}} \cdot \sqrt{n} \sim N(0;1)$-verteilt.

$(1+\frac{\gamma}{2})$-Quantil der $N(0;1)$-Verteilung $c = z_{\frac{1+\gamma}{2}}$.

$\gamma = P(-c \leq \frac{\bar{X}-\lambda}{\sqrt{\lambda}} \cdot \sqrt{n} \leq c) = P(\frac{(\bar{X}-\lambda)^2}{\lambda} \cdot n \leq c^2)$;

Umformung:

$(\bar{X} - \lambda)^2 \leq \frac{c^2 \cdot \lambda}{n}$;

$\bar{X}^2 - 2\lambda\bar{X} + \lambda^2 - \frac{c^2}{n}\lambda \leq 0$;

$\lambda^2 - 2\lambda(\bar{X} + \frac{c^2}{2n}) \leq -\bar{X}^2$;

$[\lambda - (\bar{X} + \frac{c^2}{2n})]^2 \leq -\bar{X}^2 + \bar{X}^2 + \frac{\bar{X}c^2}{n} + \frac{c^4}{4n^2} = \frac{c^2(4n\bar{X} + c^2)}{4n^2}$;

$P(\bar{X} + \frac{c^2}{2n} - \frac{c}{2n}\sqrt{4n\bar{X} + c^2} \leq \lambda \leq \bar{X} + \frac{c^2}{2n} + \frac{c}{2n}\sqrt{4n\bar{X} + c^2}) = \gamma$;

Konf $\{\bar{x} + \frac{c^2}{2n} - \frac{c}{2n}\sqrt{4n\bar{x} + c^2} \leq \lambda \leq \bar{x} + \frac{c^2}{2n} + \frac{c}{2n}\sqrt{4n\bar{x} + c^2}\}$;

$c = z_{\frac{1+\gamma}{2}}$

3. Parameterschätzung

AUFGABE 19

$n=60$; $\bar{x}=\frac{200}{60}$; $c=z_{0,975}=1,96$;

Grenzen $\lambda_{u,o} = \frac{10}{3} + \frac{1,96^2}{120} \mp \frac{1,96}{120}\sqrt{800+1,96^2}$;

Konf $\{2,902 \leq \lambda \leq 3,828\}$.

AUFGABE 20

$n=2\cdot\binom{18}{2}=18\cdot17=306$; $\bar{x}=\frac{1081}{306}$; $c=z_{0,975}=1,96$;

Grenzen $\lambda_{u,o} = \frac{1081}{306} + \frac{1,96^2}{612} \mp \frac{1,96}{612}\sqrt{1224\cdot\frac{1081}{306} + 1,96^2}$

$\qquad\qquad = 3,539 \mp 0,211$;

Konf $\{3,33 \leq \lambda \leq 3,75\}$.

AUFGABE 21

Maximum-Likelihood-Schätzung $\hat{a}=x_{max}$.

Es sei $0<d\leq 1$.

$$P(X_{max} \geq a-da) = 1-P(X_{max} \leq a(1-d)) = 1-\left(\frac{a(1-d)}{a}\right)^n = 1-(1-d)^n.$$

Wegen $X_{max} \leq a$ folgt hieraus

$P(X_{max} \geq a(1-d)) = P(a \leq \frac{X_{max}}{1-d}) = P(X_{max} \leq a \leq \frac{X_{max}}{1-d}) = 1-(1-d)^n = \gamma$;

$1-d = \sqrt[n]{1-\gamma}$.

Konf $\{x_{max} \leq a \leq \frac{x_{max}}{\sqrt[n]{1-\gamma}}\}$. <u>Zahlenbeispiel:</u> $9,99 \leq a \leq 10,294$.

AUFGABE 22

a) Verteilungsfunktion $P(X_{max} \leq x) = \left(\frac{x}{a}\right)^n$ für $0 \leq x \leq a$.

Dichte $f(x) = \frac{n}{a}\left(\frac{x}{a}\right)^{n-1}$ für $0 \leq x \leq a$; $=0$ sonst.

$E(X_{max}) = \frac{n}{a} \cdot \int_0^a x \cdot \left(\frac{x}{a}\right)^{n-1} dx = n \cdot \int_0^1 av^n dv = \frac{n}{n+1}\cdot a$;

$E(X_{max}^2) = \frac{n}{a} \cdot \int_0^a x^2 \left(\frac{x}{a}\right)^{n-1} dx = n \cdot \int_0^1 a^2 v^{n+1} dv = \frac{n}{n+2}\cdot a^2$;

$D^2(X_{max}) = \left[\frac{n}{n+2} - \frac{n^2}{(n+1)^2}\right] \cdot a^2 = \frac{n}{(n+2)(n+1)^2} \cdot a^2$.

Erwartungstreue Schätzfunktion $Y = \frac{n+1}{n} \cdot X_{max}$

$E(Y)=a$; $D^2(Y) = (\frac{n+1}{n})^2 \cdot D^2(X_{max}) = \dfrac{1}{n \cdot (n+2)} \cdot a^2$.

b) $E(X_i)=\frac{a}{2}$; $D^2(X_i)=\frac{a^2}{12}$; $\bar{X}=\frac{1}{n}\sum\limits_{i=1}^{n} X_i$; $E(2\bar{X})=a$; $D^2(2\bar{X})=\frac{a^2}{3n}$.

Für $n>2$ ist $D^2(Y)<D^2(2\bar{X})$; damit ist Y eine wirksamere Schätzung.

● AUFGABE 23

$Y=X-\mu+1/2$ ist in $[0;1]$ gleichmäßig verteilt.

Y_{max} besitzt nach Aufgabe 9 die Dichte $f(y)=ny^{n-1}$, $0 \leq y \leq 1$, mit

$E(Y_{max}) = \dfrac{n}{n+1}$; $E(Y_{max}^2) = \int\limits_0^1 ny^{n+1}dy = \dfrac{n}{n+2}$;

$D^2(Y_{max}) = \dfrac{n}{n+2} - (\dfrac{n}{n+1})^2 = \dfrac{n}{(n+1)^2 \cdot (n+2)}$.

$X_{max}=Y_{max}+\mu-1/2$; $Z=Y_{max}-1+\mu+\dfrac{1}{n+1}$;

$E(Z)=\mu$; $D^2(Z)=D^2(Y_{max}) = \dfrac{n}{(n+1)^2 \cdot (n+2)}$.

● AUFGABE 24

1.) Transformation $Y=\dfrac{X-a}{b-a}$ ist in $[0;1]$ gleichmäßig verteilt.

$P(u \leq Y \leq v) = (v-u)^n$ für $0 \leq u \leq v \leq 1$.

$P(Y_{min} \geq u, Y_{max} \leq v) = \begin{cases} (v-u)^n & \text{für } 0 \leq u < v \leq 1; \\ 0 & \text{sonst.} \end{cases}$

$P(Y_{min} \leq u, Y_{max} \leq v) + P(Y_{min} \geq u, Y_{max} \leq v) = P(Y_{max} \leq v) = v^n \Rightarrow$

$G(u,v) = P(Y_{min} \leq u, Y_{max} \leq v) = \begin{cases} v^n-(v-u)^n & \text{für } 0 \leq u < v \leq 1; \\ v^n & \text{für } 0 \leq v \leq u \leq 1. \end{cases}$

Dichte $g(u,v) = \begin{cases} n \cdot (n-1) \cdot (v-u)^{n-2} & \text{für } 0 \leq u < v \leq 1 ; \\ 0 & \text{sonst .} \end{cases}$

$Z=Y_{min}+Y_{max}$;
$F(z) = P(Z \leq z)$.

<u>1. Fall $0 \leq z \leq 1$</u>

$F(z) = n(n-1) \cdot \int\limits_0^{z/2} \int\limits_u^{z-u} (v-u)^{n-2} dv du$

$= n \cdot \int\limits_0^{z/2} (v-u)^{n-1} \Big|_{v=u}^{v=z-u} du$

$= n \cdot \int\limits_0^{z/2} (z-2u)^{n-1} du = \dfrac{1}{2} z^n$.

3. Parameterschätzung

2. Fall $1 < z \leq 2$

$$F(z) = n(n-1) \cdot \int_0^{z-1} \int_u^1 (v-u)^{n-2} dv du + n(n-1) \cdot \int_{z-1}^{z/2} \int_u^{z-u} (v-u)^{n-2} dv du$$

$$= n \cdot \int_0^{z-1} (v-u)^{n-1} \Big|_{v=u}^{1} du + n \cdot \int_{z-1}^{z/2} (v-u)^{n-1} \Big|_{v=u}^{v=z-u} du$$

$$= n \cdot \int_0^{z-1} (1-u)^{n-1} du + n \cdot \int_{z-1}^{z/2} (z-2u)^{n-1} du$$

$$= -(1-u)^n \Big|_0^{z-1} - \frac{1}{2}(z-2u)^n \Big|_{u=z-1}^{z/2}$$

$$= 1 - (2-z)^n + \frac{1}{2}(2-z)^n = 1 - \frac{1}{2}(2-z)^n .$$

$$F(z) = \begin{cases} 0 & \text{für} \quad z \leq 0; \\ \frac{1}{2}z^n & \text{für} \quad 0 \leq z \leq 1; \\ 1 - \frac{1}{2}(2-z)^n & \text{für} \quad 1 \leq z \leq 2; \\ 1 & \text{für} \quad z > 2. \end{cases}$$

Dichte $f(z) = \begin{cases} \frac{n}{2} z^{n-1} & \text{für} \quad 0 \leq z \leq 1; \\ \frac{n}{2}(2-z)^{n-1} & \text{für} \quad 1 \leq z \leq 2; \\ 0 & \text{sonst.} \end{cases}$

Die Substitution $2-z=u$ liefert

$$E(Z) = \frac{n}{2} \cdot \int_0^1 z^n dz + \frac{n}{2} \cdot \int_1^2 z(2-z)^{n-1} dz = \frac{n}{2(n+1)} + \frac{n}{2} \cdot \int_0^1 (2-u) u^{n-1} du$$

$$= \frac{n}{2(n+1)} + \frac{n}{2} \left[\frac{2}{n} - \frac{1}{n+1}\right] = 1 .$$

$$E(Z^2) = \frac{n}{2} \int_0^1 z^{n+1} dz + \frac{n}{2} \int_0^1 (2-u)^2 u^{n-1} du = \frac{n}{2}\left[\frac{1}{n+2} + \frac{4}{n} - \frac{4}{n+1} + \frac{1}{n+2}\right];$$

$$D^2(Z) = E(Z^2) - E^2(Z) = \frac{n}{n+2} - \frac{2n}{n+1} + 1 = \frac{3}{(n+1) \cdot (n+2)} ;$$

2.) $X = (b-a) \cdot Y + a$; $W = \frac{1}{2}(X_{min} + X_{max}) = \frac{b-a}{2} \cdot Z + a$;

$E(W) = \frac{a+b}{2}$; $D^2(W) = \frac{(b-a)^2}{4} \cdot D^2(Z) = \frac{3(b-a)^2}{4(n+1) \cdot (n+2)}$.

4. Parametertests

- AUFGABE 1

  Modell: Hypergeometrische Verteilung mit N=10, M=1 und n=5.
  p_k=P(genau k fehlerhafte unter den 5 ausgewählten);
  $$p_0 = \frac{\binom{1}{0}\binom{9}{5}}{\binom{10}{5}} = 0,5 \; ; \quad p_1 = 1-p_0 = \frac{1}{2} \; ;$$

  Irrtumswahrscheinlichkeit 1. Art α=P(Annahme) = p_0 = 0,5.
  Ein Fehler 2. Art ist nicht möglich.

- AUFGABE 2

  A_1: Annahme ohne 2. Stichprobe $P(A_1) = (1-p)^5$.
  A_2: Annahme nach der 2. Stichprobe

  $P(A_2)$ = P(2. Stichprobe enthält höchstens ein fehlerhaftes
  Stück)·P(1. Stichprobe enthält genau ein fehlerhaftes
  Stück)

  $$= \left[\binom{20}{0}p^0(1-p)^{20} + \binom{20}{1}p(1-p)^{19}\right]\cdot\binom{5}{1}p(1-p)^4$$
  $$= 5p(1+19p)\cdot(1-p)^{23}.$$

  P(Annahme) = $P(A_1) + P(A_2) = (1-p)^5 + 5p(1+19p)\cdot(1-p)^{23}$.

  a) 0,9982 ; b) 0,9236 ; c) 0,7190 ; d) 0,3560 ; e) 0,0313

- AUFGABE 3

  Einfacher Alternativtest
  Nullhypothese H_0: μ=99 ; Alternative H_1: μ=100 ;
  Testfunktion $\bar{X}$ ist $N(\mu, \frac{25}{400})$-verteilt.

  a) $P(\bar{X}<99,5|H_0) = \phi(\frac{99,5-99}{0,25}) = \phi(2) = 0,977$;

  $P(\bar{X}<99,5|H_1) = \phi(\frac{99,5-100}{0,25}) = \phi(-2) = 0,023$;

  $\alpha = \beta = 0,023$ (wegen der Symmetrie)

  b) n Stichprobenumfang.
  $$1-\alpha = P(\bar{X}<99,5|\mu=99) = \phi(\frac{99,5-99}{5/\sqrt{n}}) = \phi(0,1\cdot\sqrt{n}) = 0,999;$$

$0,1 \cdot \sqrt{n} = 3,090 \quad \Rightarrow \quad n \geq 955$.

▸ AUFGABE 4

Nullhypothese H_0: $p \leq 0,5$;   Alternative H_1: $p > 0,5$.

X beschreibe die absolute Häufigkeit der Knabengeburten unter 3 000 Geburten. Falls H_0 richtig ist, gilt $E(X) = 1\,500$; $D^2(X) = 3\,000 \cdot \frac{1}{2} \cdot \frac{1}{2} = 750$. Dann ist X ungefähr $N(1500; 750)$-verteilt. Bestimmung der Ablehnungsgrenze $\alpha = P(X \geq c) = P(\frac{X - 1500}{\sqrt{750}} \geq \frac{c - 1500}{\sqrt{750}})$

$$= 1 - \phi(\frac{c - 1500}{\sqrt{750}}) = 0,01;$$

$\frac{c - 1500}{\sqrt{750}} = 2,326 \quad \Rightarrow \quad c = 1564;$

Testentscheidung: $1578 \geq c \quad \Rightarrow$ Ablehnung von H_0 (Annahme von H_1).

▸ AUFGABE 5

p = relativer Nichtwähleranteil zum Zeitpunkt der Umfrage.

  Nullhypothese H_0: $p = 0,115 = p_0$;
  Alternative H_1: $p > 0,115$.

X beschreibe die Anzahl der Nichtwähler unter 2000 zufällig ausgewählten Personen. Approximation durch die Normalverteilung. $E(X|p_0) = 230$; $D^2(X|p_0) = 203,55$.

$P(X \geq c | p = 0,115) = P(\frac{X - 230}{\sqrt{203,55}} \geq \frac{c - 0,5 - 230}{\sqrt{203,55}}) \approx 1 - \phi(\frac{c - 230,5}{\sqrt{203,55}}) = 0,01.$

$\frac{c - 230,5}{\sqrt{203,55}} = 2,326 \quad \Rightarrow \quad c = 264$ (aufgerundet).

Testentscheidung: $h_{2000} = 285 \geq c \quad \Rightarrow$ Ablehnung von H_0
                   (Beeinflussung derjenigen, die beabsichtigen, nicht zur Wahl zu gehen).

● AUFGABE 6

a) Nullhypothese H_0: $\mu \geq 54$;

   Alternative H_1: $\mu < 54$.

   Voraussetzung: σ sei konstant.

b) Testgröße $\bar{X}$ ist $N(\mu, \frac{16}{n})$-verteilt.

$$\alpha(\mu) = P(\bar{X} < 53,8 | \mu) = \phi(\frac{53,8-\mu}{4}\sqrt{n})$$

$$\alpha = \alpha(54) = \phi(\frac{53,8-54}{4}\sqrt{n}) = 0,05 \ ;$$

$0,05\sqrt{n} = 1,645 \ ; \ n \geq 1083$.

c) Nein wegen $\alpha(54) = \phi(0) = 0,5$.
Die kritische Grenze c muß kleiner als 54 sein. Dann gibt es zu jedem $\alpha < 0,5$ einen minimalen Stichprobenumfang n, so daß die maximale Irrtumswahrscheinlichkeit 1. Art höchstens gleich α ist.

● AUFGABE 7

n sei der Stichprobenumfang. X beschreibe die Anzahl der fehlerhaften Stücke in der Stichprobe.
$X \sim N(np; np(1-p))$-verteilt.

a) 1. Test des Herstellers: H_0: $p > 0,05$; H_1: $p \leq 0,05$; $n = 300$;
$$0,05 = P(X \leq c_H | p = 0,05) = P(\frac{X-15+0,5}{\sqrt{14,25}} \leq \frac{c_H-14,5}{\sqrt{14,25}}) \approx \phi(\frac{c_H-14,5}{\sqrt{14,25}}) \ .$$

$\frac{14,5-c_H}{\sqrt{14,25}} = 1,645 \ ; \quad c_H = 8$ (abrunden).

2. Test des Kunden: H_0: $p \leq 0,05$; H_1: $p > 0,05$; $n = 400$;
$$0,05 = P(X > c_K | p = 0,05) \approx 1 - \phi(\frac{c_K+0,5-20}{\sqrt{19}}) \ ; \ c_K = 27 \ (\text{aufrunden}).$$

b) 1. Hersteller: $\alpha(p) = P(X \leq c_H | p) \approx \phi(\frac{8,5-300p}{\sqrt{300p(1-p)}})$ für $p > 0,05$;

obere Grenze $\alpha_{max} = \alpha(0,05) = 0,0425$.
$\beta(p) = 1-\alpha(p)$ für $p \leq 0,05$; $\beta_{max} = 0,9575$.

2. Kunde: $\alpha(p) = P(X > c_k | p) = 1 - P(X \leq c_K | p)$
$\approx 1 - \phi(\frac{27,5-400p}{\sqrt{400p(1-p)}})$ für $p \leq 0,05$.
$\alpha_{max} = \alpha(0,05) = 0,0427$;

4. Parametertests

$$\beta(p) = 1 - \alpha(p) \approx \Phi(\frac{27,5-400p}{\sqrt{400p(1-p)}}) \quad \text{für } p \leq 0,05.$$

$$\beta_{max} = 0,9573.$$

c)

		richtiger Parameter p	
		0,04	0,07
Hersteller	α	0	0,0023
	β	0,849	0
Abnehmer	α	0,0017	0
	β	0	0,46

• AUFGABE 8

a) H_0: $p \leq 0,05$; H_1: $p > 0,05$.

b) X beschreibe die Anzahl der fehlerhaften Stücke in einer Stichprobe vom Umfang 40.

$$P(X \leq 2 | p) = (1-p)^{40} + 40p(1-p)^{39} + 780p^2(1-p)^{38}$$
$$= (1-p)^{38} \cdot (741p^2 + 38p + 1) .$$

Gütefunktion $G(p) = 1 - (1-p)^{38} \cdot (741p^2 + 38p + 1)$;

$\alpha(p) = G(p)$ für $p \leq 0,05$,
$\beta(p) = 1 - G(p)$ für $p > 0,05$.

c) 1.) p=0,03 ; $\alpha(0,03) = 0,118$;
   2.) p=0,06 ; $\beta(0,06) = 0,567$.

• AUFGABE 9

<u>Modellvoraussetzung:</u> Die Lebensdauer X der neuen Serie sei annähernd normalverteilt mit der Standardabweichung $\sigma_0 = 100$.

a) <u>Nullhypothese</u> H_0: $\mu = 2\,000$;   <u>Alternative</u> H_1: $\mu > 2\,000$.

X ~ N(2000;100)-verteilt, falls H_0 richtig ist.

$$\alpha = P(\bar{X} > c) = 1 - P(\bar{X} \leq c) = 1 - P(\frac{\bar{X}-2000}{10} \leq \frac{c-2000}{10})$$

$$= 1 - \Phi(\frac{c-2000}{10}) = 0,01 ; \quad c = 2023,26 .$$

Testentscheidung: Die Materialänderung hat eine signifikante
                     Erhöhung der Brenndauer zur Folge.

b) $\alpha = 1 - \phi(\frac{2015-2000}{10}) = 0{,}067$.

$\beta(\mu) = P(\bar{X} \leq 2015 | \mu) = \phi(\frac{2015-\mu}{10})$;

$\beta(2020) = \phi(-0{,}5) = 0{,}309$; $\lim_{\mu \to 2000}\beta(\mu) = \phi(1{,}5) = 0{,}933 = 1-\alpha$.

● AUFGABE 10

Nullhypothese H_0: $p=0{,}7$; Alternative H_1: $p>0{,}7$.

a) X beschreibe die Anzahl der geheilten Personen unter den 15. X ist binomialverteilt. Wegen n=15 darf die Approximation durch die Normalverteilung nicht benutzt werden.

$P(X \geq 12 | p=0{,}7) = \binom{15}{12} \cdot 0{,}7^{12} \cdot 0{,}3^3 + \binom{15}{13} \cdot 0{,}7^{13} \cdot 0{,}3^2 +$
$+ \binom{15}{14} \cdot 0{,}7^{14} \cdot 0{,}3 + 0{,}7^{15} = 0{,}297$.

b) $P(X=15) = 0{,}00475$ $\Big\}$
   $P(X=14) = 0{,}03052$ $\Big\}$ $c=14$; $\alpha=0{,}035$.
   $P(X=13) = 0{,}09156$.

c) Approximation durch die Normalverteilung.
$P(X \geq c | p=0{,}7) = P(X \geq c-0{,}5 | p=0{,}7) = 1 - P(X \leq c-0{,}5 | p=0{,}7)$
$= 1 - \phi(\frac{c-0{,}5-100 \cdot 0{,}7}{\sqrt{100 \cdot 0{,}7 \cdot 0{,}3}}) = 0{,}01$;

$\Rightarrow \frac{c-70{,}5}{\sqrt{21}} = 2{,}326$; $c=82$ (aufgerundet).

● Aufgabe 11

X beschreibe die Anzahl der richtigen Antworten, die man durch Raten erreichen kann. p=1/4.
X ist binomialverteilt mit $E(X) = 100 \cdot \frac{1}{4} = 25$;
$$D^2(X) = 100 \cdot \frac{1}{4} \cdot \frac{3}{4} = 18{,}75 .$$
Approximation durch die Normalverteilung
$P(X \geq c) = P(X \geq c-0{,}5) = 1 - P(X < c-0{,}5) \approx 1 - \phi(\frac{c-0{,}5-25}{\sqrt{18{,}75}})$.
$\phi(\frac{c-25{,}5}{\sqrt{18{,}75}}) = 1-\alpha$.

a) c=33 (aufrunden); b) c=36 ; c) c=39; d) c=42 .

4. Parametertests

● AUFGABE 12

Modellvoraussetzung: Normalverteilung.
t-Test für den Vergleich zweier Erwartungswerte bei unbekannten Varianzen (einseitig).
$n_1 = 80$; $n_2 = 100$.

Testgröße: $t_{ber.} = \dfrac{1510-1430}{\sqrt{\dfrac{79 \cdot 90^2 + 99 \cdot 110^2}{178}}} \cdot \sqrt{\dfrac{80 \cdot 100}{180}} = 5,25$;

Freiheitsgrade: 178

a) $\alpha = 0,01$ ⇒ $c = 2,35$.
   Entscheidung: Brenndauer aus Produktion B ist länger.
b) $\alpha = 0,05$ liefert eine kleinere kritische Grenze c und ändert somit die Entscheidung nicht.

● AUFGABE 13

Modellvoraussetzung: Normalverteilung. Einseitiger t-Test.
μ_0 Ertragserwartung ohne Düngung (x) ;
μ_1 Ertragserwartung mit Düngung (y) .

Nullhypothese: H_0: $\mu_1 = \mu_0$.
Alternative: H_1: $\mu_1 > \mu_0$.
$n_1 = n_2 = 10$;

Testgröße $t_{ber.} = \dfrac{3,35 - 3,0}{\sqrt{0,4^2 + 0,3^2}} \cdot \sqrt{10} = 2,21$.

Anzahl der Freiheitsgrade: 18;

$\alpha = 0,05$ ⇒ $c = 1,73$ ⇒ Entscheidung für $\mu_1 > \mu_0$
(Ertragsverbesserung durch das Düngemittel).

$\alpha = 0,01$ ⇒ $c = 2,55$ ⇒ keine Entscheidung für $\mu_1 > \mu_0$.

Vorschlag: Weitere Versuchsdurchführung ect., da eine Annahme von H_0 evtl. mit einer sehr großen Irrtumswahrscheinlichkeit behaftet ist.

● AUFGABE 14

Verbundene Stichprobe (2 Messungen am gleichen Individuum).
Modellannahme: Die Abweichungen seien $N(\mu, \sigma^2)$-verteilt;
Nullhypothese H_0: $\mu = 0$; Alternative H_1: $\mu \neq 0$.

$\bar{x}=0,45$; $s=1,731$;

Testgröße $T = \frac{\bar{X}-0}{S}\sqrt{20}$ ist t-verteilt mit 19 Freiheitsgraden.

$t_{ber.} = \frac{0,45}{1,731}\sqrt{20} = 1,16$.

$P(-c \leq T \leq c) = 0,95 \Leftrightarrow P(T \leq c) = 0,975 \Rightarrow c=2,09$.

Testentscheidung: H_0 kann nicht abgelehnt werden.

- AUFGABE 15

t-Test für verbundene Stichproben (2 Meßergebnisse am gleichen Individuum).

Nullhypothese H_0: Abweichungen sind zufällig
$\Leftrightarrow$ Differenz ist normalverteilt mit dem Erwartungswert $\mu=0$.

Stichprobe der Differenz:

$d = (3;1;-2;3;-4;4;7;3;4;1)$; $\bar{d}=2,0$; $s^2=10$;

Testgröße $t_{ber.} = \frac{\bar{d}}{\sqrt{10}} \cdot \sqrt{10} = 2$.

t-Verteilung mit 9 Freiheitsgraden;

zweiseitiger Test ergibt $c=2,82$;

Testentscheidung: $|t_{ber.}|<c$ $\Rightarrow$ keine Ablehnung der Nullhypothese.

- AUFGABE 16

<u>Modellvoraussetzung:</u> Normalverteilung.

t-Test für verbundene Stichproben;

Nullhypothese H_0: $\mu \geq -2$ (Vermutung falsch).

Alternative H_1: $\mu < -2$ (Vermutung richtig).

Testgröße: $T = \frac{\bar{X}-\mu}{S} \cdot \sqrt{40}$ ist t-verteilt mit 39 Freiheitsgraden

$\alpha = P(T \leq c | \mu=-2)$; $c=-t_{1-\alpha}=-1,68$.

$t_{ber.} = \frac{-2,4+2}{0,8} \cdot \sqrt{40} = -3,2 < t_{1-\alpha}$.

Testentscheidung: Vermutung wird bestätigt.

4. Parametertests

- **AUFGABE 17**

    N=1800 ; M=Anzahl der nichbelieferten Haushalte.
    $p=\frac{M}{N}$; Nullhypothese H_0: p=0,05 ;
    Alternative H_1: p>0,05 .
    Testgröße $\bar{X}$ = rel. Häufigkeit der nichtbelieferten Haushalte.
    $E(\bar{X})$=0,05, falls H_0 richtig ist.
    $\alpha = P(\bar{X} \geq 0,05+c) = 1 - P(\bar{X} \leq 0,05+c) = 1 - P(\frac{\bar{X}-0,05}{\sigma} \leq \frac{c}{\sigma})$.
    Zentraler Grenzwertsatz $\phi(\frac{c}{\sigma}) \approx 1-\alpha = 0,98$.
    Ablehnungsgrenze $K = (0,05+c) \cdot 1800$.

    1.) Binomialverteilung: $\sigma^2 = \frac{0,05 \cdot 0,95}{n}$.

    2.) Hypergeometrische Verteilung: $\sigma^2 = \frac{0,05 \cdot 0,95}{n} \cdot \frac{N-n}{N-1}$.

    a) n=100; Binomialvert.: $\frac{10 \cdot c}{\sqrt{0,05 \cdot 0,95}} = 2,054$; c=0,0448; K=171;

    Hypergeom.Vert.: $\frac{10 \cdot c}{\sqrt{0,05 \cdot 0,95}} \cdot \sqrt{\frac{1799}{1700}} = 2,054$; c=0,0435; K=169;

    b) n=400; Binomialvert.: $\frac{20 \cdot c}{\sqrt{0,05 \cdot 0,95}} = 2,054$; c=0,0224; K=131;

    Hypergeom.Vert.: $\frac{20 \cdot c}{\sqrt{0,05 \cdot 0,95}} \cdot \sqrt{\frac{1799}{1400}} = 2,054$; c=0,0197; K=126.

- **AUFGABE 18**

    1.) <u>Test des Erwartungswertes</u>
    Hypothese H_0: μ_0=9,5 ; Alternative μ>9,5 .
    Testgröße $t_{ber.} = \frac{\bar{x}-\mu_0}{s} \cdot \sqrt{25} = 0,57$;
    t-Verteilung mit 24 Freiheitsgraden.
    $c=t_{1-\alpha}=1,71$; $t_{ber.}<c$ ⇒ keine Ablehnung von H_0.

    2.) <u>Test der Varianz</u>
    Hypothese H_0: $\sigma^2=\sigma_0^2=6,25$;
    Alternative H_1: $\sigma^2>6,25$.
    Testgröße $\frac{(n-1)s^2}{\sigma_0^2} = 47,04$

Chi-Quadrat-Verteilung mit 24 Freiheitsgraden;
$(1-\alpha)$-Quantil c=36,42 $\Rightarrow$ Ablehnung von H_0
(Varianz ist größer als vom Hersteller angegeben).

- AUFGABE 19

  Die Stichproben besitzen die Varianzen
  s_1^2=291,31; s_2^2=283,53 ;
  Testgröße: $\dfrac{s_1^2}{s_2^2}$ = 1,03 .
  F-Verteilung mit (14,19) Freiheitsgraden;
  Kritische Grenze: c=2,26 ;
  Testentscheidung: Die Hypothese H_0 kann nicht abgelehnt werden.

- AUFGABE 20

  Nullhypothese H_0: $\sigma^2 \geq 100$; Alternative H_1: $\sigma^2 < 100$.
  Testgröße: $\chi^2 = \dfrac{29 \cdot S^2}{\sigma^2}$ ist Chi-Quadrat-verteilt mit 29 Freiheitsgraden.
  $P(\dfrac{29 \cdot S^2}{\sigma^2} \leq c | \sigma^2 = 100) = 0,05.$ $\Rightarrow$ c = 17,71.
  $s^2 \leq \dfrac{17,71 \cdot 100}{29}$; $s \leq 7,81$.

- AUFGABE 21

  Nullhypothese H_0: $\lambda=2,9$; Alternative H_1: $\lambda<2,9$;
  Testgröße: $\bar{x}=2,55$.
  Einseitiges Konfidenzintervall nach Aufgabe 18 aus Abschnitt 3.
  $P(\lambda \leq \bar{X} + \dfrac{c^2}{2n} + \dfrac{c}{2n} \sqrt{4n\bar{X}+c^2}) = \gamma$ mit $c=z_\gamma$; $\phi(c)=\gamma$.
  Obere Grenze:
  $2,55 + \dfrac{1,645^2}{200} + \dfrac{1,645}{200} \sqrt{4 \cdot 255+1,645^2} = 2,83$.

  Da das berechnete Konfidenzintervall den Wert 2,9 nicht enthält, wird die Nullhypothese H_0 zugunsten der Alternativen H_1: $\lambda<2,9$ abgelehnt. Entscheidung für eine signifikante Abnahme des Verkehrs.

4. Parametertests

- **AUFGABE 22**

    Nullhypothese H_0: $\lambda=4,1$; Alternative H_1: $\lambda>4,1$.
    Einseitiges Konfidenzintervall nach Aufgabe 18 aus Abschnitt 3.
    $P(\bar{X} + \frac{c^2}{2n} - \frac{c}{2n}\sqrt{4n\bar{X}+c^2} \leq \lambda) = \gamma$ mit $\phi(c)=\gamma$.
    $n=60$: $\bar{x}=\frac{273}{60}$;
    Untere Grenze: $\frac{273}{60} + \frac{1,645^2}{120} - \frac{1,645}{120}\sqrt{4\cdot 273+1,645^2} = 4,12$.

    Da das Konfidenzintervall $\{\lambda \geq 4,12\}$ den Wert 4,1 nicht enthält, wird die Nullhypothese $\lambda=4,1$ abgelehnt. Entscheidung für eine signifikante Zunahme der Anzahl der Telefongespräche.

- **AUFGABE 23**

    t-Test für unabhängige Stichproben.

    a) Testgröße $\dfrac{|\bar{x}-\bar{y}|}{\sqrt{\dfrac{0,09}{200} + \dfrac{0,09}{100}}} = \dfrac{|\bar{x}-\bar{y}|}{0,0367} \leq z_{1-\frac{\alpha}{2}} = 2,326$;

    $|\bar{x}-\bar{y}| \geq 0,0855 \Rightarrow$ Ablehnung von H_0.

    b) 1.) H_0: $\mu_1-\mu_0=0,2$; H_1: $\mu_1-\mu_0>0,2$;

    $\dfrac{\bar{X}-\bar{Y}-0,2}{\sigma_0 \sqrt{\dfrac{1}{n_1}+\dfrac{1}{n_2}}}$ ist $N(0;1)$-verteilt, falls H_0 richtig ist.

    $\dfrac{\bar{x}-\bar{y}-0,2}{0,3 \cdot \sqrt{\dfrac{1}{200}+\dfrac{1}{100}}} > z_{1-\alpha} = 2,326$.

    Annahme von H_1 für $\bar{x}-\bar{y} > 0,2+0,0855 = 0,2855$.

    2.) H_0: $\mu_1-\mu_0=-0,2$; H_1: $\mu_1-\mu_0<-0,2$.

    Wegen der Symmetrie folgt aus 1)
    Annahme von H_1 für $\bar{x}-\bar{y} < -0,2855$.

- **AUFGABE 24**

    Testgröße $\bar{X}$ ist $N(\mu,\frac{9}{100})$-verteilt.

    ```
    |←——— Entscheidung für H₁ ———→|
    1005    1007-c        1007         1007+c    1009    x̄
    ```

Fehler 1. Art

$\alpha(\mu) = P(1007-c \leq \bar{X} \leq 1007+c | \mu)$.

$\alpha(\mu)$ ist maximal für $\mu=1009$ bzw. $\mu=1005$ (Symmetrie!).

$$\alpha(1009) = P(\frac{1007-c-1009}{0,3} \leq \frac{\bar{X}-1009}{0,3} \leq \frac{1007+c-1009}{0,3})$$

$$= \phi(\frac{c-2}{0,3}) - \underbrace{\phi(\frac{-c-2}{0,3})}_{\approx 0 \text{ (Vermutung)}}.$$

Ansatz: $\phi(\frac{c-2}{0,3}) = 0,01$; $\frac{-c+2}{0,3} = 2,326$; $c=1,3$;

$\phi(\frac{-c-2}{0,3}) = 0$.

Testentscheidung: $|\bar{x}-1007| \leq 1,3$ ⇒ Entscheidung für $1005 < \mu < 1009$.

5. Varianzanalyse

● AUFGABE 1

Einfache Varianzanlyse; Hypothese H_0: $\mu_1=\mu_2=\mu_3=\mu_4$;
Koordinatentransformation $y=x-50$ ändert die Testgröße nicht;
$n=20$;

Gruppe						$y_{i.}$	$(y_{i.})^2$
1	4,1	2,3	7,4	7,8	1,8	23,4	547,56
2	3	4,6	6,9	9,4	7	30,9	954,81
3	7,4	11,6	8,2	13,4	8,9	49,5	2450,25
4	8,6	11,3	9,5	13	12,5	54,9	3014,01
					$y_{..} =$	158,7	6966,63
							$= \sum(y_{i.})^2$

Quadratsumme $\sum\sum y_{ik}^2 = 1488,55$.

$q = \sum\sum(y_{ik}-\bar{y})^2 = \sum\sum y_{ik}^2 - \frac{y_{..}^2}{n} = 229,27$;

$q_1 = \sum_i n_i(\bar{y}_{i.}-\bar{y})^2 = \sum_i \frac{(y_{i.})^2}{n_i} - \frac{y_{..}^2}{n} = \frac{6966,63}{5} - \frac{158,7^2}{20} = 134,04$;

$q_2 = \sum\sum(y_{ik}-y_{i.})^2 = q-q_1 = 95,22$;

Testgröße $v = \dfrac{q_1/(4-1)}{q_2/(20-4)} = 7,5$.

F-Verteilung mit (3;16) Freiheitsgraden.
Kritische Grenze c = 3,24.
Testentscheidung: $v>c$ $\Rightarrow$ Ablehnung von H_o
(Ertrag ist abhängig vom Düngemittel).

● AUFGABE 2

Nullhypothese H_o: Alle Erwartungswerte sind gleich.
Einfache Varianzanalyse ; $n_i=5$ für alle i; n=40.

Sorte	Gruppenmittel $\bar{x}_{i\cdot}$	Summe $x_{i\cdot}$	$x_{i\cdot}^2/n_i$
1	3,38	16,9	57,122
2	3,86	19,3	74,498
3	3,68	18,4	67,712
4	2,94	14,7	43,218
5	4,44	22,2	98,568
6	3,36	16,8	56,448
7	3,24	16,2	52,488
8	3,9	19,5	76,05
		$x_{\cdot\cdot}=144$	$526,104 = \sum\limits_{i=1}^{5}\dfrac{x_{i\cdot}^2}{n_i}$;

$\sum x_{ik}^2 = 532,78$;

$q = \sum\sum(x_{ik}-\bar{x})^2 = \sum x_{ik}^2 - \dfrac{x_{\cdot\cdot}^2}{40} = 14,38$;

$q_1 = \sum n_i(\bar{x}_{i\cdot} - \bar{x})^2 = \sum \dfrac{x_{i\cdot}^2}{n_i} - \dfrac{x_{\cdot\cdot}^2}{40} = 7,704$;

$q_2 = \sum\sum(x_{ik} - \bar{x}_{i\cdot})^2 = q-q_1 = 6,676$;

Testgröße $v = \dfrac{q_1/(m-1)}{q_2/(n-m)} = \dfrac{7,704/7}{6,676/32} = 5,28$.

99%-Quantil der $F_{[7;32]}$-Verteilung; c=3,26;
Testentscheidung: $v>c$ $\Rightarrow$ Ablehnung von H_o
(Sorte hat Einfluß auf den Ertrag).

● AUFGABE 3

Nullhypothese H_o: Erwartete Mängelanzahl bei allen Bändern
gleich. Einfache Varianzanalyse mit $n_i=5$ für alle i und m=4;
n=20.

Band	$\bar{x}_{i\cdot}$	$x_{i\cdot}$	$\dfrac{x_{i\cdot}^2}{n_i}$
1	50	250	12500
2	47	235	11045
3	56	280	15680
4	44	220	9680
	$x_{\cdot\cdot}=985$	48905	

$\sum x_{ik}^2 = 49\,341$;

$q = \sum\sum(x_{ik}-\bar{x})^2 = 829{,}75$;
$q_1 = \sum n_i(\bar{x}_{i\cdot}-\bar{x})^2 = 393{,}75$;
$q_2 = \sum\sum(x_{ik}-\bar{x}_{i\cdot})^2 = 436 \quad (=q-q_1)$;

Testgröße $v = \dfrac{393{,}75/(4-1)}{436/(20-4)} = 4{,}82$.

a) 95%-Quantil der $F_{[3;16]}$-Verteilung $c=3{,}24$ ⇒ Ablehnung von H_0
   (Ausschuß an den Bändern verschieden).

b) 99%-Quantil der $F_{[3;16]}$-Verteilung $c=5{,}29$ ⇒ keine Ablehnung von H_0.

● AUFGABE 4

Nullhypothese H_0: Der Erwartungswert der Blütenlängen ist bei allen Pflanzen gleich.

Einfache Varianzanalyse: Transformation $y=x-10$; $m=10$; $n=42$.

Pflanze i	y_{ik}	n_i	$\bar{y}_{i\cdot}$	$y_{i\cdot}$	$y_{i\cdot}^2/n_i$
1	2,5 1,5 2,0 2,5 1,5	5	2	10	20
2	3,5 4,5 3,5 3,5 2,5	5	3,5	17,5	61,25
3	5 3,5 3,5 4,5 4,5	5	4,2	21	88,2
4	1,5 2,0 2,0 1,5 2,0	5	1,8	9	16,2
5	2,5 2,5 2,5 2,0 1,5	5	2,2	11	24,2
6	2,0 1,0 1,5 1,5	4	1,5	6	9
7	5,0 5,5 4,5 3,0	4	4,5	18	81
8	5,0 3,5 5,0	3	4,5	13,5	60,75
9	0,5 0,5 1,0	3	0,67	2	1,333
10	3,0 3,5 3,5	3	3,33	10	33,333
	$\sum\sum y_{ik}^2 = 407$	$n=42$		$y_{\cdot\cdot}=118$	395,27

$q = \sum\sum(y_{ik}-\bar{y})^2 = 407 - \dfrac{118^2}{42} = 75{,}48$;

$q_1 = 395{,}27 - \dfrac{118^2}{42} = 63{,}75$; $\quad q_2 = q - q_1 = 11{,}73$;

Testgröße $v = \frac{63,75/(10-1)}{11,73/(42-10)} = 19,32$.

99%-Quantil der $F_{[9;32]}$-Verteilung c=3,02 ;
Testentscheidung: v>c ⇒ Ablehnung von H_0
(mittlere Blütenlänge ist bei den Pflanzen der Grundgesamtheit verschieden).

● AUFGABE 5

Modellvoraussetzung: $N(\mu,\sigma^2)$-Verteilung liegt zugrunde mit konstantem σ^2.

Nullhypothese H_0: Alle Erwartungswerte sind gleich.

Einfache Varianzanalyse. Transformation y=x-16.

Gruppe											n_i	$y_i.$	$y_i^2./n_i$
1	-8	2	-3	-4	-2						5	-15	45
2	4	3	4	1	3						5	15	45
3	3	-4	-7	1	0	2	-6	-2	1	2	10	-10	10

$\sum y_{ik}^2 = 272$; n=20;   -10=$y_{..}$; 100=$\sum \frac{y_i^2.}{n_i}$

$q = \sum_{i,k} (y_{ik}-\bar{y})^2 = 272 - \frac{10^2}{5} = 267$;

$q_1 = \sum n_i (x_i.-\bar{x})^2 = \sum \frac{x_i^2.}{n_i} - 5 = 95$;

$q_2 = q - q_1 = 172$;

Testgröße $v = \frac{q_1/2}{q_2/17} = 4,69$;

95%-Quantil der $F_{[2,17]}$-Verteilung c=3,59.
Testentscheidung: Ablehnung von H_0 - Lehrmethoden haben Einfluß auf die Leistungen.

● AUFGABE 6

Modellvoraussetzungen: Normalverteilungen mit konstanter Varianz.

Doppelte Varianzanalyse mit l=3, m=4, n=12.

A \ B	Ort x_{ik} 1	2	3	$x_{i\cdot}$
Sorte				
1	8	19	24	51
2	10	20	22	52
3	16	18	23	57
4	14	22	21	57
$x_{\cdot k}$	48	79	90	217=$x_{\cdot\cdot}$

$\sum x_{ik}^2 = 4215$
$\sum x_{i\cdot}^2 = 11803$
$\sum x_{\cdot k}^2 = 16645$

$q = \sum x_{ik}^2 - \dfrac{x_{\cdot\cdot}^2}{n} = 290{,}92;$

$q_A = \dfrac{1}{3} \sum_i x_{i\cdot}^2 - \dfrac{x_{\cdot\cdot}^2}{12} = 10{,}25;$

$q_B = \dfrac{1}{4} \sum_k x_{\cdot k}^2 - \dfrac{x_{\cdot\cdot}^2}{12} = 237{,}17;$

$q_{Rest} = q - q_A - q_B = 43{,}50 .$

Testgrößen:

Zeileneffekt $v_A = \dfrac{q_A/(4-1)}{q_{Rest}/(4-1)\cdot(3-1)} = 0{,}47 ;$

Spalteneffekt $v_B = \dfrac{q_B/(3-1)}{q_{Rest}/(4-1)\cdot(3-1)} = 16{,}36 .$

95%-Quantil der $F_{[3;6]}$-Verteilung $c_A=4{,}76 ;$
95%-Quantil der $F_{[2;6]}$-Verteilung $c_B=5{,}14 .$

Testentscheidung: a) $v_A < c_A$ ➡ Die Hypothese, daß die Sorte keinen Einfluß auf den Ertrag hat, kann nicht abgelehnt werden.

b) $v_B > c_B$ ➡ Anbauort hat Einfluß auf den Ertrag.

● AUFGABE 7

Doppelte Varianzanalyse mit l=6, m=4, n=24.

	1	2	3	4	5	6	$x_{i\cdot}$
	-2	1	0	-1	1	-1	-2
	-1	4	0	0	1	2	6
	0	3	-1	2	0	2	6
	-1	1	0	-1	1	1	1
$x_{\cdot k}$	-4	9	-1	0	3	4	11=$x_{\cdot\cdot}$

$\sum x_{ik}^2 = 53$
$\sum x_{i\cdot}^2 = 77$
$\sum x_{\cdot k}^2 = 123$

$q=47{,}96 ;$ $q_A=7{,}79 ;$ $q_B=25{,}71 ;$ $q_{Rest}=14{,}46 .$

$$v_A = \frac{q_A/3}{q_{Rest}/15} = 2,69 \;;\; c_A = 3,29.$$

$$v_B = \frac{q_B/5}{q_{Rest}/15} = 5,33 \;;\; c_B = 2,90.$$

Testentscheidung: Keine unterschiedliche Beurteilung der Prüfer, jedoch verschiedene Abgaben der Zapfsäulen.

● AUFGABE 8

Modellvoraussetzung: Die 15 Meßwerte sind Realisierungen unabhängiger normalverteilter Zufallsvariabler mit der gleichen Varianz. Doppelte Varianzanalyse.

Testgrößen: 1) (Unterschied an den Tagen):
$v_A = 2,568$; Freiheitsgrade [4,8]; $c_A = 3,84$.
2) (Unterschied in den Schichten):
$v_B = 0,318$; Freiheitsgrade [2;8]; $c_B = 4,46$.

Testentscheidung: Weder Wochentag noch Arbeitsschicht haben einen signifikanten Einfluß auf die Produktionsmengen.

6. Chi-Quadrat-Anpassungstests

● AUFGABE 1

Nullhypothese: $p_1 = P(\text{Knabengeburt}) = p_2 = P(\text{Mädchengeburt}) = \frac{1}{2}$.

Testgröße: $\chi^2_{ber.} = \frac{(1578-1500)^2}{1500} + \frac{(1422-1500)^2}{1500} = 8,1$.

Anzahl der Freiheitsgrade 1; kritische Grenze $c = 6,63$.
Testentscheidung: $\chi^2_{ber.} > c \;\Rightarrow\;$ Ablehnung der Nullhypothese.

● AUFGABE 2

Chi-Quadrat-Anpassungstest;
Nullhypothese H_0: $p_i = P(\text{Entscheidung für die Kategorie } i) = \frac{1}{6}$
für alle i.

Testgröße $\chi^2_{ber.} = \frac{6}{384} \sum_{i=1}^{6} h_i^2 - 384 = 3,0$.

5 Freiheitsgrade; c=11,07.

Testentscheidung: Keine Ablehnung der Nullhypothese.

● AUFGABE 3

Chi-Quadrat-Anpassungstest.

$H_0: p_i = \frac{1}{12}$ (GLeichverteilung) ; n=1503;

$\chi^2_{ber.} = \frac{12}{1503} \cdot \sum_{i=1}^{12} h_i^2 - 1503 = \frac{12}{1503} \cdot 189163 - 1503 = 7,28$;

11 Freiheitsgrade ; Kritische Grenze c=19,68;

Testentscheidung: H_0 kann nicht abgelehnt werden.

● AUFGABE 4

Chi-Quadrat-Anpassungstest.

Bestimmung der Wahrscheinlichkeiten:

Hypothese H_0: $P(rosa) = 2 \cdot P(rot)$; $P(rot) = P(weiß)$
$\Rightarrow P(rot) = P(weiß) = \frac{1}{4}$; $P(rosa) = \frac{1}{2}$;

n=500;

Merkmal	rot	rosa	weiß
Häufigkeiten	128	255	117
erwartete Häufigkeiten	125	250	125

$\chi^2_{ber.} = \frac{(128-125)^2}{125} + \frac{(255-250)^2}{250} + \frac{(117-125)^2}{125} = 0,684$;

2 Freiheitsgrade; c=5,99;

Testentscheidung: $\chi^2_{ber.} < c$ ⇒ keine Ablehnung der Mendelschen Hypothese.

● AUFGABE 5

Test auf Binomialverteilung. Anzahl der Sätze 80·3=240.

Schätzwert $\hat{p} = \frac{18 \cdot 1 + 28 \cdot 2 + 24 \cdot 3}{240} = \frac{73}{120}$; $p_k = \binom{3}{k} (\frac{73}{120})^k \cdot (\frac{47}{120})^{3-k}$.

Anzahl der Spiele n=80.

6. Chi-Quadrat-Anpassungstests

k	0	1	2	3
erwartete Häufigkeiten $80 p_k$	4,8	22,4	34,8	18
beobachtete Häufigkeiten	10	18	28	24

Testgröße: $\chi^2_{ber.} = 9,82$. EinParameter wurde geschätzt. Anzahl der Freiheitsgrade 4-1-1=2 ; c=5,99.

Testentscheidung: $\chi^2_{ber.} > c$ ⇒ keine Binomialverteilung, d.h. die Gewinnwahrscheinlichkeit für einen Satz ist nicht immer gleich.

● AUFGABE 6

Chi-Quadrat-Anpassungstest.

1.) Nullhypothese H_0: $P(K)=P(M)=0,5$.

Falls H_0 richtig ist, liegt eine Binomialverteilung mit n=3 und p=1/2 vor, also $p_k = P(\text{genau k Knaben}) = \binom{3}{k}\frac{1}{2^3}$.

k	0	1	2	3
Wahrscheinlichkeiten p_k	1/8	3/8	3/8	1/8
erwartete Häufigkeiten $n \cdot p_k$	62,5	187,5	187,5	62,5
beobachtete Häufigkeiten	54	175	195	76

$$\chi^2_{ber.} = \frac{(54-62,5)^2}{62,5} + \frac{(175-187,5)^2}{187,5} + \frac{(195-187,5)^2}{187,5} + \frac{(76-62,5)^2}{62,5} = 5,2.$$

3 Freiheitsgrade; c=7,81;

H_0 kann nicht abgelehnt werden.

2.) Nullhypothese H_0: $p = P(K) = 0,515$.

$p_k = \binom{3}{k} \cdot 0,515^k \cdot 0,485^{3-k}$;

$p_0 = 0,1141$; $p_1 = 0,3634$; $p_2 = 0,3859$; $p_3 = 0,1366$.

$\chi^2_{ber.} = 1,30$.

H_0 kann auch nicht abgelehnt werden.

Interpretation: Da die Wahrscheinlichkeiten für beide Hypothesen ungefähr gleich sind, bedeutet keine Ablehnung beider

Hypothesen noch keinen Widerspruch. Zu einer Ablehnung der
ersten Hypothese wird man vermutlich dann kommen, wenn der
Stichprobenumfang n stark vergrößert wird oder wenn man Familien mit 4 oder gar 5 Kindern untersucht.

● AUFGABE 7

Chi-Quadrat-Anpassungstest.

a) Gesamtfläche $2 \cdot a = 1$; $a = \frac{1}{2}$;
b) Klasseneinteilung: $K_1 = [0;1]$; $K_2 = (1;2]$; $K_3 = (2;3]$.

Nullhypothese H_0: $p_1 = P(K_1) = p_3 = P(K_3) = 1/4$; $p_2 = P(K_2) = 1/2$.

$$\chi^2_{ber.} = \frac{(15 - 50 \cdot 1/4)^2}{50 \cdot 1/4} + \frac{(29 - 50 \cdot 1/2)^2}{50 \cdot 1/2} + \frac{(6 - 50 \cdot 1/4)^2}{50 \cdot 1/4} = 4,52.$$

2 Freiheitsgrade; kritische Grenze $c = 5,99$.

Testentscheidung: $\chi^2_{ber.} < c$ ⇒ keine Ablehnung der Nullhypothese.

Bemerkung: Aus der Annahme der Nullhypothese H_0 würde nur folgen, daß die Zufallsvariable X die in H_0 angegebenen Klassenwahrscheinlichkeiten besitzt. Daraus darf nicht geschlossen wreden, daß X die angegebene Dichte f besitzt, da es viele Dichten mit den entsprechenden Klassenwahrscheinlichkeiten gibt. Eine Ablehnung von H_0 hätte jedoch eine Ablehnung der vorgegebenen Dichte zur Folge.

● AUFGABE 8

Schätzwerte für die Parameter der Verteilungen:

Poissonverteilung: $\hat{\lambda} = \bar{x} = \frac{40 \cdot 1 + 30 \cdot 2 + 16 \cdot 3 + 3 \cdot 4}{500} = 0,32$.

Binomialverteilung: Anzahl der Glühbirnen $500 \cdot 4 = 2000$

$$\hat{p} = \frac{\hat{\lambda}}{4} = 0,08.$$

Poissonverteilung $p_k = \frac{0,32^k}{k!} \cdot e^{-0,32}$, $k = 0,1,2,\ldots$;

Binomialverteilung $p_k = \binom{4}{k} \cdot 0,08^k \cdot 0,92^{4-k}$, $k = 0,1,2,3,4$.

fehlerhafte Stücke	0	1	2	3	4
Wahrscheinlichkeit (Poisson) p_k	0,72615	0,23237	0,03718	0,00397	0,00032
Wahrscheinlichkeit (Binomialvert.) p_k	0,71639	0,24918	0,03250	0,00188	0,00004

Stichprobenumfang $n=500$; Klasseneinteilung.

a) Test auf Poissonverteilung

	0	1	≥ 2
erwartete Häufigkeiten	363,1	116,2	20,7
eingetretene Häufigkeiten	411	40	49

$\chi^2_{ber.} = 95$;
Testentscheidung:
keine Poissonvert.

b) Test auf Binomialverteilung

	0	1	≥ 2
erwartete Häufigkeiten	358,2	124,6	17,2
eingetretene Häufigkeiten	411	40	49

$\chi^2_{ber.} = 124$;
Testentscheidung:
keine Binomialvert.

<u>Bemerkung:</u> Daß weder eine Poisson-noch eine Binomialverteilung
vorliegt, ist vermutlich auf Beschädigungen während
des Transports oder während der Lagerung zurückzuführen. Dadurch geht die Eigenschaft der Unabhängigkeit innerhalb der Packungen verloren.

• AUFAGBE 9

Chi-Quadrat-Anpassungstests.

a) Test auf Gleichverteilung

10 Klassen mit gleicher Breite. $H_o: p_i = \frac{1}{10}$ für alle i.

$\chi^2_{ber.} = \frac{1}{10} \cdot \sum_{i=1}^{10} h_i - 100 = 7$.

9 Freiheitsgrade; $c=16,92$.

Testentscheidung: Keine Ablehnung der Gleichverteilung.

b) Test auf Normalverteilung

Näherungswerte aus den Klassenmitten

$\bar{x} = 3,15$; $s = 0,26$.

2 Parameter geschätzt;

Anzahl der Freiheitsgrade $10-2-1=7$;   Kritische Grenze
$c=14,07$.

siehe nachfolgende Tabelle: $\chi^2_{ber.} = 3,535$.

Testentscheidung: $\chi^2_{ber.} < c$ ⇒ Keine Ablehnung der Normalverteilung.

standardisierte Klasseneinteilung	ϕ(links)	p_i=Klassen-wahrscheinlichkeit	$\dfrac{(h_i-np_i)^2}{np_i}$
$-\infty$ ... $-1,54$	0	0,062	0,006
$-1,54$ ... $-1,15$	0,062	0,063	0,523
$-1,15$ ... $-0,77$	0,125	0,096	0,204
$-0,77$ ... $-0,38$	0,221	0,129	0,001
$-0,38$ ... 0	0,350	0,150	0,067
0 ... 0,38	0,5	0,150	1,067
0,38 ... 0,77	0,650	0,129	0,001
0,77 ... 1,15	0,779	0,097	0,298
1,15 ... 1,54	0,876	0,062	1,265
1,54 ... ∞	0,938	0,062	0,103
		$\sum = 1$	$3,535 = \chi^2_{ber.}$

<u>Bemerkung:</u> Von den beiden Hypothesen muß mindestens eine falsch sein. Daß diese falsche Hypothese nicht abgelehnt werden kann, liegt an dem geringen Stichprobenumfang.

• AUFGABE 10

Chi-Quadrat-Anpassungstest. $a_i^* = \dfrac{a_i - 145,19}{3,27}$; n=400.

Klasseneinteilung	$\phi(a_i^*)$	p_i	np_i	h_i	$\dfrac{(h_i-np_i)^2}{np_i}$
$-\infty$ ... 140	0	0,056	22,4	18	0,86
140 ... 142	0,056	0,108	43,2	38	0,63
142 ... 144	0,165	0,193	77,2	82	0,30
144 ... 146	0,358	0,240	96	105	0,84
146 ... 148	0,598	0,207	82,8	89	0,46
148 ... 150	0,805	0,124	49,6	46	0,26
150 ... ∞	0,929	0,071	28,4	22	1,44
		0,999 (Rundungsfehler)			$4,79 = \chi^2_{ber.}$

Anzahl der Freiheitsgrade: 7-1-2=4 ; c=9,49 .

Testentscheidung: $\chi^2_{ber.} < c \Rightarrow$ Normalverteilung kann nicht abgelehnt werden.

• AUFGABE 11

Chi-Quadrat-Anpassungstest.

Standardisierung $a_i^* = a_i - 10$.

6. Chi-Quadrat-Anpassungstests

Klassen-einteilung	Wahrscheinlichk. p_i	erwartete Häufigkeiten $1000 p_i = \hat{h}_i$	beobachtete Häufigkeiten h_i	$\dfrac{(h_i - np_i)^2}{np_i}$
$x \leq 9{,}5$	0,3085	308,5	248	11,86
$9{,}5 < x \leq 10$	0,1915	191,5	180	0,69
$10 < x \leq 10{,}5$	0,1915	191,5	242	13,32
$10{,}5 < x$	0,3085	308,5	330	1,50
	1,0000	1000	1000	27,37 = $\chi^2_{ber.}$

Anzahl der Freiheitsgrade: 4-1=3 (kein Parameter geschätzt!).
c=11,35.

Testentscheidung: $\chi^2_{ber.} > c$ ⇒ Ablehnung der Behauptung des Herstellers (diese Normalverteilung liegt nicht vor).

• AUFGABE 12

Chi-Quadrat-Anpassungstest; $F(x) = 1 - e^{-\lambda x}$ für $x \geq 0$.

Maximum-Likelihood-Schätzung für λ :

$$L = \prod_{i=1}^{n} \lambda e^{-\lambda x_i} = \lambda^n e^{-\lambda \sum_{i=1}^{n} x_i} ;$$

$$\ln L = n \cdot \ln \lambda - \lambda \sum_{i=1}^{n} x_i ;$$

$$\frac{\partial \ln L}{\partial \lambda} = \frac{n}{\lambda} - \sum_{i=1}^{n} x_i ; \quad \hat{\lambda} = \frac{1}{\bar{x}} = 1{,}22 ; \quad n=25.$$

Verteilungsfunktion $F(x) = 1 - e^{-1{,}22 x}$ für $x \geq 0$.

Klassen-einteilung	F (linker Rand)	Klassenwahrscheinl. p_i	Häufigk. h_i	$\dfrac{(h_i - np_i)^2}{np_i}$
0 ... 0,2	0	0,217	5	0,033
0,2 ... 0,4	0,217	0,169	4	0,012
0,4 ... 0,7	0,386	0,188	5	0,019
0,7 ... 1,3	0,574	0,221	5	0,050
1,3 ... ∞	0,795	0,205	6	0,149
	1			
		1	n=25	0,26 = $\chi^2_{ber.}$

Anzahl der Freiheitsgrade: 5-1-1=3 ; c=7,81 .
Testentscheidung: Keine Ablehnung der Hypothese.

● AUFGABE 13

$\mu=23{,}4$; $\sigma=5{,}24$.

Klassen- einteilung	Häufigkeiten	Klassenwahrschein- lichkeiten p_i
0 ... 19	32 449	0,2005
19 ... 20	31 750	0,0577
20 ... 21	38 684	0,0653
21 ... 22	38 260	0,0712
22 ... 23	34 126	0,0749
23 ... 24	28 276	0,0760
24 ... 25	22 633	0,0744
25 ... 26	17 622	0,0702
26 ... 27	13 114	0,0638
27 ... 29	16 642	0,1034
29 ... 33	14 074	0,1091
33	11 640	0,0335
	299 270 = n	1,0000

Testgröße $\chi^2_{ber.} = 84\,363$; 9 Freiheitsgrade ; $c=27{,}88$.

Testentscheidung: Es liegt keine Normalverteilung vor.

● AUFGABE 14

Nullhypothese H_0: $Y = \ln(X)$ ist normalverteilt; $n=30$.

Schätzwerte $\mu=\dfrac{4{,}71}{30} = 0{,}157$; $\sigma^2 = \dfrac{1}{30}[48{,}98-30\cdot 0{,}157^2] = 1{,}608$;

$\sigma=1{,}27$; $a_i^* = \dfrac{a_i-\mu}{\sigma}$;

Klassen- einteilung	h_i	$\phi(a_i^*)$ links	p_i Klassen- wahrscheinl.	$n\cdot p_i$	$\dfrac{(h_i-np_i)^2}{np_i}$
$-\infty$ ... $-0{,}6$	7	0	0,276	8,28	0,198
$-0{,}6$ ... $0{,}2$	8	0,276	0,238	7,14	0,104
$0{,}2$ ... $0{,}8$	7	0,514	0,180	5,40	0,474
$0{,}8$ ... ∞	8	0,694	0,306	9,18	0,152
			1,00	30	$0{,}928 = \chi^2_{ber.}$

Anzahl der Freiheitsgrade: $4-2-1=1$; $c=3{,}84$;

Testentscheidung: H_0 kann nicht abgelehnt werden
(keine Entscheidung gegen logarithmische Normalverteilung).

• AUFGABE 15

Maximum-Likelihood-Schätzungen: λ=Mittelwert; n=306.

1.) $\lambda = \bar{x} = 2,056$; $p_k = \frac{\lambda^k}{k!} e^{-\lambda}$, $k = 0,1,2,\ldots$

Tore	0	1	2	3	4	5	≥ 6
Wahrscheinl.	0,128	0,263	0,270	0,185	0,095	0,039	0,020
erwartete Häufigkeiten	39,3	80,5	82,8	56,7	29,2	12,0	6,12
eingetretene Häufigkeit	44	74	87	51	31	14	5

$\chi^2_{ber.} = 2,60$;
5 Freiheitsgrade ; c=11,07 ⇒ keine Ablehnung der Poissonverteilung.

2.) $\lambda = \bar{y} = 1,340$.

Tore	0	1	2	3	≥ 4
Wahrscheinl.	0,262	0,351	0,235	0,105	0,047
erwartete Häufigkeiten	80,1	107,4	71,9	32,1	14,4
eingetretene Häufigkeit	79	109	71	33	14

$\chi^2_{ber.} = 0,086$; c=7,81 ⇒ keine Ablehnung der Poissonverteilung.

3.) $\bar{z} = \bar{x} + \bar{y} = 3,396 = \lambda$.

Tore	0	1	2	3	4	5	6	7	≥ 8
Wahrsch.	0,034	0,114	0,193	0,219	0,186	0,126	0,071	0,035	0,022
erw. Häuf.	10,3	34,8	59,1	66,9	56,8	38,6	21,8	10,6	6,7
beob. "	13	29	60	65	61	39	26	6	7

$\chi^2_{ber.} = 4,94$; c=14,07 ; keine Ablehnung der Poissonverteilung.

• AUFGABE 16

a) Da zwei Parameter zu schätzen sind, besitzt die Testgröße r-3 Freiheitsgrade. Somit müssen mindestens 4 Klassen zur Verfügung stehen; zu deren Besetzung reicht wegen $n_i \geq 5$ die Stichprobe jedoch nicht aus.

b) Beide Parameter müssen bekannt sein.
   (2 Klassen ergibt einen Freiheitsgrad).

● AUFGABE 17

Der Chi-Quadrat-Test darf nur auf Häufigkeiten angewandt werden und nicht auf Merkmalswerte. Ersetzt man die Häufigkeiten durch Gesprächslängen, so hängt die "Testgröße χ^2" vom gewählten Maßstab ab. Würde man anstatt 1 Sekunde als Einheit 1/10 Sekunde wählen, so würden in den Summanden die Zähler hundertmal, die Nenner dagegen nur zehnmal größer werden. Insgesamt würde die Testgröße verzehnfacht. Durch geeignete Wahl des Maßstabs (Einheit) könnte man für χ^2 jeden beliebigen positiven Zahlenwert erhalten, die Ablehnung bzw. Nicht-Ablehnung der Nullhypothese würde also vom gewählten Maßstab abhängen.

7. Kolmogoroff-Smirnov-Test – Wahrscheinlichkeitspapier

● AUFGABE 1

Siehe Abbildung Seite 89.

Schätzwert $\hat{\mu}=97,4$; $\hat{\sigma}=109,8-97,4=12,4$;
Stichprobenparameter $\bar{x}=97,72$; $s=12,14$.

● AUFGABE 2

Kolmogoroff-Smirnov-Test.
Geordnete Stichprobe $t_1, t_2, \ldots, t_{50}$;
Verteilungsfunktion $F(t) = 10^{-9} \cdot t^3$, $0 \le t \le 1000$.
$F(1000)=1$.
Bestimmung der maximalen Abweichung der empirischen Verteilungsfunktion $\tilde{F}_{50}(t)$ von $F(t)$ im Intervall $[t_i, t_{i+1}]$.
Fortsetzung s. Seite 90.

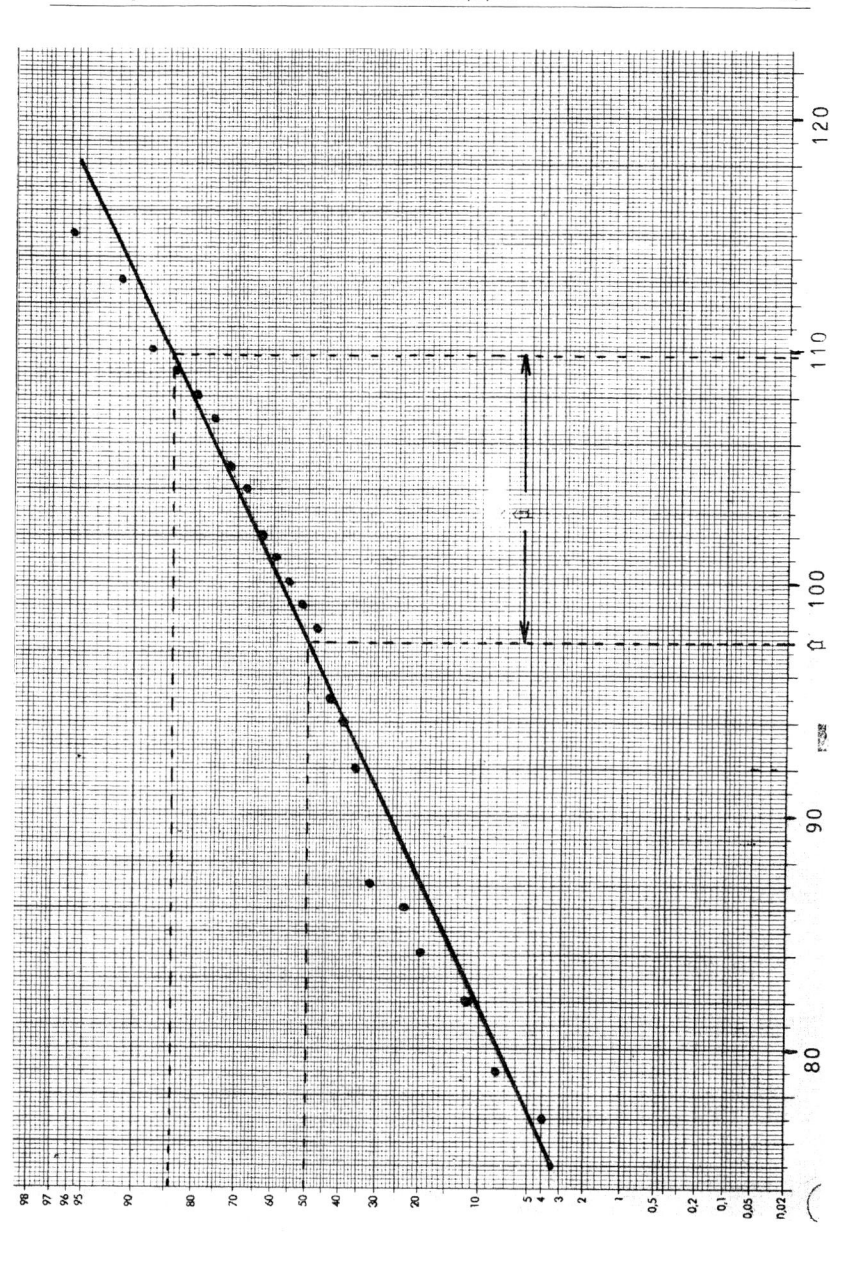

7. Kolmogoroff-Smirnov-Test — Wahrscheinlichkeitspapier

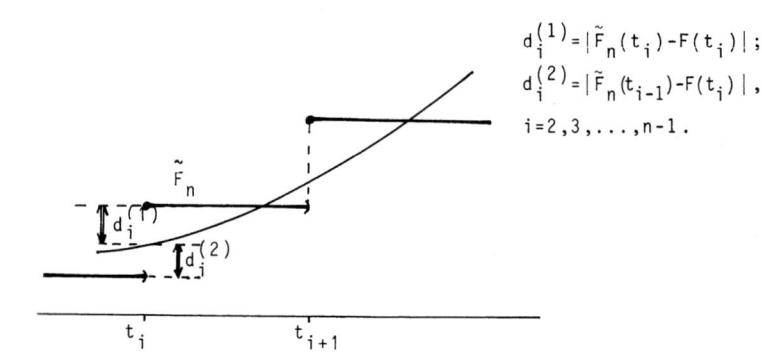

$$d_i^{(1)} = |\tilde{F}_n(t_i) - F(t_i)|;$$
$$d_i^{(2)} = |\tilde{F}_n(t_{i-1}) - F(t_i)|,$$
$$i = 2, 3, \ldots, n-1.$$

$$d_1^{(2)} = F(t_1); \qquad d_n^{(1)} = |1 - F(t_n)|$$
$$d_1^{(1)} = |\tilde{F}_n(t_1) - F(t_1)|; \qquad d_n^{(2)} = |F(t_n) - \tilde{F}_n(t_{n-1})|.$$

Maximale Abweichung 0,1310.

Testgröße $d = \sqrt{50} \cdot 0,1310 = 0,9263$.

$\alpha = 0,05$; kritische Grenze $c = 1,36$.

Testentscheidung: $d < c$ ⇒ die Vermutung kann nicht abgelehnt (widerlegt) werden.

● AUFGABE 3

Testgröße $d = \sqrt{n} \cdot \max_x |F_n(x) - F(x)| = 10 \cdot 0,16 = 1,6$;

Kritische Grenze $\lambda = 1,36$.

Testentscheidung: $d > \lambda$ ⇒ Ablehnung der Nullhypothese.

● AUFGABE 4

95%-Quantil der Kolmogoroff-Smirnov-Verteilung $\lambda = 1,36$.

$$d \cdot \sqrt{\frac{n_1 n_2}{n_1 + n_2}} > \lambda \; ; \; d > 1,36 \cdot \sqrt{\frac{150 + 80}{150 \cdot 80}} = 0,188.$$

● AUFGABE 5

$n_1 = n_2 = n$; $\qquad d \cdot \sqrt{\frac{n^2}{2n}} = \sqrt{\frac{n}{2}} \cdot d$.

● AUFGABE 6

Testgröße nach Aufgabe 4 $d \cdot \sqrt{\dfrac{n_1 \cdot n_2}{n_1 + n_2}} = 0{,}18 \cdot \sqrt{\dfrac{100 \cdot 200}{300}} = 1{,}47$.

Ablehnungsgrenze $c = 1{,}36$.

Testentscheidung: Ablehnung von H_o.

● AUFGABE 7

$d \cdot \sqrt{\dfrac{n}{2}} \geq 1{,}63$; a) $d \geq 0{,}231$; b) $d \geq 0{,}073$; c) $d \geq 0{,}023$.

8. Zweidimensionale Stichproben

● AUFGABE 1

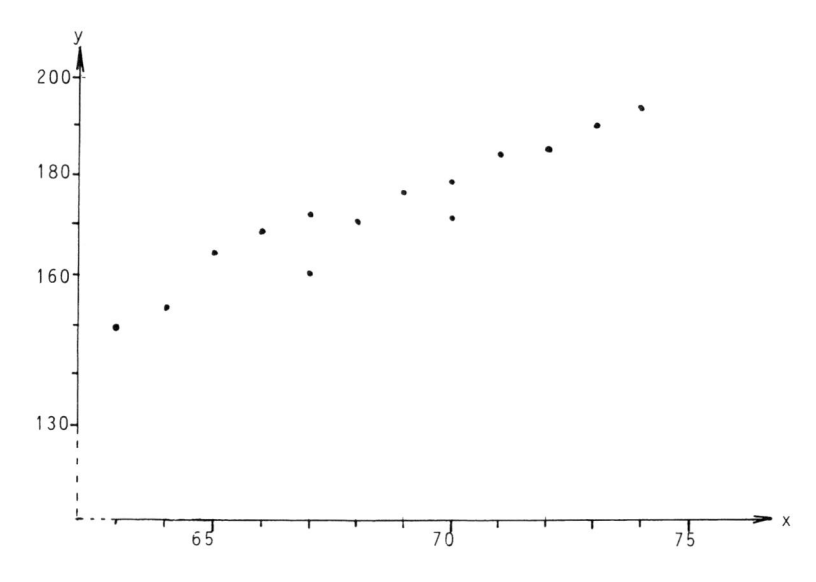

b) $\tilde{F}(70; 170) = \dfrac{3}{7}$.

AUFGABE 2

a)

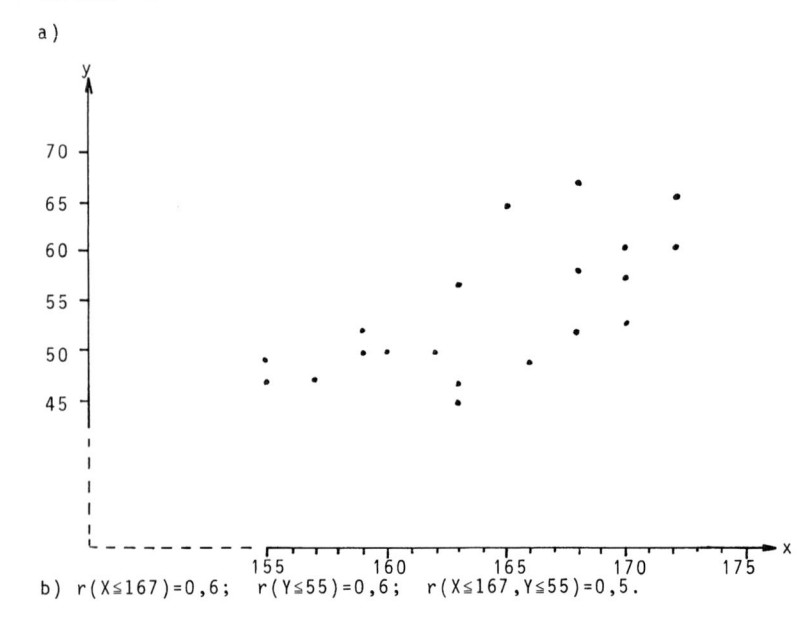

b) $r(X \leq 167) = 0,6$; $r(Y \leq 55) = 0,6$; $r(X \leq 167, Y \leq 55) = 0,5$.

AUFGABE 3

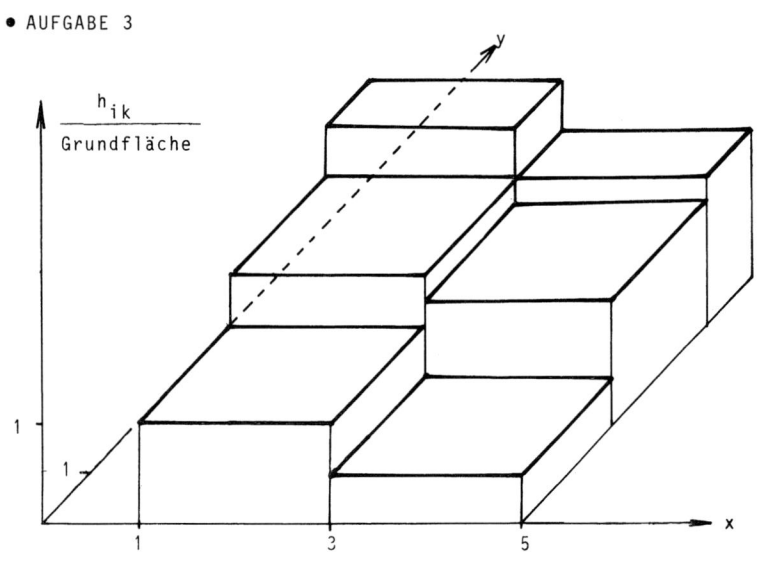

9. Kontingenztafeln – Vierfeldertafeln
(Homogenitäts- und Unabhängigkeitstests)

- Aufgabe 1

Hypothese H_0: Beide Merkmale sind unabhängig (Impfung hat keinen Einfluß).

Vierfeldertafel

48	452	500
9	191	200
57	643	700 = n

$$\chi^2_{ber.} = \frac{700(48 \cdot 191 - 9 \cdot 452)^2}{57 \cdot 643 \cdot 200 \cdot 500} = 4,97 \ .$$

Anzahl der Freiheitsgrade 1.

a) $\alpha=0,05$; c=3,84 ; Ablehnung der Hypothese, also Annahme der Alternative H_1: Die Impfung hilft.

b) $\alpha=0,01$; c= 6,63; die Hypothese kann nicht abgelehnt werden.

- AUFGABE 2

Hypothese: Das Medikament wirkt nicht (Unabhängigkeit);

Vierfeldertafel

79	21	100
67	33	100
146	54	200

$$\chi^2_{ber.} = \frac{200(79 \cdot 33 - 67 \cdot 21)^2}{146 \cdot 54 \cdot 100 \cdot 100} = 3,65 \ .$$

1 Freiheitsgrad; c=3,84.

Wegen $\chi^2_{ber.} < c$ kann die Hypothese nicht abgelehnt werden. Das Zahlenmaterial reicht also nicht aus, um sagen zu können, daß das Medikament wirkt. Die Abweichungen können rein zufällig zustandegekommen sein.

● AUFGABE 3

Vierfeldertafel

19	181	200
20	260	280
39	441	480 = n

$$\chi^2_{ber.} = \frac{480(19 \cdot 260 - 20 \cdot 181)^2}{39 \cdot 441 \cdot 200 \cdot 280} = 0{,}87 \; ; \quad c = 3{,}84.$$

Testentscheidung: $\chi^2_{ber.} < c$ ⇒ auf einen Unterschied der beiden Mittel kann nicht geschlossen werden (Abweichungen können rein zufällig sein).

● AUFGABE 4

Vierfeldertafel (Unabhängigkeitstest); H_0: Unabhängigkeit

	M	$\bar{M}$	
S	40	78	118
$\bar{S}$	41	191	232
	81	269	350

$$\chi^2_{ber.} = \frac{350(40 \cdot 191 - 41 \cdot 78)^2}{81 \cdot 269 \cdot 118 \cdot 232} = 11{,}6 \; ;$$

1 Freiheitsgrad; c=6,63.

Testentscheidung: H_0 wird abgelehnt (Abhängigkeit).

● AUFGABE 5

H_0: Das Interesse am politischen Geschehen ist bei Männern und Frauen gleich.

Kontingenztafel.

	kein Interesse	mittleres Int.	großes Int.	
Frauen	162	148	90	400
Männer	178	233	189	600
	340	381	279	1000 = n

m=2; r=3.

$$\chi^2_{ber.} = 1000 \cdot \sum_{i=1}^{2} \sum_{r=1}^{3} \frac{(h_{ik} - \frac{h_{i \cdot} \cdot h_{\cdot k}}{n})^2}{h_{i \cdot} \cdot h_{\cdot k}} = 15{,}5.$$

9. Kontingenztafeln — Vierfeldertafeln

Anzahl der Freiheitsgrade $(m-1)\cdot(r-1) = 2$; $c=9,21$.
Testentscheidung: H_0 wird abgelehnt.

● AUFGABE 6

Kontingenztafel für den Chi-Quadrat-Unabhängigkeitstest.

Augenfarbe \ Haarfarbe	hellblond	dunkelblond	schwarz	rot	Zeilensummen h_i
blau	82	53	26	9	170
grau/grün	71	82	46	11	210
braun	28	57	31	4	120
Spaltensumme $h_{\cdot k}$	181	192	103	24	500 = n

Teszgröße: $\chi^2_{ber.} = 22,34$.

Anzahl der Freiheitsgrade $(4-1)\cdot(3-1) = 6$; $c=18,55$.
Testentscheidung: die beiden Merkmale sind nicht (stochastisch) unabhängig.

● AUFGABE 7

Hypothese H_0: Das Wählerverhalten hat sich nicht geändert.
Kontingenztafel.
$m=2$; $r=7$; $\chi^2_{ber.} = 17,6$; Anzahl der Freiheitsgrade 6;

a) $\alpha=0,05$: Ablehnungsgrenze $c=12,59$.
   Testentscheidung: Ablehnung der Nullhypothese.
b) $\alpha=0,01$: $c=16,81$
   Testentscheidung: Ablehnung der Nullhypothese.

● AUFGABE 8

Nullhypothese H_0: Die Methoden haben keinen Einfluß auf den Lernerfolg.
Chi-Quadrat-Unabhängigkeitstest (Kontingenztafel).

Gruppe \ Zensur	5	4	3	2	1	$h_{i\cdot}$
1	6	13	20	7	4	50
2	10	18	15	5	2	50
3	18	19	13	1	0	51
$h_{\cdot k}$	34	50	48	13	6	151 = n

$\chi^2_{ber.} = 17{,}68$.
Anzahl der Freiheitsgrade: $(3-1)\cdot(5-1)=8$.

a) $\alpha=0{,}05$; $c=15{,}51$ $\Rightarrow$ Ablehnung von H_o
b) $\alpha=0{,}01$; $c=20{,}09$ $\Rightarrow$ keine Ablehnung von H_o.

● AUFGABE 9

Chi-Quadrat-Homogenitätstest.
Testgröße: $\chi^2_{ber.}=6{,}9$;
Anzahl der Freiheitsgrade $(2-1)(4-1)=3$.
Ablehnungsgrenze $c=7{,}81$.
Testentscheidung: $\chi^2_{ber.} < c$ $\Rightarrow$ die Hypothese, daß bei beiden Briefen das gleiche Fehlverhalten vorliegt, kann nicht abgelehnt werden.

● AUFGABE 10

Nullhypothese H_o: X und Y sind (stochastisch) unabhängig.
Chi-Quadrat-Unabhängigkeitstest. Klassenzusammenfassung in der Kontingenztafel.

a) Spielzeit 80/81

	0	1	2	≥3
0	13	8	9	14
1	21	31	9	13
2	20	33	27	7
3	13	15	14	9
≥4	12	22	12	4

$\chi^2_{ber.} = 26{,}7$; $c=21{,}03$;
Freiheitsgrade 12.

b) Spielzeit 81/82

	0	1	2	≥3
0	12	10	11	5
1	17	31	12	10
2	20	26	18	11
3	17	21	16	7
≥4	14	20	23	5

$\chi^2_{ber.} = 10{,}32$;
Freiheitsgrade 12.

Testentscheidung: Spielzeit 80/81: Ablehnung der Nullhypothese.

Spielzeit 81/82: Keine Ablehnung der Nullhypothese (Ausgeglichenheit!).

● AUFGABE 11

Wegen $n = h_{1\cdot} + h_{2\cdot}$ liefern die beiden absoluten Häufigkeiten h_{1i} und h_{2i} der i-ten Spalte in der Kontingenztafel zur Testgröße $\chi^2_{ber.}$ den Anteil

$$(h_{1\cdot} + h_{2\cdot}) \cdot \left[\frac{(h_{1i} - \frac{h_{1\cdot}(h_{1i}+h_{2i})}{h_{1\cdot}+h_{2\cdot}})^2}{h_{1\cdot}(h_{1i}+h_{2i})} + \frac{(h_{2i} - \frac{h_{2\cdot}(h_{1i}+h_{2i})}{h_{1\cdot}+h_{2\cdot}})^2}{h_{2\cdot}(h_{1i}+h_{2i})} \right]$$

$$= \frac{h_{1\cdot}+h_{2\cdot}}{h_{1i}+h_{2i}} \cdot \left(\frac{h_{1i} h_{2\cdot} - h_{2i} h_{1\cdot}}{h_{1\cdot}+h_{2\cdot}}\right)^2 \cdot \left(\frac{1}{h_{1\cdot}} + \frac{1}{h_{2\cdot}}\right)$$

$$= \frac{1}{h_{1i}+h_{2i}} \cdot \frac{(h_{1i} h_{2\cdot} - h_{2i} h_{1\cdot})^2}{h_{1\cdot}+h_{2\cdot}} \cdot \frac{h_{1\cdot}+h_{2\cdot}}{h_{1\cdot} \cdot h_{2\cdot}}$$

$$= \frac{h_{1\cdot} \cdot h_{2\cdot}}{h_{1i}+h_{2i}} \left(\frac{h_{1i} h_{2\cdot} - h_{2i} h_{1\cdot}}{h_{1\cdot} \cdot h_{2\cdot}}\right)^2 = \frac{h_{1\cdot} \cdot h_{2\cdot}}{h_{1i}+h_{2i}} \left(\frac{h_{1i}}{h_{1\cdot}} - \frac{h_{2i}}{h_{2\cdot}}\right)^2 \;;$$

Summation über i liefert die Behauptung.

10. Kovarianz und Korrelation

● AUFGABE 1

X \ Y	1	2	3	4	$P(X=x_i)$
1	0,05	0,1	0	0	0,15
2	0,1	0,2	0,05	0	0,35
3	0	0,1	0,1	0,2	0,4
4	0	0	0,05	0,05	0,1
$P(Y=y_k)$	0,15	0,4	0,2	0,25	1

$E(X) = 2,45$; $E(Y) = 2,55$; $E(X \cdot Y) = \sum_{i,k} x_i \cdot y_k \cdot p_{ik} = 6,85$.

$E(X^2) = 6,75$; $E(Y^2) = 7,55$; $\sigma_X^2 = 0,7475$; $\sigma_Y^2 = 1,0475$.

$\sigma_{xy} = E(X \cdot Y) - E(X) \cdot E(Y) = 0,6025$; $\rho = \frac{\sigma_{XY}}{\sigma_X \cdot \sigma_Y} = 0,681$.

• AUFGABE 2

Vereinfachte Rechnung: $\tilde{x} = x-165$; $\tilde{y} = y-56$;

$\tilde{x}_i$	$\tilde{y}_i$
0	0
11	19
10	14
3	5
2	5
7	7
10	16
15	24
14	20
8	12
1	1
13	20
4	4
4	8
5	7
11	15
15	22
4	6
12	19
11	15

$\sum \tilde{x}_i = 160$; $\sum \tilde{x}_i^2 = 1722$; $\sum \tilde{y}_i = 239$; $\sum \tilde{y}_i^2 = 3893$;
$\sum \tilde{x}_i \cdot \tilde{y}_i = 2575$;

$\bar{\tilde{x}} = 8$; $\bar{x} = 173$; $s_x = 4{,}82$;
$\bar{\tilde{y}} = 11{,}95$; $\bar{y} = 67{,}95$; $s_y = 7{,}39$.

a) $s_{xy} = \frac{1}{19}[2575 - 20 \cdot 8 \cdot 11{,}95] = 34{,}89$;

$r = \frac{s_{xy}}{s_x \cdot s_y} = 0{,}980$.

b) Testgröße $u_n = \frac{1}{2} \cdot \ln \frac{1+r}{1-r} = 2{,}298$;

$\frac{z_{1-\frac{\alpha}{2}}}{\sqrt{n-3}} = \frac{1{,}96}{\sqrt{17}} = 0{,}475$.

linke Grenze: $\frac{e^{2(2{,}298-0{,}475)} - 1}{e^{2(2{,}298-0{,}475)} + 1} = 0{,}949$;

rechte Grenze: $\frac{e^{2(2{,}298+0{,}475)} - 1}{e^{2(2{,}298+0{,}475)} + 1} = 0{,}992$;

Konfidenzintervall: $0{,}949 \leq \rho \leq 0{,}992$.

• AUFGABE 3

a) $\bar{x} = \frac{629}{306} = 2{,}056$; $s_x^2 = \frac{1}{305}[1959 - 306\bar{x}^2] = 2{,}184$; $s_x = 1{,}478$;

$\bar{y} = \frac{410}{306} = 1{,}340$; $s_y^2 = 1{,}320$; $s_y = 1{,}149$;

$s_{xy} = \frac{1}{305}[803 - 306 \cdot \bar{x} \cdot \bar{y}] = -0{,}130$;

$r = -0{,}077$.

Siehe auch Tabelle auf Seite 99.

10. Kovarianz und Korrelation

x_i^* \ y_k^*	0	1	2	3	4	5	6	$h_{i\cdot}$	$h_{i\cdot}x_i^*$	$h_{i\cdot}x_i^{*2}$	$\sum_k h_{ik}y_k^*$	$\sum_k h_{ik}y_k^* x_i^*$
0	13	8	9	10	3	0	1	44	0	0	74	0
1	21	31	9	8	4	1	0	74	74	74	94	94
2	20	33	27	4	2	1	0	87	174	348	112	224
3	13	15	14	7	2	0	0	51	153	459	72	216
4	8	13	8	2	0	0	0	31	124	496	35	140
5	4	7	1	2	0	0	0	14	70	350	15	75
6	0	0	1	0	0	0	0	1	6	36	2	12
7	0	2	2	0	0	0	0	4	28	196	6	42
$h_{\cdot k}$	79	109	71	33	11	2	1	306 =n	629	1959		803
$h_{\cdot k}y_k^*$	0	109	142	99	44	10	6	410				
$h_{\cdot k}y_k^{*2}$	0	109	284	297	176	50	36	952				
$\sum_i h_{ik}x_i^*$	152	243	162	55	14	3	0					
$\sum_i h_{ik}x_i^* y_k^*$	0	243	324	165	56	15	0	803				

Kontrolle — Summe der gemischten Produkte

b)

x_i^* \ y_k^*	0	1	2	3	4	5	6	$h_{i\cdot}$	$h_{i\cdot}x_i^*$	$h_{i\cdot}x_i^{*2}$	$\sum_k h_{ik}y_k^* x_i^*$
0	12	10	11	5	0	0	0	38	0	0	0
1	17	31	12	7	3	0	0	70	70	70	88
2	20	26	18	7	3	0	1	75	150	300	202
3	17	21	16	5	2	0	0	61	183	549	228
4	10	12	16	1	2	0	0	41	164	656	220
5	2	4	4	2	0	0	0	12	60	300	90
6	0	4	2	0	0	0	0	6	36	216	48
7	2	0	0	0	0	0	0	2	14	98	0
8	0	0	0	0	0	0	0	0	0	0	0
9	0	0	1	0	0	0	0	1	9	81	18
$h_{\cdot k}$	80	108	80	27	10	0	1	306	686	2270	894
$h_{\cdot k}y_k^*$	0	108	160	81	40	0	6	395			
$h_{\cdot k}y_k^{*2}$	0	108	320	243	160	0	36				
$\sum_i h_{ik}x_i y_k^*$	0	238	402	150	92	0	12	894			

$\bar{x} = \dfrac{686}{306} = 2{,}242;\quad s_x^2 = \dfrac{1}{305}[2270 - 306\cdot\bar{x}^2] = 2{,}40;\quad s_x = 1{,}550;$

$\bar{y} = \dfrac{395}{306} = 1{,}291;\quad s_y^2 = \dfrac{1}{305}[867 - 306\cdot\bar{y}^2] = 1{,}171;\quad s_y = 1{,}082;$

$s_{xy} = \dfrac{1}{305}[894 - 306\cdot\bar{x}\cdot\bar{y}] = 0{,}028;$

$r = 0{,}017.$

• AUFGABE 4

Männer $z_i = x_i - 100$; Frauen $u_i = y_i - 100$

z_i	-29	-22,2	-13	-5,2	0	7	12,7	19,1	26,9	34,2
u_i	-31,5	-23,7	-13,9	-5,3	0	7,2	12,9	18,6	25,8	32,7

$\sum z_i = 30,5$; $\sum z_i^2 = 3998,23$; $\sum z_i u_i = 4029,75$; $\sum u_i = 22,8$; $\sum u_i^2 = 4074,38$.

$r = 0,9992$.

• AUFGABE 5

Testgröße $t = \sqrt{n-2} \cdot \dfrac{r}{\sqrt{1-r^2}}$ ist t-verteilt mit n-2 Freiheitsgraden

$|t| > t_{1-\alpha/2} \quad \Leftrightarrow \quad t^2 > t_{1-\alpha/2}^2 = c^2$;

$\dfrac{r^2}{1-r^2} > \dfrac{c^2}{n-2}$; $r^2 \left(1 + \dfrac{c^2}{n-2}\right) > \dfrac{c^2}{n-2}$.

$r^2 > \dfrac{1}{1 + \dfrac{n-2}{c^2}}$; $|r| > \sqrt{\dfrac{1}{1 + \dfrac{n-2}{c^2}}}$.

a) $n = 30$; 28 Freiheitsgrade; $c = 2,05$; $|r| > 0,3613$;
b) $n = 500$; $c = 1,96$; $|r| > 0,0875$.

• AUFGABE 6

$z_1 = \dfrac{1}{2} \cdot \ln \dfrac{1+r_1}{1-r_1} = 1,1270$; $z_2 = \dfrac{1}{2} \cdot \ln \dfrac{1+r_2}{1-r_2} = 0,9962$.

Testgröße $d = |z_1 - z_2| = 0,1308$.

$c = z_{1-\alpha/2} \cdot \sqrt{\dfrac{1}{n_1-3} + \dfrac{1}{n_2-3}} = 1,960\sqrt{0,03} = 0,339$.

Testentscheidung: $d < c \Rightarrow H_0: \rho_1 = \rho_2$ kann nicht abgelehnt werden.

• AUFGABE 7

a) $Z_1 = X+Y$; $Z_2 = X-Y$; $Z_1 \cdot Z_2 = X^2 - Y^2$;
$E(Z_1 \cdot Z_2) = E(X^2) - E(Y^2) = 0$;
$E(Z_2) = 0$.
$\Rightarrow \text{Cov}(Z_1, Z_2) = E(Z_1 \cdot Z_2) - E(Z_1) \cdot E(Z_2) = 0$.

b)

X \ Y	-1	1
-1	1/4	1/4
1	1/4	1/4

$Z_1 = X+Y$; $Z_2 = X-Y$.

$P(Z_1=0)=1/2$; $P(Z_2=0)=1/2$.
$(Z_1=0;Z_2=0)=\phi$.
$0=P(Z_1=0;Z_2=0) \neq P(Z_1=0)\cdot P(Z_2=0)$ ⇒ Z_1,Z_2 nicht unabhängig, jedoch unkorreliert.

11. Regressionsanalyse

● AUFGABE 1

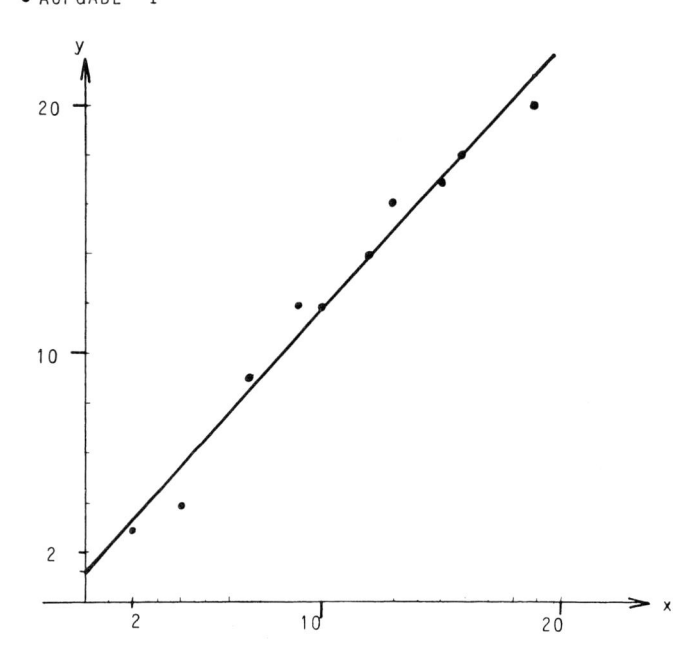

$\bar{x}=10,7$; $\bar{y}=12,5$; $\sum x_i^2=1405$; $s_x=5,38$; $\sum y_i^2=1859$; $s_y=5,74$;
$\sum x_i y_i=1612$; $s_{xy}=30,5$;
$r=0,988$.
$\tilde{y}-12,5=1,055(x-10,7)$;
Regressionsgerade: $\tilde{y}=1,055x+1,21$;
$d^2=(n-1)(1-r^2)s_y^2=7,07$.

- AUFGABE 2

$\sum x_i=17$; $\sum x_i^2=57,5$; $\sum y_i=31,8$; $\sum y_i^2=180,945$; $\sum x_i y_i=101,55$;
$\bar{x}=2,43$; $s_x=1,64$; $\bar{y}=4,54$; $s_y=2,47$; $s_{xy}=4,05$;

$r=1$ ⇒ Punkte liegen auf einer Geraden.
Geradengleichung durch zwei beliebige Punkte ergibt die Regressionsgerade
$$\tilde{y}=1,5x+0,9.$$

- AUFGABE 3

1.) $n=25$; $m=5$;

$\bar{x}=16$; $\sum_{i=1}^{5} n_i x_i^{*2} = 6600$; $s_x=2,887$;

$\bar{y}=3,61$; $\sum_{i,k} y_{ik}^2 = 329,03$; $s_y=0,346$;

$\sum_{i,k} x_i^* y_{ik} = 1465,6$; $s_{xy}=0,867$, $r=0,869$;

Regressionsgerade: $\tilde{y}=0,104x+1,948$.

2.) $q = \sum_{i=1}^{5} \sum_{k=1}^{n_i} (y_{ik}-\tilde{y}_i)^2 = 0,7032$;

$q_1 = \sum n_i (\bar{y}_i - \tilde{y}_i)^2 = 0,0672$;

$q_2 = q - q_1 = 0,636$;

Testgröße $v_{ber.} = \dfrac{q_1/3}{q_2/20} = 0,70$;

95%-Quantil der $F_{(3,20)}$-verteilung $c=3,10$;
keine Ablehnung der Nullhypothese.

AUFGABE 4

Nach der vorhergehenden Aufgabe gilt $d^2 = q = 0,7032$, $s_x = 2,887$; $\bar{x} = 16$; $b = 0,104$; $a = 1,948$.

1. Konfidenzintervall für den Regressionskoeffizienten β_0:

$\alpha = 0,05$ liefert als $(1-\frac{\alpha}{2})$-Quantil der t-Verteilung mit 25-2 Freiheitsgraden $t_{0,975} = 2,07$.

Daraus ergeben sich die Grenzen

$$b \pm t_{1-\alpha/2} \frac{d}{s_x \sqrt{(n-1)\cdot(n-2)}} = 0,104 \pm 0,026 \; ;$$

Konf $\{0,08 \leq \beta_0 \leq 0,13\}$.

2. Konfidenzintervall für den Achsenabschnitt α_0:

Grenzen: $a \mp t_{1-\alpha/2} \cdot \frac{d}{\sqrt{n-2}} \cdot \sqrt{\frac{1}{n} + \frac{\bar{x}^2}{(n-1)s_x^2}} = 1,948 \mp 0,416;$

Konf $\{1,532 \leq \alpha_0 \leq 2,364\}$.

AUFGABE 5

Nach Aufgabe 3 gilt: $n_1 = 25$; $\bar{x} = 16$; $s_x = 2,887$; $d^2 = q = 0,7032$.

1.) Hypothese $H_0: \alpha = \alpha_0'$:

Testgröße $t_{ber.} = \dfrac{(a-a') \cdot \sqrt{n_1+n_2-4}}{\sqrt{\frac{1}{n_1}+\frac{1}{n_2}+\frac{\bar{x}^2}{(n_1-1)s_x^2}+\frac{\bar{x}'^2}{(n_2-1)s_{x'}^2}} \cdot \sqrt{d^2+d'^2}} = -2,14.$

Anzahl der Freiheitsgrade: $25+40-4=61$; $c=2,0$.

$|t_{ber.}| > c \Rightarrow$ Ablehnung von H_0.

2.) Hypothese $H_0: \beta = \beta_0'$:

Testgröße $t_{ber.} = \dfrac{(b-b')\sqrt{n_1+n_2-4}}{\sqrt{(d^2+d'^2)(\frac{1}{(n_1-1)s_x^2} + \frac{1}{(n_2-1)s_{x'}^2})}} = 0,58 \; ;$

keine Ablehnung von H_0.

Interpretation: Die zweite Kuh gibt bei gleichem Rohfaseranteil im Futter mehr Milch als die erste. Gleiche Erhöhung des Rohfaseranteils hat jedoch etwa gleiche Fettzunahme zur Folge.

AUFGABE 6

Alter	Häufig-keit n_i	Gruppenmittel $\bar{y}_{i\cdot} = \frac{1}{n_i}\sum_k y_{ik}$	Streuung in den Gruppen um $\bar{y}_{i\cdot}$	Schätzwerte (auf der Regressionsgeraden) $\tilde{y}_i$	$n_i(\tilde{y}_i - \bar{y}_i)^2$
20	10	112,7	3,60	111,3	17,99
25	10	115,7	4,63	115,3	1,73
30	10	118,3	4,55	119,3	9,80
35	10	121,9	4,11	123,2	17,31
40	10	128,2	4,61	127,2	9,98
45	10	130,4	5,51	131,2	5,73
50	10	134,2	3,47	135,1	8,14
55	10	138,8	4,92	139,1	1,01
60	10	143,9	3,54	143,0	6,50
65	10	147,7	4,65	147,0	5,20
					83,39 = q_1

1.) $\bar{x}=42,5$; $s_x=14,434$;

Gesamt $\bar{y}=129,2$; $s_y=12,228$;

Kovarianz $s_{xy}=165,23$;

Korrelationskoeffizient $r=0,9362$;

2.) Regressionsgerade $\tilde{y}=0,7931x+95,46$;

3.) Summe der Abstandsquadrate von der Regressionsgerade

$$d^2 = q = \sum_i \sum_k (y_{ik}-\tilde{y}_i)^2 = (n-1)\cdot s_y^2 \cdot (1-r^2) = 1828,87;$$

Summe der Abstandsquadrate der Gruppenmittel von der Regressionsgeraden

$$q_1 = \sum_i n_i(\bar{y}_{i\cdot}-\tilde{y}_i)^2 = 83,39;$$

Anzahl der Freiheitsgrade $m-2=8$;

Summe der Abstandsquadrate innerhalb der Gruppen

$$q_2 = \sum_i \sum_k (y_{ik}-\bar{y}_{i\cdot})^2 = q-q_1 = 1745,48;$$

Anzahl der Freiheitsgrade $n-m=100-10=90$;

Testgröße: $v_{ber.} = \dfrac{q_1/8}{q_2/90} = 0,54$.

Die F-Verteilung liefert die kritische Grenze $c=2,04$.

Testentscheidung: Die Hypothese der linearen Regression in der Grundgesamtheit kann nicht abgelehnt werden.

4.) t-Verteilung mit 100-2 Freiheitsgraden: $t_{1-\alpha/2}=1,98$;

a) $t_{1-\alpha/2} \cdot \dfrac{d}{s_x\sqrt{(n-1)(n-2)}} = \dfrac{1,98\sqrt{1828,87}}{14,434\sqrt{99,98}} = 0,060$; b=0,793;

Konf $\{0,733 \leq \beta_0 \leq 0,853\}$.

b) $t_{1-\alpha/2} \cdot \dfrac{d}{\sqrt{n-2}} \cdot \sqrt{1 + \dfrac{\bar{x}^2}{(n-1)s_x^2}} = 1,98\sqrt{\dfrac{1828,87}{98}} \sqrt{1 + \dfrac{42,5^2}{99 \cdot 14,434^2}}$

$$= 8,92;$$

Konf $\{86,5 \leq \alpha_0 \leq 104,4\}$.

5.) $g_{u,o}(x) = 0,7931 \cdot x + 95,46 \mp 1,98 \sqrt{\dfrac{1828,87}{98}} \cdot \sqrt{\dfrac{1}{100} + \dfrac{(x-42,5)^2}{99 \cdot 14,434^2}}$

$$= 0,7931 \cdot x + 95,46 \mp 8,553 \cdot \sqrt{0,01 + \dfrac{(x-42,5)^2}{20625,70}} \; ;$$

$g_{u,o}(45) = 131,15 \mp 0,965$;

Konf $\{130,2 \leq \mu(45) \leq 132,1\}$.

● AUFGABE 7

1.) Regressionskoeffizient $b = \dfrac{s_{xy}}{s_x^2} = -0,0164$;

$\tilde{y} - \bar{y} = -0,0164(x-\bar{x})$;

Regressionsgerade $\tilde{y} = -0,0164x + 28,27$.

2.)

	$\bar{y}_{i \cdot}$	$\tilde{y}_i$	n_i
80	26,74	26,96	5
160	25,00	25,65	5
240	27,08	24,34	5
320	20,34	23,03	5
400	22,52	21,72	5

$q_1 = \sum\limits_{i=1}^{5} n_i(\bar{y}_{i \cdot} - \tilde{y}_i)^2 = 79,3$;

$q_2 = \sum\limits_{i} \sum\limits_{k} (y_{ik} - \bar{y}_{i \cdot})^2 = 1771,4$;

Testgröße $v = \dfrac{q_1/(5-2)}{q_2/(25-5)} = 0,298$.

95%-Quantil der $F_{[3;20]}$-Verteilung c=3,10.

Testentscheidung: Keine Ablehnung des Vorhandenseins einer linearen Regression in der Grundgesamtheit.

• AUFGABE 8

1.) Summe der vertikalen Abstandsquadrate

$$q = \sum_{i=1}^{n} (y_i - b_0 - b_1 x_i - b_2 x_i^2 \ldots - b_p x_i^p)^2 = \min.$$

$\frac{\partial q}{\partial b_i} = 0$ für $i=0,1,2,\ldots,p$ liefert das Gleichungssystem

$$\begin{aligned}
b_0 \cdot n &+ b_1 \sum x_i &+ b_2 \sum x_i^2 &+ \ldots + b_p \sum x_i^p &= \sum y_i \\
b_0 \sum x_i &+ b_1 \sum x_i^2 &+ b_2 \sum x_i^3 &+ \ldots + b_p \sum x_i^{p+1} &= \sum x_i y_i \\
b_0 \sum x_i^2 &+ b_1 \sum x_i^3 &+ b_2 \sum x_i^4 &+ \ldots + b_p \sum x_i^{p+2} &= \sum x_i^2 y_i \\
b_0 \sum x_i^3 &+ b_1 \sum x_i^4 &+ b_2 \sum x_i^5 &+ \ldots + b_p \sum x_i^{p+3} &= \sum x_i^3 y_i \\
&\ldots \\
b_0 \sum x_i^p &+ b_1 \sum x_i^{p+1} &+ b_2 \sum x_i^{p+2} &+ \ldots + b_p \sum x_i^{2p} &= \sum x_i^p y_i
\end{aligned}$$

2.) Hier ist $b_0 = 0$ zu setzen. Dann fällt die erste Gleichung weg, sowie in allen weiteren Gleichungen der erste Summand.

• AUFGABE 9

a) $\bar{x} = 3,53$; $s_x = 0,250$; $\bar{y} = 20,64$; $s_y = 2,231$; $s_{xy} = -0,483$; $r = -0,868$;

Regressionsgerade $\tilde{y} = -7,758x + 48,02$;

$q = \sum_{i=1}^{10} (y_i - \tilde{y}_i)^2 = 11,1$.

b) Ansatz der Regressionskurve $y = \frac{c}{x}$.

Summe der vertikalen Abstandsquadrate

$$f(c) = \sum_{i=1}^{n} (y_i - \frac{c}{x_i})^2 \ ;$$

$$f'(c) = -2 \sum_{i=1}^{n} (y_i - \frac{c}{x_i}) \cdot \frac{1}{x_i} = 0 \Rightarrow c = \frac{\sum_i \frac{y_i}{x_i}}{\sum_i \frac{1}{x_i^2}} = 72,6208 \ .$$

x_i	3,1	3,2	3,4	3,5	3,5	3,6	3,6	3,7	3,8	3,9
y_i	24,5	22,4	21,8	23,0	18,9	20,9	19,4	18,9	19,1	17,5
$\tilde{y}_i$	24,0	23,2	21,6	20,9	20,9	20,1	20,1	19,3	18,5	17,8	*)
$\hat{y}_i$	23,4	22,7	21,4	20,7	20,7	20,2	20,2	19,6	19,1	18,6	**)

*) auf Geraden   **) auf Hyperbel; $\hat{q} = \sum (y_i - \hat{y}_i)^2 = 12,8$.

11. Regressionsanalyse

Wegen $q<\hat{q}$ approximiert die Gerade die Punktmenge besser als die Hyperbel.

- AUFGABE 10

  a) Da in der Parabelgleichung der lineare und absolute Anteil fehlt, ergibt sich für c die Bestimmungsgleichung

  $$c\sum v_i^4 = \sum v_i^2 s_i \quad ;$$

  Lösung $c=0,00456$; $\tilde{s}=0,00456 \cdot v^2$.

  b) $\hat{s}=25,7$ m.

- AUFGABE 11

  a) $\begin{matrix} 65600 b_1 + 7334000 b_2 = 53210 \\ 7334000 b_1 + 898760000 b_2 = 6317300 \end{matrix} \Rightarrow \begin{matrix} b_1 = 0,28852 \\ b_2 = 0,004675 \end{matrix}$

  $\tilde{s} = 0,28852v + 0,004675 v^2$;

  $q = 48,35$.

  b) $\dfrac{\tilde{s}}{v} = 0,3011 + 0,004546 v \Longleftrightarrow \tilde{s} = 0,3011 v + 0,004546 v^2$;

  $q = 49,87$.

  In a) ist die Approximation besser als in b).

- AUFGABE 12

  Transformation $z=x-1970$; $u=y-678,8$.

z_i	0	5	6	7	8	9	10
u_i	0	73	111,8	135,8	162	199,5	216,3

  $\sum z_i = 45$; $\sum z_i^2 = 355$; $\sum z_i^3 = 2925$; $\sum z_i^4 = 24979$;

  $\sum u_i = 898,4$; $\sum z_i u_i = 7240,9$; $\sum z_i^2 u_i = 60661,5$;

  a) $\tilde{u} = b_0 + b_1 z + b_2 z^2$.

Gleichungssystem (n=7)

$7b_0 + 41b_1 + 355b_2 = 898,4$
$45b_0 + 355b_1 + 2925b_2 = 7240,9$
$355b_0 + 2925b_1 + 24979b_2 = 60661,5$.

Lösungen $b_0 = -1,4785$; $b_1 = 11,4203$; $b_2 = 1,1122$.

Regressionsparabel $\tilde{y} = 677,3 + 11,4203(x-1970) + 1,1122(x-1970)^2$;

$q = \sum(\tilde{y}_i - y_i)^2 = 265,28$:

b) Regressionsgerade $u = a + bz$

$7a + 45b = 898,4$
$45a + 355b = 7240,9$

Lösung $a = -15,02$; $b = 22,3$;

$\tilde{y} - 678,8 = -15 + 22,3(x-1970)$;
$\tilde{y} = 663,8 + 22,3(x-1970)$;

$q = \sum_i(\tilde{y}_i - y_i)^2 = 1115,6$ (Parabel approximiert besser).

x_i	1970	1975	1976	1977	1978	1979	1980
y_i (tatsächl.)	678,8	751,8	790,6	814,6	840,8	878,3	895,1
$\tilde{y}_i$ (Parabel)	677,3	762,2	785,9	811,7	839,8	870,2	902,7
$\tilde{y}_i$ (linear)	663,8	775,3	797,6	819,9	842,2	864,5	886,8

● AUFGABE 13

Transformation $z = x - 1976$; $u = y - 100$.

x_i	0	1	2	3	4	5
u_i	0	2,2	4,5	14,8	30,6	54,7

a) $\sum z_i = 15$; $\sum z_i^2 = 55$; $\sum z_i^3 = 225$; $\sum z_i^4 = 979$;

$\sum u_i = 106,8$; $\sum z_i u_i = 451,5$; $\sum z_i^2 u_i = 2010,5$;

$\tilde{u} = b_0 + b_1 z + b_2 z^2$.

$6b_0 + 15b_1 + 55b_2 = 106,8$
$15b_0 + 55b_1 + 225b_2 = 451,5$
$55b_0 + 225b_1 + 979b_2 = 2010,5$.

Lösung $b_0 = 1,175$; $b_1 = -4,0554$; $b_2 = 2,9197$.

$\tilde{y} = 101,2 - 4,0554(x-1976) + 2,9197(x-1976)^2$.

Jahr	1976	1977	1978	1979	1980	1981
y_i	100	102,2	104,5	114,8	130,6	154,7
Schätzwert $\tilde{y}_i$	101,2	100,1	104,8	115,3	131,7	153,9

b) 182,0 ; 215,9 .

- AUFGABE 14

$z_i = x_i - 1978$; $u_i = v_i - 103,6$.

z_i	-3	-2	-1	0	1	2	3
u_i	-6,8	-3,6	-0,8	0	5,3	13	20,3

$\sum z_i = 0$; $\sum z_i^2 = 28$; $\sum z_i^3 = 0$; $\sum z_i^4 = 196$;

$\sum u_i = 27,4$; $\sum z_i u_i = 120,6$; $\sum z_i^2 u_i = 163,6$.

$7b_0 + 0b_1 + 28b_2 = 27,4$ <u>Lösung</u> $b_0 = 1,3429$
$0b_0 + 28b_1 + 0b_2 = 120,6$ $b_1 = 4,3071$
$28b_0 + 0b_1 + 196b_2 = 163,6$ $b_2 = 0,6429$.

Parabel $\tilde{y} = 104,9 + 4,3071(x-1978) + 0,6429(x-1978)^2$.

x_i	1975	1976	1977	1978	1979	1980	1981
y_i	96,8	100	102,8	103,6	108,9	116,6	123,9
Schätzwerte $\tilde{y}_i$	97,8	98,9	101,2	104,9	109,9	116,1	123,6

- AUFGABE 15

$$\frac{q_1}{q_2} > \frac{m-2}{n-m} \cdot f_{1-\alpha} = \frac{8}{190} \cdot 1,98 = 0,083.$$

12. Verteilungsfreie Verfahren

- AUFGABE 1

Vorzeichentest für verbundene Stichproben.
Vorzeichen der Differenzen   - - - + - + - - - +
Anzahl der positiven Vorzeichen z=3.
$P(Z \leq k_{0,025}) \leq 0,025$; $k_{0,025} = 1$; $n - k_{0,025} = 9$.

Testentscheidung: $1 \leq z \leq 9$ ⇒   keine Ablehnung der Nullhypothese.

● AUFGABE 2

Vorzeichentest. $\bar{n}=52-4$; $z=33$. Einseitiger Test.
$k_{0,05}=17$; $c=\bar{n}-17=31$.

Testentscheidung: $z>c$ ⇒ Ablehnung von H_o.
Ergebnis: Wahrscheinlichkeit für positive Differenzen ist
          größer als für negative.

● AUFGABE 3

Vorzeichentest für verbundene Stichproben; einseitiger Test.
Z beschreibe die Anzahl der positiven Differenzen.
Z ist binomialverteilt mit $p=1/2$, falls H_o richtig ist.

$E(Z)=n \cdot p=100$; $D^2(Z)=np(1-p)=50$.
Approximation durch die Normalverteilung.
$1-\alpha=P(Z \leq c)=P(\frac{Z-100}{\sqrt{50}} \leq \frac{c+0,5-100}{\sqrt{50}}) \approx \phi(\frac{c-99,5}{\sqrt{50}})$; $c=116$. $z=120$.

Testentscheidung: $z>c$ ⇒ Ablehnung von H_o
                          (eine positive Differenz hat eine
                            größere Wahrscheinlichkeit als eine
                            negative Differenz).

● AUFGABE 4

Nullhypothese H_o: $\tilde{\mu}=2500$; Alternative H_1: $\tilde{\mu}>2500$.
$n=40$; $P(Z \leq k_{0,05}) = 0,05$; $k_\alpha=14$; $z=28$.
Testentscheidung: $z>n-k_\alpha = 26$ ⇒ $\tilde{\mu}>2500$ (Werbung ist also
                                                   sinnvoll).

● AUFGABE 5

Approximation durch die Normalverteilung.

$k_{0,05} \approx \frac{n}{2} - 0,5 - \frac{\sqrt{n}}{2} \cdot z_{1-\alpha} = 41$ (abgerundet).

Gesuchte Anzahl $z>n-k_{0,05} = 59$.

- AUFGABE 6

Z ist binomialverteilt mit n=20; p=1/2.

$P(Z \le k_{0,025}) \le 0,025$; $k_{\alpha/2}=5$; $k_{1-\alpha/2}=15$.

Konf $\{x_6 \le \tilde{\mu} < x_{15}\}$ = Konf$\{149 \le \tilde{\mu} < 163\}$.

- AUFGABE 7

Wilcoxonscher Rangsummentest für unverbundene Stichproben.

x_i	33	35	39	46	49	50		
Rangzahlen	1	3	4	7	10	11		
y_k	34	40	41	47	48	51	52	55
Rangzahlen	2	5	6	8	9	12	13	14

$n_1=6$; $n_2=8$; $r_1=1+3+4+7+10+11=36$.

Testgröße
$$u = \frac{r_1 - \frac{n_1(n_1+n_2+1)}{2}}{\sqrt{\frac{n_1 \cdot n_2 \cdot (n_1+n_2+1)}{12}}} = -1,16 \sim N(0;1)\text{-verteilt.}$$

c = 1,96;

Testentscheidung: $|u|<c$ ⇒ keine Ablehnung von H_0.

Literaturhinweise

[1] BOSCH, K.: Elementare Einführung in die Wahrscheinlichkeitsrechnung, Vieweg Studium, Bd. 25, 3. Auflage 1982.

[2] BOSCH, K.: Elementare Einführung in die angewandte Statistik, Vieweg Studium, Bd. 27, 2. Auflage 1982.

Namens- und Sachregister

Ablehnungsbereich 74, 75
Alternativhypothese 69
Anpassungstest 102

Bindung, stochastische 145

Chi-Quadrat-Anpassungstest 102
– – Unabhängigkeitstest 124

Dichte, bedingte 158

Effizienz 45
Erwartungswert, bedingter 153, 158

Fehlerwahrscheinlichkeit, 1. Art 69, 71, 75
–, 2. Art 69, 71, 76

Gliwenko, Satz von 113
Gütefunktion 76

Häufigkeit, absolute 3, 121
–, relative 3, 121
Hypothese, parametrische 65, 73

Irrtumswahrscheinlichkeit siehe Fehlerwahrscheinlichkeit

Klassenbildung 2, 7
Klassenhäufigkeit 7
Klassenmitte 7
Kolmogoroff-Smirnoff-Test 117, 118
– sche Verteilung 117
Konfidenzbereich einer Regressionsgeraden 179
Konfidenzintervall 51, 53
–, empirisches 53
– für den Erwartungswert einer Normalverteilung 57
– für die Varianz einer Normalverteilung 62
– für den Erwartungswert einer Zufallsvariablen 64
– für die Varianz einer Zufallsvariablen 64
– für eine Wahrscheinlichkeit 53
– für den Korrelationskoeffizienten 141
– für den Regressionskoeffizienten 176
– für den Achsenabschnitt einer Regressionsgeraden 178
Konfidenzniveau 53

Konfidenzzahl 53
Kontingenztafel 124
Korrelationskoeffizient
–, zweier Zufallsvariabler 128
–, empirischer 133
Kovarianz
–, zweier Zufallsvariabler 128
–, empirische 133

Likelihood-Funktion
–, einer diskreten Zufallsvariablen 46
–, einer stetigen Zufallsvariablen 47
lineare Transformation einer Stichprobe 16
–, Mittelwert 16
–, Varianz 28
Linearkombination zweier Stichproben 16, 17

Maximum-Likelihood-Prinzip 47
Maximum-Likelihood-Schätzung 47
– einer Wahrscheinlichkeit p 47
– der Parameter einer Normalverteilung 50
– des Parameters einer Poisson-Verteilung 49
Median, empirischer 17, 18
Merkmal
–, diskretes 4
–, stetiges 4
Merkmalwert 3
Mittelwert einer Stichprobe 13
mittlere absolute Abweichung 22
Modalwert 20

Normalverteilung, zweidimensionale 132
Nullhypothese 69, 73

Operationscharakteristik 76, 80, 82

Parametermenge 73
Parameterschätzung 36, 43
Parametertest 65
Prüfgröße siehe Schätzfunktion

Qualitätskontrolle 38

Randhäufigkeiten 123
Realisierung einer Zufallsvariablen 35

Regression, 1. Art 146
–, 2. Art 161
–, lineare 154
Regressionsebene, empirische 182
Regressionsfunktion 1. Art 152, 154, 157, 158
–, empirische 148, 149
Regressionsgerade 165, 166
–, empirische 161, 163, 164
Regressionskoeffizient 166
–, empirischer 163
Regressionskurve 1. Art 152, 154, 157, 158
– –, empirische 148, 149
– 2. Art, empirische 170
Regressionsmodell, lineares 175
Regressionsparabel, empirische 168

Schätzfunktion für einen Parameter 43
–, effiziente 45
–, erwartungstreue 43
–, asymptotisch erwartungstreue 43
–, konsistente 44
–, wirksamste 45
–, für den Erwartungswert einer Normalverteilung 40, 41
–, für die Varianz einer Normalverteilung 40, 41
–, für eine Wahrscheinlichkeit p 37, 38
–, für eine Kovarianz 138
–, für einen Korrelationskoeffizienten 138
Schätzwert siehe Schätzfunktion
Sicherheitswahrscheinlichkeit 75
Signifikanz 65
Signifikanzniveau 75
Spannweite 21
Standardabweichung, empirische 26
Stichprobe 1, 3
–, einfache 35, 121
–, geordnete 8
–, verbundene 184
–, unabhängige 35
–, zweidimensionale 121
Summenhäufigkeit
–, absolute 10, 11
–, relative 10, 11

Test 65
– einer Wahrscheinlichkeit 87
– des Erwartungswertes einer Normalverteilung 83
– der Varianz einer Normalverteilung 85
– eines Korrelationskoeffizienten 142
– zweier Korrelationskoeffizienten 144
– auf Gleichheit der Erwartungswerte zweier Normalverteilungen 87
– auf Gleichheit der Varianzen zweier Normalverteilungen 89
– des Medians 186
– des Regressionskoeffizienten 177
– auf lineare Regression 171
– von Regressionskurven 174
– des Achsenabschnitts einer Regressionsgeraden 179
Testcharakteristik 76
Testfunktion 76
Transformation, lineare 16
Treppenfunktion 11

Urliste 1

Varianz, empirische 26
Varianzanalyse
–, einfache 91
–, doppelte 98
Verteilungsfunktion, empirische 11, 112
–, bedingte 158
Vertrauensintervall siehe Konfidenzintervall
Vierfeldertafel 127
Vorzeichentest 184

Wahrscheinlichkeit, Schätzwert für eine 36
Wahrscheinlichkeitsnetz 114
Wilcoxon-Test 188
Wirksamkeit 45

Zentralwert 18
Zufallsintervall 52
Zufallsstichprobe 35
Zufallsvektor 35